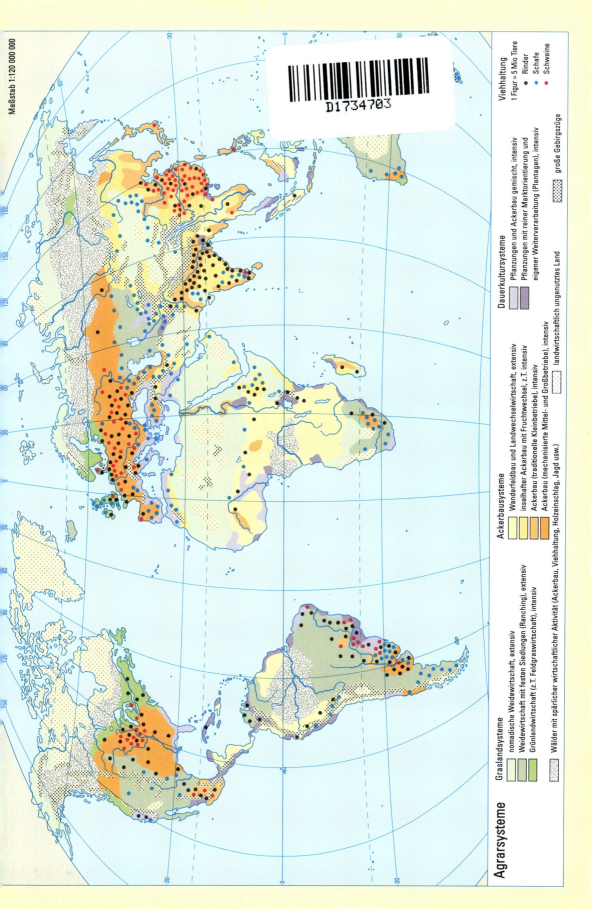

Maßstab 1:120 000 000

D1734703

Agrarsysteme

Graslandsysteme

- nomadische Weidewirtschaft, extensiv
- Weidewirtschaft mit festen Siedlungen (Ranching), extensiv
- Grünlandwirtschaft (z.T. Feldgraswirtschaft), intensiv
- Wälder mit spärlicher wirtschaftlicher Aktivität (Ackerbau, Viehhaltung, Holzeinschlag, Jagd usw.)

Ackerbausysteme

- Wanderfeldbau und Landwechselwirtschaft, extensiv
- inselhafter Ackerbau mit Fruchtwechsel, z.T. intensiv
- Ackerbau (traditionelle Kleinbetriebe), intensiv
- Ackerbau (mechanisierte Mittel- und Großbetriebe), intensiv

Dauerkultursysteme

- Pflanzungen und Ackerbau gemischt, intensiv
- Pflanzungen mit reiner Marktorientierung und eigener Weiterverarbeitung (Plantagen), intensiv
- landwirtschaftlich ungenutztes Land

große Gebirgszüge

Viehhaltung

1 Figur = 5 Mio Tiere

- Rinder
- Schafe
- Schweine

Allgemeine Agrargeographie

PERTHES GEOGRAPHIEKOLLEG

Allgemeine Agrargeographie

Adolf Arnold

47 Abbildungen
und 36 Tabellen
sowie 12 Übersichten

KLETT-PERTHES

Gotha und Stuttgart

Die Deutsche Bibliothek - CIP-Einheitsaufnahme

Arnold, Adolf:
Allgemeine Agrargeographie : 36 Tabellen / Adolf Arnold. -
1. Aufl. - Gotha : Perthes, 1997
    Perthes Geographiekolleg
    ISBN 3-623-00846-X

Anschrift des Autors:
Prof. Dr. Adolf Arnold, Geographisches Institut der Universität Hannover,
Abteilung Kulturgeographie; Schneiderberg 50; 30167 Hannover

Umschlagfoto: Hochmechanisierte Erntekolonne in den USA
(Gerster, Zumikon; in Klett-Folienmappe USA 2: Landwirtschaft,
Stuttgart u.a. 1992)

ISBN 3-623-00846-X
1. Auflage
© Justus Perthes Verlag Gotha GmbH, Gotha 1997
Lektoren: Dr. Klaus-Peter Herr, Dipl.-Geogr. R. Huschmann, Gotha
Einband und Schutzumschlag: Klaus-Martin, Arnstadt, und Uwe Voigt, Erfurt
Herstellung: Dipl.-Geol. Ulrich Wutzke, Berlin
Druck und buchbinderische Verarbeitung: Druckhaus „Thomas Müntzer" GmbH,
Bad Langensalza

Gedruckt auf Papier aus chlorfrei gebleichtem Zellstoff.

Inhaltsverzeichnis

Vorwort

Agrargeographische Themen, Kurse und Lehrveranstaltungen erfreuen sich an Schulen und Hochschulen einer regen Nachfrage. Die Ernährungsprobleme der Dritten Welt, eine ökologische Sensibilisierung, vielleicht auch eine romantisierende Betrachtung früherer bäuerlicher Lebensverhältnisse tragen zu dieser Attraktivität bei, obwohl den meisten Schülern und Studenten aufgrund ihrer Herkunft aus einem weitgehend verstädterten Milieu oft die Grundkenntnisse der Landwirtschaft fehlen.

Die vorliegende Schrift stellt die modernisierte und erweiterte Fassung eines vom Verfasser 1985 vorgelegten Taschenbuchs „Agrargeographie" dar, das seit Jahren vergriffen ist. Sie wendet sich in erster Linie an Studierende der Geographie und der Agrarwissenschaften, aber auch an interessierte Teilnehmer der Leistungskurse der Sekundarstufe II. Hervorgegangen ist sie aus agrargeographischen Vorlesungen und Übungen an der Universität Hannover.

In einem ersten Teil werden die allgemeinen Einflußfaktoren des Agrarraums – Natur, Wirtschaft, Gesellschaft, Politik – analysiert. Der anschließende regionale Teil gibt einen Überblick über den Agrarraum der Erde, gegliedert nach den großen Agrarregionen aufgrund der jeweils dominierenden Agrarsysteme. Daß dabei keine Vollständigkeit angestrebt wurde, dürfte verständlich sein. Ein abschließendes Kapitel umreißt die aktuelle Welternährungssituation.

Die Reinzeichnung der Abbildungen besorgte die Institutskartographin Frau CHR. GRÄTSCH, Frau COCHANSKI fertigte deren Druckvorlagen. Die mühevolle Textverarbeitung hat Frau SUSANNE BECKER durchgeführt. Allen sei an dieser Stelle herzlich gedankt.

Hannover, im Frühjahr 1997

ADOLF ARNOLD

1   Die Agrargeographie als wissenschaftliche Disziplin

1.1   Aufgaben der Agrargeographie – Charakteristika der Agrarproduktion

Die Agrargeographie läßt sich definieren als die Wissenschaft von der räumlichen Ordnung und räumlichen Organisation der Landwirtschaft. Dabei wird unter Landwirtschaft in Anlehnung an L. WAIBEL (1933, S. 7) die „planmäßige Bewirtschaftung des Bodens zum Zwecke der Gewinnung pflanzlicher und tierischer Produkte" verstanden. Mit dieser Definition sind die primären Aufgaben der überwältigenden Masse der Agrarbetriebe dieser Erde präzise umrissen. Neben diese ökonomischen Aufgaben treten zunehmend gemeingesellschaftliche Ziele wie z.B. die Pflege der Kulturlandschaft und die Wahrnehmung von Umweltschutzaufgaben sowie die Bereitstellung von Erholungsräumen. Dies gilt aber nur für die wohlhabenden Industrieländer, die nicht mehr unter dem Druck des Nahrungsmangels stehen.

Die verwandten Zweige des primären Wirtschaftssektors – Jagd, Fischerei, Sammel- und Forstwirtschaft – bleiben von unseren Betrachtungen ausgenommen, obwohl in vielen Teilen der Erde enge Verzahnungen zwischen diesen Aktivitäten und der Landwirtschaft i.e.S. anzutreffen sind. Man denke nur an die Waldbauern in den Mittelgebirgen und im Alpenraum, an die bäuerlichen Teichwirte in Franken oder an die Crofter-Fischer in Schottland.

Die Auffassung von den Aufgaben der Agrargeographie ist keineswegs einheitlich. In der viel zitierten Definition von E. OTREMBA (1976, S. 62) „ist Agrargeographie die Wissenschaft von der durch die Landwirtschaft gestalteten Erdoberfläche, sowohl als Ganzes als auch in ihren Teilen, in ihrem äußeren Bild, ihrem inneren Aufbau und in ihrer Verflechtung". Nach dieser stark landschaftskundlich beeinflußten Auffassung geht es also um die physiognomischen, strukturellen und funktionalen Elemente der Agrarlandschaft. Für W. MANSHARD (1968, S. 9) besteht das Hauptziel der Agrargeographie darin, „die räumliche Differenzierung der verschiedenen Erscheinungsformen der Landwirtschaft zu untersuchen". B. ANDREAE (1983) stellt Betriebsformentypen im räumlichen System der Klimazonen in den Vordergrund der Betrachtung, wobei betriebswirtschaftliche Aspekte stark in den Vordergrund treten. Kulturgeographische Aspekte, wie z.B. die Erforschung der Flur- und Siedlungsformen haben speziell in der deutschen und französischen Agrargeographie eine lange Tradition.

Nachdem in den Industrieländern die Landwirtschaft selbst im nichtverstädterten Raum in eine Minderheitenposition geraten ist, wurde wiederholt die Forderung erhoben, die „reine Agrargeographie" zu einer „Geographie des ländlichen Raumes" auszuweiten. Dies ist jedoch nach Meinung des Verfassers eine gänzlich andere Fragestellung, er kann und will ihr nicht folgen. Er sieht die Agrargeographie weiterhin als Teildisziplin der Wirtschafts- und Sozialgeographie (K. ROTHER 1988, S. 37). Das Hauptziel dieses Bandes ist die Darstellung räumlicher Produktionssysteme der Landwirtschaft (Agrarsysteme). Dabei geht es um die Verbreitung landwirtschaftlicher Aktivitäten im Agrarraum, ihre Interaktionen und deren Dynamik im zeitlichen Ablauf.

Das Objekt der Agrargeographie in globaler Sicht ist der Agrarraum, d.h. der gesamte, irgendwie landwirtschaftlich genutzte Teil der Erdoberfläche. Sein Umfang wird für 1993 mit 48,1 Millionen km² angegeben, das sind rund 32 % der Fläche des festen Landes. Nur etwa 14,5 Millionen km² oder 10 % der Festlandfläche werden als Ackerland genutzt, während auf das sog. Dauergrünland 33,6 Millionen km² entfallen (FAO. Production Yearbook 48, 1994, S. 3), worunter vorwiegend extensiv genutztes Weideland zu verstehen ist. Innerhalb dieses Agrarraumes vollzieht sich die landwirtschaftliche Produktion mit einer komplexen Vielfalt von Produkten, Produktionsmethoden und Organisationsformen. Diese extremen räumlichen Unterschiede sind ein Hauptmerkmal der Landwirtschaft, die so in keinem anderen Wirtschaftszweig auftreten. Der Bau eines Schiffes oder Automobils oder die Produktion von Stahl in Japan unterscheidet sich dagegen kaum von derjenigen in Europa.

Vorab seien einige Charakteristika der Landwirtschaft in Erinnerung gerufen, die sie stark von den sonstigen wirtschaftlichen Aktivitäten unterscheiden.

Landwirtschaft ist eine der ältesten wirtschaftlichen Betätigungen des Menschen, die zugleich ihr Grundprinzip seit dem Neolithikum nicht verändert hat. Der Grundprozeß der Erzeugung pflanzlicher und tierischer Produkte ist trotz aller technischen Wandlungen und trotz enormer Produktivitätssteigerungen derselbe geblieben, nämlich einmal der flächengebundene, von verschiedenen Naturfaktoren abhängige Anbau von Kulturpflanzen[1], zum anderen die Erzeugung tierischer Produkte auf der Basis von Kulturpflanzen oder natürlichen Futterflächen. Seit dem Ende des 19. Jahrhunderts hat sich in den Industrieländern allerdings die enge räumliche Bindung zwischen Futterfläche und Standort der tierischen Produktion gelockert, als Veredlungsbetriebe auf Futterzukaufbasis ohne eigene Nutzflächen aufkamen. Damit hat sich aber lediglich die Distanz zwischen den Standorten der pflanzlichen und tierischen Produktion auf oft interkontinentale Ausmaße vergrößert, das Grundprinzip blieb unangetastet.

Abbildung 1.1 ist ein Schema der vier Hauptproduktionsketten von Nahrungsmitteln der Landwirtschaft. Kette A (Kulturpflanze – Mensch) beinhaltet den direkten Verzehr pflanzlicher Produkte. Sie ist der energetisch effizienteste und daher billigste Produktionsprozeß; er dominiert in Entwicklungsländern mit geringer Kaufkraft. Bei den Ketten B, C und D werden Pflanzen in tierische Produkte transformiert. Da dabei 70 – 90 % der im Futter enthaltenen Energie verloren geht, sind diese Methoden relativ teuer, ausgenommen Kette D. Diese beinhaltet die Nutzung der ausgedehnten Flächen von absolutem Grünland auf der Erde, die für den Ackerbau ungeeignet sind. Sie ist mit unterschiedlichen Agrarsystemen sowohl in Industrie- wie Entwicklungsländern anzutreffen.

Die Verfütterung von Ackerfrüchten (B und C) können sich im großem Maßstab nur wohlhabende Gesellschaften leisten.

Möglicherweise stehen wir vor einer Revolution in der Erzeugung von Nahrungsgütern, falls es gelingt, durch Genmanipulation und Beherrschung der Pho-

---

[1] Der Begriff der Kulturpflanze (Pflanze im systematischen Anbau) darf nicht mit dem der Nutzpflanze ohne systematischen Anbau wie z. B. Beeren und Pilze verwechselt werden.

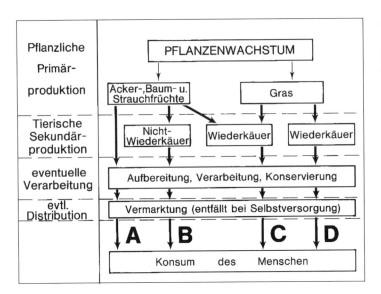

tosynthese in großtechnischen Anlagen Nahrungs- und Futtermittel synthetisch
zu erzeugen – erstmals in der Geschichte der Menschheit ohne jeglichen Bezug
zum Agrarraum. Auf absehbare Zeit wird aber die Landwirtschaft mit ihrem
bodenabhängigen Produktionssystem ihre Schlüsselstellung behalten.

Die Bedeutung der Landwirtschaft resultiert aus mehreren Faktoren. Einmal
ist sie immer noch die fast ausschließliche Grundlage für die physische Existenz

Abb. 1.2: Anteil der landwirtschaftlichen Erwerbspersonen an der Erwerbsbevölkerung
(Quelle: FAO. Production Yearbook 48, 1994)

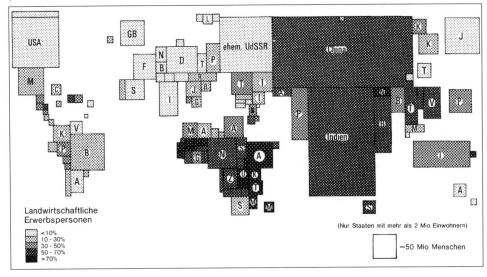

der nunmehr (1995) 5,7 Milliarden Menschen. Die Fischerei steuert weltweit lediglich etwa 2 – 3 % zur Proteinversorgung bei. Außer Nahrungsmitteln erzeugt die Landwirtschaft auch industrielle Rohstoffe, in Zukunft möglicherweise wieder vermehrt Energiestoffe. In den Industriestaaten ist diese Tatsache in einer langen Friedensperiode für viele zur Selbstverständlichkeit geworden. Für eine große Zahl von Entwicklungsländern ist dagegen die Sicherung der Nahrungsversorgung von größter Aktualität (s. Kapitel 5). Landwirtschaftliche Rohstoffe können bei sinnvoller Nutzung der natürlichen Ressourcen zeitlich unbegrenzt erzeugt werden. Durch ihre Nachhaltigkeit unterscheiden sie sich grundlegend von den nicht regenerierbaren mineralischen Rohstoffen und fossilen Energieträgern.

In weltweiter Sicht ist die Landwirtschaft die mit Abstand wichtigste wirtschaftliche Aktivität. Noch immer ist fast die Hälfte der erwerbstätigen Erdbevölkerung – 1994: 45 % – in der Landwirtschaft beschäftigt, während auf den sekundären und tertiären Sektor nur jeweils 20 – 30 % entfallen. Dabei schwankt freilich die Agrarquote von Land zu Land in extremer Weise. Die Spanne reicht von 1,8 % in Großbritannien, 2,0 % in den USA, 3,7 % in Deutschland, 17 % in Rumänien, 64 % in China, 65 % in Indien bis zu Extremwerten von 80 – 90 % in den ärmsten Entwicklungsländern wie Mali, Niger, Burundi (s. Abbildung 1.2).

Der nach wie vor überragenden weltweiten Bedeutung der Landwirtschaft steht ein seit langem anhaltender Bedeutungsschwund in den Industrieländern gegenüber. Im vereinten Deutschland beschäftigt sie noch 3,7 % der Erwerbspersonen, trägt gerade noch 1,1 % zur Bruttowertschöpfung der Volkswirtschaft bei und leistet ganze 0,4 % des Steueraufkommens. In den Industrieländern beruht die Bedeutung der Landwirtschaft vor allem auf der Sicherung der Grundversorgung mit Nahrungsmitteln und auf der Pflege der landwirtschaftlich genutzten Fläche (LF), die in der Bundesrepublik Deutschland immer noch 17,1 Millionen Hektar oder 48 % der Staatsfläche umfaßt (1993). Rechnet man die Forstflächen hinzu, so werden immerhin noch etwa 80 % des Bundesgebietes land- und forstwirtschaftlich genutzt.

1.2   Die Entwicklung der Agrargeographie

Bis zum Ende des 19. Jahrhunderts wurden agrargeographische Untersuchungen vorwiegend von Landwirten, Nationalökonomen und Kulturhistorikern, dagegen kaum von Fachgeographen vorgenommen. Als früher Vertreter einer agrargeographischen Betrachtungsweise in Deutschland wird vielfach JOHANN NEPOMUK V. SCHWERZ (1759–1844) angesehen (E. OTREMBA 1938, S. 148). Seine Arbeiten, wie etwa die „Beschreibung der Landwirtschaft in Westfalen und dem anschließenden Rheinpreußen" (1836), sind wegen ihrer Anschaulichkeit, die er durch sorgfältiges Beobachten und Befragen während seiner zahlreichen Reisen gewann, noch heute lesenswert. Ihr Inhalt blieb weitgehend deskriptiv, eine systematische Erklärung der räumlichen Differenzierung des Agrarraums wird noch nicht gegeben. Er bleibt damit dem Vorbild der damals führenden englischen Landwirtschaftslehre verhaftet, die in Form von Reiseschilderungen – ARTHUR YOUNG (1741–1820) sei hier genannt – die unterschiedlichen Agrarräume beschrieb. Immerhin zieht SCHWERZ die unterschiedlichen Naturverhältnisse, besonders Böden und Relief, zur Erklärung der unterschiedlichen Anbauformen heran, wenn ihm auch ein systematisches kausales Denken noch fremd war.

Im Jahre 1826 erschien JOHANN HEINRICH V. THÜNEN geniales Werk „Der isolierte Staat in Beziehung auf Landwirtschaft und Nationalökonomie", in dem erstmals der Einfluß der Marktentfernung auf die Form des landwirtschaftlichen Betriebs diskutiert wurde. THÜNEN abstrahierte bewußt von natürlichen, historischen und sozialen Determinanten, um in seinem Modell die Differenzierung des Agrarraums durch rein ökonomische Einflüsse erklären zu können. Er begründete damit bereits in der Frühzeit der Agrarwissenschaften auf deduktive Weise eine landwirtschaftliche Standorttheorie, die in ihren Grundzügen bis heute Gültigkeit behielt (s. Kapitel 2.2.2). Sie blieb freilich lange wenig beachtet und kam erst in den 1920er Jahren, u.a. auch durch die Arbeiten von E. OBST und L. WAIBEL, zu neuer Geltung.

Nach diesen fruchtbaren Ansätzen machte im weiteren Verlauf des 19. Jahrhunderts die Agrargeographie keine entscheidenden Fortschritte. Die junge Wissenschaft der Geographie, die erst in der 2. Hälfte des vorigen Jahrhunderts durch Einrichtung von Universitätslehrstühlen institutionalisiert wurde, mußte erst ihr Lehrgebäude konsolidieren, während die ältere Landwirtschaftslehre unter dem Einfluß von THAER und LIEBIG vorwiegend mit technisch-naturwissenschaftlichen und betriebswirtschaftlichen Fragestellungen befaßt war und einer regionalen Betrachtungsweise noch weitgehend fremd gegenüberstand.

Ein entscheidender Anstoß ging erst gegen Ende des 19. Jahrhunderts von TH. H. ENGELBRECHT (1854–1934) aus. Dieser, ein Landwirt und Agrarwissenschaftler, unterschied erstmals mit dem Hilfsmittel der verfügbaren Agrarstatistik weltweite Landbauzonen. Nach dem Prinzip der Schwergewichtsverbreitung der landwirtschaftlichen Nutzpflanzen gelangte er zu einer räumlichen Differenzierung des Agrarraums der Erde. Ihm ging es dabei nicht um die absolute Verbreitung einer Pflanze wie in der älteren Pflanzengeographie, sondern um die Abgrenzung von Intensivräumen der wirtschaftlich wichtigsten Nutzpflanzen und Haustiere. Entsprechend der allgemeinen Ausrichtung der damaligen Wirtschaftsgeographie waren seine Arbeiten beschreibende Verbreitungslehren, ähnlich wie die im angelsächsischen Bereich wesentlich bekannteren Werke des Amerikaners O. E. BAKER.

Es waren Argarwissenschaftler, keine Geographen, die am Vorabend des Ersten Weltkrieges eine eigene Disziplin „Agrargeographie" propagierten und begründeten: R. KRZYMOWSKI, P. HILLMANN, besonders aber H. BERNHARD, dessen 1915 erschienener Aufsatz „Die Agrargeographie als wissenschaftliche Disziplin" noch heute lesenswert ist. In den Jahren zwischen den beiden Weltkriegen erfuhr die Agrargeographie – eingebettet in einen allgemeinen Aufschwung der Wirtschaftsgeographie – ihren entscheidenden Durchbruch. Nun widmeten sich auch Fachgeographen in größerer Zahl der agrargeographischen Forschung, einem Feld, das sie bisher weitgehend den Nachbarwissenschaften überlassen hatten. Agrargeographie wurde für mehrere Jahrzehnte zum bevorzugten Zweig der Wirtschaftsgeographie. Ihre weitere Entwicklung läßt sich anhand mehrerer Momente charakterisieren:

a) Lösung vom Naturdeterminismus,
b) zentrale Stellung des Begriffs der „Agrarlandschaft",
c) Impulse aus den Sozialwissenschaften, die zu neuen Forschungsrichtungen führten (Sozialgeographie, „behavioral geography", Innovations- und Diffusionsforschung),
d) modellhaft-theoretische Fragestellungen,
e) nachfrageinduzierte Praxisorientierung.

ad a:
Die Agrargeographie löst sich vom Naturdeterminismus, d.h. von der einseitigen Bestimmung menschlichen Handelns durch Naturfaktoren, der noch bei ENGELBRECHT und BERNHARD den Hintergrund gebildet hatte. Die Loslösung beginnt mit dem von R. LÜTGENS (1921) formulierten Prinzip der Wechselwirkung – der wirtschaftende Mensch steht unter dem Einfluß des Naturraums, gleichzeitig verändert er ihn durch sein Handeln –, sie wird vollendet durch TH. KRAUS' Auffassung von den Widerständen der Natur als betriebswirtschaftlich zu berechnende Kostenfaktoren: „Der wirtschaftende Mensch kalkuliert die Natur ein und trifft demgemäß seine Entscheidungen" (TH. KRAUS 1957, S. 115). Unbestritten bleibt freilich, daß die Landwirtschaft sehr viel stärker als andere Wirtschaftszweige einer „physisch-geographischen Grundkausalität" (E. OTREMBA) unterliegt. Relief, Boden und Klima setzen Nutzungsgrenzen, die schwer zu überschreiten sind. Angesichts einer wachsenden Nahrungsmittelverknappung sind agrargeographische Forschungen mit ökologischer Fragestellung – vor allem in den Ländern der Dritten Welt – notwendiger denn je.

W. MANSHARD (1983, S.42) sieht als eine Hauptaufgabe der Agrargeographie in der Entwicklungsländerforschung die Inventarisierung von Ressourcen und ein verbessertes Ressourcenmanagement. Geographen seien durch Tradition und Ausbildung besser als viele Spezialisten befähigt, „das Ineinandergreifen von naturgegebenen Voraussetzungen wie Klima, Vegetation, Böden, Oberflächenformen mit wirtschaftlichen und politisch-sozialen Organisationsstrukturen aufzugreifen und zu interpretieren".

ad b:
Aus der Kulturgeographie wird die Idee der Kulturlandschaft übernommen und – wohl von H. SCHREPFER um 1935 – der Begriff „Agrarlandschaft" geprägt, der sich bald durchsetzt. Die Erforschung von derartigen Raumeinheiten, die physiognomisch faßbar sind, bleibt speziell in Deutschland bis etwa 1970 ein Hauptanliegen der Agrargeographie. Auf die komplexe Problematik, die mit dem Landschaftsbegriff verbunden ist, soll hier nur verwiesen werden (s. G. PFEIFFER 1958; H. CAROL 1952). Unter dem Einfluß WAIBELs begnügte man sich nicht mit der Erforschung der äußeren Form der Agrarlandschaft, sondern hinterfragte sie hinsichtlich ihrer sozioökologischen Systemstruktur und bezog damit auch physiognomisch nicht faßbare Elemente wie Betriebs- und Marktformen in die Betrachtung ein. WAIBELs Begriff der Wirtschaftsformation konnte sich wegen seiner unklaren Fassung nicht durchsetzen; von nachhaltigem Einfluß wurde dagegen TH. KRAUS Formulierung des „Wirtschaftsraums" als – vorwiegend ökonomisch

gesteuertes – sozioökologisches System. Für KRAUS ist der Wirtschaftsraum vorwiegend von seiner Struktur bestimmt: „Er findet seinen Inhalt in der Einheitlichkeit des gesamten Strukturgefüges, d.h. im räumlichen Zusammenklang aller sozioökonomischen Faktoren (E. OTREMBA 1959, S. 19). Die strukturelle Betrachtungsweise wird bald ergänzt durch die funktionale. Dabei geht es um die Analyse der Interaktionen, d.h. der quantitativen und qualitativen Wechselwirkungen zwischen den Strukturelementen des Wirtschaftsraums einschließlich ihrer Veränderungen im zeitlich Ablauf (L. SCHÄTZL 1978, S. 16; H. G. WAGNER 1981, S. 16). Der Schwerpunkt der funktionsräumlichen Untersuchungen war freilich die Stadt mitsamt ihrem Umland; die Mehrzahl der agrargeographischen Arbeiten bleiben Strukturanalysen. Allenfalls randlich tauchen bei der Untersuchung von Agrarräumen funktionale Gesichtspunkte auf, wenn sie als Interaktionspartner städtischer Räume – als Abwanderungsgebiet, als Versorgungsbereich, als Umland eines zentralen Ortes, als Ausbeutungsobjekte des städtischen Rentenkapitalismus im Orient sowie als Naherholungsgebiet – erscheinen.

Die Übertragung von Methoden der morphogenetisch orientierten Kulturlandschaftsforschung auf die Agrargeographie hatte zur Folge, daß nun auch die Erforschung von Flur und Siedlung zum Aufgabenbereich der Agrargeographie gezählt wurde, während sie vorher mehr unter siedlungsgeographischem Aspekt betrieben wurde. Die kartographische Darstellung der Agrarlandschaft wurde – vor allem auf Anregungen W. CREDNERs hin – ausgebaut. Einerseits entwickelte sich nach britischem Vorbild (Landnutzungskarte im Maßstab 1 : 10 560 des „land utilization survey“) im Mikrobereich die großmaßstäbige Kartierung landwirtschaftlicher Nutzflächen. Diese Entwicklung gipfelte in dem von OTREMBA 1965–1970 herausgegebenen „Atlas der deutschen Agrarlandschaften“. Andererseits wurden im Makrobereich kleinmaßstäbige synthetische Karten entworfen, wie z.B. die komplexen agrargeographischen Karten im Maßstab 1 : 1 000 000 des Afrika-Kartenwerks der Deutschen Forschungsgemeinschaft, welche die vielfältigen agrargeographischen Sachverhalte größerer Teilräume Afrikas darstellen.

ad c:

Nach dem Zweiten Weltkrieg erfuhr die gesamte Anthropogeographie starke Impulse von den aufblühenden Sozialwissenschaften, was im deutschen Sprachraum die – anfangs nicht unumstrittene – Ausbildung einer Teildisziplin „Sozialgeographie“ zur Folge hatte. Als Träger der Raumgestaltung rückten die menschlichen Sozialgruppen stärker in den Blickpunkt. Sozialgeographische Betrachtungsweisen befruchteten die Agrargeographie in zweierlei Hinsicht. Die sog. Münchener Schule von W. HARTKE und K. RUPPERT arbeitete spezifische Verhaltensweisen sozialer Gruppen heraus. Der Agrarraum mit seiner sich kaum ändernden natürlichen Ausstattung unterliegt einer fortwährenden Bewertung durch die verschiedenen sozialen Gruppen, deren Handeln von veränderlichen Wertordnungen bestimmt wird. Erscheinungen in der Agrarlandschaft, die empirisch faßbar und damit kartierbar sind wie Aufforstungen, gruppenspezifische Feldpflanzen, Ausmärkerwesen, Pachtflächen, Sozialbrache – eine anfangs umstrittene Wortschöpfung HARTKES, die als „friche sociale“ bzw. „social fallow“ auch in die französische und englische Terminologie einging – werden als Indikatoren für sozioökonomische Prozesse aufgefaßt. Die Agrarlandschaft erscheint als Prozeßfeld, als Registrierplatte sozioökonomischer Wandlungen.

Während die Untersuchungen der „Münchener Schule" i.w. auf süddeutsche Agrarlandschaften beschränkt blieben, beeinflußte HANS BOBEKs sozialgeographisches Konzept der Lebensformengruppen vor allem die agrargeographische Forschung in Entwicklungsländern mit stark pluralistischen Gesellschaftssystemen.

In den angelsächsischen Ländern ging die Rezeption der Sozialwissenschaften andere Wege. Dort wandte man sich vornehmlich der geographischen Verhaltensforschung zu; die sog. „behavioral geography" untersucht die im Mentalbereich des Menschen ablaufenden Prozesse, welche zur Entstehung räumlicher Aktivitäten führen können. Während sich die Sozialgeographie deutsch-österreichischer Prägung mit der Analyse des räumlich faßbaren Handelns von Gruppen[2] - seien es statistische Merkmalsgruppen oder sogenannte „sozialgeographische Gruppen" - begnügte, versucht die „behavioral geography", die gesamten im Menschen ablaufenden Prozesse zu erhellen, die zu raumwirksamen Entscheidungen führen. Sie bemüht sich um Aufklärung der „vorgeschalteten Mechanismen bei der Entstehung räumlicher Aktivitäten ('Entscheidung')" (E. THOMALE 1974, S. 15). Unter Anlehnung an die Wahrnehmungspsychologie wird räumliche Motivforschung betrieben.

R. M. DOWNS (1970, S. 84–85) zerlegte den Verhaltensablauf menschlicher Individuen und Gruppen in folgende 5 Phasen:
- Wahrnehmung (perception) der realen Welt aufgrund von Informationen,
- Bewertung (evaluation) aufgrund eines individuellen Wertesystems und einer Vorstellung (image) von der realen Welt,
- Suchverhalten (search), d.h. Suche nach Zusatzinformationen,
- Entscheidung (decision),
- raumaktives Verhalten (behavior in space).

Die methodischen Schwierigkeiten dieses Ansatzes für die geographische Forschung liegen auf der Hand, begibt man sich doch auf Bereiche der Wahrnehmungspsychologie und Lerntheorie, die zudem mit quantitativen Methoden gekoppelt werden müssen. Die unübersehbare Vielfalt von Faktoren, welche das Verhalten der Entscheidungsträger beeinflussen, erschweren die empirischen Erhebungen.

Die Fragestellung der „behavioral geography" hat im deutschsprachigen Raum vorwiegend die Forschung der Industriegeographie (Standortentscheidungen) und jene zum Freizeit-, Bildungs- und Konsumverhalten befruchtet, während die Einflüsse auf die agrargeographische Forschung gering blieben. In englischer Sprache liegt dagegen eine breite Literatur vor, es seien hier nur die Standardwerke von A. PRED 1967/69, M. E. ELIOT HURST 1974, JAKLE, BRUNN u. ROSEMAN 1976 sowie speziell die Studienbücher zur Agrargeographie von W. B. MORGAN u. R. J. C. MUNTON 1971 sowie von B. W. ILBERRY 1985 genannt.

---

[2] Zum Gruppenbegriff aus geographischer Sicht s. H. G. WAGNER 1981, S. 91 bis 98.

Der Einfluß der „behavioral geography" führte in der Agrargeographie zu einer stärkeren Berücksichtigung des einzelnen Agrarbetriebs als kleinster Entscheidungseinheit bzw. des Betriebsinhabers. Der Forschungsschwerpunkt verlagerte sich stärker in Richtung auf die Mikroebene: „Since the farm is the decisionmaking unit it should be a major focus of interest of the agricultural geographer both in research and in the development of theory" (MORGAN u. MUNTON 1971, S. 3).

Auf Anregungen aus den Sozialwissenschaften geht auch die geographische Innovations- und Diffusionsforschung, d.h. die Untersuchung zeitlicher und räumlicher Ausbreitungsvorgänge von Neuerungen zurück. T. HÄGERSTRAND entwickelte 1953 ein Innovationsmodell, das auch den Wandel von landwirtschaftlichen Produktionsmethoden als Indizes benutzt. In die deutsche Geographie hat CH. BORCHERDT (1961) den Begriff der Innovation eingeführt und durch sozialgeographische Aspekte erweitert, indem er die raumzeitliche Ausbreitung neuer Kulturen (Kartoffeln, Feldfutter) in Bayern durch spezifische soziale Schichten untersuchte. H. W. WINDHORST (1979) verfolgte den Diffusionsprozeß der Käfighaltung von Hühnern, indem er verhaltenswissenschaftliche Ansätze aufgriff und die Reaktion der Adoptoren analysierte. T. BREUER (1985) untersuchte in Spanien die Diffusionsprozesse von Hopfen und Sonnenblumen, die hier nicht durch freiwillige Nachahmung, sondern über Anbaukontrakte durch Propagatoren gesteuert wurden. Ihre größte Breitenwirkung erzielte die Innovations- und Diffusionsforschung jedoch unter nordamerikanischen Geographen.

ad d:

Nur zögernd wurden modellhaft-theoretische Fragestellungen aufgeworfen. Zwar verschafften E. OBST (1926) und L. WAIBEL (1933) bereits in der Zwischenkriegszeit der Standorttheorie J. H. VON THÜNENs Eingang und – nach mancherlei Widerständen – auch allgemeine Anerkennung in der Agrargeographie. Eine Weiterentwicklung dieser Ansätze erfolgte aber erst in den fünfziger Jahren im angelsächsischen Bereich durch die Verknüpfung von modellhaft-theoretischen Fragestellungen mit mathematischen Methoden. Im generellen Trend der Mathematisierung der Wissenschaften etablierte sich eine quantitative und theoretische Geographie. Die neuen elektronischen Hilfsmittel ermöglichten die Verarbeitung der Datenfülle der Agrarstatistik. Nunmehr war etwa die Klassifizierung von Agrarräumen mit Hilfe von numerisch-analytischen Methoden wie z.B. der Faktorenanalyse möglich.[3]

Im deutschen Sprachraum sind quantitativ ausgerichtete Arbeiten auf dem Gebiet der Agrargeographie bislang erst in geringer Zahl erstellt worden. Eine von E. LICHTENBERGER 1977 zusammengestellte Bibliographie zur quantitativen Geographie im deutschen Sprachraum enthält unter 440 Titeln lediglich 10 agrargeographische Themen. Es fehlt anscheinend die Computergläubigkeit Amerikas, auch ist in der deutschen Geographie „ein tiefes Mißtrauen gegenüber der Verläßlichkeit amtlicher statistischer Daten" (E. LICHTENBERGER 1978, S. 17) offensicht-

---

[3] Siehe die Zusammenstellung verschiedener Modelle in den Agrarwissenschaften bei J. D. HENSHALL 1967.

lich weit verbreitet. Zudem macht neuerdings ein verschärfter Datenschutz das
statistische Material viel schwerer zugänglich als in den USA.

ad e:
Die praxisorientierte Agrargeographie besitzt in Deutschland mehrere Schwerpunkte. In Gießen hat sich ein interdisziplinäres Zentrum für die Landwirtschaft
der Tropen etabliert, das u.a. Grundlagenforschung für die Entwicklungshilfe
leistet. H. UHLIG und U. SCHOLZ trugen als Geographen sehr viel zur kontrovers
geführten Diskussion über die Bewertung tropischer Agrarräume bei. F. SCHOLZ
hat am Zentrum für Entwicklungsländerforschung der FU Berlin die Nomadis-
mus-Forschung intensiviert. In Vechta, dem Zentrum der agroindustriellen Tierproduktion in Deutschland, hat H.-W. WINDHORST mit dem Institut für Struktur-
forschung und Planung in agrarischen Intensivgebieten (ISPA) ein publikations-
trächtiges Instrument zur Erforschung der Industrialisierung der Landwirtschaft
aufgebaut. Aus ihm sind zahlreiche Publikationen zur Intensivlandwirtschaft in
Nordwestdeutschland und in den USA hervorgegangen. In der ehemaligen DDR
war in Halle/Saale ein Zentrum agrargeographischer Forschung an der Landwirt-
schaftsfakultät angesiedelt. Unter W. ROUBITSCHEK entstanden zahlreich Arbeiten
zur Bewertung der natürlichen Ressourcenstruktur und über räumliche Muster
der Landnutzung. Die ehedem stark von staatlicher Steuerung beeinflußte Forschung hatte hier Dienstleistungsfunktionen für die Territorialplanung zu übernehmen. Die künftige Forschungsrichtung der jetzigen Abteilung Agrargeographie und Raumordnung (seit 1991) bleibt abzuwarten.

Auf die Frage, welchen Aufgaben die heutige Agrargeographie nachgeht, kann
es keine einheitliche Anwort geben. Alle fünf Forschungsansätze, die sich seit den
zwanziger Jahren entwickelt haben, werden, wenn auch mit unterschiedlicher
Intensität, nach wie vor verfolgt. Das Schwergewicht bei der Erforschung der
räumlichen Ordnung und räumlichen Organisation der Landwirtschaft wechselt
dabei je nach Tradition („Schule"), Intention oder gesellschaftlichen Anforderungen, denen die einzelnen Forscher bzw. Forschungsinstitutionen unterliegen.

1.3   Agrargeographie und Nachbarwissenschaften

E. OTREMBA (1976, S. 63) hat die Agrargeographie als „eine der typischen Grenz-
und Überschneidungswissenschaften" bezeichnet. Ihr Forschungsgegenstand,
der Agrarraum, kann aus der Perspektive mehrerer (Nachbar-)Disziplinen ange-
gangen werden. Unbestritten ist ihre Zuordnung zur Wirtschaftsgeographie,
wenn man die traditionelle Gliederung der Anthropogeographie zugrunde legt.
Sie muß aber auch Forschungsansätze aus einer Reihe von Teildisziplinen der
Allgemeinen Kulturgeographie wie z.B. der Siedlungsgeographie und der Historischen Geographie übernehmen.

Jenseits der Disziplingrenzen der Geographie ergeben sich Kontakte mit den
Naturwissenschaften sowie den Sozial- und Wirtschaftswissenschaften, insbesondere mit der Agrarökonomie. Will man den Agrarraum nicht nur rein aktua-
listisch erklären, sondern auch seine geschichtliche Dynamik berücksichtigen, so

ist zwangsläufig die Zusammenarbeit mit Agrargeschichte und Agrarsoziologie unumgänglich.

Stärker als andere Zweige der Wirtschaftsgeographie hat die Agrargeographie bei der Erklärung der räumlichen Differenzierung des Agrarraums auch natürliche Faktoren zu berücksichtigen. Dementsprechend sind partiell die Ergebnisse von Nachbarwissenschaften wie Bodenkunde, Makro- und Mikroklimatologie, Agrarmeteorologie, Vegetationskunde sowie das Zusammenwirken der Einzelfaktoren in Ökosystemen zu berücksichtigen.

D. BARTELS (1968, S. 1–8) hat aufgezeigt, daß sich Forschungstätigkeit in erster Linie von ihren Problemkreisen her als ein aus dem Tätigkeitsinhalt zu definierender geistiger Zusammenhalt identifiziert. Die klassische Einteilung der Wissenschaften nach dem „Schubfachsystem" ist nicht mehr haltbar. An ihre Stelle tritt ein heterogenes Feld voller Überschneidungen und forschungsgegenständlicher Gemeinsamkeiten der verschiedensten Disziplinen. Die Entwicklung einer wissenschaftlichen Disziplin ist ein historischer Prozeß, eingebunden in geschichtliche Trends, abhängig von gesellschaftlichen Anforderungen und gesteuert durch mancherlei Zufälle. Wie in Kapitel 1.2 erläutert wurde, waren bis in die ersten Jahrzehnte dieses Jahrhunderts vornehmlich Nichtgeographen Träger agrargeographischer Forschungen. Daß sich in der Folge eine Teildisziplin Agrargeographie im Rahmen der Wirtschaftsgeographie etablieren konnte, war nicht zuletzt dem Umstand zu verdanken, daß die Agrarwissenschaften lange Zeit den räumlichen Aspekt der Landwirtschaft vernachlässigt hatten. Die Geographie, inzwischen als Universitätsfach institutionalisiert, konnte die Marktlücke füllen und die Fülle ihrer weltweiten Erfahrungen zur Erforschung des Agrarraums der Erde in seiner räumlichen Differenzierung einbringen. Erst in jüngster Zeit sind bei der Agrarökonomie wieder verstärkte Bemühungen um die Entwicklung regionaler Betrachtungsweisen sichtbar. Einerseits entwickelte sich eine Teildisziplin „Regionale Landwirtschaft", welche auf der Mikro- und Mesoebene die Landwirtschaft eines abgegrenzten Raumes analysiert. „Bei regionaler Landwirtschaft handelt es sich um die ein Gebiet betreffende Landwirtschaft" (H. SPITZER 1975, S. 14). Andererseits wenden sich Agrarökonomen auch auf der Makroebene wieder dem Agrarraum der Erde in klimazonaler Untergliederung zu, wovon das umfangreiche Studienbuch von B. ANDREAE (1983) zeugt. Die begrüßenswerte Wiederentdeckung regionaler Betrachtungsweisen durch die Agrarökonomie dürfte vor allem auf die Anforderungen des Arbeitsmarktes zurückzuführen sein. Raumordnung, Regionalplanung, nicht zuletzt die Tätigkeit im Rahmen der Entwicklungshilfe für die Dritte Welt erfordern räumliche Betrachtungsweisen.

2 Allgemeine Einflußfaktoren des Agrarraumes

Im Kapitel 1.1 wurde darauf hingewiesen, daß sich die landwirtschaftliche Produktion in einer Vielfalt von Produkten, Produktionsmethoden und Organisationsformen vollzieht, so daß der Agrarraum der Erde ein buntes Mosaik von Agrarsystemen aufweist. Es stellt sich die Frage nach den Einflußfaktoren dieser räumlichen Differenzierung. Schon L. WAIBEL forderte 1933 (S. 96) eine „Faktorenlehre der Landwirtschaftsgeographie", welche die bei der räumlichen Differenzierung der Landwirtschaft „wirksamen Kräfte" aufzudecken habe.

Es versteht sich von selbst, daß die Einflußfaktoren agrarwirtschaftlicher Aktivitäten nicht strenge Determinanten wie in naturgesetzlichen Prozessen sein können. Alle wirtschaftlichen Aktivitäten beruhen letztlich auf bewußten und unbewußten Entscheidungen von Menschen. Und menschliches Verhalten läßt sich nicht kausal-mechanistisch sondern allenfalls aufgrund stochastischer Prozesse erklären. Die Vielzahl von Einzelfaktoren, welche die Agrarsysteme beeinflussen, lassen sich zu vier großen Gruppen zusammenfassen:
- Naturfaktoren
- Wirtschaftliche Faktoren
- Individuelle und soziale Faktoren
- Politische Faktoren

Diese Gliederung in vier Gruppen erfolgt aus pragmatischen Gründen, es sind auch andere Gruppierungen denkbar. In der Regel treten auch Überschneidungen auf, besonders der politische, soziale und wirtschaftliche Bereich ist im Einzelfall oft schwer zu trennen.

2.1 Die natürlichen Einflußfaktoren des Agrarraumes

Die landwirtschaftliche Primärproduktion basiert auf der Photosynthese, d.h. auf jener Fähigkeit der Pflanzen, aus Wasser und anorganischen Mineralien des Bodens und aus dem Kohlendioxid der Atmosphäre organische Substanzen aufzubauen, wobei die erforderliche Energie für diesen riesigen Reduktionsprozeß von der solaren Einstrahlung geliefert wird. Auf der pflanzlichen Produktion baut die tierische auf. Die Landwirtschaft, d.h. die Erzeugung pflanzlicher und tierischer Produkte, beinhaltet also biologische Prozesse, eingebettet in das jeweilige Ökosystem, das sie ihrerseits beeinflußt. Klima und Witterung, Boden, Relief, Natur- und Kulturpflanzen, Nutztiere bilden komplexe ökologische Systeme mit vielen Interaktionen. Diese Interdependenz der Einzelfaktoren erschwert die Bewertung ihres Einflusses, ihre Meßbarkeit. So ist z.B. die Auswirkung einer Monatsniederschlagsmenge auf das Wachstum einer Pflanzenart x abhängig u.a. von der Art des Niederschlags, seiner Verteilung, den vorangegangenen Niederschlägen, der Einstrahlung, der Verdunstung, den Bodenverhältnissen, der Vegetationsdecke, der Phase der Pflanzenentwicklung. Es ist daher im Einzelfall außerordentlich schwierig, die Verbreitungsgrenze einer Pflanze mit physikalischen Daten wie etwa Klimadaten zu korrelieren. Diese Schwierigkeit rührt einmal von der außerordentlich großen Zahl von Einzelelementen eines Ökosystems, zum andern von der noch viel größeren Zahl der Interaktionsmöglichkeiten her. Aus diesen Gründen sind auch heute noch langjährige Experimente unerläßlich, soll eine Pflanze oder eine Haustierrasse an einen fremden Standort verpflanzt werden.

2.1.1 Die vermeintliche Beherrschung der Natur

In der Geschichte der Agrargeographie war die Einschätzung der Natur als Einflußfaktor für die Landwirtschaft starken Wandlungen unterworfen. Gegen Ende des 19. Jahrhunderts wurde unter dem Einfluß FRIEDRICH RATZELs der Einfluß der natürlichen Faktoren sehr hoch bewertet. RATZEL hat von DARWIN das Selektionsprinzip der Natur als bestimmendes Agens für die räumliche Differenzierung menschlicher Kulturen übernommen. Um 1900 setzten sich possibilistische Vorstellungen durch, welche die Handlungsautonomie des Menschen und die alternativen Möglichkeiten bei der Inwertsetzung eines Naturraumes hervorhoben. Nach 1950 führte die Adoption von wirtschafts- und sozialwissenschaftlichen Denkweisen in der Geographie zu einer Geringschätzung natürlicher Faktoren im Agrarraum. Unter dem Einfluß eines allgemeinen technologisch fundierten Positivismus in den fünfziger und sechziger Jahren gewann die Auffassung Raum, daß moderne Technik und Wissenschaft den Menschen in die Lage versetzt habe, weitgehend unabhängig von den Naturgrundlagen zu wirtschaften. Die Überwindung natürlicher Schranken wurde zu einer Frage von Kapitaleinsatz und Technologieentwicklung reduziert. „Total control over the physical enviroment is an ultimate possibility ..." (MORGAN u. MUNTON 1971, S. 41). Diese Einstellung erklärt sich aus den außerordentlichen Produktionssteigerungen der Landwirtschaft in den Industrieländern, deren Agrargebiete mehrheitlich in der gemäßigten Klimazone liegen. Die hier erwirtschafteten hohen Dauererträge wurden auch in anderen Zonen für erzielbar gehalten. Ein zweiter Grund war die stillschweigende Annahme, daß die erforderliche billige Energie für eine globale Modernisierung der Landwirtschaft überall und unbegrenzt zur Verfügung stünde.

Nun haben zweifellos die Anwendung wissenschaftlicher Methoden und die Entwicklung der Agrartechnologie die Abhängigkeit der Landwirtschaft vom natürlichen Milieu verringert. Die Ertragssicherheit der pflanzlichen und tierischen Produktion hat sich in den entwickelten Ländern der gemäßigten Breiten stark verbessert. Konnte in der Provinz Hannover im Jahrzehnt 1890–99 die Weizenernte noch um 37 % und die Kartoffelernte sogar um fast 40 % unter den Durchschnittswert sinken, so betrugen diese Werte für Niedersachsen in den Jahren 1970–79 nur noch 14 % bzw. 23,7 %. (s. Abbildung 2.1). Die Weinmosternte im Deutschen Reich pendelte in den Jahren 1904–13 zwischen 35,4 hl (1904) und 7,5 hl (1910) je Hektar. Das bedeutete, daß das Maximum 69 % über und das Minimum 64 % unter dem Durchschnitt von 20,9 hl/ha lag. Im Jahrzehnt 1970–79 lauteten die Extremwerte 79,8 hl (1971) und 134,2 hl (1970), d.h. 30,5 % unter bzw. 22,4 % über dem Mittelwert der Dekade. Die Entwicklung der Agrartechnik hat außerdem die Möglichkeiten eines Betriebs, an einem Standort mit vorgegebenem Naturpotential unter verschiedenen Produktionsrichtungen zu wählen, beträchtlich erweitert und so seine Produktionsflexibilität erhöht.

Abb. 2.1:
Ertragsschwankungen
bei Winterweizen und
Kartoffeln

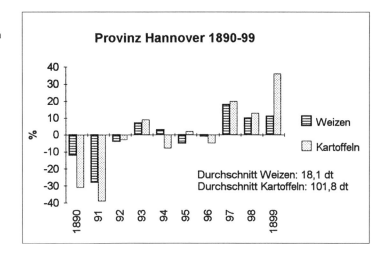

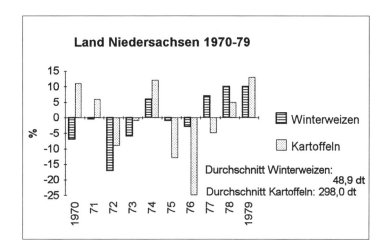

Bei näherer Betrachtung reduziert sich die Beherrschung des natürlichen Milieus auf eine Beeinflussung von Teilen des Ökosystems. Am ehesten lassen sich – jedenfalls in den gemäßigten Breiten - die Eigenschaften des Produktionsfaktors Boden steuern. Fortlaufende Bearbeitung verbessert die Bodenstruktur, starke Traktoren ermöglichen den Umbruch schwerer Böden mit hohem Tonanteil, Tiefpflügen bricht Ortssteinschichten, Mineraldünger gleicht das Nährstoffdefizit aus, während organische Dünger und Gründüngung den Humusgehalt regeln. Der Ausbau der Vorfluter und der Dränagesysteme steuert den Wasserhaushalt; dadurch wurde in Mitteleuropa das Nässerisiko in niederschlagsreichen Jahren, das bis Ende des 19. Jahrhunderts gravierender war als das Dürrerisiko, stark reduziert. Das Beispiel der Heidekolonisation in den nordwesteuropäischen Geestgebieten zeigt, wie in früheren bodenbedingten Ungunsträumen brauchbare Nutzflächen mittlerer Güte gewonnen wurden. Die Ertragsunterschiede zwischen Geest und Börde sind heute weit geringer als im vorigen Jahrhundert.

Diese Erfolge bei der Steuerung des Bodenfaktors wurden vorwiegend in den gemäßigten Klimazonen erzielt. In den ariden Zonen und besonders in den Tropen stößt der Mensch sehr viel schneller auf Grenzen, die der Boden setzt. In den feuchten Tropen ist die rasch nachlassende Ertragskraft der Böden offensichtlich noch immer das größte Hindernis für eine dauernde Ackernutzung.

Sehr viel eingeschränkter als beim Boden sind die Steuerungsmöglichkeiten beim Klima. Das Großklima entzieht sich völlig einer gezielten Beeinflussung durch den Menschen, beim Mikroklima bestehen begrenzte Eingriffsmöglichkeiten, etwa durch Windschutzhecken, Schirmwirkung durch Bäume (Überhälter), Spaliermauern. Von den einzelnen Klimafaktoren läßt sich großflächig lediglich die Wasserzufuhr steuern. Bewässerungssysteme gewinnen nicht nur in den Trockenzonen der Erde an Bedeutung, sie helfen auch in den gemäßigten Breiten die Trockenperioden zu überbrücken und tragen so zur Steigerung und Stabilisierung der Erträge bei. Ihre Einrichtung wird durch Verfügbarkeit von Grund- oder Oberflächenwasser in wirtschaftlich zumutbaren Distanzen begrenzt. Demgegenüber läßt sich das Angebot an Wärme und Licht nur durch außerordentlich hohen Kapitalaufwand beherrschen und kann daher nur kleinflächig für ertragsintensive Kulturen in Frage kommen: Folienkulturen, Frostberegnungsanlagen in Weingärten und Obstgärten, schließlich die Glashauskulturen. Bei letzteren ist freilich das Klima vollständig steuerbar: Wasserangebot, Temperatur, Licht bzw. Ein- und Ausstrahlung, ja selbst die Zufuhr von Kohlendioxid. Es versteht sich von selbst, daß diese Gartenbautechniken nur für hochwertige Produkte und nur für einen kaufkräftigen Markt in Frage kommen. In den kühleren Zonen sind sie an das Angebot preiswerter Energie gebunden.

2.1.2 Naturfaktoren als Kostenfaktoren

Der Einfluß der natürlichen Faktoren auf die Agrarsysteme wächst beim Übergang eines Betriebs von der Subsistenzwirtschaft zur Marktwirtschaft. Bei überwiegender Selbstversorgung werden die Bewirtschafter alle die Produkte erzeugen die sie für lebensnotwendig halten und die unter den gegebenen Naturbedingungen überhaupt erzeugt werden können. Ein marktwirtschaftlich orientierter Betrieb muß dagegen die Konkurrenz der Mitbewerber am Markt in sein Kalkül einbeziehen. Er wird nach dem wirtschaftlichen Prinzip der komparativen Kosten diejenigen Produkte und Produktionszweige eliminieren, die an seinem Standort nicht mehr mit ausreichender Rentabilität produziert werden können. Er wird sich auf diejenigen Erzeugnisse spezialisieren, für die sein Standort die optimalen Bedingungen bietet, wozu vor allem die natürlichen Faktoren zählen. Diese wirken also nicht direkt, sondern indirekt über die Rentabilitätsrechnung auf eine Selektion der Produktionszweige hin. Folgt eine größere Zahl von Betrieben eines Gebietes diesem Kalkül – was nicht unbedingt der Fall sein muß –, so erwächst aus der einzelbetrieblichen Spezialisierung die räumliche. Auf diese Weise kann die räumliche Differenzierung des Naturraums indirekt, über die Entscheidungsprozesse der Einzelbetriebe, eine räumliche Spezialisierung der Agrarproduktion bewirken. Voraussetzung ist allerdings ein effektives Transport- und Verteilungssystem, welches die Transportkosten relativ niedrig hält. In den Industrieländern hat sich diese räumliche Spezialisierung der Agrarwirtschaft seit Beginn des Eisenbahnzeitalters verstärkt, sie läßt sich durch zahlreiche Regionalbeispiele belegen: Vergrünlandung von Altmarsch und Mittelgebirgen, Rückzug des Weinbaus in Mitteleuropa auf ökologische Nischen, neuerdings die stärkere Spezialisierung des europäischen Mittelmeerraumes auf Obst und Gemüse. Das bekannteste Beispiel für die räumliche Spezialisierung der Landwirtschaft unter Anpassung an die räumliche Differenzierung der Naturfaktoren bieten seit dem ausgehenden 19. Jahrhundert die USA. Selbstverständlich spielen bei diesen Differenzierungsprozessen nicht nur die natürlichen Faktoren eine Rolle, sie gehen jetzt aber neben den ökonomischen und sozialen Faktoren stärker ins Kalkül ein, als bei der früheren Subsistenzwirtschaft. Während sich also einerseits die allgemeine Abhängigkeit der Landwirtschaft von Naturfaktoren seit Beginn der Industrialisierung verringert hat, führte andererseits die Ausbildung größerer Wirtschaftsräume und die Senkung der Transportkosten zu eine stärkeren Berücksichtigung der natürlichen Faktoren.

2.1.3 Natürliche Gunst- und Ungunsträume

Die natürlichen Standortfaktoren unterliegen einer konstanten ökonomischen Bewertung, deren Kategorien im zeitlichen Ablauf starken Veränderungen unterworfen sind. Aus diesem Grunde lassen sich auch keine Gunst- und Ungunst-räume an sich unterscheiden.

Die Bewertung des Naturpotentials eines Raumes steht zunächst in Relation zum jeweiligen technologischen Entwicklungsstand. In vorgeschichtlicher Zeit war nicht einfach der fruchtbarste Boden gesucht, sondern derjenige, der leicht zu bearbeiten war. Das erklärt z.B. die relativ dichte Besiedlung der leichten Geestböden seit dem Neolithikum. Erst mit der Entwicklung der Pflugtechnik konnten in den mittelalterlichen Kolonisationsperioden auch schwere Lehmbö-den kultiviert werden. Der Einsatz von Traktoren machte im 20. Jahrhundert das Vordringen des Ackerlandes auch auf Standorte möglich, die vom Gespannpflug nicht zu bearbeiten waren. Fortschritte der Entwässerungstechnik ermöglichten die ackerbauliche Nutzung von Flächen, die früher allenfalls als Grünland ge-nutzt werden konnten. Andererseits führte die Mechanisierung der Feldarbeiten auch zur Aufgabe von Flächen, die mit Maschinen nicht zu befahren sind, wie z.B. Hänge mit mehr als 10–15° Hangneigung oder kleinterrassierte Parzellen.

Außerdem muß das Naturpotential in Bezug zur Produktionsrichtung gesetzt werden. Jede Kulturpflanze, jedes Nutztier, jede Betriebsform hat andere Ansprüche an den Standort. Ein südexponierter Steilhang mag eine ausgezeichnete Weinberglage sein, für andere landwirtschaftliche Nutzungen kommt er kaum in Frage. Die traditionellen bäuerlichen Betriebe Mitteleuropas legten früher, als sie möglichst vielseitig wirtschafteten, Wert auf ein ausgeglichenes Acker-Grünland-Verhältnis. Dauergrünland war daher begehrt und wurde selbst in größeren Entfernungen vom Hof gekauft oder gepachtet. Im Zeichen der betrieblichen Spezialisierung neigt man heute entweder zum reinen Grünland- oder zum reinen Ackerbaubetrieb. Betriebe mit hohen Anteilen naturbestimmten Grünlandes (Talauen, feuchte Niederungen, Gebirgslagen) gelten heute eher als benachteiligt und „grünlandbelastet", weil ihnen wenige alternative Nutzungsmöglichkeiten bleiben.

Unter diesen Einschränkungen lassen sich begünstigte Agrargebiete in Relation zu anderen Agrargebieten – gleicher technischer Entwicklungsstand vorausgesetzt – nach folgenden Kriterien abgrenzen:
- hohe pflanzliche Bruttoproduktion je Flächeneinheit als Funktion von Ertragskraft der Böden und der Länge der thermischen und hygrischen Vegetationszeit,
- hohe Variationsbreite der Produktionsmöglichkeiten,
- geringes Ertragsrisiko,
- langfristige Stabilität des Ökosystems.

2.1.4 Belastungs- und Regenerationspotentiale

In jüngster Zeit wurde das Belastungs- und Regenerationspotential von Ökosystemen zu einem wichtigen Forschungsfeld der verschiedensten Fachdisziplinen. Mit der Einsicht, daß das ökologische Potential eines Raumes auch durch landwirtschaftliche Aktivitäten überlastet werden kann, wurden absolute Grenzwerte für die Inwertsetzung sichtbar. Nun ist die Erkenntnis, daß der wirtschaftende Mensch nicht nur in die Natur eingebunden ist, sondern sie durch seine Tätigkeit auch verändert, nicht neu. Seit dem Neolithikum haben die Ackerbauer und Viehhalter mehr oder weniger stark in die natürlichen Ökosysteme eingegriffen. Mit der Umwandlung des Urwaldes in Ackerland, die vor Jahrtausenden begann und in der Dritten Welt bis heute anhält, wurden zwei ökologische Grundprinzipien verletzt (W. BLUM 1987, S. 8):
- der Anbau von annuellen Systemen ersetzte die perennierenden Waldsysteme mit ihren langlebigen Pflanzen,
- Monokulturen im Rahmen dieser annuellen Systeme traten an die Stelle der Artenvielfalt des früheren Waldes.

Dennoch bildete sich meist ein neues Gleichgewicht im Landschaftshaushalt aus. Die Heide in den nordwesteuropäischen Geestgebieten ist wohl das bekannteste Beispiel einer relativ stabilen Kulturlandschaft, entstanden aus einem Eichen-Birken-Hainbuchenwald durch menschliche Eingriffe wie Ackerbau, Weidewirtschaft, Holzeinschlag und Plaggenhieb. Nicht wenige Beobachter bewerten die vorindustrielle Agrarlandschaft gegenüber der Naturlandschaft sogar als vielfälti-

Übersicht 2.1: Das land- und forstwirtschaftliche Ertragspotential der natürlichen Boden- und Vegetationszonen der Erde (Quelle: R. SCHMIDT u. G. HAASE 1990, S. 349)

Geographische Zonen (Klimatyp nach KÖPPEN)	Klimabedingte Fruchtbarkeit	Vegetationsformen (Fläche in 10^6 km²)	Bodenfruchtbarkeit	Dominante Bodentypen (Bezeichnung nach der FAO/UNESCO-Bodenklassifikation in Klammern)	Land- und forstwirtschaftliches Ertragspotential
Subpolare Zone (ET-Klima)	sehr gering	Tundra (8,0)	gering	Gleyböden (Gelic Gleysols)	sehr gering
Boreale Waldzone (Df, Dw-Klima)	gering	Borealer Nadelwald/Taiga (12,0)	gering bis gut	Podsole (Podzols) Vergleyte Fahlerden (Gleyic Podzoluvisols) Fahlerden (Dystric Podzoluvisols)	gering
Steppenzone (Df, Cfk, BSk-Klima)	mäßig	Waldsteppe (6,5) Steppe (9,0)	sehr gut bis gering	Schwarzerden (Chernozems) Kastanienfarbene Böden (Castanozems)	mäßig bis hoch
Gemäßigte Waldzone (Cfm-Klima) und feuchte subtropische Zone (Cw-Klima)	hoch	Sommergrüner Laub- und Mischwald (7,0)	hoch bis gering	Parabraunerden (Luvisols, Chromic Luvisols) Stauvergleyte Parabraunerden, Podsole (Gleyic Luvisols, Podzols)	hoch
Winterfeuchte subtropische Zone (Cs-Klima)	mäßig	Hartlaubgebüsche (2,0)	hoch	Parabraunerden (Luvisols) Braunerden (Chromic Luvisols)	mäßig
Subtropische und tropische Trockenzone (BW-Klima)	sehr gering	Wüste (12,0)	sehr gering	Kalkböden (Yermosols) Sandböden (Arenosols) Salzböden (Solontschaks)	sehr gering
Trockengebiete der periodisch-feuchten Tropenzone (BSh-Klima)	sehr gering	Trockensavanne (18,0)	sehr gering	Kalkböden (Yermosols) Braunerde (Chromic Cambisols)	sehr gering
Periodisch feuchte Tropenzone (AW-, Am-Klima)	hoch	Feuchtsavanne (15,0) Regengrüner Feuchtwald (5,0) Monsunwald (7,5)	sehr mäßig / mäßig	Roterden (Acrisols) Krustenböden (Plinthic Ferrasols) Rotlehme (Ferrasols)	mäßig bis hoch
Immerfeuchte Tropenzone (Af-Klima)	hoch	Immergrüner Regenwald (17,0)	hoch	Schwarzlehme (Vertisols)	mäßig bis hoch

ger, was ihre Pflanzen- und Tierarten, Lebensgemeinschaften und Ökosysteme betrifft (J. ZEDDIES 1995, S. 204). Gravierende Schäden wie Sandverwehungen und Dünenbildungen blieben in der Heidelandschaft lokal begrenzt. Unter den klimatischen Verhältnissen der Mittelbreiten ist offensichtlich das Regenerationspotential relativ kräftig ausgebildet. In anderen Klimazonen ist das Belastungspotential weit geringer. So ist die Umwandlung des bedeckten Karstes in den nackten Karst des Mittelmeerraumes seit der Antike ein frühes Beispiel für die irreversible Zerstörung eines empfindlichen Ökosystems.

Globale Potentialgrenzen

Die Tragfähigkeit von Ökosystemen ist weltweit sehr unterschiedlich. R. SCHMIDT u. G. HAASE (1990) haben ein Schema über das land- und forstwirtschaftliche Ertragspotential der natürlichen Klima- und Vegetationszonen der Erde aufgestellt (s. Übersicht 2.1).

Weltweit ist die *Bodendegradation* das gravierendste Problem. Sie wird definiert als „dauerhafte oder irreversible Veränderung der Strukturen und Funktion von Böden oder der Verlust, die durch physikalische und chemische oder biologische Belastungen entstehen und die Belastbarkeit des jeweiligen Systems überschreiten" (A. HEBEL 1995, S. 686).

Im Rahmen des Umweltprogramms der Vereinten Nationen (UNEP) wurde zwischen 1987 und 1990 ein Weltkartenwerk zum aktuellen Stand der anthropogenen Bodendegradation im Maßstab von 1 : 10 Millionen erstellt. Dieses GLASOD-Projekt (Global Assessment of Soil Degradation) unterscheidet vier Haupt- und mehrere Untertypen der Bodendegradation (s. Übersicht 2.2).

Die größten Flächen werden durch Wassererosion beeinträchtigt, gefolgt von Winderosion und chemischer und physikalischer Verschlechterung. Nach UNEP-Schätzungen – die allerdings angezweifelt werden – sind 38 % der Weltackerfläche von 14,5 Mio. km^2 durch anthropogene Bodendegradation beeinflußt (A. HEBEL 1995, S. 687). Je nach Klimazone treten die verschiedenen Arten der Bodendegradation in den Vordergrund. Die *Wassererosion* ist am gefährlichsten in den Gebirgsräumen der Tropen und Subtropen, während sie in der Zone der gemä-

Haupttypen	Subtypen
Wassererosion	Oberbodenverlust Reliefveränderung, Massenversatz
Winderosion	Oberbodenverlust Überwehung Reliefveränderung/Deflation
physikalische Verschlechterung	Verdichtung Versiegelung, Krustenbildung Versumpfung
chemische Verschlechterung	Verlust an Nährstoffen und organischen Substanzen Versalzung Versauerung Verschmutzung

Übersicht 2.2:
Typen der Bodendegradation
(Quelle: A. HEBEL, 1995, S. 687)

ßigten Klimate die Produktivität der Landwirtschaft nur wenig beeinflußt. In der Sahelzone setzt die Ausweitung der Ackerflächen mit immer kürzeren Bracheperioden den Boden vor allem der *Winderosion* aus. Die starke Ausweitung der Bewässerungsflächen in den letzten vierzig Jahren verschärfte das Problem der *Versalzung und Vernässung*, das in den Trockengebieten schon immer gegeben war. Versalzung tritt auf, wenn der Boden unzureichend dräniert und entwässert wird, Vernässung ist auf zu hohe Wassergaben zurückzuführen. Räumliche Schwerpunkte sind Ägypten, Irak, Indien, Pakistan, die zentralasiatischen Republiken sowie der Westen der USA. In Mitteleuropa sind die Böden vor allem durch Bodenverschmutzung gefährdet. Wie man sieht, treten die meisten Arten der Bodendegradation vorwiegend in den ärmsten Ländern der Welt auf. Als Folge der Bodenverschlechterung sind die Erträge und gesamten Ernteergebnisse wichtiger Nahrungsmittel in einer Reihe von Ländern zurückgegangen, insbesondere in Afrika südlich der Sahara, und zwar im Gegensatz zum globalen Trend wachsender Erträge (Weltbank 1992, S. 68).

Ein Sonderfall ist die *Desertifikation*, die erstmals in den siebziger Jahren nach einer Dürreperiode im Sahel wahrgenommen wurde. In Deutschland wurde sie vor allem durch die Arbeiten von H. MENSCHING (1979, 1990) und F. IBRAHIM (1980) publik. Das Umweltprogramm der Vereinten Nationen UNEP definiert Desertifikation als die „Landdegradation in ariden, semiariden und trockeneren subhumiden Zonen, hauptsächlich infolge menschlicher Eingriffe" (A. HEBEL 1995, S. 686). Ihre Auswirkungen gehen über die Bodendegradation – überwiegend durch Winderosion – weit hinaus und betreffen vor allem die weitgehende Zerstörung der Vegetation und die Störung des Wasserhaushalts. Sie tritt auf in Räumen hoher Niederschlagsvariabilität mit mehrjährigen Dürreperioden. In diesen Gebieten mit von Natur aus labilen Ökosystemen schädigen anthropogene Eingriffe wie Überweidung, Ausdehnung des Ackerlandes auf ungeeignete Standorte und exzessive Brennholzgewinnung den Landschaftshaushalt derartig, daß wüstenhafe Zustände auftreten können.

Die Rodung des tropischen Regenwaldes bedeutet die Zerstörung eine Ökosystems mit hohem Produktionspotential, das allerdings einen nahezu geschlossenen Stoffkreislauf mit hoher Umsatzgeschwindigkeit darstellt, dem nur behutsam Nahrungsstoffe entnommen werden können. Der Aufbau eines dauerhaften anthropogenen Ökosystems erscheint hier sehr viel schwieriger als in der früheren Laubwaldzone der gemäßigten Breiten. Die Verluste an Waldfläche werden für die frühen neunziger Jahre auf jährlich 15, 4 Mio. ha geschätzt (N. ALEXANDRATOS 1995, S. 351), von welcher der größte Teil in Weide- und Ackerland umgewandelt wird.

Großräumige ökologische Schäden in den Trockengebieten und in den Tropen gehen auch auf die Übertragung von ungeeigneten Nutzungsweisen aus anderen Klimazonen zurück. Die aus der Agrarrevolution des 18./19. Jahrhunderts erwachsene moderne Landwirtschaft entspricht den Böden, Klimaten und Kulturpflanzen der gemäßigten Breiten und kann nicht unverändert auf andere Klimazonen übertragen werden. Verschiedene Maßnahmen zur Erhaltung der Bodenfruchtbarkeit wurden hier im Laufe der geschichtlichen Entwicklung erprobt: Feld-Gras-Wechselsysteme, Fruchtfolgen mit eingeschobenen Brachjahren, Integration von Ackerbau und Stallviehhaltung mit hohem Aufkommen an Naturdünger, schließlich seit dem ausgehenden 19. Jahrhundert der zunehmende Nährstoffersatz durch Mineraldünger.

Bei der Übertragung des in Mitteleuropa in Jahrtausenden bewährten Ackerbaus in andere Klimazonen ergaben sich unerwartete Schwierigkeiten. So traten schon früh bei der Kultivierung der Steppengebiete (USA, UdSSR), nach der Zerstörung der natürlichen Grasnarbe, Schäden durch *äolische und fluviatile Erosion* auf. Sie wird ausgelöst durch die fehlende Vegetationsdecke im Winter und durch die Bodenbearbeitung, welche zu einer Reduzierung der bodenstabilisierenden Huminstoffe führt. Zu Erosionskatastrophen können sich diese Erscheinungen auswachsen, wenn ungünstige episodische Witterungsbedingungen zusammentreffen. Langjährige Dürren mit tiefgreifender Bodenaustrocknung und nachfolgende Stürme haben in den dreißiger Jahren in den USA und um 1960 in Kasachstan großflächig den Oberboden abgetragen.

In all diesen Ökosystemen, die auf Eingriffe des Menschen empfindlich reagieren, ist die *Entwicklung angepaßter Agrarsysteme* erforderlich. Das bedeutet u. a. Verzicht auf kurzfristige Gewinne zugunsten einer langfristigen Stabilität. In den trockenen Ackerbaugebieten der USA wurden nach den Dürrekatastrophen der dreißiger Jahre spezielle Methoden der „soil conservation" entwickelt (Konturenpflügen, Waldschutzstreifen, strip farming, bodenwasserkonservierende Methoden). In den feuchten Tropen wird noch mit verschiedenen naturnahen Nutzungssystemen experimentiert (s. Kapitel 4.3.1).

Ein schweres Konfliktpotential für die Zukunft bildet der Wettbewerb um die sich verknappenden *Wasserressourcen*. In den Entwicklungsländern ist die Landwirtschaft der Hauptwasserverbraucher. Nach N. ALEXANDRATOS (1995, S. 354) konsumiert sie 70 % der „managed water resources", während auf die Industrie 21 % und auf die Haushalte 6 % entfallen. Industrialisierung, Verstädterung und die wachsende Bevölkerung erheischen höhere Anteile. Andererseits erfordert der wachsende Nahrungsbedarf die Ausweitung der Bewässerungsfläche. Bereits heute wird rund die Hälfte der Getreideernte in den Entwicklungsländern auf Bewässerungsland produziert. Bei der Nutzung des Wassers grenzüberschreitender Flüsse (z.B. Nil, Jordan, Euphrat, Tigris, Indus, Ganges, Brahmaputra) sind zwischenstaatliche Konflikte um die Wassernutzung denkbar geworden. Die Übernutzung der Grundwasservorräte durch Feldberegnung führt bereits in der niedersächsischen Geest zu Interessenkonflikten zwischen Landwirten und anderen Gruppen sowie zu Umweltschäden (Baumsterben, Versiegen von Quellen und Bächen). In den Trockengebieten der Erde wird vielfach fossiles Wasser abgepumpt, das sich kaum regeneriert (groundwater mining). Die künftige Wasserversorgung ist nicht nur durch quantitative Verknappung, sondern auch durch die Verschlechterung der Wasserqualität nach Einführung intensiver Wirtschaftsmethoden in der Landwirtschaft bedroht:

Das Dränagewasser läßt den Salzgehalt steigen, die Rückstände von Mineraldünger und Pflanzenschutzmitteln bedrohen die Gesundheit von Mensch, Vieh und Wildtieren (N. ALEXANDRATOS 1995, S. 359). Ein nachhaltiges Management der knappen Süßwasserressourcen der Erde ist eine der großen Zukunftsaufgaben der Menschheit.

Potentialgrenzen industrieller Landwirtschaft

In den Industrieländern, die vorwiegend in der Klimazone der gemäßigten Breiten liegen, wurden die von der Landwirtschaft ausgehenden Umweltschäden lange übersehen. Dabei werden auch hier zunehmend die Grenzen der Belastbarkeit landwirtschaftlicher Ökosysteme sichtbar. Die seit RICARDO in der Volkswirtschaftslehre gültige Auffassung, derzufolge der Boden ein Produktionsfaktor mit den Merkmalen „unbeweglich, unvermehrbar und unzerstörbar" ist, kann unter ökologischen Aspekten nicht mehr aufrechterhalten werden. Die landwirtschaftlich genutzten Flächen haben nicht nur der landwirtschaftlichen Produktion zu dienen (biologische Produktionsfunktion), sondern müssen auch wichtige Funktionen der Umweltsicherung erfüllen, wie z.B. die Grundwasserbildung oder die bisher weitgehend unbeachtet gebliebenen Filter-, Puffer- und Transformationsfunktionen. Diese Funktionen beschreiben den Boden als Substrat, das schädliche Stoffe aus der Umwelt mechanisch filtern, biologisch umwandeln oder gänzlich abbauen sowie physiko-chemisch binden und somit unschädlich machen kann (W. BLUM 1987, S.8). Diese Filter-, Puffer- und Transformationseigenschaften schützen die wichtigsten Lebensgüter des Menschen, nämlich die Nahrung und das Wasser.

Daß auch von der Landwirtschaft schwere Umweltschäden verursacht werden, wurde in den Industrieländern lange verdrängt. Die sogenannte Landwirtschaftsklausel des Bundes-Naturschutzgesetzes ist sogar eine amtliche Unbedenklichkeitsbescheinigung: „Die im Sinne dieses Gesetzes ordnungsgemäße land-, forst- und fischereiwirtschaftliche Bodennutzung ist nicht als Eingriff in Natur und Landschaft anzusehen" (§ 8, Absatz 7).

Es wird dabei übersehen, daß die moderne Landwirtschaft seit der Mitte des 20. Jahrhunderts über technische Möglichkeiten verfügt, die eine so hohe Intensität der Landschaftsnutzung erlauben, daß die Agro-Ökosysteme zunehmend belastet werden. Das Kreislaufprinzip der Natur, das den relativ naturnahen Agrarsystemen der vorindustriellen Zeit zugrunde lag, wurde aufgegeben. Fossile Energie und Rohstoffe wurden in solchen Mengen aus der Erdkruste geholt und in terrestrische Ökosysteme eingebracht (W. BLUM 1987, S. 6), daß das umweltverträgliche Maß häufig überschritten wird. Folgende Belastungen lassen sich unterscheiden (H. KUNTZE 1972; N. KNAUER 1980; H. V. SCHILLING 1982; W. BLUM 1987; J. ZEDDIES 1995; F. TIMMERMANN 1995):
- physikalische Belastung des Bodens,
- chemische Belastung des Bodens,
- biologische Belastung des Bodens,
- Luftverschmutzung,
- Schaffung technikgerechter Nutzflächen,
- Artenschwund.

Zur *physikalischen Belastung* zählen Bodenerosion und Bodenverdichtung. Letztere entsteht durch die Verwendung schwerer Großmaschinen. Der Boden wird vor allem in den Fahrgassen verknetet, die Infiltration des Niederschlagswassers wird behindert, es kommt zum verstärkten Oberflächenabfluß. Die Erträge sinken, da das Wurzelwachstum behindert ist. Erosionsgefährdet sind Böden mit schlechter Krümelstruktur bei größerer Hangneigung. Die Winderosion ist in Mitteleuropa relativ unbedeutend, lediglich auf den leichten Sandböden des Norddeutschen Tieflands kann es zu stärkeren Auswehungen kommen, wenn die schützende Vegetationsdecke fehlt.

Die *chemische Belastung* der Umwelt durch die Landwirtschaft rührt aus mehreren Quellen. Der Einsatz von Mineraldünger hat sich in allen Industrieländern in den letzten Jahrzehnten vervielfacht. Niedrige Energiepreise haben bis 1980 höhere Gaben von Stickstoff ermöglicht; seitdem ist ein leichter Rückgang festzustellen (vgl. Tabelle 2.1).

	1960/61	1970/71	1980/81	1990/91	1993/94
Stickstoff (N)	43,4	83,3	126,6	117,4	109,2
Phosphat (P_2O_5)	46,4	67,2	68,4	43,7	31,9
Kali (K_2O)	70,6	87,2	93,4	63,4	47,7
Kalk (CaO)	37,4	49,5	92,9	122,3	95,0
Summe	197,8	287,2	381,3	346,8	283,8

Tab. 2.1:
Der Mineraldüngereinsatz in den alten Bundesländern in kg/ha
(Quelle: AGRIMENTE 95 , S.16)

Die Vergrößerung der Tierbestände, nicht zuletzt auf der Futterbasis importierter Futtermittel, bewirkte eine erhöhten Anfall von organischem Dünger, vor allem von Gülle. Über diesen Wirtschaftsdünger gelangt ein Großteil der importierten Nährstoffe in die Böden und erhöht zusätzlich deren Nährstoffvorrat. Die Ausschwemmung überschüssiger Phosphate und Stickstoffverbindungen führt zur Eutrophierung der Oberflächengewässer – vor allem über das Dränagewässer – und zur Nitratanreicherung im Grundwasser. In den Ländern der Europäischen Union darf der Nitratgehalt im Trinkwasser 50 Milligramm pro Liter nicht übersteigen. In Gebieten mit intensiver Landwirtschaft werden aber bereits Konzentrationen von mehr als 500 mg/l in oberflächennahen Bereichen des Grundwassers gemessen. Die Situation des Nährstoffhaushalts hat sich in den Intensivanbaugebieten der Industrieländer in den letzten Jahrzehnten radikal gewandelt. Galt bis zur Mitte des 20. Jahrhunderts die Hauptsorge der Bauern dem Erhalt der Bodenfruchtbarkeit durch den Ersatz der mit der Ernte entzogenen Nährstoffe, so führt heute die Überfrachtung der Böden mit Stickstoff und Phosphat zu unerwarteten Problemen.

Eine weitere chemische Umweltbelastung, die erst in den letzten Jahren erkannt wurde, ist die Anreicherung mit Rückständen der Pflanzenschutzmittel in Boden und Grundwasser. Im Altbundesgebiet stieg der Absatz von Herbiziden, Insektiziden und Fungiziden von 19 469 t (1970) auf 36 774 t (1988); im vereinten Deutschland ist er bis 1993 wieder auf 28 930 t gefallen (Statist. Jb. ELF 1994). Von dieser Menge entfallen etwa die Hälfte auf Herbizide, die vor allem im Intensivackerbau mit Getreide, Mais und Rüben angewandt werden. Die Fungizide als zweitgrößte Gruppe haben einen Anteil von etwa 25 % am Inlandsabsatz; sie werden vor allem im Obst-, Wein- und Hopfenanbau eingesetzt.

Probleme könnten in der Zukunft auch aus der Kontamination von Schwermetallen im Boden erwachsen. Lokal traten sie schon immer in Bergbaugebieten auf; heute finden sie über den Phosphatdünger, der geringe Mengen enthält, flächenhafte Verbreitung. Außerdem drängen Abfallstoffe wie Klärschlämme und Komposte in die landwirtschaftliche Verwertung. Schließlich gelangen auch über den Luftpfad zusätzlich kritische Stoffeinträge auf die Böden. Neben Schwermetallen sind es besonders die Säurebildner Schwefel- und Stickoxide sowie Ammoniak (F. TIMMERMANN 1995, S. 710).

Die *biologische Belastung* entsteht durch extrem enge Fruchtfolgen. Die Steigerung des Getreideanteils auf Werte von 60 – 80 % der LN in vielen Betrieben auf Kosten der Hackfrucht- und Feldfutterbaufläche, die Begünstigung von Pflanzen mit hohen Bodenansprüchen (Weizen, Mais, Zuckerrüben) führt zu einer Verarmung der Feldpflanzengesellschaft gegenüber der alten Fruchtwechselwirtschaft.

Zur *Luftverschmutzung* trägt die Landwirtschaft mit klimawirksamen Spurengasen wie Kohlendioxid CO_2, Methan CH_4, Stickoxiden sowie mit Ammoniak bei. Methan entsteht vor allem beim Reisbau, in zweiter Linie durch die Rinderhaltung.

Das Streben nach *technikgerechten Nutzflächen* rührt aus den Anforderungen der Landtechnik nach großen, leicht zu befahrenden Schlägen her. Dem kommt die Flurbereinigung – in den früheren sozialistischen Staaten die Kollektivierung – entgegen. Dabei werden seit mehr als hundert Jahren Gräben und Terrassen beseitigt sowie Bäume, Hecken und Feldgehölze gerodet. Man beseitigt Erosionsbarrieren, die Erosionsgefahr steigt mit der Parzellengröße. Entwässerungsmaßnahmen begradigen die Wasserläufe, die zu Vorflutern degradiert werden, Feuchtbiotope, wie etwa die Moore, verschwinden. Die Trockenlegung ermöglicht den gewünschten Umbruch von Grünland zu Ackerland mit höherem Ertragspotential. Das Ergebnis ist eine ausgeräumte Flur, in der Wildpflanzen und Wildtiere kaum noch eine Lebenschance haben. Der Niedergang der Niederwildbestände (Feldhase, Rebhuhn, Fasan) spricht eine deutliche Sprache. So ist die Strecke von Feldhasen in der ehemaligen DDR von 380 000 (1960) nach der Kollektivierung bis 1980 auf 22 000 zurückgegangen. Aus der kleingliedrigen, abwechslungsreichen vorindustriellen Agrarlandschaft ist in den Intensiv-Ackerbaugebieten eine monotone Kultursteppe geworden, deren Erholungswert für den Menschen fraglich ist.

Der *Artenschwund*, d.h. das Verschwinden vieler Tier- und Pflanzenarten ist zweifellos zum Großteil der intensiven Wirtschaftsweise der modernen Landwirtschaft zuzuschreiben. Viele Pflanzengesellschaften der vorindustriellen Agrarlandschaften sind vom Verschwinden bedroht, wie z.B. Trockenrasen, Streuobstwiesen, artenreiche Futterwiesen, Feldraingesellschaften. Mit ihnen verschwindet auch eine Vielzahl von Tierarten.

Die Umweltbelastung durch die Landwirtschaft ist regional sehr unterschiedlich. In Deutschland sind die folgenden Agrarlandschaften besonders stark belastet (J. ZEDDIES 1995, S. 206):

– Intensive Ackerbaugebiete der Bördenzone von Hannover bis Leipzig, am Niederrhein, in den Gäuzonen Süddeutschlands. Die hier vorherrschenden Marktfruchtbetriebe wirtschaften vielfach viehlos, die Fruchtfolge ist auf die drei Glieder Weizen – Wintergerste – Zuckerrüben/Raps eingeengt. Das erfordert hohe Gaben von Mineraldünger und Pflanzenschutzmitteln. Die Erhaltung der organischen Substanz ist beschränkt auf Strohdüngung, Gründüngung und Wurzelmasse.

- Gemüse- und Sonderkulturgebiete an Oberrhein, Mosel, Main und Neckar sowie an Havel und Unterelbe sind ebenfalls durch einen hohen Aufwand an Dünger und Agrochemikalien belastet.

- Veredlungsgebiete mit hohem Tierbesatz im westlichen Niedersachsen, im Münsterland und am Niederrhein. Das Hauptproblem sind hier die Nitratanreicherung im Grundwasser und die Eutrophierung der Oberflächengewässer wegen des hohen Gülleanfalls, der einseitige Maisanbau (Erosionsgefahr), Geruchsbelästigungen und nicht zuletzt die Tierseuchengefahr im Gefolge der Massentierhaltung.

Angesichts der sichtbar werdenden ökologischen Belastungsgrenzen hat sich in allen Industrieländern als Gegenbewegung zur „konventionellen" Landwirtschaft eine „alternative" Landbewirtschaftung entwickelt. Sie versucht, mit naturnahen Methoden zu produzieren und dabei die natürliche Bodenfruchtbarkeit zu bewahren. In Deutschland wurden 1995 umweltgerechte Landbewirtschaftungsformen einschließlich extensiver und ökologischer Produktionsverfahren auf rund 1,7 Mio. ha von der Bundesregierung finanziell gefördert. Das entspricht etwa 10 % der LF.

2.1.5 Die Teilfaktoren des geoökologischen Komplexes

Es ist nicht Sache der Agrargeographie, Grundlagenforschung auf dem Gebiete der Bodenkunde, der Klimatologie und Meteorologie zu betreiben; sie hat aber deren Ergebnisse in nutzungsbezogene Kategorien umzusetzen und diese Teilfaktoren als Ressourcen des Agrarraumes zu bewerten.

Klima und Witterung

Das Klima, d.h. der mittlere Zustand der Atmosphäre über einem Gebiet während eines längeren Zeitraums, bildet die übergeordnete ökologische Determinante für mögliche Agrarsysteme. Die klimatische Differenzierung der Erde bildet den Rahmen, in den sich die Bodennutzung einzupassen hat. Wenn im folgenden die für die Landwirtschaft wichtigsten Klimaelemente gesondert erörtert werden, so muß auf ihre unlösbare Verknüpfung hingewiesen werden. Im Freiland bilden Temperatur, Strahlungs- und Wasserhaushalt sowie die Luftbewegungen ein untrennbares Wirkungsgefüge.

Aus dem großen Spektrum der solaren Einstrahlung benötigten die Pflanzen neben der ultraroten Wärmestrahlung vor allem die Strahlen des sichtbaren Lichtes. Das *Licht* liefert die Energie für die Assimilationsprozesse, es beeinflußt die Formbildung der Pflanze (Bestockung, Verzweigung) und steuert beim Reifungsprozeß der Frucht den Gehalt von Eiweiß, Zucker und Aromastoffen. Das Angebot an Licht differiert auf der Erde nach Intensität und Dauer der Einstrahlung. In den höheren Breiten wird in der sommerlichen Vegetationszeit die geringere Strahlungsmenge je Flächeneinheit teilweise durch die größere Tageslänge ausgeglichen. Dadurch verkürzt sich die Reifezeit der Feldpflanzen im Vergleich zu den niederen Breiten. Die Lichtverhältnisse sind aber nicht nur abhängig von der geographischen Breite sondern auch vom mittleren Bewölkungsgrad, vom Wasserdampfgehalt der Luft, von der Höhenlage – nach E. KLAPP (1967, S. 23) erhalten Höhen von 2 000 m etwa um die Hälfte mehr Licht als die Meeresküsten – und von der Exposition.

Die *Wärme* ist ein entscheidendes Klimaelement für alle Lebensvorgänge der Pflanzen. Sie setzt Grenzen für Anbaumöglichkeiten, die kaum überschritten werden können. Jahresdurchschnittstemperaturen sagen wenig aus, viel entscheidender ist der Temperaturgang während der *Vegetationsperiode*. Produktives Pflanzenwachstum erfolgt erst bei Temperaturen über 5 °C, bei wärmeliebenden Pflanzen wie Mais erst von 12 – 15 °C an (E. KLAPP 1967, S. 25); die Keimungstemperaturen liegen niedriger: F. SCHNELLE (1948, S. 46) gibt für Rotklee 1 °C, Roggen 1 – 2 °C, Weizen 3 – 4 °C an. Dabei handelt es sich freilich um Bodentemperaturen, die nur bedingt mit der Temperatur der bodennahen Luftschichten korreliert sind; Bodenart, Wärmeleitfähigkeit und Wassergehalt des Bodens spielen ebenfalls eine wichtige Rolle. Die Periode, in der die Tagesmitteltemperaturen den Wert von 5 °C übersteigen, wird allgemein für die Kulturen der gemäßigten Breiten als thermische Vegetationszeit angenommen. Eine andere Meßmethode ist die Addition der Tagesmitteltemperaturen aller Tage über 5 °C zu *Wärmesummen*.

Die *Phänologie*, die Lehre vom zeitlichen Ablauf der Lebenserscheinungen der Pflanzen, verläßt sich nicht auf diese physikalischen Meßwerte, sondern zieht die Pflanzen oder landwirtschaftlichen Arbeitsgänge als Wärmezeiger heran. Nach F. SCHNELLE (1962, S. 278) zählt die landwirtschaftlich nutzbare Vegetationszeit, d.h. der Zeitraum, der für die Durchführung der verschiedenen landwirtschaftlichen Arbeiten auf dem Felde zur Verfügung steht, von der Sommergetreide-Aussaat bis zur Winterweizen-Aussaat. In Europa differiert dieser Zeitraum erheblich, er reicht von weniger als 100 Tagen in Mittelschweden bis zu mehr als 260 Tagen in meeresnahen Lagen des Mittelmeerraumes.

Die *Dauer der Vegetationszeit* ist aus agrargeographischer Sicht eine der wichtigsten Klimagrößen. Unterschreitet sie den Wert von 90–100 Tagen, so wird die Rentabilitätsgrenze des Ackerbaus erreicht, selbst wenn moderne vierzeilige Gerstensorten mit 60–65 Vegetationstagen auskommen. Eine kurze Vegetationszeit ist nachteilig, weil sie
- den Anbau auf wenige kurzlebige Pflanzen (Gerste, Kartoffel) beschränkt,
- die Zeiten für Feldbestellung und Ernte einengt,
- während der langen Arbeitsruhe Kapital bindet und so die Kapitaleffizienz verringert.

Eine hinreichend lange Vegetationszeit ermöglicht dagegen u.U. zwei Ernten im Jahr; sie ist Voraussetzung für den Zwischenfruchtanbau, wenn nach der Hauptfrucht noch mindestens 40–60 Tage Vegetationszeit zur Verfügung stehen. Die Dauer der Vegetationszeit ist allerdings nur ein grobes Kriterium für die möglichen Nutzungsweisen. Maritime Klimate haben lange Vegetationsperioden, doch ist die Reifezeit wegen der niedrigen Sommertemperaturen und der reduzierten Einstrahlung länger. So liegen beispielsweise zwischen Blüte und Schnittreife des Roggens im Oberrheintal 51 Tage, im Wiener Becken dagegen nur 40 Tage

(E. KLAPP 1967, S. 46). Die kürzere Reifezeit im kontinentaleren Klima hat allerdings niedrigere Hektarerträge zur Folge.

Die Pflanze benötigt *Wasser* zur Erhaltung des Quellungszustandes ihres Zellplasmas, für die Assimilation, zum weitaus größten Teil aber für die Aufrechterhaltung eines Transportstroms aus dem Wurzelbereich zu den transpirierenden Blättern. Der Wasserverbrauch einer Kultur ist höchst unterschiedlich, je nach Pflanzenart und Klimazone. Er setzt sich aus der Verdunstung des Bodens und der Pflanze zusammen. Tabelle 2.2 zeigt einmal den Wasserbedarf verschiedener Bewässerungskulturen im vollariden Klima Ägyptens von der Saat bis zur Ernte auf:

	Wasserbedarf in m³/ha
Zuckerrohr	40 000
Reis	24 000
Baumwolle	6 000 – 10 000
Mais	6 000
Alexandrinerklee (Bersim)	6 000
Weizen	2 500 – 3 500

Tab. 2.2:

Der Wasserbedarf verschiedener
Bewässerungskulturen in Ägypten
(Quelle: H. SCHAMP 1977, S. 577)

Der Wasserbedarf der Pflanze schwankt mit ihrer Wachstumsphase. Die meisten Kulturen benötigen hohe Wassergaben in der Hauptwachstumszeit und vor dem Fruchtansatz, während der Reifezeit geht der Wasserbedarf rapide zurück. Für manche Pflanzen wie Baumwolle oder Dattelpalme sind Regenfälle während der Reifezeit sogar höchst schädlich.

Für die Bewertung des Niederschlags für das Pflanzenwachstum ist weniger die Jahressumme, als vielmehr das Verhältnis von Jahresgang zu den Vegetationszeiten der wichtigsten Nutzpflanzen von Bedeutung. Da gilt vor allem für wechselfeuchte Klimate (Etesienklima, wechselfeuchte Tropen) mit klar abgegrenzten Regenzeiten, die hier die hygrisch gesteuerten Vegetationszeiten darstellen. Von großer Bedeutung ist auch die Art des Niederschlags: Schnee ist für das Pflanzenwachstum von geringem Wert, eine Schneedecke kann allerdings als Frostschutz wertvoll sein. Leichte Regenfälle erreichen kaum den Wurzelbereich, bei Starkregen ist der Abfluß oft höher als die in den Boden eindringende Menge. Am wirksamsten sind anhaltende Landregen.

Niederschläge wirken nie für sich allein, sondern immer in Korrelation mit dem Boden und anderen Klimaelementen, vor allem mit der Temperatur.

Die Temperatur steuert die Verdunstung von Boden und Pflanzen, die Evapotranspiration. Das Verhältnis von Niederschlag und Temperatur ergibt die Humidität bzw. Aridität eines Raumes.

Im Verhalten des einzelnen Bauern nimmt das Klima, dieser langjährige statistische Mittelwert des Wettergeschehens, einen vergleichsweise geringen Raum ein. Das Klima ist für ihn, der an seinen Hof gebunden ist, eine unumstößliche Gegebenheit. Dagegen ist die *Witterung*, d.h. der Ablauf des wechselnden Wettergeschehens im Jahresgang, von eminenter Bedeutung. Sie ist es, die in erster Linie den Ausfall der Ernte determiniert, sie bestimmt in allen Jahreszeitenklimaten den zeitlichen Ablauf der landwirtschaftlichen Arbeiten, den Jahres-Arbeitskalender.

Jede Kulturpflanze durchläuft im Verlauf ihrer Vegetationsperiode kritische Phasen mit spezifischen Anforderungen an die Witterung, die über den Ernteertrag entscheiden. Am Beispiel des Sommergetreides in Mitteleuropa seien die einzelnen Wachstumsphasen mit ihren Anforderungen an die Witterung demonstriert (s. Übersicht 2.3).

Übersicht 2.3:
Die Anforderungen des Sommergetreides an die Witterung in Mitteleuropa
(Quelle: F. SCHNELLE 1948, S. 61; E. KLAPP 1967, S. 371, vereinfacht)

Monat	Wachstumsphase	Ertragskomponente		optimale Witterung
März	Aussaat, Keimung, Aufgang	Pflanzenzahl/m^2		warm, trocken
April/Mai	Bestockung	Halmzahl je Pflanze	Ährenzahl /m^2 = Bestandsdichte	kühl, naß
Mai/Juni	Schossen, Ährenbildung, Blüte	Kornzahl je Ähre		kühl, höchster Wasserbedarf
Juni, Juli	Kornausbildung	Korngewicht		mäßige Wärme und Niederschläge
Juli/August	Ernte	Ernteverluste		trocken, warm

Verschiedene Pflanzenarten stellen zu verschiedenen Zeiten sehr verschiedene Anforderungen an die Witterung. Abgesehen von den Monokulturen, ist daher ein für alle Kulturen gleichermaßen günstiger Witterungsverlauf undenkbar. Das gleiche Wettergeschehen kann bei verschiedenen Kulturen höchst unterschiedliche Auswirkungen haben: hohe Sommerniederschläge in Mitteleuropa können die Getreideernte beeinträchtigen, aber den Hackfruchtertrag begünstigen.

Das *Wetterrisiko* der Landwirtschaft wächst mit dem Schwankungsbereich, der Variabilität der meteorologischen Erscheinungen. Es kann sich in Schwankungen der Flächenerträge, aber auch in einer zeitlichen Verschiebung der Erntetermine und damit verbundenen Ertragseinbußen äußern. So stehen Frühkulturen (Frühkartoffeln, Spargel, Beeren), die den Markt exakt zu einem bestimmten Zeitpunkt erreichen sollen, in stärkster Abhängigkeit vom Wettergeschehen. Verzögert sich die Ernte, so können konkurrierende Anbaugebiete auf den Markt drängen und den Preis beeinträchtigen.

In den meisten Industrieländern konnten zwar die Ernteschwankungen der Hauptprodukte stark reduziert werden, doch ist auch hier die Wetterabhängigkeit noch groß bei Pflanzen, die an ihrer Verbreitungsgrenze angebaut werden wie z.B. Wein und Obst in Mitteleuropa.

Allgemein bekannt sind die durch Niederschlagsdefizite bedingten Ernteschwankungen in den semiariden Klimazonen. In der ehemaligen Sowjetunion, die etwa die Hälfte ihrer vermarkteten Getreideproduktion in ihre anfälligen Trockengebiete verlagert hat, schwankten die Hektarerträge von Weizen 1969–78 zwischen 10,7 dt (1975) und 19,2 dt (1978) bei einem Durchschnittswert von 15 dt; die Gesamtgetreideernte pendelte zwischen 140 Mio. t (1975) und 237 Mio. t (1978). Als Beispiel für die Entwicklungsländer sei Algerien angeführt. Hier bewegten sich die Hektarerträge für Getreide 1969–77 zwischen 4,1 dt (1977) und 8,4 dt (1975; Median: 6,1 dt). Die Gesamtgetreideernte schwankte zwischen 1,143 Mio. t (1977) und 2,68 Mio. t (1975). Das Volumen der Getreideernte variiert also noch stärker als die Hektarerträge, weil ein Teil der potentiellen Getreidefläche bei ungünstigem Witterungsverlauf (Ausbleiben der für die Keimung nötigen Herbstregen) erst gar nicht bestellt wird.

In der Sahelzone Afrikas ist die Regenzeit und damit die Vegetationsperiode auf 3–4 Monate eingeengt. Bleiben im Mai und Juni die Niederschläge aus, was nicht selten der Fall ist, so verzögert sich die Hirseaussaat bis in den Juli. Dann sind wenigstens alle 8–10 Tage für die Pflanzen nutzbare Niederschläge erforderlich, sollen sie nicht Trockenschäden erleiden. Endet die Niederschlagsperiode wie üblich im September, so ist die Vegetationsperiode zu kurz und die Hirse kann nicht ausreifen und verdorrt vor der optimalen Kornausbildung auf dem Halm (B. JANKE 1973, S. 30). Über den Ausfall der Ernte entscheidet also weniger die absolute Höhe der Niederschläge, als vielmehr ihre zeitliche Verteilung. Offensichtlich sind auch in der Sahelzone die drei Formen der Niederschlagsunstetigkeiten anzutreffen, die D. JASCHKE (1980, S. 272) in Australien unterschied:
- Variabilität des Jahresniederschlags,
- Variabilität der Niederschlagstätigkeit innerhalb einer Vegetationsperiode,
- Variabilität des Niederschlagseinsatzes zu Beginn einer Vegetationsperiode.

Dem Wetterrisiko kann begegnet werden durch Technologieeinsatz (z.B. Bewässerung), durch angepaßte Anbautechniken, aber auch durch eine diversifizierte Produktion. Kleinbäuerliche Betriebe in der tunesischen Steppe stützen sich auf drei Produktionszweige, nämlich Getreidebau, Ölbaumkultur und Schafzucht. In der Regel kann ein Ertragsausgleich zwischen den drei Bereichen erfolgen; Katastrophensituationen treten erst dann auf, wenn 2 oder 3 Dürrejahre aufeinander folgen. Eine archaische Form des Risikoausgleichs ist auch die Haltung überdimensionierter Herden in afrikanischen Savannen, damit bei Dürreverlusten wenigstens noch ein Grundstock zum Überleben verbleibt.

Es stellt sich die Frage, inwieweit die landwirtschaftliche Produktion tatsächlich an die klimatischen Verhältnisse angepaßt ist. Trotz einer Jahrtausende währenden Wanderung von Kulturpflanzen, Nutztieren und Produktionsmethoden werden keineswegs überall auf der Erde die optimalen Agrarsysteme praktiziert. A. RÜHL (1929, S. 55) wies bereits darauf hin, daß die vollkommene Anlehnung der Produktion an die Natur ein Idealziel darstellt, das niemals erreichbar ist, weil nicht jedes Produkt unter seinen optimalen Bedingungen erzeugt werden kann. Oft ist die Produktionsfläche aus traditionellen Gründen bereits von einem Konkurrenzprodukt besetzt. Am Beispiel des Erdnußanbaus in Nigeria konnte W. SCHMIEDECKEN (1979) nachweisen, daß das tatsächliche Anbaugebiet sich nur teilwei- se mit der vom Wasserdargebot her optimalen Klimazone deckt. Vor allem in den Ländern der Dritten Welt bleibt die Suche nach besseren standortspezifischen Produkten, Produktionsmethoden und Organisationsformen eine wichtige Aufgabe der Agrarforschung.

Der Boden

Während das Klima das potentielle Spektrum der Nutzpflanzengesellschaft begrenzt, beeinflussen die lokalen Bodenverhältnisse die Entscheidung, welche der vom Klima tolerierten Pflanzen tatsächlich angebaut werden. Die Böden der Erde sind zwar in Anlehnung an die Klimazonen gleichfalls zonal geordnet, doch führen außerklimatische Faktoren wie Ausgangsgestein, Relief und Wasserzufuhr zu einer azonalen Kleingliederung des Raumes mit erheblichen Bodenunterschieden. Die Standortentscheidungen eines landwirtschaftlichen Betriebs sind in der Regel weit stärker von den lokalen Bodenverhältnissen, als von den großen Bodenzonen abhängig.

Der Boden, jene oberste, belebte Verwitterungsrinde der Erde, auf welcher höhere Pflanzen wachsen können, ist aus wirtschaftlicher Sicht das Hauptproduktionsmittel der Landwirtschaft. Es braucht hier nicht auf die diffizilen Bodenklassifikationen eingegangen zu werden. Es sollen vielmehr nur diejenigen Bodeneigenschaften kurz umrissen werden, die für eine landwirtschaftliche Produktion von Bedeutung sind.

Das sehr unterschiedliche Produktionspotential der verschiedenen Böden hängt von einem komplexen Zusammenspiel physikalischer, chemischer und biologischer Faktoren ab.

Zu den *physikalischen Eigenschaften* zählen vor allem die Korngrößenstruktur, wobei Schluff (0,002 – 0,06 mm) und Ton (unter 0,002 mm) die wertvollsten mineralischen Fraktionen darstellen. Wichtig ist die Krümelung, d.h. die lockere Vereinigung der Bodenteile zu Aggregaten. Das Porenvolumen entscheidet über den Wasser- und Lufthaushalt. Das Bodenwasser unterliegt nicht der Schwerkraft, sondern wird in den feinen Poren als Haftwasser festgehalten, von wo es die feinen Pflanzenwurzeln teilweise aufnehmen können. Die Wasserspeicherkapazität des Bodens ist abhängig vom Porenvolumen und von seiner Mächtigkeit. Tiefgründige, an Feinsand reiche Lehm- und Lößböden können so viel Niederschlag speichern, daß die Pflanzen längere Trockenperioden überstehen. In Mitteleuropa gleicht die sogenannte Winterfeuchte bis in den Sommer hinein Niederschlagsdefizite aus. In den semiariden Gebieten können durch die Methoden des dry-farming die Niederschläge aus 2 oder 3 Jahren für eine Anbauperiode gespeichert werden. Im alten Ägypten war der durchschnittlich 9 m mächtige Nilschlamm nach dem Ablauf des sommerlichen Hochwassers so sehr mit Wasser angereichert, daß der Anbau von allerdings nur kurzlebigen Pflanzen (3–4 Monate) ohne weitere Bewässerung erfolgen konnte.

Sehr wichtig für das Produktionspotential ist eine hinreichende Durchlüftung, welche den Gasaustausch des Bodens – Abgabe von CO_2, Aufnahme von Sauerstoff – ermöglicht. Ein hoher Grundwasserstand verhindert dies; Dränagemaßnahmen dienen daher in erster Linie der Verbesserung der Durchlüftung. Schließlich spielt auch das Wärmeverhalten des Bodens, d.h. seine Wärmespeicher- und Leitfähigkeit, eine Rolle für das Pflanzenwachstum, vor allem zu Beginn der thermischen Vegetationsperiode.

Die chemischen Eigenschaften des Bodens werden durch seinen Gehalt an Nährstoffen, Spurenelementen und organischer Substanz (Humusstoffen) bestimmt. Die Grundlage der Pflanzenernährung ist das Vermögen bestimmter Ton-

und Humusbestandteile, Pflanzennährstoffe anzulagern, festzuhalten und sukzessive an die Pflanzenwurzeln abzugeben (Sorpitonsvermögen).

Die *biologischen Eigenschaften* des Bodens rühren aus seinem Bodenleben, d.h. aus dem vielfältigen Wirken von Bakterien, Pilzen und Bodentieren, welche die Pflanzenreste abbauen, in einfachere organische Verbindungen überführen, Mineralien freisetzen (mineralisieren), Stickstoff aus der Luft sammeln oder zur Krümelbildung und Durchlüftung beitragen.

Es stellt sich die Frage nach der *Bodenfruchtbarkeit*. „Unter Bodenfruchtbarkeit verstehen wir seine natürliche, nachhaltige Fähigkeit (sein Potential) zur Pflanzenproduktion" (E. KLAPP 1967, S. 175). Bei dieser Definition liegt das Schwergewicht auf der naturgegebenen Nachhaltigkeit, d.h. auf der langfristigen Fähigkeit zur Pflanzenproduktion ohne künstliche Inputs von Düngern. KLAPP unterscheidet das natürliche Produktionspotential, das in der englischen Literatur als „fertility" rangiert, vom tatsächlich erzielten Ertrag („productivity"), der nur bedingt von der natürlichen Bodenfruchtbarkeit abhängt. Tatsächlich hat die moderne Entwicklung der Landwirtschaft die früher strenge Korrelation zwischen natürlicher Bodenfruchtbarkeit und Flächenerträgen gelockert. Auf den anerkannt fruchtbarsten Böden, den Schwarzerdeböden, werden teilweise nur mittelmäßige Ernten erzielt, weil das in ihrem Verbreitungsgebiet herrschende semihumide Klima für Höchsterträge bereits zu trocken ist. Die Agrarräume mit Spitzenerträgen liegen heute überwiegend in der Zone der früheren Waldböden. In Europa werden die höchsten Hektarerträge in den Niederlanden auf Geest- und Marschböden mittlerer Bonität erwirtschaftet. Selbst auf armen Sandböden lassen sich – Düngung, Humuszufuhr und Bewässerung vorausgesetzt – ausgezeichnete Erträge erzielen, wie zahlreiche deutsche Gartenbaugebiete beweisen. Freilich handelt es sich dabei um kleinräumige Anbaugebiete mit ertragsintensiven Kulturen, die einen beständigen fruchtbarkeitsmehrenden Aufwand lohnen. Fielen diese Inputs weg, würden die Erträge sehr schnell absinken. Es handelt sich hier eben nicht um einen Boden von anhaltender natürlicher Fruchtbarkeit. Bei normaler ackerbaulicher Nutzung differenzieren die unterschiedlichen Bodenqualitäten nach wie vor die Erträge in erheblichem Umfang. So konnte O. HARMS (1978) anhand der Entwicklung der Getreideerträge in Niedersachsen seit 1949 nachweisen, daß der Ertragszuwachs bei Wintergetreide stark von der Bodenqualität abhängt. Im Jahre 1957 wurden bei Bodengüteklasse I (Ertragsmeßzahl über 75) 37 dt und bei Bodengüteklasse V (EMZ 35,1 bis 45) 31 dt Wintergerste geerntet; bis 1977 hatten sich die Werte auf 55 bzw. 46 dt erhöht. Der Abstand zwischen den beiden Bodengüteklassen hatte sich also von 4 auf 9 dt vergrößert.

Die Bodenfruchtbarkeit ist keine unveränderliche Größe. Durch biologisch zweckmäßig angelegten Pflanzenbau kann sie gesteigert, durch einseitige Fruchtfolgen vermindert werden. Ihr Wiederaufbau ist langwierig und kostspielig

Der Einfluß der Bodenverhältnisse auf die Anbauentscheidungen ist schwer zu isolieren, da zu viele andere Faktoren in die Entscheidung des einzelnen Bauern einfließen. In den entwickelten Ländern ist die Bedeutung des Bodenfaktors für die landwirtschaftliche Nutzung stark reduziert worden.

2.2 Ökonomische Einflußfaktoren des Agrarraumes

In vorindustriellen Gesellschaften gleicht die Landwirtschaft eher einer Lebensform, welcher der weitaus größte Teil der Bevölkerung verhaftet ist, als einer wirtschaftlichen Aktivität. Mit der Ausbildung einer hochgradig arbeitsteiligen Gesellschaft muß der landwirtschaftliche Betrieb zur kommerziellen, marktorientierten Produktion übergehen. Die Landwirtschaft wird zu einer ausschließlich wirtschaftlichen Aktivität unter anderen Aktivitäten, der ihr angehörende Bevölkerungsteil gerät in eine Minderheitenposition. Der marktorientierte Betrieb hat die Preise der Mitbewerber in sein Kalkül einzubeziehen, die Lohn- und Einkommenserwartungen der Betriebsangehörigen orientieren sich am Niveau der mehrheitlich nichtagrarischen Bevölkerung. Mit zunehmender Verwendung sachlicher Produktionsmittel gewinnt zusätzlich zu den bisherigen Hauptfaktoren Boden und Arbeit der Faktor Kapital in seinen verschiedenen Formen an Bedeutung. Die landwirtschaftlichen Aktivitäten unterliegen somit einer Reihe von ökonomischen Gesetzmäßigkeiten, von denen im folgenden diejenigen erörtert werden sollen, die vorrangig die Ordnung des Agrarraumes erklären helfen.

2.2.1 Die Produktionsfaktoren

Die landwirtschaftliche Produktion ist an die Bereitstellung von Produktionsfaktoren gebunden. Sie werden von den Wirtschaftswissenschaften unterschiedlich gegliedert. Während die Volkswirtschaftslehre die Produktionsfaktoren Arbeit, Boden und Kapital unterscheidet, hat die Betriebswirtschaftslehre das folgende System entwickelt (E. GUTENBERG 1973, S. 8):

Elementarfaktoren
- Arbeitsleistungen
- Betriebsmittel
- Werkstoffe
Dispositiver Faktor
- Betriebsleitung

Von der landwirtschaftlichen Betriebswirtschaftslehre wurde in jüngster Zeit eine abweichende Systematisierung aufgestellt. STEINHAUSER et al. (1978, S. 26) unterscheiden:

- Güter (Boden, Grundverbesserungen, Gebäude, Dauerkulturen, Maschinen),
- Dienste (Unternehmertätigkeit, Lohnarbeit, Dienstleistungen von Betriebsfremden),
- Rechte (Weide-, Wasser-, Lieferrechte).

Für unsere Zwecke ist die volkswirtschaftliche Gliederung der Produktionsfaktoren in Boden, Arbeit und Kapital voll ausreichend. Dabei ist der Faktor „Boden" nicht im pedologischen Sinne sondern nur als Betriebsfläche aufzufassen. „Arbeit" umfaßt Unternehmertätigkeit, die Tätigkeit der Familienangehörigen, Lohnarbeit sowie die Dienstleistungen Betriebsfremder, während das „Kapital" in verschiedenen Formen wie Gebäuden, Maschinen, Betriebsmitteln, Vieh, Dauerkulturen und als Geldkapital auftreten kann.

Der Zusammenhang zwischen Produktionsfaktoreinsatz und Ertrag wurde erstmals 1768 von dem französischen Nationalökonomen A. R. J. TURGOT als „*Gesetz vom abnehmenden Ertragszuwachs*" formuliert. Es besagt, daß bei fortlaufender Vermehrung der variablen Einsatzmenge eines Produktionsfaktors um jeweils eine Einheit und gleichzeitiger Konstanz der übrigen Faktoreinsatzmengen der Ertragszuwachs – bezogen auf die zusätzliche Einheit des variierten Faktors – abnehmen wird. Das „Gesetz des abnehmenden Ertragszuwachses" ist nicht immer und überall gültig. Vor allem in der industriellen Produktion treten auch zunehmende Ertragszuwächse auf; erst von einer bestimmten Einsatzmenge an nehmen die Ertragszuwächse ab. Für die meisten Zweige der landwirtschaftlichen Produktion, besonders für die Pflanzenproduktion, ist von Anfang an mit abnehmenden Erträgen zu rechnen. E. A. MITSCHERLICH ermittelte in langjährigen Feldversuchen den Zusammenhang zwischen Wachstumsfaktoren (z.B. Düngemitteln) und Pflanzenertrag. Dabei ergab sich von Anfang an ein abnehmender Ertragszuwachs. Von einer bestimmten Einsatzmenge an fielen sogar die Gesamterträge wegen der destruktiven Wirkung der Überdüngung. Das Verhältnis von Ertragszuwachs zur dafür erforderlichen zusätzlichen Faktormenge wird als „Grenzertrag" bezeichnet.

Ein von P. A. SAMUELSON entlehntes hypothetisches Beispiel soll das „Gesetz des abnehmenden Ertragszuwachses" verdeutlichen. Wie entwickelt sich der Weizenertrag, wenn der Faktor Arbeit um jeweils eine Einheit gesteigert wird?

Arbeitseinheiten	Weizenernte (dt/ha)	Grenzertrag (dt)
0	0	
1	20	
2	30	10
3	35	5
4	38	3
5	39	1

Tab. 2.3:
Das Gesetz des abnehmenden
Ertragszuwachses (abgewandelt
nach P. A. SAMUELSON 1975, S. 46)

Das "Gesetz des abnehmenden Ertragszuwachses" läßt sich tabellarisch (s. Tabelle 2.3, als mathematische Funktion sowie geometrisch in einem Koordinatensystem darstellen (s. Abbildung 2.2). Mit seiner Hilfe läßt sich der optimale Produktionsmitteleinsatz ermitteln. Er ist dann erreicht, wenn der in Geld bewertete Grenzertrag gleich dem Preis des Produktionsmittels (Grenzkosten) ist, d. h. wenn die letzte Mark, die in Form des betreffenden Produktionsfaktors eingesetzt wird, gerade noch zu einem Ertragszuwachs von einer Mark führt. Jede darüber hinaus eingesetzte Mark bedeutet eine Minderung des Gesamtertrags, da ihre Kosten höher sind als der durch sie erzielte Mehrertrag; jede weniger zum Einsatz gelangende Mark bedeutet Gewinnentgang, da der erzielbare Mehrertrag einen größeren Betrag umfassen würde (H. H. HERLEMANN 1961, S. 44).

Abb. 2.2:

Die Ertragskurven
(Beziehung zwischen
Gesamtertrag und
Grenzertrag
Quelle: H. STEINHAUSER
et al. 1978, vereinfacht)

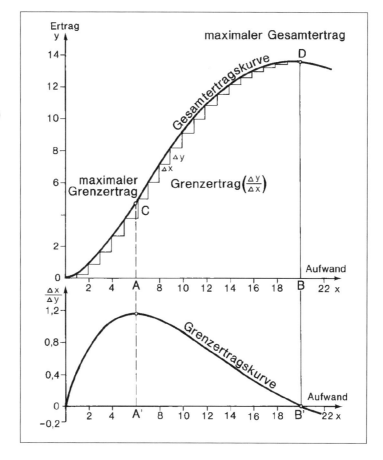

Ökonomisches Verhalten vorausgesetzt, wird der Bauer die verschiedenen Produktionsfaktoren so kombinieren, daß ein bestimmter Erzeugungsvorgang sich mit den geringsten Kosten durchführen läßt. Die drei Produktionsfaktoren Boden, Arbeit und Kapital sind in einem optimalen Mengenverhältnis zu kombinieren, welches als *Minimalkostenkombination* bezeichnet wird. Die Relation der drei Faktoren hängt von ihren jeweiligen Kosten, d.h. von Grundrente (Pachtpreis), Lohnsatz bzw. Lohnanspruch der bäuerlichen Familienmitglieder sowie vom Zins ab. Es gilt, teure Produktionsfaktoren sparsam einzusetzen, billige dagegen reichlich zu verwenden. Bis zu einem gewissen Grad lassen sich teure durch billige Faktoren substituieren. Nun ist die Preis-Kostenstruktur nicht konstant; sie wandelt sich im Verlauf der wirtschaftlich-technischen Entwicklung und sie differiert erheblich zwischen verschiedenen Staaten bzw. Staatengruppen nach ihrem jeweiligen volkswirtschaftlichen Entwicklungsstand.

Übersicht 2.4 zeigt die Möglichkeiten der Faktorenkombination in der Landwirtschaft in Abhängigkeit vom sozioökomischen Entwicklungsstand einmal auf. Dieses Schema basiert auf Gedanken von H. H. HERLEMANN (1961) und B. ANDREAE (1968, S. 2). Im Unterschied zu beiden Autoren faßt es die vier Kombinationsmög-

	Boden	Arbeit	Kapital
1. Entwicklungsländer mit niedriger Bevölkerungsdichte	+	+	−
2. Entwicklungsländer mit hoher Bevölkerungsdichte	−	+	−
3. Industrieländer mit niedriger Bevölkerungsdichte	+	−	+
4. Industrieländer mit hoher Bevölkerungsdichte	−	−	+

Übersicht 2.4:
Faktorenkombination in der
Landwirtschaft in Abhängigkeit
vom sozioökonomischen
Entwicklungsstand

lichkeiten *nicht* als Stufen einer historischen Entwicklung auf, die zwangsläufig zur Endstufe 4 führt.

Die verschiedenen Kombinationsmöglichkeiten bilden einen wichtigen ökonomischen Erklärungsansatz für die Differenzierung des Agrarraums der Erde. In allen Entwicklungsländern ist Kapital in seinen verschiedenen Erscheinungsformen knapp und teuer, es kann daher nur sparsam eingesetzt werden. An Kapitalgütern spart man besonders dort, wo die gewünschte Wirkung auch durch verstärkten Arbeitseinsatz erreicht wird. Die erheblichen regionalen und sektoralen Disparitäten innerhalb von Entwicklungsländern sollen in diesem Zusammenhang unberücksichtigt bleiben. Zwischen den Entwicklungsländern bestehen aber erhebliche Unterschiede hinsichtlich des Bodeneinsatzes. Bei niedriger Bevölkerungsdichte ist der Boden noch im Überfluß vorhanden und billig, es wird daher bodenaufwendig gewirtschaftet. Der Wanderfeldbau ist ein Ausdruck dieser Faktorenkombination (s. Kapitel 4.3.1).

Völlig andere Verhältnisse herrschen dagegen in den Entwicklungsländern, in denen die Bevölkerungszahl in Relation zum bebaubaren Land hoch ist, wie z.B. in El Salvador, Ägypten, Burundi, Ruanda, Bangladesh, Java. Der Boden ist hier knapp und teuer, die Flächen der einzelnen Betriebe sind oft so minimal, daß sie nicht einmal die Haltung eines Zugtiers erlauben. Im Überfluß sind dagegen Arbeitskräfte vorhanden. Das Ergebnis ist eine arbeits- und bodenintensive Wirtschaftsweise mit mittleren Hektarerträgen, wie z.B. asiatische Reisbausysteme (s. Kapitel 4.3.2).

Die gemeinsamen Züge der Industrieländer sind zum einen die hohen Kosten des Faktors Arbeit, zum anderen die reichliche Ausstattung mit Kapitalgütern. Im Zuge der Industrialisierung wurde daher der Arbeitseinsatz immer mehr durch Kapitaleinsatz ersetzt, mit der Verringerung der Arbeitskräfte erhöhte sich die Arbeitsproduktivität entsprechend. Trotz unübersehbarer Angleichungstendenzen unterscheiden sich die Industrieländer vor allem durch den Bodeneinsatz. In Nordamerika ist der Boden nach wie vor erheblich billiger[4] als in Mitteleuropa oder gar in Japan. Der amerikanische Farmer braucht auf seiner im Durchschnitt

---

[4] Im Immobilienteil der Neuen Züricher Zeitung vom 23.1.1982 wurde bestes Ackerland in der Nähe von Houston (Texas) für einen Hektarpreis von etwa 8 500 DM angeboten, in der Bundesrepublik Deutschland (alte Länder) belief sich 1993 der durchschnittliche Kaufwert landwirtschaftlicher Grundstücke auf 29 781 DM je ha (Stat. Jb. ELF 1994, S. 310).

wesentlich größeren Betriebsfläche niedrigere Hektarerträge zu erwirtschaften als sein europäischer Kollege, um ein auskömmliches Familieneinkommen zu erzielen. Er muß daher ertragssteigernde Produktionsmittel nicht im gleichen Umfang einsetzen. Die *Bodenproduktivität* der amerikanischen Landwirtschaft ist nach wie vor geringer als die der europäischen, während die *Arbeitsproduktivität*, d.h. die Arbeitsleistung je Arbeitskraft, dank der nachgeholten Mechanisierung in Mitteleuropa, sich kaum unterscheidet.

2.2.2 THÜNENS Standort- und Intensitätslehre

Die wichtigsten ökonomischen Gesetzmäßigkeiten für die räumliche Ordnung der Landwirtschaft bilden die Standort- und Intensitätsgesetze JOHANN HEINRICH VON THÜNENS (1783–1850). Sein 1826 erschienenes Hauptwerk „Der isolierte Staat in Beziehung auf Landwirtschaft und Nationalökonomie" gilt in den Wirtschaftswissenschaften als früheste Standorttheorie (K. CH. BEHRENS 1971, S. 3). Sie verknüpft empirisch gewonnene Daten aus THÜNENS Tätigkeit als Gutsbesitzer in Tellow (Mecklenburg) mit einem deduktiven Raummodell, welches von der verwirrenden Vielfalt der Faktoren abstrahiert und dadurch einen wesentlichen ökonomischen Tatbestand, nämlich die Entfernung des Produktionsortes vom Konsumort, isoliert. Damit gelingt THÜNEN erstmals der Nachweis, daß die Art der landwirtschaftlichen Produktion nicht nur von Naturfaktoren abhängt. Sein klassisches Modell wird bereits im § 1 (V. THÜNEN 1921, S. 12) entwickelt:

„Man denke sich eine sehr große Stadt in der Mitte einer fruchtbaren Ebene gelegen, die von keinem schiffbaren Flusse oder Kanale durchströmt wird. Die Ebene selbst bestehe aus einem durchaus gleichen Boden, der überall der Kultur fähig ist. In großer Entfernung von der Stadt endige sich die Ebene in eine unkultivierbare Wildnis, wodurch dieser Staat von der übrigen Welt gänzlich getrennt wird.

Die Ebene enthalte weiter keine Städte, als die eine große Stadt, und diese muß also alle Produkte des Kunstfleißes für das Land liefern, so wie die Stadt einzig von der sie umgebenden Landfläche mit Lebensmitteln versorgt werden kann."

Bei der Konstruktion seine Modells ging THÜNEN von folgenden restriktiven Annahmen aus:

- Existenz eines isolierten Staates, der keinerlei Verbindung zur übrigen Welt hat;
- Beherrschung dieses Staates durch eine einzige große Stadt, die der Landwirtschaft als Versorgungszentrum dient;
- absolute Homogenität des Staatsgebietes hinsichtlich seines Naturpotentials. Diese Fiktion erlaubt die Annahme, daß Klima und Bodenqualität keinerlei Kostenvorteile bieten und daß zwischen Stadt und Umland nur Landverkehrswege bestehen;
- die Transportkosten steigen proportional zur Entfernung des Produktionsstandorts vom Absatzort und zum Gewicht des Produkts;
- alle Bauern streben Gewinnmaximierung an und richten ihre Erzeugung auf die Bedürfnisse des Absatzmarktes aus.

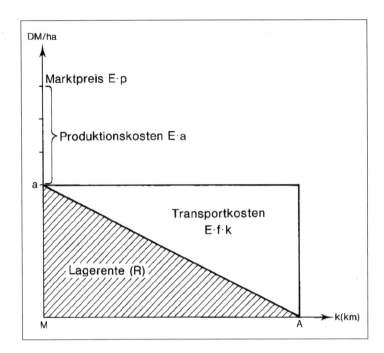

Abb. 2.3:
Die Rente in
Abhängigkeit von der
Marktentfernung beim
Anbau einer Frucht
(Quelle: L. SCHÄTZL
1978, S. 56)

Die unterschiedliche Entfernung der Betriebe zum Markt führt aufgrund der unterschiedlichen Transportkostenbelastung für das gleiche Produkt zu unterschiedlichen Erzeugerpreisen. Diese errechnen sich aus der Differenz zwischen dem Marktpreis, der für alle Produzenten gleich ist, und den Transportkosten, die je nach Entfernung zum Markt unterschiedlich hoch sind. Der Gewinn des Betriebes errechnet sich, wenn man vom Marktpreis die Produktionskosten und die variablen Transportkosten abzieht. Er ist als die bei ortsüblicher Bewirtschaftung erzielbare *Grundrente* anzusehen und stellt die Verzinsung des Bodenkapitals dar (H. H. HERLEMANN 1961, S. 13). In THÜNENs Theorie bildet sie als „Landrente" einen Schlüsselbegriff für die räumliche Differenzierung der Produktionsrichtung. Die beim Anbau einer Frucht erzielte Rente errechnet sich nach E. S. DUNN (1954, S. 7) folgendermaßen:

$$R = E (p - a) - E \cdot f \cdot k$$

Dabei bedeuten:

R = Grundrente in Geldeinheiten pro Flächeneinheit
E = Ertrag in Produktionseinheiten pro Flächeneinheit
p = Marktpreis pro Produkteinheit
a = Produktionskosten pro Produktionseinheit
f = Frachtsatz pro Produkt- und Entfernungseinheit
k = Entfernung des Produktionsstandorts vom Markt

Unter der Annahme, daß E, p, a und f konstant sind, ist die Rente R ausschließlich eine Funktion der Marktentfernung k. Mit zunehmender Entfernung der Produktionsstandorte zum Markt nehmen die Transportkosten zu, die Rente sinkt, wie aus Abbildung 2.3 zu entnehmen ist. Im Standort A erreicht die Summe aus Produktionskosten und Transportkosten den Marktpreis, d.h. die Rente R = 0. Ein Anbau in größerer Entfernung als A ist nicht statisch zu sehen; eine Erhöhung des Marktpreises oder eine Senkung der Transportkosten verschieben ihn nach außen, der Produktionsbereich des betreffenden Erzeugnisses erweitert sich. Dabei hängt der Neigungswinkel der Rentenlinie aA von den Transportkosten ab. Im internationalen Handel wirken Einfuhrzölle, Importabgaben und Abschöpfungen wie Transportkosten, sie vergrößern für den ausländischen Produzenten die ökonomische Distanz zum Markt.

Bei den bisherigen Betrachtungen sind wir von einem Produkt ausgegangen. Nun stellt sich die realitätsnähere Frage nach dem Einfluß der Grundrente auf die Produktionsrichtung, wenn mehrere variable Produkte zur Wahl stehen. Die Grundrente erwirkt in zweierlei Hinsicht einen räumlichen Differenzierungsprozeß der landwirtschaftlichen Erzeugung:

- Selektion der pflanzlichen und tierischen Produkte nach dem Grad ihrer Transportkostenempflindlichkeit,
- Steigerung der Intensität, d.h. Steigerung des Arbeits- und Kapitalaufwands je Flächeneinheit mit zunehmender Marktnähe.

Wenn mehrere landwirtschaftliche Produkte mit unterschiedlicher Transportkostenbelastung im Wettbewerb um die Landnutzung stehen, so laufen räumliche Differenzierungsprozesse ab, wie sie THÜNEN im § 2 seines „Isolierten Staates" (V. THÜNEN 1921, S. 12) geschildert hat:

„Es ist im allgemeinen klar, daß in der Nähe der Stadt solche Produkte angebaut werden müssen, die im Verhältnis zu ihrem Wert ein großes Gewicht haben, oder einen großen Raum einnehmen, und deren Transportkosten nach der Stadt so bedeutend sind, daß sie aus entfernten Gegenden nicht mehr geliefert werden können; so wie auch solche Produkte, die dem Verderben leicht unterworfen sind und frisch verbraucht werden müssen. Mit der größten Entfernung von der Stadt wird das Land aber immer mehr und mehr auf die Erzeugung derjenigen Produkte verwiesen, die im Verhältnis zu ihrem Wert niedere Transportkosten erfordern."

Die Selektion der Anbauprodukte aufgrund ihrer Transportkostenempfindlichkeit erfolgt also in der Weise, daß in Marktnähe diejenigen Güter erzeugt werden, die in Relation zur Gewichtseinheit niedrige Preise erzielen. Es handelt sich in der Regel um Produkte mit hohem Mengenertrag je Flächeneinheit wie z.B. Kartoffeln, Zuckerrüben. Am Beispiel der Rinderhaltung sei der Wandel der Produktionsrichtung mit zunehmender Marktentfernung erörtert (s. Abbildung 2.4).

Die Erzeugung von Frischmilch erbringt eine hohe Grundrente, doch ist die Transportkostenbelastung – vor allem infolge der Kühltechnik – sehr hoch, die Rentenlinie fällt daher steil ab. In größerer Entfernung vom Markt ist die Erzeugung von Milch nur rentabel, wenn sie durch Verminderung des Wassergehalts veredelt wird. Butter, Käse, Joghurt haben nicht nur einen größeren Wert je Gewichtseinheit, sie sind auch weniger leicht verderblich, was die Transportkostenbelastung geringer hält. Infolge der anfallenden Verarbeitungskosten ist die Grundrente freilich je Flächeninhalt niedriger. Mit weiter zunehmender Entfernung k vom Marktzentrum M verträgt nur noch die Produktionsrichtung der

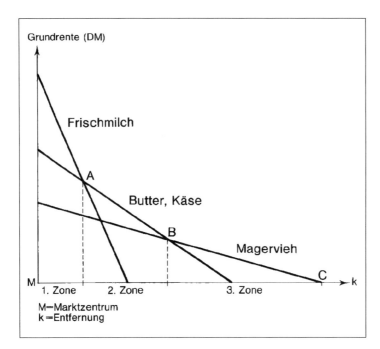

Abb. 2.4:
Die Rentenlinie für drei
Produktionsrichtungen
der Rinderhaltung in
Abhängigkeit von der
Marktentfernung

Magerviehaufzucht die Transportkosten, obwohl ihre Flächenerträge niedrig sind. Aus Abbildung 2.4 ist die Ausbildung von drei Zonen ersichtlich, in denen jeweils eine der drei Formen der Rinderhaltung die maximale Grundrente abwirft. In den Schnittpunkten A und B sind jeweils zwei Produktionsrichtungen möglich, jenseits von C ist eine gewinnbringende Rinderhaltung nicht mehr durchführbar.

Die Lagerente beeinflußt über den Bodenwert auch die Intensität[5] der landwirtschaftlichen Produktion. Bei gleichen Bodenqualitäten wird ein Hektar in Marktnähe einen höheren Kauf- bzw. Pachtpreis erzielen als ein Hektar in marktferner Lage. Der Bodenpreis erfährt also durch die unterschiedliche Lagerente eine räumliche Differenzierung in dem Sinne, daß er in Richtung auf das Marktzentrum hin knapper und teurer wird. Nach dem Gesetz der Minimalkosten-

---

[5] Der Intensitätsbegriff wird in der Literatur in unterschiedlicher Weise interpretiert und oft mit Produktivität verwechselt. In Anlehnung an J. KOSTROWICKI (1964, S. 163) soll unter „Intensität" das Volumen des Inputs von Arbeit und Kapital je Flächeneinheit verstanden werden. Es lassen sich demnach arbeitsintensive und kapitalintensive Produktionsverfahren unterscheiden. Die „Produktivität" ist dagegen eine Aussage über die Ergiebigkeit des Produktionsmitteleinsatzes, die entweder in naturalen oder monetären Einheiten gemessen wird. Sie läßt sich folgendermaßen angeben (H. STEINHAUSER et al., 1978, S. 155):

Flächenproduktivität = gemessener Ertrag je ha LF,

Arbeitsproduktivität = gemessener Ertrag je AK,

Kapitalproduktivität = gemessener Ertrag je DM Kapital.

Abb. 2.5:
Die THÜNENschen
Kreise
(A – Idealschema der
Landnutzungsringe,
B – Modifizierung
durch einen
schiffbaren Fluß;
Quelle: H. V. THÜNEN
1921, S. 387)

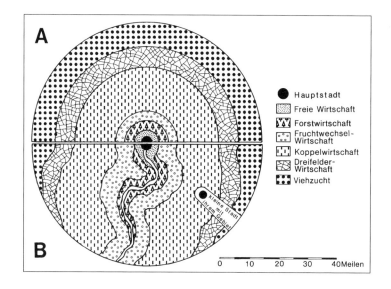

● Hauptstadt
Freie Wirtschaft
Forstwirtschaft
Fruchtwechsel-Wirtschaft
Koppelwirtschaft
Dreifelder-Wirtschaft
Viehzucht

0   10   20   30   40 Meilen

kombination ist der teure Produktionsfaktor sparsam einzusetzen und zunehmend mit den Faktoren Arbeit und Kapital zu kombinieren. In Marktnähe wird demnach mit höherem Arbeits- und Kapitaleinsatz produziert als in marktferneren Standorten, d.h. die Kapital- und Arbeitsintensität wächst. Die höheren Produktionskosten werden durch höhere Flächenerträge und durch die lagebedingten Transportkostenersparnisse ausgeglichen. Das Intensitätsgefälle ist aber keineswegs so zwingend wie die durch die Transportkostenbelastung erzwungene räumliche Differenzierung der Produktion. THÜNEN (1921, S. 307–309) weist selbst auf die Verbreitung von ausgesprochen intensiven Kulturen wie Flachs, Tabak und Sämereien an der Peripherie seines „Isolierten Staates" hin.

Die Ergebnisse der THÜNENschen Standort- und Intensitätslehre pflegen in dem bekannten Ringschema der sog. „THÜNENschen Kreise" (s. Abbildung 2.5) veranschaulicht zu werden, das bereits im Anhang zum „Isolierten Staat" (1921, S. 387) zu finden ist. Es gliedert die Produktionszweige und Betriebssysteme mit zunehmender Marktentfernung folgendermaßen:

1. Kreis: Freie Wirtschaft. Hier werden leichtverderbliche Produkte (Trinkmilch, Gartenbauerzeugnisse) sowie transportkostenempfindliche Güter (Heu, Stroh, Speisekartoffeln, Rüben) produziert.
2. Kreis: Forstwirtschaft. Wegen der hohen Transportkosten wird im stadtnäheren Bereich Brennholz, in größerer Entfernung Nutzholz erzeugt.
3. Kreis: Fruchtwechselwirtschaft. Der Ackerbau wird in der intensiven Form des Fruchtwechsels zwischen Halm- und Blattfrucht betrieben.
4. Kreis: Koppelwirtschaft. In diesem breitesten aller Ringe dominiert eine Art Feldgraswirtschaft, bei der das Land abwechselnd als Acker und Weide benutzt wird.
5. Kreis: Dreifelderwirtschaft. Es handelt sich um die extensivste Form des Getreideanbaus mit Brache.

6. Kreis: Viehzucht. Sobald der Getreidebau die Transportkosten nicht mehr verträgt, kann nur noch Viehzucht in selbständiger Form als Weidewirtschaft getrieben werden. Ihre Erzeugnisse (Fleisch, Butter, Häute) verursachen bei hohem Wert relativ geringe Transportkosten.

Am Außenrand des 6. Kreises, der bei THÜNEN einer konkreten Entfernung von 50 deutschen Meilen vom Marktzentrum entspricht, sinkt die Grundrente auch für die Viehzucht auf 0; die marktorientierte Landwirtschaft findet damit ihr Ende, obwohl auch weiter außerhalb noch der gleiche fruchtbare Boden vorhanden ist.

Es stellt sich die Frage nach der heutigen Bedeutung der THÜNENschen Theorien für die räumliche Differenzierung der Landwirtschaft. Bereits in seiner ersten Ausgabe von 1826 vergleicht THÜNEN selbst den isolierten Staat mit der damaligen Wirklichkeit und weist dabei auf die reale naturräumliche Differenzierung der Staaten, die Vielfalt des Städtewesens anstelle der einen großen Stadt, besonders aber auf die Auswirkungen von Wasserstraßen hin. Er zeigt auf, wie sich durch einen einzigen schiffbaren Fluß die Raumstruktur des isolierten Staates ändert (s. Abbildung 2.5 B), wenn man für die Schiffsfracht 10 % der Landfracht ansetzt. Von diesen restriktiven Annahmen, die bereits zu THÜNENs Zeit fiktiv waren, muß man die seitdem eingetretenen technischen und ökonomischen Veränderungen unterscheiden. Der zahlenmäßige Anstieg der Weltbevölkerung und die Steigerung der Nachfrage nach Nahrungsgütern hat die unbebauten Landreserven aufgezehrt, eine „kultivierbare Wildnis" existiert fast nirgends mehr. In den Industrieländern war es vor allem die Entwicklung des Verkehrswesens, welche der THÜNENschen Standorttheorie nur noch eine begrenzte Gültigkeit verleiht (K. CH. BEHRENS 1971, S. 6). Einerseits ermöglichen schnelle Transportmittel und Kühltechnik den Transport von leichtverderblichen Gütern (wie z.B. Milch) auch über große Entfernungen, andererseits können auch geringwertige Massengüter dank der starken Senkung der Transportkosten durch Eisenbahn, LKW und Massengutfrachter[6] über weite Entfernungen transportiert werden. Der Getreidebau endet daher heute an seinen klimatischen Grenzen, aber nicht mehr an einem Grundrenten-Nullpunkt. Der Stadtwald, der offensichtlich das Vorbild für den 2. Kreis bildete, hat heute Naherholungsfunktionen, während das Nutzholz weitgehend aus der weltwirtschaftlichen Peripherie bezogen wird.

Trotz allen Einschränkungen bleibt die prinzipielle Gültigkeit der THÜNENschen Theorien unbestritten. Die logische Schlüssigkeit der Konstruktionen THÜNENs und die methodische Vorbildlichkeit seiner Analyse (K. CH. BEHRENS 1971, S. 6) bleiben unangetastet. Die empirische Forschung hat die THÜNENschen Kreise in den verschiedensten räumlichen Betrachtungsebenen verifiziert: Einzelbetrieb, Dorfgemarkung, Agrarraum der Erde. Schließlich sollte nicht übersehen werden, daß in Entwicklungsländer mit mangelhaftem Verkehrswesen die Transportkosten auch heute noch relativ hoch sind und den wichtigsten begrenzenden Faktor für den Absatzradius eines Produkts bilden können. Das gilt für verderbliche Güter, für Massenprodukte, besonders aber für den vielfach wichtigsten Energieträger, das Brennholz.

---

[6] Die Transportkosten je Tonne Weizen von Chicago nach Liverpool sanken nach F. W. HENNING (1978, S. 114) von 71 Mark (1868) auf 21 Mark (1900).

2.2.3 Der Agrarmarkt

Der Agrarmarkt ist der ökonomische Ort, der dem Ausgleich von Angebot und Nachfrage dient. In diesem Versorgungssystem sind bestimmte Marktelemente wie Angebot, Nachfrage, Preisbildung und Wettbewerb wirksam. In den meisten Staaten der Erde ist freilich das freie Spiel der Marktelemente durch staatliche Intervention auf dem Agrarmarkt stark eingeschränkt (s. Kapitel 2.4).

Die Marktorientierung der Betriebe, gemessen an der *Vermarktungsquote* der landwirtschaftlichen Produktion, weist erheblich räumliche und zeitliche Unterschiede auf. Im allgemeinen steigt die Vermarktungsquote mit der volkswirtschaftlichen Differenzierung. In Deutschland stieg sie von 20 % während der Mitte des 19. Jahrhunderts auf 75 % um 1955 (A. W. SCHÜTTAUF 1956, S. 69). Sie kann bei den Marktfruchtbetrieben der Industrieländer Werte von mehr als 90 % erreichen, während sie in den marktfernen Räumen mancher Entwicklungsländer noch immer gegen Null tendiert. Die Vermarktungsquote differiert auch zwischen den verschiedenen Betriebsgrößen, in der Regel steigt sie mit der Betriebsgröße.

Der Agrarmarkt als „ideelle Gesamtheit aller Tauschgeschäfte" (H. H. HERLE-MANN 1961, S. 94) gliedert sich räumlich, sachlich und zeitlich in Teilmärkte. Er kann nach Warengattungen (z.B. Getreide, Baumwolle, Vieh) oder nach seiner räumlichen Reichweite (lokale, regionale, nationale, internationale Märkte) unterteilt werden. Der Begriff „Weltmarkt" bezeichnet die grenzüberschreitenden Güterströme.

Vertriebssysteme

Die Nachfrager auf dem Markt für Agrarprodukte lassen sich in 5 Gruppen einteilen:
- Direktkonsumenten
- Agrarhandel
- Absatzgenossenschaften der Erzeuger
- Handwerkliche und industrielle Be- und Verarbeiter
- Landwirte (Saatgut, Vieh)

Die Anteile der fünf Gruppen am Agrarmarkt variieren von Land zu Land, je nach wirtschaftlichem Entwicklungsstand und Gesellschaftssystem. Der direkte Güterfluß vom Produzenten zum Konsumenten spielt auf den Lokalmärkten der Entwicklungsländer noch eine große Rolle, während er in den Industrieländern auf Ausnahmeformen wie den städtischen Wochenmarkt oder auf Teilmärkte - z.B. für Wein, Einkellerungskartoffeln, Eier, Spargel - beschränkt ist. Hier ist der Absatz heut weitgehend technisiert und in Funktionsabschnitte gegliedert.

Das seit dem 19. Jahrhundert von Deutschland ausgehende Genossenschaftswesen (F. W. RAIFFEISEN 1818–1888) ist heute in allen Gesellschaftssystemen weit verbreitet. In den Industrieländern dominiert heute unter den Nachfragern die Gruppe der gewerblichen Be- und Verarbeiter. Hier hat sich im Gefolge der Arbeitsteilung zwischen Produzenten und Konsumenten ein komplexes Verarbeitungs- und Distributionssystem eingeschaltet. Es bewirkte, daß sich die Aufbereitung der Agrarprodukte für den menschlichen Verzehr aus den Haushalten in das Nahrungsmittelhandwerk oder die Nahrungsmittelindustrie verlagerte. Diese

Entwicklung begann gegen Ende des 19. Jahrhunderts mit der Errichtung von Zuckerfabriken und Molkereien; sie scheint gegenwärtig mit dem Vordringen von Fabriken für komplexe Fertiggerichte ein Endstadium zu erreichen. In der Bundesrepublik Deutschland werden etwa 85 % aller landwirtschaftlichen Erzeugnisse in den Betrieben des produzierenden Ernährungsgewerbes be- oder verarbeitet (H. HAUSHOFER 1974, S. 125).

Eine Folge dieser Entwicklung ist die zunehmende Divergenz zwischen den Ab-Hof-Preisen der Agrarprodukte und den Konsumentenpreisen für Nahrungsmittel. Steigende Nahrungsmittelpreise müssen daher nicht unbedingt auch einen höheren Erlös für die Landwirtschaft bedeuten. In der Bundesrepublik Deutschland waren 1993/94 die Verkaufserlöse der Landwirtschaft an den gesamten Verbraucherausgaben für Nahrungsmittel inländischer Herkunft nur noch mit 36 % beteiligt (1950/53: 63 %). Der Anteil des Landwirts an den Nahrungsmittelpreisen differierte bei den einzelnen Produkten sehr erheblich (s. Tabelle 2.4).

Brotgetreideerzeugnisse	7,7 %	Tab. 2.4:
Zucker	38,5 %	Erzeugeranteil an den Nahrungsmittelpreisen in der
Fleisch und Fleischwaren	36,3 %	Bundesrepublik Deutschland 1989/90
Milch und Milcherzeugnisse	52,8 %	(Quelle: IMA, AGRIMENTE 91, S. 37)
Eier	70,8 %	

Die starke Marktposition großer Betriebseinheiten in den Distributionssystemen der Industriestaaten (be- und verarbeitende Gewerbebetriebe, Kaufhäuser und große Handelsketten) führt zwangsläufig zu einer Standardisierung der Sorten und Produkte, da diese Vertriebsformen große Partien von gleichbleibender Qualität in kontinuierlicher Lieferung benötigen. Von den mehr als 100 Apfelsorten, die im 19. Jahrhundert in Deutschland kultiviert wurden, sind heute nur etwa ein Dutzend mit wirtschaftlicher Bedeutung übriggeblieben.

Der Elastizitätsbegriff

Für den Zusammenhang zwischen Angebot, Nachfrage und Preise spielt der vom englischen Nationalökonomen ALFRED MARSHALL (1842 – 1924) eingeführte *Elastizitätsbegriff* (vgl. W. KRELLE 1061, S. 176-183) eine wichtige Rolle. Er gibt das Verhältnis zwischen prozentualen Mengenänderungen des Angebots oder der Nachfrage zu den sie verursachenden Preisänderungen bzw. Einkommensänderungen wieder. Man bezeichnet als

$$\text{Elastizitätskoeffizienten (y)} = \frac{\text{Mengenänderung (in \%)}}{\text{Preisänderung (in \%)}}$$

Die *Preis-Elastizität* der Nachfrage bzw. des Angebots gibt an, um wieviel sich die angebotene oder nachfragende Menge ändert, wenn sich der Preis um einen bestimmten Prozentsatz ändert. Die *Einkommenselastizität* der Nachfrage bzw. des Angebots mißt die Reaktion der Haushaltsnachfrage nach Nahrungsmitteln bei Einkommensänderungen. Sind die Mengenänderungen des Angebots bzw. der Nachfrage kleiner als die sie verursachenden Preis- bzw. Einkommensänderungen (y < 1), so sind Angebot oder Nachfrage „unelastisch", sind sie dagegen größer (y ≥ 1), so spricht man von „elastischem" Angebot bzw. „elastischer" Nachfrage.

Nachfrage und Konsumgewohnheiten

Die *Nachfrage nach Agrarprodukten* ist selten konstant, sie ist vielmehr eine Funktion folgender Faktoren:
- demographische Entwicklung (Bevölkerungszahl, Quote der nichtagrarischen Bevölkerung, Verstädterungsgrad),
- Einkommensverhältnisse (Einkommensniveau, Einkommensentwicklung, Einkommensverteilung),
- Preisrelationen zwischen den verschiedenen Agrarprodukten,
- Konsumgewohnheiten.

Für die Projektion der Nachfrageentwicklung in die Zukunft wird in einfacher Form die *OHKAWA-Gleichung* benutzt (s. Übersicht 2.5).

Übersicht 2.5: Die OHKAWA-Gleichung zur Berechnung der Nachfrageentwicklung (Quelle: P. v. BLANCKENBURG u. H.-D. CREMER 1983, S. 28)	$d = p + n * g$ d: Nachfrageveränderung p: Bevölkerungsveränderung n: Veränderung des Pro-Kopf-Einkommens g: Einkommenselastizität der Nahrungsnachfrage

In globaler Sicht war in den Jahren 1950 – 1995 das Bevölkerungswachstum von rund 125 % die bei weitem wichtigste Ursache der Nachfrageexpansion nach Nahrungsmitteln.

Die rasche Verstädterung der meisten Entwicklungsländer steigert nicht nur die Vermarktungsquote der Agrarproduktion, sie verlagert auch die Nachfrage auf marktgängige, d.h. leicht transportierbare und lagerfähige Güter wie z.B. Getreide. Besonders hohe Zuwachsraten weist die Nachfrage nach Nahrungsgütern in denjenigen Entwicklungsländern auf, die in eine Phase raschen wirtschaftlichen Wachstums mit entsprechenden Einkommensverbesserungen für breitere Schichten eingetreten sind. Hier kumuliert ein starkes Bevölkerungswachstum mit einer einkommensinduzierten Nachfragesteigerung, welche die Produktionsmöglichkeiten der einheimischen Landwirtschaft überfordert und Nahrungsmittelimporte induziert.

In den meisten Industrieländern wächst dagegen die Bevölkerung nur noch geringfügig oder stagniert, so daß hier die Einkommensentwicklung zum wichtigsten nachfragesteuernden Faktor geworden ist. Bei unverändertem Wachstum der Agrarproduktion (EG: 1,5 - 2 % p.a.) besteht in den Industrieländern mit marktwirtschaftlicher Wirtschaftsordnung die Tendenz zum Überangebot von Agrarerzeugnissen.

Die Einkommensabhängigkeit der Nachfrageentwicklung wirkt sich in zweierlei Hinsicht aus:
1. Bei steigendem Wohlstand wachsen die Ausgaben der Verbraucher für Nahrungsmittel langsamer als ihr Einkommen. Dieses „*ENGELsche Gesetz*" wurde

bereits 1857 von dem deutschen Statistiker ERNST ENGEL (1821 – 1896) entdeckt und nach ihm benannt. Es besagt nichts anderes, als daß die Nachfrage nach Nahrungsmitteln unelastisch ist, ein Fallen der Nahrungsmittelpreise verursacht keineswegs einen größeren Konsum, wie das bei vielen Industriegütern der Fall ist. Vereinfacht ausgedrückt kann man einen Menschen wohl zum Kauf eines zweiten oder dritten Autos, aber kaum zum täglichen Verzehr eines zweiten oder dritten Schnitzels überreden. Allerdings gilt das ENGELsche Gesetz erst von einer gewissen Einkommenshöhe an.

Die Gültigkeit des ENGELschen Gesetzes wurde in vielen Ländern bestätigt. In der Bundesrepublik Deutschland mußten 1950 noch 46,4 % des mittleren Einkommens von Vier-Personen-Arbeitnehmerhaushalten für den Nahrungsmittelkauf aufgewendet werden. Mit steigenden Einkommen sank dieser Anteil kontinuierlich auf 38 % in 1960, 30 % in 1970, 24 % in 1980 und 16 % in 1993 (IMA, AGRIMENTE 95, S. 27). Dabei erhöhten sich zwar die monatlichen Aufwendungen für Nahrungsmittel von DM 132,- (1950) auf DM 640,- (1994), die Gesamtaufwendungen für den privaten Verbrauch stiegen aber weit stärker, nämlich von DM 285,- auf DM 4123,-. In den wohlhabenden westlichen Industriegesellschaften bilden heute die Ausgaben für Nahrungsmittel in den mittleren und oberen Einkommensschichten nur noch einen zweitrangigen Ausgabenposten. Eine völlig andere Situation herrscht in den Entwicklungsländern. In Algerien, das nach Weltbankkriterien zu den Ländern mit mittleren Einkommen zählt, mußten um 1980 die Unter- und Mittelschichten – das sind 90 % der Gesamtbevölkerung – 55–70 % ihrer Ausgaben für Nahrungsmittel aufwenden (A. ARNOLD 1986, S. 198). Ähnliche Werte werden für deutsche Arbeiterhaushalte im 19. Jahrhundert angegeben.

2. Von einer bestimmten Einkommenshöhe an wandelt sich die Nachfrage nach Nahrungsmitteln in qualitativer Hinsicht. Grundnahrungsmittel pflanzlicher Herkunft (Brot, Kartoffeln, Reis, Grobgemüse) sind weniger gefragt, dafür steigt die Nachfrage nach Feingemüse, Frischobst aus anderen Klimazonen und Veredelungsprodukten tierischen Ursprungs, die infolge der veredelungsbedingten Verluste relativ teuer sind. Diese Umstrukturierung des Warenkorbes konnte in allen Industrieländern beobachtet werden. In Deutschland erhöhte sich der Pro-Kopf-Fleischverbrauch nach F. W. HENNING (1978, S. 134) von 17 kg (1800) auf 52 kg (1913) und stieg nach den Rückschlägen der Weltkriege (1950: 37 kg) in der Bundesrepublik bis 1980 auf 91,1 kg (s. Abb. 2.6). In Japan sank in den Jahren 1965 bis 1979 der Reiskonsum von 111 kg auf 80 kg, während im gleichen Zeitraum der Pro-Kopf-Verbrauch an Fleisch von 9 auf 22,5 kg und derjenige von Milch und Milchprodukten von 37,5 auf 62 kg anstieg. In den Entwicklungsländern ist der Nachfragewandel auf die Schichten beschränkt, die von der wirtschaftlichen Entwicklung profitieren. So beträgt nach W. HETZEL (1974, S. 208) der Fleischverbrauch pro Kopf im Landesdurchschnitt Togos nur 2,6 kg, die Stadtbevölkerung verzehrt aber 8 – 10 kg. Liegt bei der Masse der Bevölkerung das Pro-Kopf-Einkommen niedrig, so reagiert die Nachfrage nach Nahrungsmitteln bei einsetzender Einkommenssteigerung zunächst mit einer erhöhten Mengennachfrage und erst ab einem gewissen Einkommensniveau auch mit einer Verlagerung auf hochwertige Nahrungsgüter (s. Abb. 2.7).

Abb. 2.6:
Pro-Kopf-Verbrauch
einiger Nahrungsmittel
in der Bundesrepublik
Deutschland
1950–1990.
(Quelle: Statist. Jb.
ELF, div. Jahrgänge)

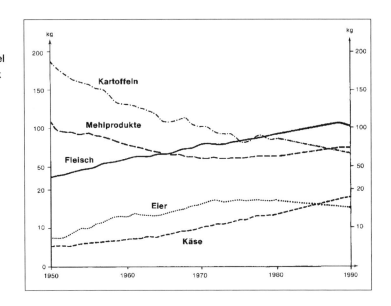

Für die Nachfrage spielen auch die Preisrelationen zwischen den einzelnen Nahrungsmitteln eine große Rolle. Das gilt besonders für diejenigen Erzeugnisse, die gegenseitig substituierbar sind, wie z.B. Butter und Margarine.

Abb. 2.7:
Entwicklung des
Getreide- und Fleisch-
verbrauchs pro Kopf
im Vergleich mit der
Entwicklung des
Einkommens
(Quelle: E. SCHMIDT
1981, S. 15)

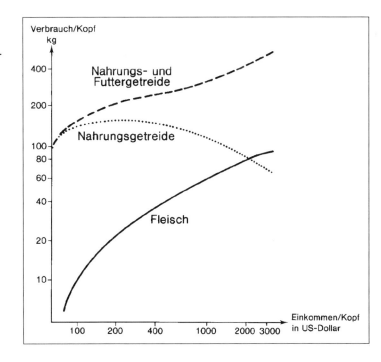

In den meisten Entwicklungsländern ist in den letzten Jahrzehnten der Fleischkonsum gestiegen als Folge von Einkommensteigerungen. Nur in Südasien und im subsaharischen Afrika ist dies nicht der Fall. Nach Angaben der FAO stieg der durchschnittliche Fleischverbrauch pro Kopf in 93 Entwicklungsländern von 10,5 kg (1969/71) auf 16,4 kg (1988/90) an (N. ALEXANDRATOS 1995, S. 95).

Aber auch bei Grundnahrungsmitteln lassen sich im Gefolge von Einkommensverbesserungen große Konsumänderungen beobachten. Knollenfrüchte wie Maniok oder Süßkartoffeln werden durch Getreide verdrängt. Wo Mais und Hirse im Vordergrund standen, werden diese teilweise durch Reis und Weizen ersetzt. In Asien bleibt zwar Reis das Grundnahrungsmittel, es werden aber bessere Qualitäten verlangt und zusätzlich dringt auch hier das Weizenbrot vor. Ähnliche Entwicklungen waren auch in Europa im Zuge der Industrialisierung zu beobachten. So hat in Deutschland der Weizen den Roggen und die Kartoffel teilweise verdrängt, in Südosteuropa war der Mais der Verlierer (P. V. BLANCKENBURG 1986, S. 104).

Die Konsumgewohnheiten beim Nahrungsmittelverbrauch, die sog. Ernährungssitten, sind räumlich stark differenziert. Sie unterliegen einer Fülle von ökologischen, ökonomischen und sozio-kulturellen Steuerungsfaktoren.

Die *ökologischen Faktoren*, d.h. die natürlichen Standortbedingungen der Agrarproduktion, bilden den äußeren Rahmen für die verfügbaren Nahrungspflanzen und Nutztiere. Sie differenzieren vor allem die in den verschiedenen Klimazonen verfügbaren Grundnahrungsmittel.

Die *ökonomischen Faktoren* betreffen vor allem die erwähnte Korrelation zwischen Einkommen und Ernährungssitten. Daneben wird die Ernährung des Menschen sehr stark von *sozialen und kulturellen Steuerungsfaktoren* beeinflußt, die dem einzelnen Individuum meist nicht bewußt sind. Von Kindesbeinen an entstehen durch das Zusammenleben der Generationen bestimmte Wertvorstellungen zur Ernährungsweise: der junge Mensch wird in seinem Eß- und Trinkverhalten kanalisiert, er erfährt durch seine Gruppe einen Sozialisierungsprozeß. Alle eßbaren Nahrungsmittel werden von menschlichen Gruppen unterschiedlich beurteilt und entweder bevorzugt oder gemieden. „Die Ernährungsweise wird geradezu ein Instrument der Identitätsabgrenzung von sozialen Gruppen. Reiche ernähren sich anders als Arme, Christen anders als Moslems, Deutsche anders als Franzosen ...“ (P. V. BLANCKENBURG 1986, S. 120). Während Angehörige der sog. Naturvölker anscheinend alles Eßbare verspeisen mußten, um überleben zu können, haben alle höheren Kulturen ihre Speisepräferenzen und -tabus entwickelt. Es sind vor allem die tierischen Produkte Fleisch und Fisch, aber auch Eier und Milch, die schärfer bewertet werden, als pflanzliche Produkte.

Das Verzehrverbot von Schweinefleisch für Juden und Moslems ist von erheblicher wirtschaftlicher Bedeutung für die Ausrichtung der Landwirtschaft in den betroffenen Ländern. Für Hindus ist das Rind ein heiliges Tier, das nicht geschlachtet und verzehrt werden darf. Das hat zur Folge, daß die riesigen Rinderbestände Indiens (1994: 193 Mio. Tiere) aus wirtschaftlicher Sicht nahezu wertlos sind. Brahmanen essen in der Regel überhaupt kein Fleisch, aber auch keine Eier: sie könnten befruchtet sein und Leben enthalten. Auch Europa hat seine tabuisierten Tiere: Hunde- und Katzenfleisch wird allenfalls in äußerster Notlage verspeist – dem Chinesen sind diese Skrupel fremd. Das Pferd wurde von den alten Germanen verehrt, folglich besteht bei allen germanischen Völkern noch 1000 Jahre nach der Christianisierung eine weitverbreitete Abneigung gegen den Verzehr von Pferdefleisch, während es von romanischen Völkern geschätzt wird.

Unter allen Weltreligionen dürfte das Judentum die kompliziertesten Speisegesetze entwickelt haben. Unrein sind nicht nur Schweine, sondern auch Wiederkäuer mit ungespaltenen Hufen wie Kamele, außerdem Hasen und Kaninchen. Von der Wasserfauna sind nur Schuppentiere erlaubt. Milchige und fleischige Kost dürfen nicht im gleichen Gefäß zubereitet werden (s. 3. MOSES 11). Über die zahlreichen Regeln der koscheren Nahrung wachen spezialisierte Rabbiner.

Von den selteneren Verboten pflanzlicher Produkte ist das Verdikt des Weines für Moslems von erheblicher wirtschaftlicher Bedeutung. In der islamischen Welt wird die Weinrebe vorwiegend für Tafeltrauben und Rosinen kultiviert – obwohl in weiten Gebieten die klimatischen Gegebenheiten großflächigen Weinbau erlauben würden[7]. Die Weinproduktion bleibt häufig christlichen Minderheiten überlassen wie etwa im Libanon oder in Ägypten. In Europa hatte die Christianisierung im Mittelalter eine Ausweitung des Weinbaus bis an dessen biologische Grenze bewirkt; es waren vor allem die Klöster, die – neben anderen mediterranen Kulturen – die Verbreitung des Weinbaus förderten.

Die meisten Religionen verordnen ihre Gläubigen Zeiten des Fastens und der Askese. Der Fastenmonat Ramadan des Islam oder die österliche Fastenzeit und das Freitagsfleischverbot des Christentums sind die bekanntesten Beispiele. Die christlichen Fastengebote bewirkten im mittelalterlichen Europa die Ausbreitung der Teichwirtschaft – wiederum unter Anleitung der Klöster. Außerdem erhielt dadurch die Fischwirtschaft an den Küsten wesentliche Impulse (Fischfang, Fischhandel, Salzhandel). Mit zunehmender Säkularisierung verlieren die religiös begründeten Fastenzeiten und Nahrungstabus an Bedeutung.

Interessante regionale Differenzierungen innerhalb gleicher Kulturkreise weisen die Trinksitten auf. „Teeländer" wie Rußland, England, Marokko, Ostfriesland stehen ausgesprochenen „Kaffeeländern" gegenüber. Innerhalb Deutschlands lassen sich Gebiete hohen Weinkonsums von solchen, in denen das Bier dominiert, gut abgrenzen. Vielfach gehen diese Räume unterschiedlichen Konsumverhaltens auf alte Territorialgrenzen zurück: Teeland Ostfriesland, Mainfranken ein Weinland – Oberfranken ein Bierland.

Die Eß- und Trinkgewohnheiten sind einerseits von Persistenz gekennzeichnet, andererseits sind gerade sie ein Feld andauernder Innovationen und Verdrängungsprozesse. Als Beispiel sei hier der Übergang von der Breinahrung zur Brotnahrung (A. W. SCHÜTTAUF 1956, S. 67) in Deutschland während des 19. Jahrhunderts genannt, wodurch die Hirse als Feldfrucht verschwand. In ländlichen Gebieten des tropischen Afrika verdrängt gegenwärtig der Mais die Hirse als

---

[7] Es sei hier an den Niedergang der algerischen Weinwirtschaft nach dem Abzug des die Rebkultur tragenden europäischen Bevölkerungsteils erinnert. Die Weinmosternte Algeriens fiel von 17 Mio. hl (im Durchschnitt der Jahre 1955 – 61) auf 1,8 Mio. hl (1977/78) und nur noch 289 000 hl 1990.

Grundnahrungsmittel, die Stadtbevölkerung geht auf Reis und Weizenbrot nach europäischem Vorbild über. Die Ausbreitung der Kulturpflanzen über die Erde ist noch keineswegs abgeschlossen; die Wirtschaftspflanzen haben noch nicht all die Areale eingenommen, in denen ihr Anbau optimal wäre. Widerstände gegen unbekannte Nahrungsmittel verhindern nicht selten die Einführung neuer Kulturen mit höheren Erträgen in Entwicklungsländern. So berichtet H. HECKLAU (1978, S. 31) von der Abneigung eines Stammes in Kenia gegen den Anbau von Mais, weil sie dessen vermeintlichen negativen Auswirkungen auf die Potenz fürchteten. In Südostasien traf die Einführung neuer Hochleistungs-Reissorten anfangs auf wenig Gegenliebe, weil ihr Geschmack nicht den gängigen Sorten entsprach und sie daher nur schwer abzusetzen waren. In den damaligen Westzonen Deutschlands fand die Beimischung von Maismehl zum Brot selbst in den Hungerjahren 1946/47 wenig Gegenliebe, während Mais in weiten Teilen der Welt das Grundnahrungsmittel bildet.

In den reichen Industrieländern, die seit Generationen keinen allgemeinen Nahrungsmangel mehr kennen, sind „alternative", ökologisch ausgerichtete Verhaltensweisen im Vormarsch. In diesem Rahmen ändern sich auch die Ernährungssitten, indem „biologisch" erzeugte Nahrungsmittel bevorzugt werden. Abgelehnt werden chemisch behandelte Nahrungsmittel, der Verbrauch tierischer Produkte sinkt zugunsten der pflanzlichen „Vollwertkost". Die Korrelation von steigenden Einkommen mit steigendem Fleischverbrauch, die sich über ein Jahrhundert lang beobachten ließ, gilt in den reichsten Industrieländern nicht mehr, hier ist der Fleischverzehr sogar rückläufig. In Deutschland sank der Fleischverbrauch zwischen 1990 und 1993 von 102 kg auf 95 kg pro Kopf. Dies betrifft vor allem Rind- und Schweinefleisch, während der Verbrauch von Geflügelfleisch noch anstieg. Auch der Verzehr von Eiern sank wegen der Gefährdung durch Cholesterin in Deutschland von 285 Stück (1980) auf 215 (1993) ab. Als Gründe für dieses veränderte Konsumverhalten werden gesundheitliche Bedenken (Angst vor Übergewicht, erhöhtes Risiko der Krebserkrankung, Hormoneinsatz in der tierischen Produktion, Rinderwahnsinn BSE), politische Argumente (Futtermittel aus der Dritten Welt) sowie ethischer Rigorismus (Ablehnung der Tötung von Tieren) genannt (R. V. ALVENSLEBEN 1995). Fleisch hat – zum Leidwesen von Bauern und Metzgern – seinen Charakter als Prestige-Nahrungsmittel verloren. Dafür erfreuen sich Frischmilcherzeugnisse, Käse sowie Obst und Geflügel steigender Beliebtheit. Man kann diese Entwicklung als „Rückkehr zur Normalität" (R. V. ALVENSLEBEN 1995, S. 70) deuten.

H. G. KARIEL (1966) hat erstmals versucht, weltweit die räumliche Differenzierung des Nahrungsmittelkonsums nach den beiden Kriterien der wichtigsten Kalorien- und Proteinquellen kartographisch darzustellen (s. Abbildung 2.8). Er sondert 20 Typen von Nahrungsmittelassoziationen aus, die nach der jeweiligen Hauptgetreideart geordnet sind. Überraschenderweise decken sich die Räume ähnlicher Eßgewohnheiten kaum mit den Klima- und Anbauzonen. Das europäische Konsumverhalten mit seinem vielseitigen Nahrungsangebot (Typ 1) ist auf Europa und seine früheren Siedlungskolonien beschränkt und tritt daher in sechs weit voneinander entfernten Räumen auf: Eurasien, Nordamerika, südliches Südamerika, Südafrika, Australien, Neuseeland. Demgegenüber sind die übrigen 19

Abb. 2.8:

Die räumliche Differenzierung des Nahrungsmittelkonsums

(Quelle: H. G. KARIEL 1966)

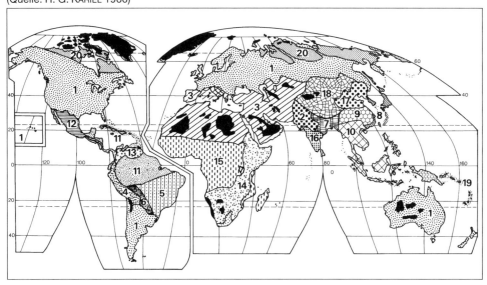

Typ	Wichtigste Kalorienträger	Hauptproteinquellen
1	Weizen, Kartoffeln, Zucker, Fleisch, Fette und Öle	Rind, Schwein, Schaf, Milch
2	Weizen, Hirse, Gerste, Reis	Bohnen, Erbsen, Linsen
3	Weizen, Mais, Gerste, Reis, Fette und Öle	Rind, Schwein, Schaf, Bohnen und Kichererbsen
4	Weizen, Mais, Gerste, Kartoffeln	Bohnen
5	Weizen, Mais, Reis, Zucker	Rind, Bohnen
6	Weizen, Mais, Kassawa (Maniok)	Rind, Bohnen
7	Reis	Bohnen, Erbsen
8	Reis, Weizen	Fisch, Soja
9	Reis, Mais, Süßkartoffeln	Schwein, Fisch, Soja, Erdnuß
10	Reis, Mais, Süßkartoffeln, Kokosnuß	Fisch, Soja, Erdnuß, Bohnen
11	Reis, Mais, Bananen, Yams, Kassawa, Zucker	Bohnen, Erbsen
12	Mais	Bohnen
13	Mais, Weizen, Kartoffeln	Rind, Bohnen
14	Mais, Hirse	Bohnen, Erbsen, Linsen
15	Hirse, Mais, Reis, Yams, Kokosnuß, Süß-kartoffeln, Kassawa, Bananen	Bohnen, Erbsen, Erdnuß
16	Hirse, Reis, Kassawa, Kokosnuß	Fisch, Bohnen, Linsen, Kichererbsen
17	Hirse, Weizen, Mais, Kartoffeln	Schwein, Schaf, Soja, Erdnuß
18	Gerste	Milch, Schaf, Ziege
19	Kassawa, Yams, Taro, Bananen, Kokosnuß	Fisch, Schwein
20	tierische Fette	Fisch, Wild

Nahrungsmittelassoziationen nur in jeweils einem Raum verbreitet. Auffallend ist, daß die Tropenzone schon durch die Hauptkalorienträger Reis, Mais, Hirse und Kassawa in sehr unterschiedliche Konsumräume untergliedert ist.

Das Angebot

Die geringe *Elastizität des Angebots* ist ein wichtiges Merkmal des Agrarmarktes. Die landwirtschaftliche Produktion kann nur bedingt und mit Verzögerung auf veränderte Nachfragesituationen reagieren. Dies gilt für Entwicklungsländer noch weit stärker als für Industrieländer. Als Gründe für das unelastische Angebot lassen sich nach H. H. HERLEMANN (1961, S. 96 – 101), anführen:

- Abhängigkeit von kaum veränderbaren Naturfaktoren, welche die mögliche Produktionspalette stark einengen.
- Abhängigkeit der Produktion vom jahreszeitlichen Vegetationsrhythmus in den meisten Klimazonen. Das führt zu Angebotsstößen mit Preisverfall zur Erntezeit, während die Nachfrage asaisonal, d.h. über das ganze Jahr verteilt ist. Seit Urzeiten ist daher die Landwirtschaft mit Vorratshaltung bei entsprechender Kapitalbindung verbunden. Diese Saisonalität des Angebots führt besonders in Entwicklungsländern mit eingeschränkten Lager- und Konservierungsmöglichkeiten zu starken jahreszeitlichen Preisschwankungen[8] und Versorgungsschwierigkeiten.
- Lange Dauer des Produktionsprozesses bei verschiedenen Produkten (Rindfleisch 2,5 – 3 Jahre, Schweinefleisch 10 Monate, Baum- und Strauchfrüchte 4 – 5 Jahre).
- Verhältnismäßig hoher Anteil der Fixkosten. Das Kapital, das in Gebäuden, Spezialmaschinen, Viehherden angelegt ist, muß verzinst und amortisiert werden und ist schwer mobilisierbar. Dadurch wird gerade in den Industrieländern mit „durchkapitalisierter" Landwirtschaft ein Wechsel der Produktionsrichtung sehr erschwert.
- Anomale Reaktion der bäuerlichen Betriebe gegenüber Preisänderungen. Familienbetriebe, die auf ein Minimaleinkommen angewiesen sind, reagieren auf Preissenkungen mit einer Steigerung der Mengenproduktion, um ein gegebenes Bargeldbedürfnis zu decken. Sie sind im volkswirtschaftlichen Sinn Mengenanpasser.

Ein Charakteristikum des Agrarmarktes besteht darin, daß das Angebot von einer Millionenzahl von Anbietern kleiner Mengen erbracht wird (= atomistischer Markt). Nur auf wenigen Teilmärkten für tropische Erzeugnisse (Ananas, Bananen) treten einflußreiche Großproduzenten auf. Seit dem 19. Jahrhundert versuchten daher die Anbieter, ihre schwache Marktposition durch Zusammenschluß zu Absatzgenossenschaften zu verbessern.

Der Marktpreis

Bei freiem Wettbewerb ergibt sich aus dem funktionalen Zusammenspiel von Angebot und Nachfrage der Marktpreis als der in Geldeinheiten ausgedrückte Wert eines Gutes. Der Preisbildungsmechanismus läßt sich mit Hilfe von Angebots- und Nachfragekurven graphisch darstellen (s. Abbildung 2.9).

Dabei werden die bei unterschiedlicher Höhe des Preises jeweils nachgefragte bzw. angebotene Menge eines Gutes eingetragen. Steigende Preise vermehren das

---

[8] Nach W. HETZEL (1974, S. 139) kosten Mais und Yams in Togo am Ende der Trockenzeit (Mai – Juni) das Drei- bis Vierfache des Preises zur Erntezeit im August.

Abb. 2.9:

Schema des
Preisbildungsvorgangs
(Quelle: P. A. SAMUELSON 1975,
S. 94)

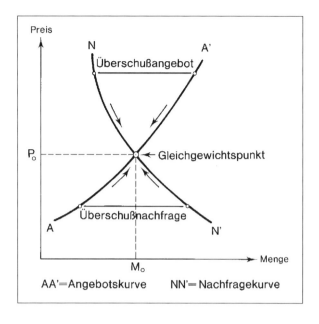

Angebot und vermindern die Nachfrage, sinkende Preise verringern das Angebot und regen die Nachfrage an. Der Schnittpunkt der Angebotskurve AA' mit der Nachfragekurve NN' bezeichnet den Gleichgewichtspunkt, in dem angebotene und nachgefragte Menge gleich groß sind. Bei jedem niedrigeren Preis P bewirkt die Überschußnachfrage Preissteigerungen, bei irgendeinem höheren Preis P drückt das Überschußangebot den Preis auf den Gleichgewichtspreis zurück.

Die geringe Elastizität von Nachfrage und Angebot auf dem freien Agrarmarkt hat starke Preisschwankungen zur Folge. Schon im 17. Jahrhundert beobachtete der englische Statistiker G. KING (1648 – 1712), daß die Getreidepreise stärker schwankten als die Erntemengen. So bewirkt nach KING ein Ernterückgang um 10 %, 20 %, 30 %, 40 %, 50 % eine Preissteigerung von 30 %, 80 %, 160 %, 280 % bzw. 450 % (W. KRELLE 1961, S. 179). Diese sog. „KINGsche Regel" läßt sich auch heute noch bei den Weltmarktnotierungen für Agrargüter mit niedriger Elastizität der Nachfrage (Kaffee, Kakao, Zucker) gut beobachten (s. Tabelle 59.1). Für diejenigen

Tab. 2.5: Die Weltmarktpreise für Zucker, Kaffee und Kakao im jeweiligen Durchschnitt der Jahre 1984 – 1993
(Quelle: Statist. Jb. f. d. Bundesrepublik Deutschland 1988, 1994)

	1984	1985	1986	1987	1988	1989	1990	1991	1992	1993
Rohzucker (US-Cent/lb)	5,24	4,08	6,05	6,73	10,19	12,81	12,55	8,95	9,06	10,01
Rohkaffee (US-Cent/lb)	147,41	155,37	218,65	122,89	134,07	107,17	89,30	85,07	63,65	69,55
Rohkakao (£/t)	1930	1840	1454	1238	912	777	718	661	630	774

Entwicklungsländer, die stark von Agrarexporten abhängen, stellen diese starken Preisschwankungen ein bis heute ungelöstes Problem dar.

Die räumliche Ordnung der Agrarmärkte

Aus geographischer Sicht war stets die *räumliche Ordnung der Agrarmärkte*, d.h. die funktionale Zuordnung von Liefer- und Konsumräumen, ihre Verflechtungen und ggf. ihre hierarchische Ordnung, von besonderem Interesse.

Auf *mondialer Ebene* ist die Verfolgung der Güterströme relativ einfach. Das gilt besonders für die Güter, die weniger auf den Binnenmärkten als vielmehr auf dem sog. Weltmarkt abgesetzt werden.

Auf *nationaler und regionaler Ebene* ist dagegen die Zuordnung von Liefer- und Konsumräumen mit der Entwicklung der komplexen Verkehrs- und Distributionssysteme in den Industrieländern immer schwieriger geworden. Noch um 1930 konnten für deutsche Großstädte die Versorgungsgebiete von Grundnahrungsmitteln wie Getreide, Kartoffeln und Fleisch abgegrenzt werden (E. W. SCHAMP 1972, S. 94). In der Gegenwart lassen sich allenfalls noch Gartenbauzonen und Frischmilch-Einzugsgebiete eindeutig auf ein städtisches Konsumzentrum zuordnen. Doch selbst die großen stadtnahen Sonderkulturgebiete sind heute nur noch in lockerer Form mit ihrer Stadt, deren Absatzmarkt einst Anlaß zu ihrer Entstehung war, verbunden. So ist die Agglomeration des Rhein-Main-Gebietes nicht der erstrangige Abnehmer für Spezialkulturen (Spargel, Frühobst, Erdbeeren) der nördlichen Oberrheinischen Tiefebene; das Alte Land setzt nur noch 9 – 10 % seiner Obsternte in Hamburg ab (s. Kapitel 4.3.4, Marktfruchtbau).

Was hat die Ablösung des kleinräumigen Musters von Liefer- und Konsumräumen durch ein komplexes Versorgungssystem mit teilweise weltweitem Ausgriff verursacht? Die Ausbildung von Verarbeitungs- und Handelsketten mit hohem Mengenumsatz ermöglichte die Einbeziehung von weltweit verteilten Lieferquellen, wie jeder Blick in die Regale eines Supermarktes lehrt. Je stärker ein Agrarprodukt verarbeitet und damit veredelt ist, desto eher verträgt es auch den Transport über große Distanzen, wie z.B. Obstkonserven. Wegen des Verbraucheranspruchs auf ganzjährige Versorgung mit saisonabhängigen Frischwaren müssen die Liefergebiete im Jahresverlauf in andere Klimazonen, u.U. bis in die Südhalbkugel, ausgeweitet werden. Die Liefergebiete für ein bestimmtes Produkt sind daher nicht konstant, sondern wechseln mit den Jahreszeiten. Die Versorgung des norddeutschen Marktes mit Frühkartoffeln verlagert sich vom südmediterranen Raum (Malta, Tunesien, Sizilien im März und April) nach Südfrankreich (Mai), in die Pfalz (Juni) und schließlich in das niedersächsische Anbaugebiet um Burgdorf (ab Mitte Juni).

Nicht zuletzt hat die hochgradige räumliche Spezialisierung einzelner Agrargebiete auf bestimmte Produkte oder Produktgruppen dazu beigetragen, daß in den Industrieländern die Distributionssysteme sehr viel großräumiger wurden. Nach dem Aufbau leistungsfähiger Eisenbahn- und Straßennetze im 19. und 20. Jahrhundert gingen in Europa und Nordamerika viele Agrargebiete von der vielseitigen Produktion, die den Eigenbedarf der Betriebe und der Region decken mußte, zu ausschließlich marktorientierter Spezialproduktion über. Dabei wurden vielfach naturräumliche Standortvorteile ausgenutzt. Im Verlauf dieses Prozesses zogen sich weitverbreitete Kulturen wie Wein oder Hopfen auf natürliche Gunsträume zurück; andere spezialisierte Produktionsräume wie etwa die Massentierhaltung in Süd-Oldenburg oder die Agrumenflächen in Kalifornien, Florida und Teilen des europäischen Mittelmeerraums entstanden neu. Diese hochgradige Spezialisierung bietet sowohl Kostenvorteile bei der Erzeugung infolge der Kostendegression der Massenproduktion als auch Vorteile bei der Organisation der Vermarktung. Schließlich bewirkt die Spezialisierung auf ein Produkt eine erhebliche Steigerung der erzeugten Menge an einem Standort, so daß die Erschließung entfernter Märkte unumgänglich wird.

In den Entwicklungsländern mit geringem Verstäderungsgrad läßt sich noch die kleinräumige Kammerung von städtischen Märkten mit zugeordnetem Versorgungsgebiet beobachten, wie sie auch im vorindustriellen Europa anzutreffen war. In den westafrikanischen Staaten Togo und Dahomey hat W. HETZEL (1974) die Vermarktungssysteme der Agrarproduktion untersucht. Die Vermarktungsquote ist noch relativ gering, der Eigenverbrauch der Haushalte übertrifft die auf den Markt gelangende Überschußproduktion. HETZEL (1974, S. 103 – 126) unterscheidet drei verschiedene Reichweiten beim Absatz pflanzlicher Agrargüter:
- Lokalhandel auf Dorfebene. Er spielt sich fast ausschließlich zwischen den Erzeugern selbst, z.T. noch in der Form des reinen Tauschhandels, ab.
- Regionalhandel zur Versorgung der kleinen Dienstleistungszentren. Er wird teils von den Bauern, teils von Händlerinnen getragen. Die Güter stammen aus dem Nahbereich, d.h. aus einer Entfernung von maximal 30 – 40 km.
- Interregionaler Handel zur Versorgung der größten Städte, besonders der Hauptstädte an der Küste. Ihr Versorgungsgebiet mußte sich zwangsläufig mit dem raschen Bevölkerungswachstum ausweiten, doch kommen 80 – 90 % der benötigten Grundnahrungsmittel aus einer Entfernung von höchstens 150 km. Insgesamt ist der interregionale Agrarhandel in Westafrika noch schwach entwickelt, die rein lokalen Wirtschaftskreisläufe dominieren. Eine Ausnahme macht der Handel mit lebenden Rindern, die aus der Savanne im Norden in die vieharme Litoralzone geliefert werden.

Ähnliche Beobachtungen über die Dominanz kleinräumiger Marktbeziehungen liegen auch aus Indien vor (J. BLENCK, D. BRONGER u. H. UHLIG 1977, S. 331 – 334). Dort werden nach Schätzungen der FAO etwa 80 % der Ernteüberschüsse auf den 22 000 Wochenmärkten abgesetzt (H.G. BOHLE 1981, S. 140).

Die rasche Verstädterung vieler Entwicklungsländer beschert den nationalen Agrarmärkten ein schnelles Wachstum, so daß die Nachfrage vielfach nicht im Inland gedeckt werden kann. Die Versorgung der großstädtischen Bedarfszentren mit preisgünstigen Nahrungsmitteln und deren Distribution verlangen einen Umbau der traditionellen Vermarktungssysteme, der alle Handelsstufen betrifft.

2.2.4 Der Agrarbetrieb

Die kleinste wirtschaftliche Einheit des Agrarraumes ist der Agrarbetrieb. Nach der Definition von STEINHAUSER et al. (1978, S. 13) wird er „als örtliche, technische und organisatorische Produktionseinheit gesehen, in der die Produktionsfaktoren zusammengefaßt sind und durch planmäßiges Handeln der Betriebsleitung zur Gütererzeugung kombiniert werden". Der Betrieb wird somit als räumliche Produktionseinheit mit landwirtschaftlich genutzter Fläche (LF), Gebäuden und technischem Apparat definiert, während das Unternehmen eine örtlich nicht gebundene, wirtschaftlich-finanzielle und juristische Einheit darstellt, das u.U. mehrere Betriebe umfassen kann.

Die Betriebsgröße

Für die Produktionsrichtung und die Intensität der Bewirtschaftung spielt die Größe eines Agrarbetriebs eine wichtige Rolle. Je kleiner die Betriebsfläche bei gegebenem Arbeitsbesatz ist – westeuropäische Familienbetriebe verfügen in der Regel über nicht mehr als 1 bis 3 Vollarbeitskräfte – desto höher ist das Arbeitspotential je Hektar. Arbeitsintensive Betriebszweige wie z.B. Wein- und Obstbau, Hopfenkulturen, Milcherzeugung werden daher überwiegend von Kleinbetrieben gepflegt.

Im landläufigen Sinne wird die Größe eines Betriebes durch den Umfang seiner Betriebsfläche angegeben, der im weltweiten Vergleich beträchtlich variieren kann. Australische Schaffarmen bewirtschaften 200 000 bis 400 000 ha, sowjetische Ackerbausowchosen erreichen 30 000 bis 40 000 ha, die Vollerwerbsbetriebe in den alten Bundesländern hatten 1993/94 durchschnittlich 37,3 ha, während 90 % der japanischen Betriebe weniger als 2 ha bewirtschaften und 95 % der Fellachenbetriebe Ägyptens sich mit durchschnittlich 0,5 ha begnügen müssen. Offensichtlich besteht eine Relation zwischen der Größe der Betriebsfläche und einer Reihe von Faktoren wie Naturpotential, Gesellschaftsform, Bevölkerungsdichte, Einkommensanspruch der landwirtschaftlichen Bevölkerung und Intensität der Bewirtschaftung.

In allen Industrieländern läßt sich eine Grundtendenz zu wachsenden Betriebsflächen beobachten. In den USA wuchs die mittlere Farmgröße von 56 ha (1910) auf 70 ha (1940) und 178 ha (1985) an (H. BLUME 1975, S. 221; H. W. WINDHORST 1989, S. 17). Die landwirtschaftlich genutzte Fläche aller Betriebe über 1 ha erhöhte sich in den alten Bundesländern von 8,06 ha (1949) auf 15,26 ha (1980) und 21,4 ha im Jahre 1994.

Aus Abbildung 2.10 läßt sich die sehr unterschiedliche Entwicklung der einzelnen Betriebsgrößenklassen in den alten Bundesländern seit 1949 ablesen. Die Zahl der Betriebe hat sich kontinuierlich verringert; bis 1994 sank die Gesamtzahl der Betriebe über 1 ha von 1 647 000 auf 551 000 oder um 66,5 %. Am stärksten war der Rückgang bei den Kleinbetrieben von 2 bis 5 ha, die 1994 nur noch 19 % ihres Ausgangsbestandes auswiesen. Die Gruppe von 10 bis 20 ha wuchs noch bis Mitte der sechziger Jahre, dann erwies sich auch diese Größe als unwirtschaftlich. Die Schwelle zwischen schrumpfenden und wachsenden Betiebsgrößenklassen, die sog. Wachstumsschwelle, liegt z.Zt. bei 50 ha. Den stärksten Zuwachs verzeichnen die bäuerlichen Familienbetriebe von 50 bis 100 ha, aber auch die Betriebsgrößenklasse über 100 ha, die früher als Großgrundbesitz bezeichnet wurde.

Eine gegenläufige Entwicklung, nämlich eine Verringerung der Betriebsfläche, läßt sich in denjenigen Entwicklungsländern beobachten, die bei noch wachsender Agrarbevölkerung über keine Landreserven mehr verfügen. So berichtet

Abb. 2.10:

Die Entwicklung der landwirtschaftlichen Betriebe in der alten Bundesrepublik Deutschland nach Größenklassen 1949-1990 (Quellen: Agrarbericht 1972; Statist. Jb. ELF 1994)

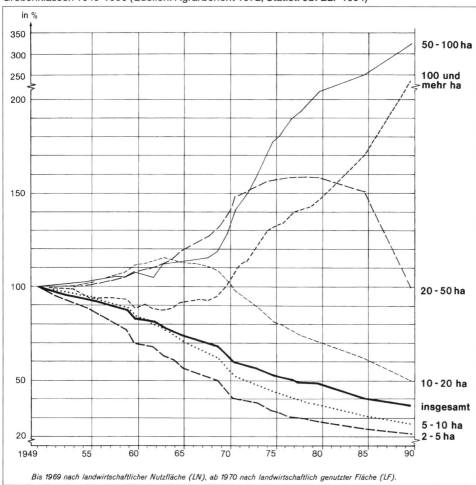

Bis 1969 nach landwirtschaftlicher Nutzfläche (LN), ab 1970 nach landwirtschaftlich genutzter Fläche (LF).

E. EHLERS (1972, S. 295) über die Zersplitterung bäuerlicher Betriebe im Iran durch die strikte Anwendung des islamischen Realteilungsrechtes, das die Aufteilung der Erbmasse unter Söhnen und Töchtern im Verhältnis 2 : 1 vorsieht. In der nordiranischen Bodenreformsiedlung Shahquz Koti stieg die Zahl der bäuerlichen Betriebe zwischen 1961 und 1970 von 15 auf 55, während gleichzeitig die durchschnittliche Betriebsfläche von 3,9 auf 1,1 ha absank. In nur 1 – 2 Generationen werden ausreichende Betriebsgrößen so zersplittert, daß sie unter die Ackernahrungsgrenze sinken (vgl. auch Übersicht 2.6).

Auch in den kleinbäuerlichen Agrarräumen Südamerikas, des ostafrikanischen Hochlandes (W. MANSHARD 1968, S. 240) sowie Süd- und Südostasiens führt die Realteilung zu einer fortwährenden Verringerung der Betriebsgrößen.

Übersicht 2.6: Bodenzersplitterung im Iran aufgrund des islamischen Erbrechts
(Quelle: E. EHLERS 1972, S. 298)

```
                    Großvater: Teilpachtbetrieb 5,2 ha

Sohn A: 1,7 ha          Sohn B: 1,7 ha          Töchter C+D: zus. 1,8 ha

Enkel A: 1,7 ha         Enkel B: 0,7 ha         Enkel C: 0,7 ha          Enkelin D: 0,3 ha

Künftige Erbengemeinschaft:
7 Söhne und 4 Töchter
```

Von der landwirtschaftlichen Betriebslehre wird die Betriebsfläche als alleiniger Indikator der Betriebsgröße für problematisch gehalten, seit sich in den Industrieländern der Zusammenhang zwischen Flächenausstattung mit anderen Produktionsmitteln mehr und mehr gelockert hat. Es scheint daher sinnvoller, bestimmte Einkommensgrößen als Leistungswerte des Produktionsmitteleinsatzes zur Kennzeichnung der Betriebsgröße zu benutzen (H. STEINHAUSER et al. 1978, S. 276). In der Bundesrepublik Deutschland wurde als Meßgröße das sog. „Standardbetriebseinkommen" entwickelt, das darüber entscheidet, ob ein Betrieb „groß" oder „klein" ist. Es ist ein kalkuliertes Betriebseinkommen, das bei ordnungsgemäßer und standortgerechter Bewirtschaftung und bei Annahme durchschnittlicher Betriebsleiterqualifikationen erzielt werden kann. Von diesem Ideal-Maßstab kann das tatsächlich erzielte Betriebseinkommen nach oben und unten abweichen.

Agrarbetriebe im Wechselspiel integrierender und differenzierender Kräfte

Die Produktion eines Agrarbetriebes läßt sich folgendermaßen organisieren (STEINHAUSER et al. 1978):
- einfache Produktion: Einproduktbetriebe wie z.B. eine Weizenfarm oder eine bodenunabhängige Schweinemästerei; sie sind relativ selten;
- verbundene Produktion: der Betrieb erzeugt mehrere Produkte; dabei können die einzelnen Produktionsrichtungen auf verschiedenen Weise miteinander kombiniert sein:
  - parallele Produktion, die Produktionsrichtungen existieren unabhängig nebeneinander, wie z.B. Getreidebau und Teichwirtschaft, sehr selten;
  - konkurrierende Produktion liegt dann vor, wenn die Richtungen um die knappen Produktionsfaktoren miteinander konkurrieren;
  - Koppelproduktion liegt vor, wenn bei der Erzeugung eines Produktes auch andere anfallen; ein Koppelprodukt der Milch sind z.B. Kälber und Rindfleisch.

Seit TH. BRINKMANN (1922, S. 65) weiß man um die „integrierenden " und „differenzierenden" Kräfte, die je nach ihrer Dominanz den Betrieb zu einer vielseitigen oder einseitigen Organisation tendieren lassen. Für die klassische europäische Agrarwirtschaftslehre galt die Idealvorstellung eines möglichst "ausgeglichenen" Betriebes. Als wichtige integrierende Kräfte, welche auf vielseitige Wirtschaftsweise drängen, werden angeführt:

- Fruchtfolge von Feldpflanzen mit sich ergänzenden Ansprüchen an den Boden,
- Arbeitsausgleich zwecks möglichst gleichmäßiger Auslastung der Arbeitskräfte über das Jahr,
- Futterausgleich zwecks ganzjähriger Futterversorgung des Viehs,
- Risikoausgleich,
- Selbstversorgung in Ländern mit geringer volkswirtschaftlicher Differenzierung.

Die wichtigsten differenzierenden Kräfte, welche auf eine einseitige Wirtschaftsweise der Einzelbetriebe drängen, sind:
- das natürliche Produktionspotential des Betriebs,
- der Zwang zur Produktivitätssteigerung.

Der Zwang zur Spezialisierung in der pflanzlichen und tierischen Produktion ergibt sich aus den hohen Kosten der Großmaschinen und Stallanlagen, die jeweils nur in einem speziellen Betriebszweig eingesetzt werden können. Will man eine Spezialmaschine, z.B. eine Rüben-Vollerntemaschine, rentabel auslasten, dann benötigt man große Flächen dieser Frucht. Reicht die eigene Fläche nicht aus, dann kann über Maschinengemeinschaften oder Lohnarbeit der Auslastungsgrad der Maschine verbessert werden. Die Spezialisierung führt auch bei vielen Betriebszweigen zu einer Zerlegung der Produktion in einzelne Stufen und deren Auslagerung nach dem Vorbild der industriellen Produktion. In zunehmendem Maße kommt es auch zu einer Trennung von pflanzlicher und tierischer Produktion, die im bäuerlichen Betrieb Mitteleuropas über Jahrtausende integriert waren. Einerseits entstehen viehlose Marktfruchtbetriebe, andererseits bodenunabhängige Viehhaltungsbetriebe. In der DDR wurde in den siebziger Jahren die Trennung von Pflanzen- und Tierproduktion zum Dogma erhoben. Ein Teilaspekt der Spezialisierung ist die Übertragung betrieblicher Funktionen an Dienstleistungsunternehmen wie z.B. Mähdrusch oder die Schädlingsbekämpfung, z.B. mit dem Flugzeug.

Im Wechselspiel der integrierenden und differenzierenden Kräfte sind die Betriebe in den Industrieländern heute eindeutig mehr den differenzierenden Kräften ausgesetzt. Anstelle des von der klassischen Agrarwirtschaftslehre geforderten „betrieblichen Ausgleichs" tritt die teilweise extreme Spezialisierung, welche durch die Kostenvorteile der Massenproduktion erzwungen wird.

2.3 Individuelle und soziale Einflußfaktoren

Die landwirtschaftliche Produktion stellt keine mechanische Kombination der Produktionsfaktoren dar, sie geht vielmehr auf bewußtes – und teilweise unbewußtes – menschliches Handeln, d.h. auf Entscheidungen einer Millionenzahl von Entscheidungsträgern, zurück. Deren Handeln ist sowohl in ihre jeweilige persönliche Situation, als auch in ihre soziale Umgebung eingebunden. Es umschließt sowohl sinnvoll-zielorientiertes, bewußt auf einen Zweck ausgerichtetes „Handeln" als auch die teilweise unbewußten Reaktionen, die man als „Verhalten" bezeichnen kann.

Leider sind die individuellen und sozialen Determinanten menschlichen Handelns und Verhaltens sehr viel schwieriger zu fassen, als die ökonomischen und ökologischen. Offensichtlich ist es bisher nicht gelungen, die Abhängigkeit menschlichen Handelns von den individuellen und sozialen Bezügen in eine allgemein anerkannte Theorie zu fassen (P. v. BLANCKENBURG 1957, S. 320; E. WIRTH 1979, S. 257; H. G. WAGNER 1981, S. 89 ff). Die Schwierigkeiten bei der Erfassung und Messung von Faktoren, die aus dem psychischen und sozialen Bereich rühren, liegen auf der Hand. Überschneidungen mit ökonomischen Determinanten sind unvermeidlich. Schließlich lassen sich derartige Einflüsse auch nicht zu übersichtlichen Raummodellen abstrahieren, wie z.B. das aus wirtschaftlichen Gegebenheiten abgeleitete THÜNENsche Modell.

Mit diesen Einschränkungen erscheint es gerechtfertigt, die Klassifizierung der Bestimmungsgründe sozialen Handelns von U. PLANCK u. J. ZICHE (1979, S. 88) zu übernehmen, die offensichtlich auf T. PARSONS[9] zurückgeht. Demnach hängt die Art und Weise, wie ein Mensch handelt von folgenden Faktorenkomplexen ab:
- jeweilige Situation (selektiv wahrgenommene und bewertete Wirklichkeit wie z.B. natürliche Standortfaktoren, Betriebsgröße, Absatzmöglichkeiten),
- personales System (persönliche Präferenzstrukturen, Bedürfnisse, Wünsche, Zielsetzungen),
- soziales System (Verhaltensmuster, Rollenerwartungen, Normen, Wertsystem der jeweiligen Sozialgruppe),
- kulturelles System (ideologische Vorstellungen, religiöse und ethische Normen und Werte, Technologien, Verfahren).

Die Situation beeinflußt nur als selektiv wahrgenommene und subjektiv bewertete Wirklichkeit das soziale Handeln, sie stellt sich für jeden Handlungspartner anders dar. Die drei Bezugssysteme werden auf verschiedenen räumlichen Maßstabsebenen wirksam. Auf der *Mikroebene* entscheidet das Verhalten eines Betriebsleiters oder einer kleinen Sozialgruppe (Dorfgemeinschaft, Großfamilie) über die Gestaltung einer begrenzten Agrarfläche (Fläche eines Betriebs, Dorfgemarkung). Demgegenüber bietet sich auf der *Makroebene* das übergeordnete kulturelle System zur Erklärung regelhaften menschlichen Verhaltens in Großräumen (Staaten, Kulturerdteile) an. In Kapitel 2.2.3 wurde bereits auf die Auswirkungen der vom kulturellen System gesteuerten Eß- und Trinksitten auf die landwirtschaftliche Produktion hingewiesen. Die folgenden Ausführungen sollen sich zunächst mit dem personalen System, dann mit den Einflüssen der sozialen Gruppen befassen, welche den handelnden Personen die übergeordneten kulturellen Normen vermitteln.

---

[9] T.PARSONS und E. A. SCHILS (Hrsg.): Toward a general theory of action. Harvard 1951.
Zur Bedeutung der strukturell-funktionalen Theorie von Parsons für die Geographie vgl. E. WIRTH 1979, S. 244 – 246. H. G. WAGNER (1981, S. 96) wies darauf hin, daß PARSONS Konzeption universalistisch angelegt ist; sie umfaßt alle Kultursysteme und Zivilisationen. Sie müßte um die Aspekte der Raumwirksamkeit erweitert werden.

2.3.1 Die Persönlichkeit des Betriebsleiters

In den klassischen Wirtschaftswissenschaften wurde in der Regel die Gewinnmaximierung als oberstes Wirtschaftsziel unterstellt. Als Idealtypus ist aus dieser Sicht der „homo oeconomicus" keineswegs überholt (H. G. WAGNER 1981, S. 99). Demgegenüber wurde von agrarökonomischer Seite schon früh das ökonomisch optimale Verhalten der bäuerlichen Bevölkerung bezweifelt und die Bedeutung der Einzelperson herausgestellt. „Zunächst kommt in Betracht, daß schon das Streben nach höchstem Gewinn ganz offenkundig nicht bei allen Landwirten mit gleicher Schärfe sich ausprägt. Der Geist des Unternehmertums, des Kapitalismus, das ausgesprochene Reichtumsstreben, oder wie man sonst die moderne Auffassung vom Wesen der Wirtschaft bezeichnet, findet in der Landwirtschaft treibenden Bevölkerung an sich einen weniger empfänglichen Boden als in anderen Gebieten des Erwerbslebens" (TH. BRINKMANN 1922, S. 61).

In den fünfziger Jahren entwickelte die Verhaltensforschung der angelsächsischen Sozialwissenschaften neue Theorien zum ökonomischen Verhalten des Menschen. H. A. SIMON (1959) stellte dem auf Gewinnmaximierung abzielenden fiktiven „homo oeconomicus" („optimizing behavior") einen realitätsnäheren Menschen mit suboptimalem Verhalten („satisfying behavior") gegenüber. Dieses resultiert aus unvollständigen Informationen, individuell unterschiedlicher Risikobereitschaft und subjektiven Einschätzungen der wirtschaftlichen Möglichkeiten. Das „satisficer"-Konzept berücksichtigt den Wunsch des Bauern nach „befriedigendem" Einkommen, Freizeit und anderen sozialen Erwägungen.

In der Folge bildete das Entscheidungsverhalten der Landwirte ein zentrales Untersuchungsobjekt der angelsächsischen und skandinavischen Agrargeographie, soweit sie der Richtung der „behavioral geography" verhaftet ist. J. WOLPERT (1964) führte das SIMONsche Modell in die Agrargeographie ein. Er fand bei seinen Untersuchungen über das Entscheidungsverhalten schwedischer Landwirte, daß durchschnittlich nur zwei Drittel des potentiellen Einkommens erwirtschaftet wurden.

Im deutschen Sprachraum blieb die Forschung über das Unternehmerverhalten der Landwirte weitgehend der Agrarsoziologie und -ökonomie überlassen. U. PETERS (1968, S. 438 – 439) unterscheidet beim Verhalten der Landwirte zwischen vorwiegend ökonomischen und vorwiegend außerökonomischen Zielvariablen:

Ökonomische Zielsetzungen
- Gewinn, Rentabilität
- Liquidität (ständige Zahlungsfähigkeit)
- Erhaltung der Betriebssubstanz für weitere Generationen
- Betriebsvergrößerung
- flexible Betriebsorganisation zur Erhöhung der Sicherheit (Risikominderung)

Außerökonomische Zielsetzungen
- Streben nach Prestige und Macht
- Streben nach Erhaltung oder Steigerung des sozialen Rangs

- Streben nach sozialer Einordnung (Anpassung an Gruppennormen)
- Streben nach Unabhängigkeit
- Bestätigung der eigenen Persönlichkeit
- Streben nach ausreichender Freizeit

Die Betriebsleiter erscheinen hier als "einzelne menschliche Wesen mit unterschiedlicher Präferenzstruktur" (U. PETERS 1968, S. 436). Die Bedeutung auch von außerökonomischen Faktoren im Entscheidungsverhalten der Landwirte ist durch zahlreich empirische Untersuchungen bewiesen. Das Streben nach Unabhängigkeit hält manchen Kleinbauern auf seinem Hof, obwohl er in anderen Berufen mit niedrigerem Arbeitsaufwand ein höheres Einkommen erzielen könnte. Die Anschaffung eines Traktors für den kleinbäuerlichen Betrieb muß nicht vom Zwang der Rentabilitätserhöhung diktiert sein, sie befriedigt oft ein Bedürfnis nach Selbstachtung und Prestige (P. V. BLANCKENBURG 1957, S. 312). Der Wunsch nach freien Wochenenden und Urlaub ist oft das Hauptmotiv für die Abschaffung der Milchkühe. Für die Hirtenbevölkerung Ostafrikas bildet der Viehbestand nicht nur die ökonomische Existenzbasis, er gilt auch als Statussymbol; die Größe der Herde ist nicht nur Risikoversicherung, sondern entscheidet auch über den sozialen Rang der Besitzer (H. HECKLAU 1978, S. 16).

Das Verhältnis von ökonomischen zu außerökonomischen Faktoren beim Verhalten von Landwirten ist offensichtlich abhängig von Einflußgrößen wie Alter, Betriebsgröße, Vermarktungsquote der Produktion, Bildungsstand und Verfügbarkeit von Informationen. So hat – nach angelsächsischen Untersuchungen – das Streben nach Freizeit bei jüngeren Farmern einen höheren Stellenwert als bei älteren (B. W. ILBERY 1978, S. 453). Der kleinbäuerliche Betrieb muß in der Regel stärker um Risikoausgleich bemüht sein, d.h. er wird vielfältiger wirtschaften, als der kapitalkräftige Großbetrieb, der größere Ertragsausfälle verkraften kann. Der *Bildungsstand*, d.h. die theoretischen und praktischen Kenntnisse und Fertigkeiten des Betriebsleiters, beeinflußt stark sein Entscheidungsverhalten. Je mehr Landwirte nach der obligaten Grund- und Hauptschule auch Fremdlehre und Fachschulen absolviert haben, desto rationaler und innovationsbereiter wird ihr Verhalten (P. V. BLANCKENBURG 1957, S. 330). In den Erhebungen zum Agrarbericht der deutschen Bundesregierung wird das Einkommen in Relation zur Ausbildung des Betriebsleiters erfragt. Dabei ergab sich, daß 1980/81 mittelgroße Vollerwerbsbetriebe nur 88 % des Durchschnittseinkommens ihrer Gruppe erreichten, wenn der Betriebsleiter keine landwirtschaftliche Ausbildung besaß; demgegenüber erzielten Betriebsleiter mit Meisterprüfung, Fachschul- oder Hochschulbildung einen Wert von 112 % (Agrarbericht 1982, MB, Tabelle 40). Eine Grundvoraussetzung für die Steigerung der Agrarproduktion in der Dritten Welt ist eine bessere Qualifizierung der Landwirte, angefangen von der Alphabetisierung bis zur Verbreitung neuer agrartechnischer Kenntnisse. Je stärker marktorientiert ein Betrieb ist, desto mehr ist der Betriebsleiter auf die Hilfe der jeweiligen *Informations- und Kommunikationssysteme* angewiesen, um flexibel auf die vor allem in den Industrieländern immer schneller aufeinander folgenden Innovationen reagieren zu können. MORGAN und MUNTON (1971, S. 34) unterscheiden „externe Informationen", die von außen an die landwirtschaftlichen Gruppen herangetragen werden (Fachzeitungen, Landfunk, Beraterdienste von Staat und Industrie), von „internen Informationen", die durch persönliche Kontakte unter den Landwirten ausgetauscht werden. In der geographischen Innovations- und Diffusionsforschung spielt die individuell sehr unterschiedliche Teilnahme der Entscheidungsträger an den jeweiligen Informationssystemen eine wichtige Rolle (s. u.a. T. HÄGERSTRAND 1953; D. W. HARVEY 1966; A. PRED 1967; D. BRONGER 1975). Art und Intensität der Informations- und Kommunikationssysteme hängen ab vom Stand der technischen Entwicklung und von der Intensität der menschlichen Kontakte. In traditionellen Gesellschaften spielt der persönliche Kontakt, z.B. mit dem staatlichen Berater oder mit Händlern auf dem Wochenmarkt die Hauptrolle. Aber auch in den Industrieländern mit ihren hochentwickelten Massenmedien sind die persönlichen Kontakte für die Annahme von Innovationen entscheidend. Amerikanische Studien haben gezeigt, daß Massenmedien zwar Informationen schnell und ubiquitär verbreiten, über ihre Adoption entscheidet aber der persönliche Kontakt (J. D. HENSHALL 1967, S.447). Das liegt nach ILBERY (1978, S.455) vor allem daran, daß immer nur wenige Landwirte aktiv nach neuen Informationen über Problemlösungen suchen, während die Mehrzahl sich konservativ verhält und neue Methoden erst übernimmt, wenn Kollegen, die ihnen persönlich bekannt sind, sie erfolgreich ausprobiert haben.

2.3.2 Soziale Gruppen

Die Landwirtschaft ist viel stärker in soziale Bezüge eingebunden, als die übrigen wirtschaftlichen Aktivitäten. Dies ergibt sich einmal aus der starken familiären Bindung der landwirtschaftlichen Produktion im Familienbetrieb, zum anderen aus deren flächenhafter Natur mit disperser Standortverteilung im Raum. Die Betriebe liegen vorwiegend in relativ kleinen ländlichen Siedlungen mit starken sozialen Interaktionen. Die von den Gruppen postulierten Normen sind hier noch von wesentlich größerer Verbindlichkeit als in der Stadt.

In diesem Zusammenhang stellt sich die Frage, welche sozialen Gruppen das Verhalten des einzelnen Landwirts und damit den Agrarraum beeinflussen. Die Möglichkeiten der Gruppenbildung, welche Soziologie und Sozialgeographie entwickelt haben, sind so vielfältig, daß in diesem Zusammenhang nur auf sie verwiesen werden kann (P. V. BLANCKENBURG 1962; G. C. HOMANS 1968; J. MAIER et al., 1977; U. PLANCK u. J. ZICHE 1979; H. G. WAGNER 1981). Für eine agrargeographische Betrachtung sind vor allem die folgenden Gruppen relevant:
- genealogische Gruppen,
- Interaktions- und Lebensformengruppen,
- ethnische Gruppen,
- Gruppen unterschiedlicher Erwerbsstruktur,
- Gruppen mit unterschiedlicher Verfügung über die Produktionsmittel.

Dabei ist zu beachten, daß die Gruppenzugehörigkeit des einzelnen Landwirts komplexer Natur ist, er wird in der Regel mehreren Gruppen angehören, die sein Verhalten beeinflussen.

Genealogische Gruppen

In Agrarsystemen mit vorherrschendem Familienbetrieb ist die *Familie* die mit Abstand wichtigste Sozialgruppe. In Mitteleuropa bildete die bäuerliche 2–3-Generationfamilie bis in die jüngste Zeit eine Produktions- und Besitzgemeinschaft. „Familie und Betrieb bilden weitgehend eine Einheit" (P. V. BLANCKENBURG, 1962, S. 93). Der Betrieb muß in seiner Organisation der jeweiligen Familienstruktur angepaßt werden. In das Entscheidungsverhalten des Betriebsleiters gehen daher sehr viel stärker familiäre Erwägungen (Familiengröße, Arbeitsfähigkeit, Gesundheitszustand) ein als beim Leiter eines Gewerbebetriebs. Je nachdem, ob die Familienstruktur mehr patriarchalisch oder mehr partnerschaftlich orientiert ist, nehmen auch andere Familienmitglieder am Entscheidungsprozeß teil. Freilich läßt sich auch in Mitteleuropa ein Prozeß der Desintegration von Familie und Betrieb beobachten, den die amerikanische Farmerfamilie vorweggenommen hat (U. PLANCK u. J. ZICHE 1979, S. 244 – 245).

In den Entwicklungsländern Afrikas und Asiens wird die Landwirtschaft nach wie vor von *Großfamilien* getragen, in denen vertikal mehrere Generationen und horizontal mehrere Familien zusammengeschlossen sind. Bei niedrigem ökonomischen Entwicklungsstand kommt der Großfamilie die wichtige Funktion der sozialen Absicherung ihrer Mitglieder zu. Andererseits rezipiert sie aufgrund ihrer schwerfälligen Entscheidungsstruktur und ihrer Einkommensumverteilung nur zögernd moderne Produktionsmethoden.

Übersicht 2.7:

Die soziale Organisation der Ait Ourriaghel in Nordmarokko
(Quelle: B. GROHMANN-KEROUACH 1971, S. 41)

Gruppenbezeichnung	Wirtschaftsraum	Funktion
Haushalt Großfamilie	Einzelgehöft, Weiler	Kocheinheit gemeinsame Feldbestellung und Eigentumsverwaltung
Verwandtschaftslinie	Bauernschaft, kleine Taleinheit	präferentielle Heiratsgruppe Gemeinsam: Weideland
Unterklan	Gemeinde, große Taleinheit	Olivenpresse, Getreidemühle, Moschee
Klan	Fraktionsgebiet	zentraler Wochenmarkt
Stamm	Stammesgebiet	früher: Kriegführung

In tribalistischen Gesellschaften ist die Großfamilie eingebettet in immer weitere genealogische Verbände (Sippe, Clan, Fraktion, Stammeskonföderation), deren Zusammenhalt auf der Abstammung von einem gemeinsamen – echten oder fiktiven – Ahnherrn beruht. Den einzelnen Verbänden kommen spezifische wirtschaftliche und soziale Funktionen zu, wie am Beispiel der Rifkabylen Marokkos aufgezeigt werden soll (s. Übersicht 2.7).

Tribalistische Gesellschaftsorganisationen sind im islamischen Kulturkreis von Marokko bis Afghanistan in unterschiedlicher Stärke lebendig geblieben; große Bedeutung haben sie vor allem noch im tropischen Afrika, wo vielfach die genealogische Gruppe und nicht das Individuum Träger der Nutzrechte am Boden ist. In Europa hat sich das schottische Clan-System als maßgebliche Gliederung bis zur Mitte des 18. Jahrhunderts gehalten. Seine Auflösung durch die britische Regierung bewirkte einen folgenschweren Wandel der schottischen Agrar- und Sozialstruktur.

Interaktions- und Lebensformengruppen

Kleingruppen mit lebhaften Interaktionen zwischen den Gruppenmitgliedern beeinflussen stark das Handeln der landwirtschaftlichen Entscheidungsträger. Entsprechende Siedlungsweise vorausgesetzt, kommt vor allem der Dorfgemeinschaft große Bedeutung zu. Der Steuerungsmechanismus kann hier mit den Begriffen „soziale Werte und Normen", „soziale Rolle", „sozialer Status", „soziale Kontrolle" nur angedeutet werden. „Das dörfliche Interagieren wird von vielfältigen wechselseitigen Vor- und Rücksichten, von diffusen Ängsten und eindeutigen Abhängigkeiten, von unbewußten Schuldgefühlen und bewußten Schuldigkeiten mitgeprägt und eingezwängt" (U. PLANCK und J. ZICHE 1979, S. 89). Die Dorfgemeinschaft ist auch in Industriestaaten noch von erheblichem Einfluß auf die Art der Landbewirtschaftung durch ihre Mitglieder.

Abb. 2.11:
Sozialkartierung des Ortsteils Römershofen der Stadt Königsberg in Franken
(Hauptpraktikum d. Geogr. Instituts Hannover)

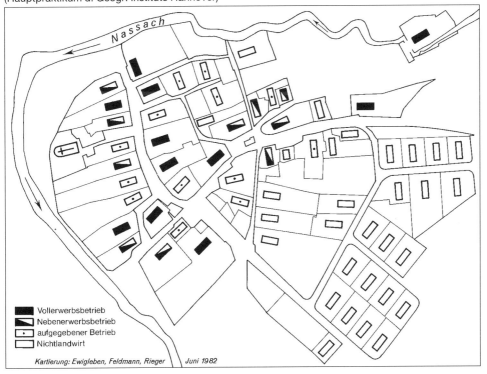

Vollerwerbsbetrieb
Nebenerwerbsbetrieb
aufgegebener Betrieb
Nichtlandwirt

Kartierung: Ewigleben, Feldmann, Rieger | *Juni 1982*

Es liegen eine Fülle von Dorfuntersuchungen vor. So konnte zum Beispiel bei einem studentischen Geländepraktikum in Franken (Gemeinde Königsberg, Haßbergkreis) im Sommer 1982 vom Verfasser beobachtet werden, daß sich benachbarte Dörfer völlig unterschiedlich verhalten: Dorf Römershofen (s. Abbildung 2.11) verzeichnet den üblichen starken Rückgang der Betriebe, die verbleibenden Betriebe wirtschaften teils marktorientiert bei hochgradiger Spezialisierung, teils mit hohem Selbstversorgungsgrad. In dem 10 km entfernten Ortsteil Dörflis hat sich dagegen die Zahl der 17 Betriebe seit 1950 überhaupt nicht verändert, sie werden aber ausnahmslos im Nebenerwerb bewirtschaftet.

Alle diese Dorfuntersuchungen weisen nach, daß bei gleichen äußeren Bedingungen von Dorf zu Dorf erhebliche Unterschiede bei Bodennutzung, Betriebsorganisation und Betriebsleitung auftreten (P. v. BLANCKENBURG 1957, S. 315).

Ein Spezialfall der Interaktionsgruppen sind die von H. BOBEK in die Sozialgeographie eingebrachten *Lebensformengruppen*, welche „Menschen gleicher Lebensführung in ihrer gesamten Daseinsgestaltung" umfassen. Sie sind vornehmlich in Entwicklungsländern mit stark pluralistischer Gesellschaftsorganisation anzutreffen. Im gleichen Raum leben mehrere Gruppen, kleinräumig gemischt, mit unterschiedlichen Lebensformen und Betriebstypen, nebeneinander. In einer bekannten Untersuchung im Becken von Kaschmir hat H. UHLIG (1962) das teils unverbundene, teils symbiotische Nebeneinander von Reisbauern in Subsistenzwirtschaft, marktorientierten Gartenbauern („Seebauern") und Berufshirten beschrieben. In den Industriegesellschaften treten Lebensformengruppen allenfalls noch als unbedeutende Reliktgruppen auf, wie z.B. die von TH. HORNBERGER (1959) untersuchten Wanderschäfer.

Ethnische Gruppen

Lebensformengruppen können identisch mit ethnischen Gruppen sein. In multinationalen Staaten kann die räumliche Differenzierung der Landwirtschaft in der ethnischen Heterogenität der Agrarbevölkerung begründet sein, wie z.B. in Teilen Südostasiens. In Malaysia sind bei der vormalayischen Urbevölkerung noch Restgruppen mit aneignender Wirtschaft (Jagen und Sammeln) anzutreffen; die chinesischen Landwirte betreiben Marktgartenbau mit Schweinehaltung, die Inder sind meist Plantagenarbeiter, die Reisbauern stellen so gut wie ausschließlich die Malayen (H. UHLIG 1963). In ähnlicher Weise kontrastieren die Agrarsysteme von Urbewohnern und indischen Einwanderern auf den Fidschiinseln, von Negern und Indern in Guayana (W. B. MORGAN 1977, S. 36).

Im Neusiedlungsgebiet Nordindiens, das nach 1948 im Himalaya-Vorland erschlossen wurde, betreiben in unmittelbarer Nachbarschaft bäuerliche Flüchtlinge aus dem Pandschab (Panjab) einen intensiven Weizen- und Zuckerrübenanbau, während die Flüchtlinge aus Bengalen am traditionellen Naßreisbau festhalten (H.-J. NITZ 1970). Dieses Festhalten von eingewanderten ethnischen Gruppen an ihren vertrauten Agrarsystemen ist aus allen Kolonisationsgebieten der Erde bekannt. Bereits A. RÜHL (1929, S. 47 – 48) hat die Hauptproduktionsrichtungen der australischen Landwirtschaft – Weizen, Rinder, Schafe – u.a. mit der angelsächsischen Herkunft der ersten Einwanderer erklärt, während in Argentinien bei ähnlichen Naturbedingungen der Mais – dank den italienischen

Einwanderern – eine viel stärkere Rolle spielt. Auch bei der agrargeographischen Differenzierung der USA[10] ist die Herkunft der Einwandererströme nicht ohne Belang: Iren, Skandinavier und Schweizer ließen sich bevorzugt im späteren Milchwirtschaftsgürtel nieder, der Weinbau Kaliforniens wurde mit Hilfe von Italienern und Griechen aufgebaut (B. HOFMEISTER 1970, S. 161 u. 184).

Gruppen unterschiedlicher Erwerbsstruktur

Ein wichtiges Kriterium für die Ausscheidung agrarsozialer Gruppen ist ihre Erwerbsstruktur, d.h. das Ausmaß der Verknüpfung von agrarischen und nicht-agrarischen Aktivitäten. Auf der Erde sind sog. *teilbäuerliche Gruppen* weit ver-breitet, die ihre landwirtschaftliche Tätigkeit mit anderen Erwerbsquellen kom-binieren. Die *Ackerbürger* waren eine weitverbreitete teilbäuerliche Sozialgruppe, die in den Kleinstädten Mitteleuropas vom Hochmittelalter bis ins 20. Jahrhun-dert ihren Lebensunterhalt sowohl aus einem Gewerbe (Handwerk, Handel, Gast-wirtschaft) wie aus der Landwirtschaft zogen. In peripheren Räumen der Bundes-republik Deutschland verfiel die Ackerbürgerverfassung teilweise erst nach 1950 (A. ARNOLD 1968). Im ländlichen Raum stellten die Dorfhandwerker ähnliche „Doppelexistenzen" dar. Daneben hatten sich bereits vor der Industrialisierung regelrechte Gewerbedörfer entwickelt, in denen das Gros der Bevölkerung eine kleine Landwirtschaft mit einem auf Fernabsatz ausgerichteten Gewerbe (Korb-flechten, Töpferei, Holzverarbeitung, Hausweberei) verband (A. ARNOLD 1967). Mit der Industrialisierung wechselten diese Gruppen problemlos in die Gruppe der Arbeiterbauern über, die besonders im südwestdeutschen Realteilungsgebiet weitverbreitet war. Sie wurde jahrzehntelang wegen ihrer Krisensicherheit – ver-glichen mit dem städtischen Proletarier – als sozialpolitisches Leitbild angesehen.

Auch in den entwickelten Industriegesellschaften sind die teilbäuerlichen Gruppen keineswegs verschwunden, wie vielfach prognostiziert wurde. Zwar zo-gen sich die alten teilbäuerlichen Gruppen weitgehend aus der Landwirtschaft zurück, die historischen „Doppelexistenzen" entmischten sich. Dafür sind aber mehr und mehr der bisherigen vollbäuerlichen Betriebe gezwungen, sich ein zusätzliches Einkommen außerhalb der Landwirtschaft zu suchen. Der Neben-erwerbslandwirt erfüllt die Funktion eines Puffers, der die Probleme des Struktur-wandels mildert (G. SCHREINER 1975, S. 469). Da Lohnunternehmer in der Feld-wirtschaft fast jede Arbeit übernehmen, wird der Übergang zur Nebenerwerbs-wirtschaft (part-time-farming) sehr erleichtert. In den USA hatten 1969 bereits 72 % der Farmer ein gewerbliches Zusatzeinkommen (H. BLUME 1975, S. 224). Von den 4,66 Mio. landwirtschaftlichen Haushalten Japans lebten 1980 nur noch 13 % ausschließlich von der Landwirtschaft; die japanische Landwirtschaft hat inner-halb weniger Jahrzehnte einen ausgesprochenen Nebenerwerbscharakter ange-nommen (G. ZIMMERMANN 1982, S. 80).

Die Agrarstatistik der Bundesrepublik Deutschland unterscheidet zwischen Vollerwerbs-, Zuerwerbs- und Nebenerwerbsbetrieben.

---

[10] Eine ausführliche Literaturzusammenstellung über die differenzierende Wirkung unter-schiedlicher Einwanderungsgruppen findet sich bei H. F. GREGOR 1970 a, S. 72 - 76.

Aus Tabelle 2.6 wird ersichtlich, daß die Bedeutung der Neben- und Zuerwerbs-
betriebe vor allem im sozialen Bereich liegt, entfallen doch auf beide Kategorien
zusammen über die Hälfte aller Betriebe. Aus rein wirtschaftlicher Sicht sind
freilich die Vollerwerbsbetriebe mit Abstand die wichtigste Gruppe, sie bewirtschafteten 1990 rund 78 % der LF, hielten 82 % der Milchkühe und 82 % der Schweine und erzielten 82 % aller Verkaufserlöse der gesamten Landwirtschaft (AGRI-
MENTE 91, S. 30). Die Anteile der einzelnen Erwerbsformen schwanken innerhalb
des Bundesgebietes recht erheblich. Während in den alten Anerbengebieten auch
heute noch die Vollerwerbsbetriebe zahlenmäßig klar dominieren, sind in den
früheren Realteilungsgebieten nicht selten Gemeinden anzutreffen, die keinen
einzigen Vollerwerbsbetrieb mehr aufweisen. Im Saarland werden z.B. 72 % aller
Betriebe im Nebenerwerb bewirtschaftet (R. GUTH 1982, S. 223).

Tab. 2.6:

**Die Erwerbsstruktur der landwirtschaftlichen Betriebe in der alten Bundesrepublik Deutschland
1970, 1981 und 1994**

(Quelle: Agarbericht 1981, 1982, 1995)

		Vollerwerbs-betriebe	Zuerwerbs-betriebe	Nebenerwerbs-betriebe
Anteil des Betriebseinkommens am Gesamteinkommen		>90 %	>50 %	< 50 %
Anzahl der Betriebe (1000)	1970	466,5	233,9	382,7
	1981	385,4	83,2	311,9
	1994	268,5	43,1	239,3
Anteil (v. H.)	1970	43	22	35
	1981	49	11	40
	1994	49	8	43
Anteil an der LF (v. H.)	1970	74	14	12
	1981	77	10	13
	1994	79	8	13
Durchschnittsgröße (ha LF)	1970	19,9	7,7	4,0
	1981	24,3	14,0	5,0
	1994	34,5	21,8	6,6

Eine Sondergruppe bilden die heute in allen Industrieländern anzutreffenden
Hobbylandwirte, bei denen der Erwerbsgedanke gänzlich hinter Motive der
Wohn- und Freizeitgestaltung zurücktritt. Frei von ökonomischen Sachzwängen
widmen sie sich bestimmten Produktionsrichtungen wie z.B. Wein- und Obstbau,
Schaf- oder Pferdezucht – je nach ihren persönlichen Präferenzen.

Zusammenfassend lassen sich drei Motive für die Verbindn landwirtschaftlichen und nichtlandwirtschaftlichen Aktivitäten feststellen:

-   Suche nach Zusatzeinkommen,
-   Risikoausgleich für Krisenzeiten,
-   Freizeitgestaltung.

Verfügung über die Produktionsmittel

Zu den wichtigsten Kriterien der agrarsozialen Gliederung gehört die Verfügungsgewalt über die Produktionsmittel, speziell über den Boden, bestimmt doch in einer Agrargesellschaft die Verfügung über den Boden weitgehend den sozialen Status eines Menschen. Für die vielfältigen Formen der menschlichen Beziehung zum Boden hat sich in den Agrarwissenschaften der weitgespannte Ausdruck "Eigentums- und Besitzverhältnisse" (H. J. WENZEL 1974, S. 24) eingebürgert.[11] Unter *"Eigentum"* ist nach römisch-rechtlicher Auffassung die unumschränkte Verfügungsgewalt über ein Grundstück zu verstehen; *Grundbesitzer* ist dagegen, wer den Boden auf eigene Rechnung bewirtschaftet – wie z.B. der Pächter. Außerhalb des Einflußbereichs des Römischen Rechts gibt es noch andere Regelungen für die menschlichen Beziehungen zum Boden. Viele afrikanische Stämme kennen z.B. kein Individualeigentum am Boden, sondern nur Nutzungsrechte. In der Sowjetunion war der gesamte Boden Staatseigentum. Bei aller Vielfalt läßt sich die Agrarbevölkerung aufgrund der Eigentums- und Besitzverhältnisse zu folgenden Grundtypen zusammenfassen (i. w. nach H. J. WENZEL 1974):
– Kleineigentumslandwirte,
– Großeigentumslandwirte,
– Produktionsgemeinschaften,
– Landwirtschaftliche Nutzungseigentümer,
– Pächter und Teilpächter,
– Landarbeiter.

Die *Kleineigentumslandwirte* verwirklichen die Vorstellung, „der Boden solle demjenigen zu eigen gehören, der ihn eigenhändig bebaut" (U. PLANCK u. J. ZICHE 1979, S. 191). Bei dieser Eigentumsform ist die Verfügung über das wichtigste landwirtschaftliche Produktionsmittel auf viele Familien verteilt. Die Familienangehörigen leisten den überwiegenden Teil der Arbeiten, wenn auch familienfremde Arbeitskräfte (Gesinde, Lohnarbeiter) nicht fehlen. Nach der Größe des Eigenlandes lassen sich zwei Untergruppen unterscheiden: zum einen die Vollerwerbslandwirte, deren eigene Betriebsfläche eine ausreichende Ackernahrung für die gesamte Familie abgibt, zum anderen die Kleinstelleninhaber mit unzureichender Bodenausstattung (Minifundien). Die Grenze zwischen den beiden Untergruppen ist selbstverständlich im zeitlichen und räumlichen Wandel stark fließend. Die wirtschaftliche und soziale Lage dieser Kleinstelleninhaber ist prekär, wenn nur unzureichende zusätzliche Einkommensquellen zur Verfügung stehen. Dies galt in Deutschland bis ins 20. Jahrhundert für die mit zahlreichen Lokalnamen[12] (Seldner, Tropfhäusler, Brinksitzer, Kossäten, Kätner usw.) belegten teilbäuerlichen Sozialgruppen (H. GREES 1976) ebenso wie für die heutigen Minifundieninhaber in großen Teilen der Dritten Welt.

---

[11] Daneben findet sich in den deutschen Agrarwissenschaften auch der Begriff „Grundbesitzverfassung"; er bildet zusammen mit der „Arbeitsverfassung" den wichtigsten Bestandteil der „Agrarverfassung".

[12] Eine ausführliche Auflistung der historischen Regionalbegriffe für die Kleinstelleninhaber findet sich bei H. J. WENZEL 1974, S. 41.

Der Kleineigentumslandwirt mit angemessener Ackernahrung tritt weltweit in mehreren Regionaltypen auf. In der Literatur wird besonders der Gegensatz zwischen dem europäischen *Hofbauern* (traditionsverhaftet, seßhaft-immobil, besorgt um Hoferhaltung, noch teilweise auf Eigenversorgung orientiert) und dem *Farmer* der angelsächsischen Neusiedlungsländer (traditionslos, geringe Bodenverbundenheit, ausschließlich marktorientiert, unternehmerisches und geldorientiertes Denken) herausgearbeitet (E. OTREMBA 1976, S. 11; P. V. BLANCKENBURG 1962, S. 116; U. PLANCK u. J. ZICHE 1979, S. 241 - 247). Beide Typen dürften sich in ihren Verhaltensweisen inzwischen stark genähert haben. In der Bundesrepublik Deutschland bildet der „leistungsfähige bäuerliche Familienbetrieb" die hauptsächliche Zielgruppe der Agrarpolitik, weil er erfahrungsgemäß außerordentlich anpassungsfähig ist.[13]

Großeigentumslandwirte haben Betriebsflächen von weit überdurchschnittlicher Ausdehnung zu eigen. Eine einheitliche Abgrenzung zum Kleineigentumslandwirt ist selbstverständlich nicht möglich. In Deutschland wurden früher Betriebe über 100 ha von der Agrarstatistik bereits zum Großgrundeigentum gerechnet; ein 1963 erlassenes Agrarstatut Paraguays legt die Untergrenze für Latifundien mit 10 000 ha, im westlichen Chaco gar mit 20 000 ha fest (TH. BERTHOLD 1977, S.77). Das landwirtschaftliche Großeigentum wird entweder durch eine Vielzahl von Pächtern kleinbetrieblich bewirtschaftete oder als einheitlicher Großbetrieb zentral geführt. Großeigentumslandwirte treten weltweit unter verschieden Typenbegriffen auf. Die *Gutsbesitzer* bildeten im östlichen Mitteleuropa und in Osteuropa bis zu den Kollektivierungen des 20. Jahrhunderts die schmale ländliche Oberschicht. Sie hatte sich seit dem Mittelalter durch die Umwandlung von grundherrschaftlichem Besitz in einheitlich bewirtschaftete Gutsbetriebe entwickelt. In den alten Bundesländern kommen Gutsbetriebe in Streulage vor, lediglich im östlichen Holstein bilden sie die dominierende Betriebsart (s. Kapitel 4.3.4) – auch heute noch überwiegend in Adelsbesitz. Sie haben sich von ehedem recht vielseitigen Betrieben auf hochgradig mechanisierte und spezialisierte Marktfruchtbetriebe umgestellt. Ihr AK-Besatz ist mit oftmals nur 1 AK je 100 ha extrem niedrig; die früher so zahlreiche Landarbeiterschaft ist weitgehend abgewandert. In Südeuropa hat sich aus den Zeiten des Römischen Reiches der Typ des *Latifundieneigentümers* (italienisch: latifondista) erhalten. Sein Wirtschaftsverhalten ist vielfach durch Desinteresse an eigener Landbewirtschaftung und Wohnsitz in der Stadt (Absentismus) gekennzeichnet. Die Bewirtschaftung erfolgt entweder durch Kleinpächter, welche jeweils einzelne Parzellen des Latifundiums bearbeiten, oder durch einen Großpächter, der das Land mit Hilfe von Tagelöhnern bearbeitet (E. SABELBERG 1975, S. 330 - 331). Während der europäischen Kolonialherrschaft wurde der Typ des südeuropäischen Latifondista in die tropischen und randtropischen Kolonialgebiete übertragen, wo sich konvergente Formen von Großeigentumslandwirten herausbildeten: Plantagenbesitzer, Haciendero (Brasilien: Fazendeiro), Estanciero (s. Kapitel 4.2.2. und 4.3.4).

---

[13] Zur Kritik am Leitbild des bäuerlichen Familienbetriebs s. TH. BERGMANN 1969; H. W. WINDHORST 1989.

Die soziale Problematik des Großeigentums ist die mit ihm einhergehende extrem ungleiche Vermögens- und Einkommensverteilung. Der geringen Zahl von Großeigentümern steht die Schar der landlosen Pächter und Landarbeiter gegenüber. In Agrargesellschaften mit beschränkten nichtlandwirtschaftlichen Erwerbsquellen nehmen Großeigentümer, wenn sie große Teile des bebaubaren Bodens innehaben, eine wirtschaftliche, gesellschaftliche und politische Machtstellung ein, die seit den Zeiten der Römischen Republik Anlaß für die Forderung nach Agrarreformen war.

Landwirtschaftliche Produktionsgemeinschaften mit gemeinsamer Verfügung über die Produktionsmittel und gemeinsamer Abstimmung über den Produktionsprozeß treten in den verschiedensten Gesellschaftssystemen auf. Es gibt sie als historische Formen mit jahrhundertealter Tradition wie als junge Kollektivwirtschaften des 20. Jahrhunderts. Die historischen Formen der Allmendenutzung sind in Mitteleuropa nach den Agrarreformen des 18. – 20. Jahrhunderts bis auf geringe Reste (Gemeinschaftsalmen, gemeinsame Waldbewirtschaftung) verschwunden. In den Bergländern Mittelamerikas und den nördlichen und zentralen Anden haben sich beträchtliche Relikte von vorkolonialen Besitz- und Nutzungsformen der Indianerkulturen erhalten (SANDNER u. STEGER 1973, S. 98 – 99). An die altindianische Tradition knüpfen die mexikanischen *Ejidos* an, die durch Agrarreformgesetze 1915 und 1917 aus Großgrundeigentum neu geschaffen wurden. Bodeneigentümer ist die Gemeinde, der ortsansässige Ejidatario hat einen Nutzungsanspruch. Wald und Weideland werden gemeinsam genutzt, die Bewirtschaftung des Ackerlandes kann individuell oder gemeinsam erfolgen (O. SCHILLER 1963). Neben den Ejidos sind die israelischen *Kibbuzim* die wohl bekanntesten Beispiele kollektiver Landbewirtschaftung außerhalb der marxistischen Gesellschaftssysteme. Die Kibbuzim sind je nach ihrer ideologischen oder religiösen Ausrichtung unterschiedlich organisiert. In der ursprünglichen Idealform bewirtschaftet die Kommune eines Kibbuz ihr Land, das sie vom Jüdischen Nationalfonds oder vom Staat in Erbpacht erhalten hat; das Gemeinschaftsleben umfaßt auch die Kindererziehung und die gemeinsamen Mahlzeiten. Wenn die Landwirtschaft als Existenzbasis nicht mehr ausreicht, gliedern sich vielen Kibbuzim Gewerbebetriebe an. In den westlichen Industrieländern finden sich vereinzelt weltanschauliche oder religiöse Gruppen, die – wie z.B. die Hutterer in Nordamerika – als Produktionsgemeinschaften auftreten.

In den Entwicklungsländern bemüht man sich häufig um den Aufbau von landwirtschaftlichen Produktionsgemeinschaften. Das *Ujamaa-Konzept* Tansanias bildet das wohl bekannteste Beispiel gemeinschaftlicher Bodennutzung in der Dritten Welt. Es verschmilzt traditionelle afrikanische, genossenschaftliche und sozialistische Elemente (E. BAUM 1971). Der Entwicklungsansatz, der auf Ideen eines afrikanischen Sozialismus beruht, ist in der Praxis offensichtlich schwer zu verwirklichen (H. HECKLAU 1989, S. 333). Da das Konzept die Konzentration der Bevölkerung in Dörfern vorsah, bewirkte es auch einen Umbruch des Siedlungsnetzes. Nachdem in vielen Gebieten die Bauern den Umzug verweigerten, wurden Zwangsumsiedlungen mit Hilfe der Armee durchgeführt. Die Standorte vieler Dörfer waren schlecht gewählt, häufig fehlte es an Wasser. Die unvermeidliche Folge dieser Politik war ein Absinken der Agrarproduktion, Tansania mußte vermehrt Lebensmittel importieren. Dennoch sollen bis 1975 mehr als 9 Mio. Afrikaner, das sind über 60 % der Bevölkerung des Landes, in mehr als 6 000 Dörfer zusammengesiedelt worden sein (H. HECKLAU 1989, S. 335).

Von diesen mehr oder weniger freiwilligen Zusammenschlüssen der Landwirte unterscheidet sich die *kollektive Landbewirtschaftung in den sozialistischen Staaten* von vornherein durch den Zwangcharakter bei der Bildung (UdSSR 1929 – 34; VR China 1951 – 58; DDR 1952 – 60). Außerdem standen sie unter starkem Einfluß des Staates auf Führung und Produktion. Die Gründe für die zwangsweise Kollektivierung sind sowohl im wirtschaftlichen Bereich – vermeintlicher Produktivitätsvorsprung des Großbetriebes – wie in der sozialistischen Ideologie[14] zu suchen. Zwischen den Kollektivbetrieben der einzelnen sozialistischen Staaten bestanden trotz gemeinsamer ideologischer Wurzel erhebliche Unterschiede, die hier nicht ausgeführt werden können. Auf sozialem Gebiet bedeutet die Kollektivierung die Transformation des selbständigen Bauern zum Landarbeiter. Ähnlich wie in der Industrie wandelte sich das Berufsbild des vielseitigen Landwirts zu dem einer spezialisierten Fachkraft (Traktorist, Melker, Tierzüchter) mit qualifizierter Ausbildung (Facharbeiter, Meister, Ingenieur).

Seit dem Zusammenbruch der Sowjetunion und der kommunistischen Regime im östlichen Mitteleuropa befindet sich die kollektive Landbewirtschaftung sozialistischer Ausprägung auf dem Rückzug. Der Übergang von sozialistischen zu privaten Betriebsformen verläuft in den verschiedenen Staaten recht unterschiedlich.

In den neuen Bundesländern erlosch am 31. Dezember 1991 die Rechtsform der Landwirtschaftlichen Produktionsgenossenschaft (LPG). Die 4 355 sozialistischen Großbetriebe (465 VEG und 3 890 LPG), von denen rund 3 000 ausschließlich auf die tierische und nur 1230 auf die pflanzliche Produktion spezialisiert waren, mußten in neue Eigentumsformen überführt werden. Ein Teil der LPG ging in Konkurs oder löste sich auf. Die Mehrzahl lebt aber in der Rechtsform der eingetragenen Genossenschaft (durchschnittliche LF: 1 461 ha) oder der GmbH weiter. Die nur 2 900 Betriebe in der Hand juristischer Personen bewirtschafteten 1994 etwa 60 % der LF der neuen Länder. Die Zahl der privaten Einzelunternehmer war bis 1994 auf 22 500 angewachsen. Bei durchschnittlichen Betriebsgrößen von 150 ha im Vollerwerb kommen sie auf einen Anteil von 20 % der LF. Die restlichen 20 % bewirtschaften die 2 379 Personengesellschaften mit durchschnittlich 481 ha (Zahlen aus Agarbericht 1995). Als Erbe der sozialistischen

---

[14] Wie A. WEBER (1974; S. 58) nachgewiesen hat, wird bereits von den frühen Sozialisten des 19. Jahrhunderts der landwirtschaftliche Großbetrieb postuliert, so z.B. von LOUIS BLANC 1839; KARL MARX und FRIEDRICH ENGELS fordern im Manifest der Kommunistischen Partei von 1848 die „Expropriation des Grundeigentums" und die „Errichtung industrieller Armeen, besonders für den Ackerbau". KARL BALLOD schlug 1898 die Umwandlung der 5,7 Mio. Agrarbetriebe des damaligen Deutschen Reiches in 100 000 Großbetriebe von je 200 ha vor. Er sprach bereits von Agrarstädten und Maschinenstationen. Da sein Buch auch ins Russische übersetzt und von LENIN zitiert wurde, dürften seine Ideen bei der Konzeption der Sowchosen und Kolchosen nicht ohne Einfluß gewesen sein.

Agrarverfassung dominieren in den neuen Ländern Betriebsgrößen von 500 bis 1 500 ha, die im west- und mitteleuropäischen Raum ihresgleichen suchen.

Unter *„landwirtschaftlichen Nutzungseigentümern"* werden in der Terminologie von H. J. WENZEL (1974, S. 70) die Landwirte in jenen traditionellen Agrargesellschaften verstanden, die kein individuelles Bodeneigentum, sondern nur ein Anrecht auf individuelle Bewirtschaftung kennen. Diese Form der Verfügungsgewalt über Boden, die mit europäischen Rechtsnormen kaum vergleichbar ist, findet sich noch häufig im tropischen Afrika (W. MANSHARD 1968; K. RINGER 1967; R. HELLMEIER 1967). Der Boden ist sozialen Gruppen (Dorfgemeinschaft, Großfamilie) anvertraut, in die nicht nur die Lebenden, sondern auch Ahnen und Nachfahren einbezogen sein können. Die Verfügung über den Boden ist daher oft mit magisch-religiösen Vorstellungen verbunden. Bei einigen afrikanischen Stämmen, wie z.B. bei den Bulsa in Nordghana, wird auch die Viehherde diesen Rechtsvorstellungen unterworfen. Alle Gruppenmitglieder haben im Prinzip einen Anspruch auf Land nach ihren jeweiligen Bedürfnissen, etwa nach der Familiengröße. Die Bewirtschaftung erfolgt individuell oder durch die Großfamilie; Mischformen sind nicht selten: individuelle Nutzung des Ackerlandes und gemeinschaftliche Nutzung der Weideflächen. Die Landverteilung ist z.T. noch Aufgabe der Häuptlinge bzw. der Stammesautoritäten, was diesen eine erhebliche Machtposition verleiht. Als Nachteile dieses Systems ohne Besitztitel nennen ABALU u. YAYOCK (1980, S. 239 – 240): Erschwerung der Kapitalbeschaffung infolge fehlender Sicherheiten, mangelnde Investitionsbereitschaft, Mißbrauch der Machtposition durch die landvergebenden Eliten. Diese Verfügungsart über den Boden ist an die alten Sozialordnungen gebunden. Mit deren Zerfall setzt sich das Individualeigentum durch. Außerdem sind sie nur in Gebieten denkbar, in denen Land noch im Überfluß zur Verfügung steht. Mit der zunehmenden Landverknappung infolge des Bevölkerungswachstums wandelt sich der Nutzungsanspruch in individuelles Grundeigentum um. Nach H. HECKLAU (1978, S. 40) ist in Ostafrika die Einhegung des Dauer-Ackerlandes zum Schutz gegen das Vieh auf der gemeinen Weide der sichtbare Ausdruck dieses Privatisierungsprozesses.

Die *Pächter* bilden eine weitgespannte Gruppe der Agrarbevölkerung. Ihre soziale Position ist höchst unterschiedlich – je nach den Pachtbedingungen (Art des Pachtobjekts, Pachtdauer, Art und Höhe des Pachtzinses). Bei günstigen Pachtbedingungen unterscheidet sich die soziale Position des Pächters kaum von der des Eigentumslandwirtes. Pachtobjekte können sein: geschlossene Betriebe (Hofpacht), einzelne Parzellen (Parzellenpacht), Vieh (Viehpacht, z.B. Pensionsvieh), sowie einzelne Nutzungsrechte (an Obstbäumen, die Schafhut auf den abgeernteten Feldern, das Jagdrecht). Die *Hofpacht* ist in der Bundesrepublik Deutschland relativ selten, sie betrifft vor allem Betriebe, die vorzeitig auf die Erben übertragen werden sowie Großbetriebe, wie z.B. die Staatsdomänen. Von allen landwirtschaftlichen Betrieben der alten Bundesrepublik sind nur 6 % reine Pachtbetriebe (G. SCHREINER 1975, S. 481). Weitverbreitet ist die Hofpacht in einigen nordwesteuropäischen Staaten. In Belgien sind über die Hälfte der Betriebe Pachtbetriebe, die Pachtfläche umfaßt 71 % der LN. Der Anteil der Pachtbetriebe in Großbritannien ist von 90 % (1910) auf 34 % in der Gegenwart gefallen – eine Folge der strengen Pächterschutzgesetze und der hohen Erbschaftssteuern, die zur Aufteilung des Großgrundbesitzes führten. Die traditionelle britische Agrarsozialstruktur mit den drei Gliedern Landlord – Pächter – Landarbeiter hat sich in diesem Jahrhundert stark in Richtung Familienbetrieb entwickelt: die Pächter konnten vielfach das Eigentum an ihren Betrieben erwerben, während die Zahl der Landarbeiter – wie in allen Industriestaaten – stark geschrumpft ist. Auch in den USA verlor die Hofpacht stark an Bedeutung, der Anteil der Pachtbetriebe ist von 39 % (1940) auf nur noch 13 % (1970) aller Farmen gesunken (H. BLUME 1975, S. 223).

Die *Parzellenpacht* hat in allen Industrieländern aufgrund des starken Rückgangs der Zahl der landwirtschaftlichen Betriebe an Bedeutung gewonnen. Die verbleibenden Betriebe stocken ihre Flächen durch Zupacht von den ausscheidenden Höfen auf – teilweise mit staatlicher Förderung. In Deutschland sind seit dem Zweiten Weltkrieg 1,5 Mio. Bauernhöfe dem Strukturwandel zum Opfer gefallen. Dadurch ist ein riesiger Pachtflächenmarkt entstanden. Bei Betriebsaufgaben werden die Nutzflächen wegen ihrer vermeintlichen Wertbeständigkeit nur selten verkauft, sondern an aufstockungswillige Betriebe verpachtet. Aus diesem Grund ist der Pachtlandanteil in den alten Ländern von 22 % (1966) auf 42,5 % (1991) angestiegen (Statist. Jb. ELF 1994, S. 39). In den neuen Ländern ist er mit fast 90 % noch weit höher (Agrarbericht 1995, S. 15). Die landwirtschaftlich genutzte Fläche des vereinten Deutschland besteht heute zu mehr als der Hälfte aus Pachtland. Das alte Idealbild des freien Bauern auf eigener Scholle ist revisionsbedürftig. Die deutsche Agrarverfassung nähert sich der anderer westeuropäischer Länder an, in denen die Pacht schon immer eine große Rolle gespielt hat. So waren bereits 1970 in den Niederlanden 48 % der LF Pachtland, in Großbritannien liegt der Satz bei 60 %.

Die *Pachtdauer* hat auf den sozialen Status und das Wirtschaftsverhalten der Pächter den größten Einfluß (U. PLANCK u. J. ZICHE 1979, S. 201). Je länger der Pachtvertrag befristet ist, desto mehr wird sich das Pächterverhalten dem des Grundeigentümers annähern. Die Fristen können von der einjährigen Pacht bis zur Erbpacht, die Generationen überdauert, reichen.

Der *Pachtzins* kann durch Geld, Naturalien oder durch Arbeitsleistungen des Pächters für den Verpächter (Arbeitspacht) abgegolten werden.

Die *Arbeitspacht* ist weltweit verbreitet. In Westfalen und Oldenburg war bis zur Gegenwart das Heuerlingswesen anzutreffen. Der Heuerling ist Pächter einer Kleinstelle, der den Zins statt oder neben der Zahlung einer Geldsumme durch festgelegte Arbeitsleistungen auf dem Hof des Verpächters ableisten kann (H. J. WENZEL 1974, S. 62). Eine besondere Bedeutung kommt den Arbeitspächtern auf südamerikanischen Latifundien zu; sie treten unter verschiedenen Lokalbezeichnungen wie colono, inquilino (Chile), yanacono (Peru) auf. Die Übergänge zum (Geld-)Pächter wie zum Landarbeiter sind fließend; die Arbeitspächter sind Teil eines sehr komplizierten Systems der Arbeitsorganisation. Da sie aber durchweg das Anbaurisiko tragen, sind sie nach Mißernten beim Haciendero verschuldet und entsprechend von ihm abhängig (SANDNER u. STEGER 1973, S. 95).

Als *Teilpacht* bezeichnet man ein Pachtverhältnis, bei dem der Zins nicht fixiert ist, sondern als eine vereinbarte Quote vom Rohertrag erhoben wird. Der Anteil für den Verpächter kann zwischen 20 und 80 % variieren, je nachdem, welche Produktionsfaktoren er zur Verfügung stellt. In der arabischen Oasenwirtschaft werden z.B. 5 Produktionsfaktoren (Land – Wasser – Saatgut und Bäume – Arbeitsgerät und Zugtier – Arbeitskraft) unterschieden. Daraus leitet sich das Teilpachtverhältnis des *Khammessats* (arab. khamsa = fünf) ab: der Pächter (Khammes) erhält im Prinzip nur eine Fünftel der Ernte, wenn er lediglich seine Arbeitskraft einbringt (s. Kapitel 4.3.3). Eine sehr bekannte Form der (Hof-)Teilpacht ist die italienische *Mezzadria*, bei der die Ernte in der Regel naturaliter im Verhältnis 50 : 50 zwischen dem Verpächter und Mezzadro geteilt wird. Der Pächter stellt seine und seiner Familie Arbeitskraft, die Geräte und trägt zur Hälfte die Kosten der Betriebsmittel (Dünger, Spritzmittel). Der Verpächter stellt Hof und Land, erstes Saatgetreide und trägt die Kosten für langfristig wirksame Investitionen (Gebäude, Bodenverbesserungen, Baum- und Strauchkulturen). Er nimmt auch starken Einfluß auf die Bewirtschaftung. Das Mezzadria-System ist stark rückläufig, nachdem die Mezzadri in großer Zahl in die Industrie abgewandert sind (E. SABELBERG 1975). Eine ähnliche Pachtform ist die *Metayage* in Südfrankreich (Pächter 2/3 Verpächter 1/3), die allerdings nur noch 1 % der französischen LF betrifft (A. PLETSCH 1984, S. 204).

Die Teilpacht ist die vorherrschende Pachtform in den dichtbesiedelten Agrarländern Asiens. Für die übervölkerten Bewässerungsgebiete Javas schätzt W. RÖLL (1973, S. 305) den Anteil der Teilpächter auf 60 % der Landwirte. Bei den verschiedenen Pachtsystemen variiert der Ernteanteil der Pächter je nach ihrem Arbeits- und Produktionsmitteleinsatz zwischen 25 und 50 %. Dabei sind die Übergänge zwischen den Sozialgruppen der Teilpächter (share tenant) mit unternehmerischen Funktionen und den Landarbeitern mit Ertragsbeteiligung (share cropper) sehr fließend. Da die Zahl der Arbeitsuchenden auf Java sehr hoch ist und die Kontrakte in der Regel nur mündlich abgeschlossen werden, befinden sich die Pächter in einer schwachen Position gegenüber den Grundeigentümern, bei denen sie häufig ohnehin noch verschuldet sind.

Im westafrikanischen Kakaogürtel ist die Teilpacht der sog. Abusa-Farmer weit verbreitet. Die Abusa sind für die Betreuung einer Kakaopflanzung, die sie vom Besitzer übernehmen, verantwortlich. Das Entgelt beträgt ein Drittel des Ernteertrags (W. MANSHARD 1962, S. 198).

Die Teilpacht wird als häufigste Pachtform der Erde angesehen; sie steht besonders in den weniger entwickelten Volkswirtschaften im Vordergrund (H. J. WENZEL 1974, S. 63). Durch Bodenreformgesetze hat sie in einigen Staaten (Italien, Japan, Indien, Burma, Taiwan) stark an Bedeutung verloren. Aus dem gleichen Grund sind die parasitären Zwischenpächter in den meisten Ländern verschwunden (F. KUHNEN 1973).

Die *Landarbeiter* bilden die einzige Sozialgruppe unter der landwirtschaftlichen Bevölkerung, die nicht in eigener Entscheidung über die landwirtschaftlichen Produktionsmittel verfügen können. Sie sind alles andere als eine homogene Gruppe. H. J. WENZEL (1974, S. 89) unterscheidet drei Hauptgruppen:

- Gesinde (in der Hausgemeinschaft integrierte Lohnarbeiter),
- ständig beschäftigte Lohnarbeiter,
- nicht ständig beschäftigte Lohnarbeiter (Tagelöhner, Saisonkräfte, Wanderarbeiter).

Der Anteil der Landarbeiter an der landwirtschaftlichen Erwerbsbevölkerung ist von Land zu Land sehr verschieden. In den Industrieländern ist ihre Zahl drastisch geschrumpft. Die Anzahl der ständigen familienfremden Arbeitskräfte sank im alten Bundesgebiet von 766 000 (1950) auf 55 000 (1994). Kaum mehr anzutreffen ist das *Gesinde*, d.h. die früheren Knechte und Mägde auf den bäuerlichen Familienbetrieben. Ihre Zahl verringerte sich zwischen 1957/58 und 1980 von 342 000 oder 67 % der ständigen familienfremden Arbeitskräfte auf nur noch 14 000 (14 %) im Jahre 1981 (P. V. BLANCKENBURG 1962, S. 129; Agrarbericht 1982, S. 8). Auch in den USA mit ihren sehr viel größeren Betrieben sank die Zahl der Landarbeiter von 2,8 Mio. (1930) auf 654 000 (1969). Diese Entwicklung ist einerseits Folge der Rationalisierung und Mechanisierung in der Landwirtschaft, andererseits gibt sie den Sog des sekundären und tertiären Wirtschaftssektors auf das Arbeitskräftepotential der Landwirtschaft wieder, das bereitwillig seine abhängige, mäßig entlohnte und sozial wenig angesehene Position aufgab.

In den Entwicklungsländern läßt sich vielfach die gegenläufige Tendenz beobachten. Der rasche Bevölkerungsanstieg, dem das Angebot an nichtagrarischen Arbeitsplätzen nicht folgen kann, hat ein starkes Anwachsen der landlosen Landbevölkerung zur Folge, die auf Lohnarbeit oder Teilpacht angewiesen ist. In Argentinien machen nach W. ERIKSEN (1971a, S. 223, Anm. 12) die Landarbeiter 60 % der erwerbstätigen Landbevölkerung aus. Ähnlich hohe Werte werden auch für andere lateinamerikanische Staaten (Bolivien, Brasilien, Peru) angegeben. Aber nicht nur in den südamerikanischen Latifundiengebieten, sondern auch in den kleinbäuerlichen, übervölkerten Reisbauarealen Asiens ist der Anteil der landlosen Landbevölkerung erschreckend hoch. W. RÖLL (1973, S. 309) schätzt ihre Quote für Zentraljava auf 65 – 80 % mit noch wachsender Tendenz. Werte von 50 – 75 % werden für Indien, Bangladesh, Sri Lanka und die Philippinen angegeben. An der wirtschaftlichen und sozialen Lage dieser untersten ländlichen Sozialgruppen haben auch die Agrarreformen der Postkolonialzeit kaum etwas verbessert (F. KUHNEN 1973, S. 168). In den Entwicklungsländern ist daher die Erscheinung des Gelegenheits-, Saison- und Wanderarbeiters weit verbreitet. Zielgebiet sind einmal die Räume mit Großgrundeigentum, zum anderen alle Intensivkulturgebiete – auch die mit kleinbetrieblicher Struktur – mit ausgeprägten Arbeitsspitzen (Kakaogürtel Westafrikas, Baumwollanbaugebiete). In den europäischen Industrieländern ist dagegen der Typ des Wanderarbeiters bis auf geringe Relikte (Helfer bei der Weinlese, türkische oder polnische Obstpflücker im Alten Land) verschwunden. In den USA dagegen werden Millionen von mexikanischen Wanderarbeitern legal und illegal beschäftigt.

2.4 Politische Einflußfaktoren

Unter Agrarpolitik sind die Gesamtheit der Bemühungen und Maßnahmen des Staates und der von ihm autorisierten Körperschaften zu verstehen, die darauf abzielen, die Entwicklung und Gestaltung der Landwirtschaft zu beeinflussen. Träger der Agrarpolitik sind nicht nur die staatlichen Institutionen – in der föderalistischen Bundesrepublik der Bund und die Länder –, sondern auch Körper-

schaften des öffentliche Rechts (Landwirtschaftskammern, Einfuhr- und Vorratsstellen, Marketing Boards) sowie internationale Institutionen wie z.B. die Ent-
scheidungsorgane der EU. Die Auswirkungen der Agrarpolitik auf die räumliche
Organisation der Landwirtschaft lassen sich in allen Gesellschaftssystemen und
Staaten der Erde feststellen; ihre Prägekraft ist oftmals stärker als die natürlichen,
ökonomischen und sozialen Faktoren – dennoch wird sie immer noch unter-
schätzt. Am stärksten ist der Einfluß des Staates in den planwirtschaftlich organi-
sierten Zentralverwaltungswirtschaften, wo noch der einzelnen Betriebseinheit
(Kolchose, LPG) die Produktion detailliert vorgegeben wird. Aber auch in den
marktwirtschaftlichen Systemen wird die landwirtschaftliche Erzeugung durch
eine Vielzahl von staatlichen Eingriffen so gesteuert, daß zumindest die Haupt-
produktionsbereiche dem freien Wettbewerb, d.h. dem Spiel von Angebot und
Nachfrage auf dem Markt, weitgehend entzogen sind. Diese Ausnahmestellung
im Vergleich zu den übrigen Wirtschaftssektoren hat sich die Landwirtschaft der
entwickelten Länder im Verlauf eines etwa hundertjährigen Prozesses errungen.
Sie geht auf folgende Beweggründe zurück:
- Sorge des Staates um Sicherung einer gleichmäßigen Grundversorgung mit
  Nahrungsmitteln,
- Zurückbleiben der landwirtschaftlichen Einkommen hinter den nichtland-
  wirtschaftlichen (Einkommensdisparität),
- Rücksichtnahme auf die ländliche Wählerschaft in den parlamentarischen De-
  mokratien,
- Organisation der landwirtschaftlichen Bevölkerung in einflußreichen Interes-
  senverbänden.

2.4.1 Entwicklung der staatlichen Agrarpolitik

Die Einflußnahme des Staates bzw. der Obrigkeit auf die Landwirtschaft ist uralt.
Bereits aus dem dritten vorchristlichen Jahrtausend sind aus dem babylonisch-
assyrischen Kulturkreis staatliche Vorschriften über die Nahrungsmittelpreise
überliefert; HAMMURABI (1728 bis 1686 v. Chr.) erließ eine umfangreiche Preis-
ordnung (W. ABEL 1956, S. 96). Die Bibel berichtet aus dem pharaonischen Ägypten von staatlicher Vorratspolitik zum Ausgleich der jährlichen Ernteschwankungen (1. MOSES 41). Die mittelalterliche Grundherrschaft band die Bauern Europas
in strenge Ordnungen, über die Fixierung der Naturalabgaben wurde auch die
Produktion teilweise vorgegeben. Diese frühen Maßnahmen dienten primär dem
Finanzbedarf des gesellschaftlichen Überbaus und in Perioden des Nahrungs-
mittelmangels auch dem Schutz der nichtlandwirtschaftlichen Konsumenten.
Eine systematische Förderung erfuhr die Landwirtschaft erst mit der physio-
kratischen Bewegung, die im 18. Jahrhundert von Frankreich ausging, sowie
durch die liberalen Reformen des 19. Jahrhunderts. Sie zielten auf eine Steigerung
der Produktion durch rechtliche Besserstellung der Bauern (Bauernbefreiung),
Maßnahmen der Landeskultur (Ödlandkultivierung, Eindeichungen, Dränagen),
Förderung der Pflanzen- und Viehzucht (z.B. Körwesen), Einführung neuer Kulturen (Kartoffeln, Klee, Obst) und durch Verbesserungen im Bildungswesen.

Eine neue Situation ergab sich für die Agrarpolitik der Staaten Europas, als etwa ab 1880 Agrarprodukte der Neuen Welt, welche wesentlich billiger produziert werden konnten, auf den europäischen Markt vordrangen. Die Entwicklung der Transporttechnik (Eisenbahn, Dampfschiff, Kühltechnik) hatte die europäische Landwirtschaft ihres natürlichen Schutzes durch hohe Transportkosten beraubt. Infolge ihrer kleinbäuerlichen Agrarstruktur verlor die Agrarproduktion der Alten Welt ihre internationale Wettbewerbsfähigkeit. Die einzelnen europäischen Staaten reagierten unterschiedlich. Großbritannien, Belgien, die Niederlande und Dänemark blieben weiterhin dem Freihandelsprinzip treu und zwangen so ihre Landwirtschaft in einen frühen Strukturwandel hin zur Veredlungswirtschaft. Das Deutsche Reich, Frankreich, Italien, Schweden, Norwegen und die Schweiz führten dagegen zwischen 1879 und 1891 *Schutzzölle* auf Importgetreide ein, der Übergang vom Freihandelsprinzip zum *Agrarprotektionismus* war damit endgültig beschritten (H. H. HERLEMANN 1961, S. 126 – 127). Während der Weltwirtschaftskrise der dreißiger Jahre gingen auch die verbliebenen Freihandelsländer Europas und selbst die großen Agrarexporteure (USA, Kanada, Australien) zu einer interventionistischen Agrarpolitik über. In allen Ländern entstand eine umfangreiche Agrarbürokratie, die sich ein schwer überschaubares Arsenal staatlicher *Interventionen* auf den Produkt-, Faktor- und Vorleistungsmärkten zulegte (G. SCHMITT 1982, S. 136). Diese Eingriffe gingen weit über den alten Zollprotektionismus hinaus. Sie gipfeln im Raum der EU in sog. Marktordnungen für fast alle Agrarprodukte. Mit ihrer Hilfe wird in einem System von Maßnahmen Angebot, Nachfrage und Preisentwicklung geregelt. Die weitgehenden Preis- und Mengengarantien führten in einigen Industrieländern zu einem neuen Problem, dem der Akkumulation von Überschüssen. Jüngere Aufgabenfelder der Agrarpolitik bilden die Agrarsozial- und die Umweltpolitik.

2.4.2 Die regionale Differenzierung der Agrarpolitik

Der modernen Agrarpolitik liegt ein Bündel von *Zielvorstellungen* zugrunde, die in den einzelnen Staaten sehr unterschiedlich sein können, je nach ihrem volkswirtschaftlichen Entwicklungsstand. Die Ziele der jeweiligen Agrarpolitik hängen einmal vom Selbstversorgungsgrad mit Nahrungsmitteln, zum anderen von der sozioökonomischen Stellung der Landwirtschaft innerhalb der Volkswirtschaft ab. Nach diesen beiden Kriterien lassen sich die meisten Staaten der Erde in folgende drei Gruppen einteilen:
– Entwicklungsländer,
– entwickelte Länder mit unzureichender Selbstversorgung,
– entwickelte Länder mit Agrarüberschüssen.
In den *Entwicklungsländern* kommen der Landwirtschaft vier zentrale Aufgaben zu. Sie muß Nahrungsmittel für die rasch wachsende Bevölkerung sowie Rohstoffe für die entstehende Verarbeitungsindustrie produzieren, überschüssige Arbeitskräfte für den sekundären und tertiären Wirtschaftssektor abgeben, einen Beitrag für die Kapitalakkumulation in den nichtlandwirtschaftlichen Sektoren leisten und schließlich die Devisen für Importe erwirtschaften – falls nicht mine-

ralische Rohstoffe diese Funktion übernehmen. In den meisten Entwicklungsländern ist die wichtigste Aufgabe der Agrarpolitik die Produktionssteigerung zur Sicherstellung der Grundversorgung. Der Agrarpolitik stellen sich dabei im Prinzip ähnliche Aufgaben wie im Europa des 19. Jahrhunderts: Reform der Eigentums- und Besitzverhältnisse, Maßnahmen der Landeskultur, Verbesserung der Agrartechnologien, des Pflanzen- und Tiermaterials, des Bildungswesens und nicht zuletzt der Vorrats- und Transporteinrichtungen.

Nicht wenige Entwicklungsländer haben die Landwirtschaft zugunsten der Industrialisierung vernachlässigt und den Ressourcentransfer vom Agrarsektor zu den übrigen Wirtschaftssektoren zu sehr forciert. Ein beliebtes Mittel sind niedrige Erzeugerpreise, die – im Gegensatz zu den Industrieländern – unter Weltmarktniveau gehalten werden. Die billigen Nahrungsmittel bedeuten einen Einkommenstransfer zugunsten der politisch einflußreichen städtischen Schichten auf Kosten der Landwirte. Zu niedrige Erzeugerpreise werden als Hauptursache für eine stagnierende oder gar rückläufige Agrarproduktion in vielen afrikanischen Entwicklungsländern angesehen. Bei den landwirtschaftlichen Exportprodukten bildet die Differenz zwischen den niedrigen Erzeugerpreisen und den höheren Weltmarktpreisen eine wichtige Einnahmequelle für die Staatskasse, die zudem den Vorteil hat, daß sie administrativ einfach zu erheben ist. Derartige Exportabgaben werden beispielsweise auf Baumwolle in Ägypten, Reis in Thailand, Weizen in Argentinien, Kaffee in El Salvador, Bananen in Mittelamerika, Kaffee und Kakao in westafrikanischen Ländern erhoben. Von einem angemessenen Weltmarktpreis für diese Exportprodukte ist also nicht nur die Zahlungsbilanz, sondern auch der Staatshaushalt vieler Entwicklungsländer abhängig. Es ist daher verständlich, daß die Entwicklungsländer, deren Exportpalette vielfach nur aus ein oder zwei Agrarprodukten besteht, den extremen Preisschwankungen auf dem Weltmärkten mit Hilfe von *internationalen Rohstoffabkommen* begegnen wollen. Bisher gibt es nur für Kakao, Kaffee, Zucker und Jute derartige Rohstoffabkommen zwischen den wichtigsten Export- und Importländern (M. HOFFMEYER 1979). Sie bezwecken durch interventionistische Maßnahmen eine Preisstabilisierung.[15] Während aber die Interventionsmechanismen auf nationaler Ebene – wenn auch zu immensen Kosten – funktionieren, ist ihr Wirkungsgrad auf internationaler Ebene recht mangelhaft, wie die erheblichen Preisschwankungen – trotz Rohstoffabkommen (s. Tabelle 2.5) – beweisen. Das Verlangen der Entwicklungsländer nach einem umfassenden Abkommen für alle Rohstoffe ist bisher am Widerstand der Industrieländer gescheitert; es würde die marktwirtschaftlichen Prinzipien auch im zwischenstaatlichen Handel stark einschränken, nachdem sie auf nationaler Ebene bereits reduziert wurden.

Die Agrarmärkte vieler *entwickelter Länder* weisen seit Jahren (USA ab etwa 1930, EU ab etwa 1970) ein permanentes Ungleichgewicht auf (TH. HEIDHUES 1977, S. 114). Infolge des geringen Bevölkerungswachstums und der geringen Einkommenselastizität der Nachfrage (s. Kapitel 2.2.3) wächst diese langfristig langsa-

---

[15] Im internationalen Kaffeeabkommen wird jährlich die globale Exportmenge festgelegt, an der jedes Erzeugerland mit einer Quote beteiligt ist.

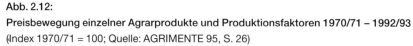

Abb. 2.12:

Preisbewegung einzelner Agrarprodukte und Produktionsfaktoren 1970/71 – 1992/93
(Index 1970/71 = 100; Quelle: AGRIMENTE 95, S. 26)

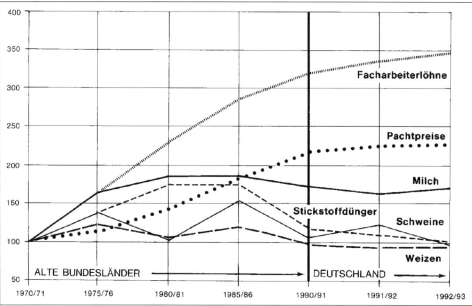

mer als die Produktion. Daraus ergibt sich ein permanenter Druck auf die Agrarpreise, die langsamer steigen als die Faktorkosten (Arbeit, Betriebsmittel). Der Landwirt gerät somit in die sog. Preis-Kosten-Schere (s. Abbildung 2.12). Er reagiert in allen Industriestaaten mit einer Ausweitung der Produktion je Betrieb (über Aufstockung der Betriebsfläche und Erhöhung der Flächenproduktivität) sowie durch *Steigerung der Arbeitsproduktivität* (über die Reduzierung des Faktors Arbeit). In der früheren Bundesrepublik Deutschland erhöhte sich die Brutto-Bodenproduktion von 34 Mio. t GE (1950/51) auf 62 Mio. t GE (1979/80) und 86,7 Mio. t im Jahre 1989/90. Der Wert der landwirtschaftlichen Gesamtproduktion stieg von 18 Mrd. DM (1955) bis 1990 auf 72,55 Mrd. DM. Für die Steigerung der Arbeitsproduktivität fiel aber der Rückgang der landwirtschaftlichen Erwerbspersonen noch mehr ins Gewicht. In der alten Bundesrepublik Deutschland verringerte sich die Zahl der betrieblichen Arbeitskrafteinheiten[16] von 3,9 Mio. AK (1950/51) bis 1993 auf 646 000 AK, d.h. um 83 % (Statist. Jb. ELF 1994, S. 58; Agrarbericht 1995, S. 9). In den neuen Ländern erbrachten 1994 die 165 000 Beschäftigten in der Landwirtschaft 132 300 AK-Einheiten.

---

[16] Als ein AK-Einheit wird eine voll beschäftigte Arbeitskraft im Alter von 16 bis unter 65 Jahre gerechnet; Arbeitskräfte im Alter von 14 bis 16 Jahren werden mit 0,5 AK-Einheiten und im Alter über 65 Jahren mit 0,3 AK-Einheiten bewertet. Teilbeschäftigungen werden mit entsprechenden Bruchwerten berücksichtigt.

Die erheblich gesteigerte Produktion wird also von immer weniger Produzenten erbracht. Die Steigerungsraten der Arbeitsproduktivität lagen in den sechziger bis achtziger Jahren sogar über denen anderer Wirtschaftsbereiche. Wurden in der Bundesrepublik Deutschland 1958/59 erst 16,5 t Getreideeinheiten (GE) je AK erzeugt, so war bis 1978/79 die Leistung auf 65 t GE gestiegen. Die Mobilität der Hauptproduktionsfaktoren Boden und Arbeit ist aber begrenzt; die Abwanderung aus der Landwirtschaft verläuft in längeren Fristen, sie wird endgültig oft erst im Generationswechsel vollzogen. Als Ergebnis des relativ langsamen Anstiegs der Erzeugerpreise und der zögernden Reduzierung des Arbeitsbesatzes bleibt in den Industrieländern der Alten Welt die Wertschöpfung in der Landwirtschaft weit hinter der in den übrigen Wirtschaftssektoren zurück, wie aus dem Beispiel der Bundesrepublik (Tabelle 2.7) hervorgeht.

		1971/72	1980/81	1989/90
Tab. 2.7: Die Bruttowertschöpfung je Erwerbs- tätigen in der BR Deutschland (Quelle: Agrarbericht 1982, MB, S. 32; AGRIMENTE 95, S.37)	Land- und Forstwirtschaft (DM)	10 523,-	17 785,-	36 322,-
	übrige Wirtschafts- bereiche (DM)	27 527,-	36 975,-	73 511,-

Demnach erbrachte ein Landwirt 1989/90 nur 49 % der Bruttowertschöpfung eines Beschäftigten in den übrigen Wirtschaftsbereichen, 1971/72 hatte der Wert erst bei 38,2 % gelegen. Der daraus resultierende Einkommensabstand trifft auf die Bereitschaft moderner Industriestaaten, ihre benachteiligten Bevölkerungsgruppen sozial abzusichern.
Die Unterschiede in der Agrarpolitik der entwickelten Staaten erklären sich hauptsächlich aus den jeweiligen Selbstversorgungsquoten. Staaten mit unzureichender Selbstversorgung (Japan, Großbritannien vor Beitritt zur EU, die Bundesrepublik Deutschland in den fünfziger Jahren, die früheren sozialistischen Länder) zielen auf eine Steigerung ihrer eigenen Agrarproduktion. Demgegenüber ist die kleine Gruppe entwickelter Staaten mit Agrarüberschüssen (USA, Kanada, Australien, die EU) bemüht, durch restriktive Maßnahmen die Produktion in Grenzen zu halten. Auch die EU hat in den meisten Produktbereichen inzwischen die Selbstversorgung erreicht; bei Weizen, Butter und Zucker werden sogar hohe Überschüsse produziert (s. Tabelle 2.8).

2.4.3 Teilbereiche und Instrumente der Agrarpolitik

Welch vielfältige Ziele die Agrarpolitik eines hochentwickelten Staates verfolgt, soll am Beispiel der Bundesrepublik Deutschland aufgezeigt werden. Sie ist in wichtigen Bereichen allerdings nicht mehr autonom, sondern von den Entscheidungsgremien der EU abhängig. Gesetzliche Grundlagen der Agrarpolitik sind das Landwirtschaftsgesetz von 1955 sowie die Artikel 39 und 110 des EWG-Vertrags.

Übersicht 2.8:
Teilbereiche und Instrumente der Agrarpolitik

1. Markt- und Preispolitik	2. Strukturpolitik	3. Sozialpolitik	4. Regionalpolitik	5. Umweltpolitik
Subventionen auf der Inputseite – Investitionszuschüsse – Vorzugskredite – Steuervergünstigungen – Betriebsmittelverbilligung (Gasölverbilligung) *Beeinflussung der Preise* – Mindestpreise, Höchstpreise, Garantiepreise, Richtpreise, Orientierungspreise, Grundpreise, Staffelpreise *Beeinflussung des Angebots* – Kontingente, Flächenfestlegung, Flächenstillegung, Einlagerung, Export, Vernichtung von Agrarprodukten *Beeinflussung der Nachfrage* – Werbung, Marketing, Verbrauchssubventionierung, Verwendungszwang, Rationierung Außenwirtschaftliche Maßnahmen – Zölle, Abschöpfungen, Schwellen- und Einschleusungspreise, Ausgleichsabgaben, Einfuhrverbote, Einfuhrkontingente, Importmonopole, Exportsubventionen	– Neulandgewinnung – wasserwirtschaftliche Maßnahmen (Entwässerung, Bewässerung) – Straßen- und Wegebau – Flurbereinigung – Aussiedlung – Reform der Eigentums- und Besitzverhältnisse – Förderung der Betriebsaufstockung, Landabgaberenten – Reform des Erbrechts – Förderung von Vermarktungseinrichtungen – landw. Beratungs- und Bildungswesen – Agrarforschung	– Altersversorgung – Unfallversicherung – Krankenversicherung – Umschulung – Zuschüsse zum Aufbau einer nichtlandwirtschaftlichen Existenz	– Förderung von peripheren Räumen – Förderung von Räumen mit ungünstigen natürlichen Produktionsbedingungen	– Landschaftspflege – Erhalt der Bodenfruchtbarkeit – Kontrolle der Verwendung von Pflanzenschutzmitteln, Dünger, Tierarzneien

Tab. 2.8:
Der Selbstversorgungsgrad
der Europäischen Gemeinschaft
(in v. H.)
(Quellen: Statist. Jb. ELF 1975,
1983; AGRIMENTE 88, 95)

	1972/73	1980/81	1985/86	1991/92
Weizen	97	125	124	145
Getreide insges.	90	106	119	129
Kartoffeln	101	102	102	101
Zucker	92	127	133	123
Wein	89	100	?	106
Rind- und Kalbfleisch	84	104	107	113
Schweinefleisch	100	101	102	103
Eier	99	102	102	102
Käse	102	107	108	110
Butter	106	114	125	105

In den jährlichen Agrarberichten der Bundesrepublik stehen die folgenden Hauptziele gleichberechtigt nebeneinander (Agarbericht 1995, S. 89):

1. Verbesserung der Lebensverhältnisse im ländlichen Raum und Teilnahme der in der Land- und Forstwirtschaft Tätigen an der allgemeinen Einkommens- und Wohlstandsentwicklung;

2. Versorgung der Bevölkerung mit qualitativ hochwertigen Produkten der Agrarwirtschaft zu angemessenen Preisen; Verbraucherschutz im Ernährungsbereich;

3. Verbesserung der agrarischen Außenwirtschaftsbeziehungen und der Welternährungslage;

4. Sicherung und Verbesserung der natürlichen Lebensgrundlagen; Erhaltung der biologischen Vielfalt; Verbesserung des Tierschutzes.

Die einzelnen Ziele sind nur unter Berücksichtigung von Zielkonflikten zu verfolgen. So konkurriert die Versorgung der Verbraucher mit preiswerten Nahrungsmitteln (Ziel 2) mit der Steigerung der landwirtschaftlichen Einkommen; die Verbesserung der Agrarstruktur ist nicht ohne Eingriffe in den Landschaftshaushalt – etwa bei einer Flurbereinigung – zu erreichen. Bei aller Kritik an den einzelnen Zielen und Maßnahmen (s. u.a. H. PRIEBE 1982, S. 102 – 116; G. SCHMITT 1982, S. 133 – 148) muß doch festgestellt werden, daß die Agrarpolitik der westlichen Industrieländer das Ziel der Versorgungssicherung (Ziel 2) erreicht hat. Diese relative Sicherheit darf keineswegs mit Autarkie verwechselt werden. Der relativ hohe Selbstversorgungsgrad der EU (s. Tabelle 2.8) beruht auf Vorleistungen, die teilweise auf Importe von Energie, Rohstoffen und Futtermitteln hervorgehen und deren Wert von H. PRIEBE (1982, S. 104) mit wenigstens 40 % der Bruttoproduktion beziffert wird.

Nach den o.a. vier Zielsetzungen kann der Gesamtkomplex Agrarpolitik in die fünf Teilbereiche Markt- und Preispolitik, Strukturpolitik, Agrarsozialpolitik, Regionalpolitik und Umweltpolitik untergliedert werden. Das Instrumentarium einer so gegliederten Agrarpolitik wird aus Übersicht 2.8 ersichtlich.

Markt- und Preispolitik

Die *Markt- und Preispolitik* ist zweifellos in den meisten Staaten das Kernstück der Agrarpolitik. Wie bereits in Kapitel 2.2.3 ausgeführt, dominiert die freie Preisbildung aus dem funktionalen Zusammenspiel von Angebot und Nachfrage fast nur noch auf den Weltmärkten, d.h. im zwischenstaatlichen Agrarhandel. Die Preisbildung auf den Binnenmärkten ist dagegen für die Hauptnahrungsmittel vom Weltmarkt abgekoppelt, sie bildet ein agrarpolitisches Lenkungsmittel in der Hand des Staates. Wie sehr die nationalen Preisniveaus voneinander abweichen, zeigt Abbildung 2.13 Dabei werden die Erzeugerpreise für Rinder, Schweine und Milch in sechs unterschiedlich protektionistischen Staaten mit denen Neuseelands verglichen, das weltweit das niedrigste Preisniveau aufweist. Es zeigt sich, daß die Neusiedlungsländer USA und Australien erwartungsgemäß zu den Niedrigpreisländern zählen, die EU nimmt eine Zwischenposition ein, dagegen liegt in Schweden, Japan und in der Schweiz das Preisniveau für Rindfleisch und Milch 4 bis 7mal über dem neuseeländischen! Diese enorme Differenzierung der nationalen Preise, die bei gewerblichen Gütern unbekannt ist, läßt sich nicht mehr mit unterschiedlichen ökonomischen oder natürlichen Standortfaktoren erklären. Das hohe Preisniveau für die Koppelprodukte Milch und Rindfleisch ist vor allem auf die Einkommensfunktionen zurückzuführen, die sie in der Alten Welt für kleine Landwirte haben (TANGERMANN u. KROSTITZ 1982, S. 233).

In den entwickelten Staaten haben die Agrarpreise heute primär Einkommensfunktionen für die Erzeuger. Ihre Höhe wird daher weniger durch den Markt, als vielmehr von den Produktionskosten durchschnittlicher Betriebe (Prinzip der „kostengerechten Preise") sowie von den Einkommenserwartungen der Landwirte in Relation zu vergleichbaren Berufen (Prinzip der „Einkommensparität") vorgegeben. In der EU steuern sog. *Marktordnungen* Angebot, Nachfrage und Preis für folgende Agrarprodukte: Getreide, Reis, Zucker, Öle und Fette, Obst und Gemüse, lebende Pflanzen und Waren des Blumenhandels, Wein, Hopfen, Rohtabak, Flachs und Hanf, Trockenfutter, Saatgut, Milch und Milcherzeugnisse, Rind-, Schweine-, Schaf-, Ziegen- und Geflügelfleisch, Eier, Seidenraupen (H. PACYNA 1983, S. 85). Abbildung 2.14•veranschaulicht den Mechanismus der EU-Marktordnung für Getreide. Die wichtigste Größe ist der *Richtpreis*, der jährlich vom Ministerrat für ein Wirtschaftsjahr festgelegt wird. Er soll für inländisches Getreide auf der Großhandelsstufe im Hauptzuschußgebiet (Duisburg-Mannheim) erzielt werden. Sinkt der Binnenpreis bis zum *Interventionspreis* ab, muß die Einfuhr- und Vorratsstelle Stützungskäufe vornehmen. Bei der Einfuhr wird der niedrigere cif-Weltmarktpreis von Rotterdam durch variable Abschöpfungen auf den *Schwellenpreis* angehoben, der sich aus Richtpreis abzüglich Transportkosten zum Hauptzuschußgebiet errechnet. Bei der Ausfuhr von Getreide erhält umgekehrt der Exporteur die Differenz zwischen Schwellenpreis und Weltmarktpreis als Erstattung.

In Importländern ermöglicht die umgekehrte Anwendung des Abschöpfungssystems eine Herabschleusung zu hoch empfundener Weltmarktpreise auf ein angestrebtes Binnenpreisniveau, eine Maßnahme, die z.B. von Japan bei Getreide praktiziert wird (TH. HEIDHUES 1977, S. 116).

In der EG hatten die Agrarüberschüsse in den achtziger Jahren ein derartiges Ausmaß angenommen, daß sie für die öffentlichen Haushalte nicht mehr finanzierbar waren. Folglich beschloß der Agrarministerrat 1992 eine *Reform der Agrarpolitik*. Die Interventionspreise für wichtige Produkte wurden drastisch gesenkt. Beispielsweise sank der Preis für eine Dezitonne Weichweizen von DM 46,20

Abb. 2.13:

Die durchschnittlichen Erzeugerpreise in den Jahren 1977 – 79 für Rinder, Schweine und Milch in ausgewählten Ländern bezogen auf die Preise Neuseelands (=100) Quelle: S. TANGERMANN u. W. KROSTITZ 1982, S. 236)

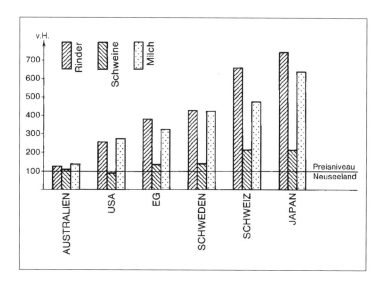

Abb. 2.14: Schematische Darstellung der Preisgestaltung für Getreide in der EG (Quelle: F. W. HENNING 1978, S. 275, ergänzt)

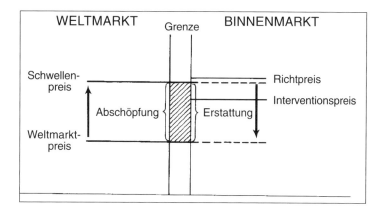

(1980) auf DM 27,10 (1993/94; AGRIMENTE 95, S. 25). Zum Ausgleich der finanziellen Einbußen erhielten die Bauern direkte Ausgleichszahlungen von durchschnittlich DM 1100,-/ha. Dafür mußten aber 10 – 15 % der Getreidefläche stillgelegt werden, wenn ein Landwirt die Ausgleichszahlungen beantragte. Diese Maßnahmen führten zu einer Reduzierung der Getreidefläche in Deutschland von 7,7 Mio. ha (1980) auf 6,2 Mio. ha (1993) und zu einem verstärkten Einsatz einheimischen Getreides bei der Viehfütterung auf Kosten importierter Futtermittel.

Auch außerhalb der EG wurden ausgefeilte Mechanismen zur Beeinflussung der Preise entwickelt. *Festpreise* gelten in Kriegswirtschaften, in den Planwirtschaften der sozialistischen Staaten (dort oft in dualistischer Form: den Festpreisen der Staatsläden stehen die freien Preise der Bauernmärkte gegenüber) sowie in vielen Entwicklungsländern für die jeweiligen Grundnahrungsmittel. Die USA kennen seit Roosevelts New Deal ein System staatlicher *Preisgarantien* für die wichtigsten Agrarprodukte. Um die Produktion anzuregen, liegen in vielen Staaten die Erzeugerpreise über den Verbraucherpreisen; die Differenz muß von der Staatskasse getragen werden. Das galt z.b. für Brot, Fleisch und Eier in der DDR, aber auch in Japan für Reis. In Großbritannien wurde vor dem Beitritt des Landes zur EG das System der „deficiencey payments" praktiziert. Dabei zahlte der Staat die Differenz zwischen den garantierten Erzeugerpreisen und den niedrigeren Marktpreisen, die sich nach Angebot und Nachfrage entwickeln konnten, direkt an den Erzeuger. Das System sorgte für preisgünstige Nahrungsmittel, garantierte den Landwirten einen angemessenen Preis, belastete aber den Staatshaushalt erheblich.

Wichtige Maßnahmen aus dem reichhaltigen Arsenal der Markt- und Preispolitik bezwecken die *Senkung der Produktionskosten*. In allen Industrieländern trägt die Landwirtschaft nur noch eine minimale *Steuerlast*, während in vielen Entwicklungsländern der primäre Sektor, der ja vielfach noch den Löwenanteil des Sozialprodukts erwirtschaften muß, relativ hoch besteuert wird. (W. B. MORGAN 1977, S. 123). Spezielle Krediteinrichtungen und Zinsverbilligungen erleichtern in den entwickelten Staaten die Investitionen. In Entwicklungsländern bildet der Aufbau eines *landwirtschaftlichen Kreditwesens* ein wichtiges Anliegen der Entwicklungspolitik; häufig haben kleinbäuerliche Gruppen kaum Zugang zum Kreditmarkt und sind auf Wucherer angewiesen. Weitere Mittel zur Senkung der Produktionskosten sind subventionierte Preise für Betriebsmittel. In der Bundesrepublik Deutschland kostet die sog. Gasölverbilligung den Bundeshaushalt 1993 ca. 840, 5 Mio. DM.

Die *Steuerung der Angebotsmenge* kann beim Erzeuger ansetzen durch Festlegung von Lieferkontingenten (z.B. für Zuckerrüben in der EU), Fixierung von Anbauflächen (z.B. Rebland in der EU) oder – mit weniger Erfolg – durch Erhebung von sog. Erzeugerabgaben (z.B. für Milch in der EU). Maßnahmen zur Verringerung des Angebots sind auch Abschlachtprämien für Milchkühe in der EU, Flächenstillegungsprämien in den USA und in Japan (für Naßreisland) sowie Rodungsprämien (in der EU für Obstbäume, in Brasilien für Kaffeesträucher). Ein letztes und angesichts der Nahrungsmittelknappheit in den Entwicklungsländern sehr umstrittenes Mittel zur Reduzierung des Angebots bilden die Denaturierung und Vernichtung von Agrarprodukten. Die brasilianische Regierung vernichtete zwischen 1930 und 1943 mehr als 70 Mio. Sack Kaffee (1 Sack = 60 kg) durch Verbrennen, Verheizen in Lokomotiven oder Versenken im Ozean (G. KOHLHEPP 1974, S. 429). Die EU läßt jährlich etwa 20 Mio. hl Tafelwein zu Industriealkohol destilieren und überschüssige Milch in Form von Milchpulver zu Viehfutter verarbeiten (Agrarbericht 1995, MB, S. 127). Staatliche Ankaufs- und Vorratsstellen – in der Bundesrepublik Deutschland die Bundesanstalt für landwirtschaftliche Marktordnung (BALM) – nehmen saisonale Überschüsse aus dem Markt (z.B. Fleisch nach dem Almabtrieb) und verhüten so Preiseinbrüche während sie bei Verknappungserscheinungen den Preisauftrieb durch Verkauf ihrer Bestände dämpfen können.

Weit schwieriger als das Angebot ist die *Nachfrage* zu steuern, vorausgesetzt, daß Nahrungsmittel ausreichend vorhanden sind. In Zeiten der Nahrungsmittelknappheit ist dagegen die Rationierung das klassische Mittel der Nachfragesteuerung und der gerechten Verteilung. Ein geläufiges Mittel der Nachfragesteuerung ist seit dem Mittelalter der Verwendungs- und Beimischungszwang; er wird in der Bundesrepublik gegenwärtig noch für Rapsöl (bei der Margarineherstellung) und für deutschen Tabak ausgeübt. Bei austauschbaren Nahrungs- und Genußmitteln greift der Staat seit Jahrhunderten durch unterschiedliche fiskalische Belastungen (Zölle, Verbrauchssteuern) steuernd in die Konsumgewohnheiten seiner Bürger ein (Butter – Margarine, Kaffee – Tee, Bier – Wein). Ein Mittel der Nachfragesteigerung ist die Abgabe von Nahrungsmitteln zu Vorzugspreisen („Weihnachtsbutter", Schulmilch), wobei der Staat die Differenz trägt.

Schließlich bedient sich die Agrarbürokratie[17] auch moderner Werbe- und Marketingmethoden um den Absatz zu fördern und neue Regionalmärkte zu erschließen.

Strukturpolitik

Unter *Strukturpolitik* werden im Agrarbereich alle Maßnahmen zur Verbesserung der Produktions- und Arbeitsbedingungen verstanden.

In den Entwicklungsländern liegt das Schwergewicht der Strukturpolitik auf der Reform der Eigentums- und Besitzverhältnisse und auf der Bodenbewirtschaftungsreform zur Steigerung der Produktion. Beide Maßnahmen bilden die Hauptbestandteile der *Agrarreformen* in den Ländern der Dritten Welt. Darunter versteht man nach F. KUHNEN (1967, S. 327 – 360) folgenden Maßnahmen:
1. Bodenbesitzreform
 – Umverteilung des Bodeneigentums,
 – Individualisierung des Bodeneigentums (Privatisierung des Kollektiveigentums),
 – Bildung von Produktionsgemeinschaften,
 – Verbesserung des Pachtwesens (Erhöhung der Pachtsicherheit, Übergang zur Geldpacht, Begrenzung des Pachtzinses, Beseitigung der Afterpacht).
2. Bodenbewirtschaftungsreform
 – Verbesserung der Produktionstechnik,
 – Übergang von Subsistenz- zu Marktprodukten,
 – Organisation des Marktwesens,
 – Organisation des Kreditwesens.

Agrarreformen wurden bisher in den meisten Ländern der Dritten Welt – ausgenommen in Afrika südlich der Sahara – mit mehr oder weniger Erfolg durchgeführt. Räumliche Beispiele für tiefgreifende Reformen bieten insbesondere Mexiko, Kuba, Algerien, Ägypten, Syrien, Irak, Iran, Pakistan, Indien, Indonesien, Philippinen, Taiwan, Korea, Japan.

In den Industrieländern Europas wurden die Strukturprobleme, mit denen die Staaten der Dritten Welt heute zu kämpfen haben, in der Regel bereits im 19. oder

---

[17] In der Bundesrepublik Deutschland wurde 1970 die „Centrale Marketinggesellschaft der deutschen Agrarwirtschaft" (CMA) als zentraler Fonds für Absatzförderung gegründet. Daneben existieren Marketinggesellschaften auf Länderebene.

frühen 20. Jahrhundert gelöst, die Strukturpolitik steht vor völlig anderen Aufgaben. Ihre Zielsetzungen haben sich von Maßnahmen der allgemeinen Landeskultur (Dränage, Bodenmelioration) auf komplexere Aufgaben wie Flurbereinigung und Verbesserung der Lebensverhältnisse im ländlichen Raum verlagert. Die bundesdeutsche Strukturpolitik unterscheidet dabei einzelbetriebliche Maßnahmen (gezielte Investitionsförderung von langfristig existenzfähigen Vollerwerbsbetrieben) von den überbetrieblichen infrastrukturellen Maßnahmen (J. ERTL 1980). Neben konkreten Maßnahmen wie Flurbereinigung, Aussiedlung und Dorferneuerung sind hier auch die finanziellen Anreize zur Betriebsaufgabe (Landabgaberente, Umschulungsbeihilfen) sowie Reformen des Erbrechts zu nennen. Der klassische Gegensatz von Realteilungs- und Anerbengebieten, der im Bundesgebiet noch bis Mitte der sechziger Jahre feststellbar war (H. RÖHM 1962), hat sich heute de facto zugunsten des Anerbenrechts aufgehoben (G. SCHREINER 1975, S. 483).

In der Bundesrepublik Deutschland werden die strukturpolitischen Maßnahmen seit 1973 nach dem Gesetz über die Gemeinschaftsaufgabe *„Verbesserung der Agrarstrukur und des Küstenschutzes"* von Bund und Ländern im Verhältnis 60 : 40 gemeinsam finanziert. Außerdem existieren Förderprogramme des Europäischen Regionalfonds und des Europäischen Sozialfonds zur Entwicklung des ländlichen Raumes. Schwerpunkte der Entwicklungsmaßnahmen sind die Dorferneuerung, Verbesserung der ländlichen Infrastruktur (Wegenetz), Flurbereinigung, wasserwirtschaftliche Maßnahmen, Landschaftspflege und der ländliche Tourismus. Die *Strukturpolitik für den ländlichen Raum* geht heute weit über agrartechnische Maßnahmen hinaus. In der Bundesrepublik Deutschland sind etwa 80 % der Fläche und rund die Hälfte der Bevölkerung dem ländlichen Raum zuzuordnen (AGRARBERICHT, 1995, S. 113). Seit Beginn der Industrialisierung – verstärkt seit dem Zweiten Weltkrieg – mußte er vielfältige Erosionserscheinungen hinnehmen. Durch ständige Bevölkerungsverluste und Schrumpfen der ländlichen Wirtschaftspotentiale wie Land- und Forstwirtschaft, Dorfhandwerk gerät der ländliche Raum in Gefahr, zum abhängigen Armenhaus des Staates zu werden (G. HENKEL 1995, S. 196). Vordringlichste Aufgabe der staatlichen Förderpolitik ist heute die Schaffung neuer Erwerbsquellen. „Zur Stärkung der Funktionsfähigkeit des ländlichen Raumes und zur Verbesserung der Lebensverhältnisse der dort lebenden Menschen müssen landwirtschaftliche und nichtlandwirtschaftliche Existenzmöglichkeiten erhalten und neugeschaffen werden. Dazu bedarf es eines integrierten Ansatzes verschiedener Politikbereiche" (Agrarbericht 1995, S. 113).

Die Ergebnisse der Struktur- und Raumordnungspolitik für den ländlichen Raum sind in allen Industriestaaten enttäuschend. Die riesigen Transfersummen zugunsten der Landwirtschaft ändern offensichtlich nichts an der Tatsache, daß sich die Disparitäten zwischen den städtischen Agglomerationen und dem ländlichen Raum weiter verschärfen (G. HENKEL 1995, S. 212).

Agrarsozialpolitik

Unter dem weitgespannten Begriff der *Agrarsozialpolitik* werden verschiedene Maßnahmen verstanden, je nachdem in welchem sozioökonomischen Entwicklungsstadium sich das betreffende Land befindet. In der Bundesrepublik Deutschland zielt die Agrarsozialpolitik auf die Einbeziehung der landwirtschaftlichen Bevölkerung in die Systeme der sozialen Sicherheit. Während die landwirtschaftliche Unfallversicherung bereits auf das Jahr 1886 zurückgeht, wurden erst 1957 die Altersversicherung und 1972 die gesetzliche Krankenversicherungspflicht für Landwirte geschaffen. Da einer schrumpfenden Zahl von Beitragszahlern eine wachsende Zahl von Empfängern gegenübersteht[18], erfordern die sozialen Netze wachsende Zuschüsse aus der Staatskasse. Die Sozialausgaben im Bundesagrarhaushalt stiegen von 860 Mio. DM (1970) über 3,7 Mrd. DM (1981) auf 7,56 Mrd. DM im Jahre 1996. Von dieser Summe gingen 0,6 Mrd. DM an die Unfallversicherung, 2,2 Mrd. DM an die Krankenversicherung und 4,1 Mrd. DM an die Altershilfe. Das System der sozialen Sicherheit für die Landwirte ist in Deutschland heute geschlossen. Von den Gesamtausgaben von 16 Mrd. DM in den Haushalten von Bund und Ländern für die Landwirtschaft entfielen rund 45 % auf die Sozialpolitik.

In den Entwicklungsländern ist an ein derartiges soziales Netz nicht zu denken. Allenfalls kann die Agrarpolitik die Lebensverhältnisse der kleinbäuerlichen und landlosen Gruppen über die Preis- und Strukturpolitik zu bessern versuchen.

Regionalpolitik

Die *Regionalpolitik*, d.h. die Bemühungen zum Abbau regionaler Disparitäten, spielt in der Agrarpolitik der meisten Staaten nur ein untergeordnete Rolle. Die allgemeine Agrarpolitik wirkt meist nur sektoral, sie berücksichtigt selten die räumlichen Disparitäten des Agrarraumes aufgrund wirtschaftlicher und natürlicher Faktoren. Dem europäischen Regionalfonds der EU – er fördert keineswegs nur landwirtschaftliche Projekte – standen 1993 insgesamt 11,4 Mrd. ECU (23,2 Mrd. DM) zur Verfügung, während im gleichen Jahr für die Marktordnungen die dreifache Summe, nämlich 34,59 Mrd. ECU (67,45 Mrd. DM) aufgewandt wurden (H. PACYNA 1994, S. 55; AGRIMENTE 95, S. 52). Da der Großteil dieser Subventionen aus der Markt- und Preispolitik an die produzierte Menge gebunden ist, werden die agrarischen Gunsträume mit hoher Flächenproduktivität sogar noch kumulativ begünstigt.

Zu den regional begrenzten Förderprogrammen zählen die Hilfen für Bergbauern in einigen Staaten. Die Alpenländer gewähren Bewirtschaftungsprämien und Direktzahlungen, damit die alpine Kulturlandschaft erhalten bleibt. Seit dem „Hill Farming Act" von 1946 zahlt die britische Regierung ihren „Hill Farmern" zusätzliche Subventionen. In der Bundesrepublik Deutschland erhalten Betriebe in benachteiligten Gebieten mit „extrem ungünstigen Standortbedingungen" eine Ausgleichszulage. Im Jahre 1991 wurden im früheren Bundesgebiet an

---

[18] Zwischen 1962 und 1993 verringert sich in der Bundesrepublik Deutschland die Zahl der Beitragspflichtigen zu den landwirtschaftlichen Alterskassen von 815 000 auf 417 000, gleichzeitig stieg die Zahl der Empfänger von Altershilfe von 330 000 auf 529 000. Die Aufwendungen von 4,847 Mrd. DM mußten zu 78 % aus Bundeszuschüssen gedeckt werden (H. PACYNA 1994, S. 14). Nur 22 % der Ausgaben wurden durch die Beiträge der Landwirte gedeckt.

Abb. 2.15: Benachteiligte Gebiet in Deutschland (Quelle: Raumordnungsbericht 1993, S. 125)

238 300 Betriebe insgesamt 237 Mio. DM oder DM 3 093,- je Betrieb verteilt. Seit 1992 sind auch die neuen Bundesländer in die Förderung der benachteiligten Gebiete einbezogen. Im vereinten Deutschland sind nunmehr 9,4 Mio. ha oder 50,6 % der LF als benachteiligte Gebiete ausgewiesen (H. PACYNA 1994, S. 20; vgl. a. Abbildung 2.15).

Abgesehen von diesen Fördermaßnahmen für Agrarbetriebe im Rahmen direkter Programme profitiert die Landwirtschaft indirekt von der allgemeinen Regionalpolitik, deren Fördergebiete ja überwiegend periphere, ländliche Räume mit hohen Anteilen landwirtschaftlicher Erwerbspersonen sind. Bekannte Beispiele sind das Tennessee-Valley-Projekt aus den dreißiger Jahren, sowie die italienischen Mezzogiorno-Programme, die anfangs, zu Beginn der fünfziger Jahre, der Entwicklung der Landwirtschaft eindeutige Priorität einräumten. Auch in der früheren Bundesrepublik wurden im Rahmen von Emslandprogramm, Programm Nord, Küstenplan und Zonenrandförderung die Produktionsbedingungen der Landwirtschaft in diesen Regionen erheblich verbessert.

Umweltpolitik

Die *Umweltpolitik* hat innerhalb der Agrarpolitik der meisten Staaten den geringsten Stellenwert, auch wenn offizielle Veröffentlichungen das Gegenteil behaupten. So stellt der Agrarbericht 1995 (S. 90) fest: „Die Bundesregierung ist bestrebt, in allen Bereichen zur Erhaltung der natürlichen Lebensgrundlagen für Mensch, Tier und Pflanze beizutragen. Daher ist auch in der Agrarpolitik den Belangen des Umwelt-, Natur- und Tierschutzes verstärkt Rechnung zu tragen". In der Realität aller Gesellschaftssysteme finden ökologische Gesichtspunkte erst dann stärkere Berücksichtigung, wenn die Umweltschäden die ökonomischen Grundlagen der Landwirtschaft selbst bedrohen oder die Verbraucher die Abnahme bestimmter Agrarprodukte verweigern.

Bedeutung der Agrarpolitik

In den meisten Industriestaaten beeinflußt die *Agrarpolitik* die Landwirtschaft mehr als die anderen Wirtschaftssektoren. Die staatlichen Zuwendungen haben ein derartiges Ausmaß angenommen, daß sie oft wichtiger sind als die Ernteergebnisse. Der Agrarbericht 1995 (S. 51) der Bundesregierung beziffert die Transferleistungen der öffentlichen Hand für die deutsche Landwirtschaft im Jahre 1994 mit folgenden Summen:

Subventionen von Bund und Ländern	8,4 Mrd. DM
Bundesmittel für Agrarsozialpolitik	6,1 Mrd. DM
Steuermindereinnahmen	1,5 Mrd. DM
Summe der Aufwendungen von Bund und Ländern	16,0 Mrd. DM
EU-Finanzmittel für Deutschland	11,8 Mrd. DM
Summe der Aufwendungen von EU, Bund und Ländern	27,8 Mrd. DM

Die Gesamtsumme der Transferleistungen von 27,8 Mrd. DM übertraf 1994 erstmals die Bruttowertschöpfung der deutschen Landwirtschaft von 26, 5 Mrd. DM und erreichte fast die Hälfte ihres Produktionswertes von 59,6 Mrd. DM. Aus diesen Zahlen wird ersichtlich, daß die Bedeutung der Agrarpolitik für die wirtschaftliche Lage der Landwirtschaft gar nicht hoch genug eingeschätzt werden kann!

2.4.4 Räumliche Auswirkungen agrarpolitischer Maßnahmen

Politische Entscheidungen werden auf den folgenden vier räumlichen Maßstabsebenen wirksam:
- regionale Ebene (Regionalprogramme),
- nationale Ebene (nationale Agrarpolitik),
- supranationale Ebene (übernationale Zusammenschlüsse wie z.B. EU),
- mondiale Ebene (bilaterale und multilaterale Abkommen).

Von ihnen bildet die nationale – in der EU auch die supranationale – Ebene die weitaus wichtigste Raumeinheit, in welcher der politische Gestaltungswille seine stärkste Ausprägung erfährt. Auf der mondialen Ebene kommt den zwischenstaatlichen Abkommen, wie etwa den Rohstoffabkommen, sowie den Weltorganisationen (FAO, GATT) nur eine beschränkte Einflußmöglichkeit zu.

Von geographischer Seite wurden stets diejenigen staatlichen Maßnahmen besonders beachtet, welche direkt in die Physiognomie derAgrarlandschaft eingriffen. Zu den ältesten Aufgaben staatlicher Agrarpolitik zählt die Erschließung neuer Siedlungs- und Nutzflächen, die *Agrarkolonisation*. Sie hat nicht nur den jeweiligen Siedlungsraum ausgeweitet, sondern auch eine Fülle von raum- und zeitspezifischen Flur- und Siedlungsformen hinterlassen: römische Zenturiationsfluren in der Poebene und im Maghreb, mittelalterliche Waldhufensiedlungen in den Mittelgebirgen Europas, nicht zuletzt das Township System der USA. In einigen entwickelten Staaten wurden in den Jahren der Nahrungsmittelknappheit nach dem Zweiten Weltkrieg letztmals Programme zur Neulandgewinnung aufgestellt. Die UdSSR kolonisierte ihre asiatischen Steppengebiete, Finnland siedelte Flüchtlinge in Lappland an, die Bundesrepublik Deutschland förderte Moorkolonisation und Eindeichungen. Der niederländische Zuiderzeeplan, der in seinen Grundzügen auf das 19. Jahrhundert zurückgeht, bietet wohl das letzte Beispiel von Neulandgewinnung zu landwirtschaftlichen Zwekken in einem entwickelten Land. In den Entwicklungsländern mit ihrem stark wachsenden Nahrungsmittelbedarf spielt dagegen die Agrarkolonisation nach wie vor eine wichtige Rolle, soweit noch Landreserven vorhanden sind. Räumliche Schwerpunkte sind die Steppen- und Savannenzone sowie die Zone des tropischen Regenwalds.

Von den Maßnahmen der Agrarstrukturpolitik beinhaltet die *Flurbereinigung* den tiefgreifendsten Eingriff in die gewachseneAgrarlandschaft. Sie wandelt das Parzellengefüge, räumt die Flur aus, schafft ein neues Wege- und Gewässernetz und lockert die Siedlungen auf. Radikale Umformungen der Flurformen unter staatlichem Einfluß sind keine Erfindung des technischen Zeitalters.

Die Einhegungen in England, die Einführung der Koppelwirtschaft in Schleswig-Holstein, die Vereinödungen in der Fürstabtei Kempten mögen als Beispiel staatlicher Strukturpolitik aus früheren Jahrhunderten genügen.

Erheblich schwieriger sind die Auswirkungen der staatlichen Markt- und Preispolitik auf die *Bodennutzung* festzustellen, da diese von sehr vielen, schwer zu isolierenden Faktoren abhängt. Man darf aber unterstellen, daß der Rübenzucker der gemäßigten Breiten im freien Wettbewerb dem tropischen Rohrzucker kaum standhalten könnte, dürfte die Weltzuckerproduktion ihre Standorte weltweit alleine nach dem ökonomischen Prinzip der komparativen Kosten aussuchen. In Großbritannien beseitigte die landesweite Vereinheitlichung der Milchpreise die Standortvorteile der marktnahen Produzenten, in der Folge erfuhren die peripheren Räume mit an sich ungünstigeren Produktionskosten eine überdurchschnittliche Steigerung der Milchproduktion (MORGAN u. MUNTON 1971, S. 97).

Die räumlichen Auswirkungen staatlicher Agrarpolitik konnten schon immer sehr gut an den *Staatsgrenzen* studiert werden, wenn verschiedene politische Zielrichtungen im gleichen Naturraum aufeinandertrafen. Noch in den dreißiger Jahren trennte die deutsch-niederländische Grenze im Bourtanger Moor blühende holländische Fehnkolonien vom fast unberührten Hochmoor auf deutscher Seite. Erst in den fünfziger Jahren glich die deutsche Agrarkolonisation im Rahmen des Emslandprogramms den Gegensatz aus. Wie schnell eine unterschiedliche Gesellschafts- und Agrarpolitik einen vorher einheitlichen Agrarraum differenzieren kann, beweist die Grenze zwischen den alten und neuen Bundesländern. Sie wird noch im kleinmaßstäbigen Satellitenbild sichtbar. Östlich der ehemaligen innerdeutschen Grenze wird das Flurbild nach wie vor von großen Schlägen mit 100 bis 300 ha bestimmt, während im Westen das alte, kleingliedrige Parzellengefüge überdauert hat. Große Gegensätze bestehen bei der Betriebsgrößenstruktur. Beträgt die durchschnittliche Betriebsgröße in Niedersachsen 31,8 ha (1993), so liegt sie im Nachbarland Sachsen-Anhalt unter ähnlichen naturräumlichen Verhältnissen bei 279 ha LF (Agrarbericht 1995, MB, Tabelle 10). Dem Pachtlandanteil von 42,5 % im Westen steht im Osten ein solcher von 90 % gegenüber. Als Betriebstyp dominiert im Osten heute der Marktfruchtbetrieb ohne Viehhaltung, nachdem der Viehbestand um zwei Drittel reduziert wurde. Der Viehbesatz liegt in den meisten Landkreisen zwischen 40 und 80 GVE/100 ha LF, während in den westdeutschen Zentren der Viehhaltung der Wert von 150 GVE/100 ha überschritten wird. Große Gegensätze treten auch bei der Sozialstruktur der landwirtschaftlichen Erwerbspersonen auf. Während in den alten Bundesländern die familieneigenen Beschäftigten dominieren, arbeiten auf den Großbetrieben der neuen Länder zu 70 % familienfremde Arbeitskräfte. Der Arbeitskraftbesatz ist im Osten mit 2,4 AKE/100 ha nur halb so hoch wie im Westen (4,6 AKE/100 ha). Trotz einiger Angleichungstendenzen bestehen innerhalb des vereinten Deutschland große Gegensätze bei der Agrarstruktur, die alte innerdeutsche Grenze paust sich bei den meisten Strukturmerkmalen deutlich durch. Dieses Erbe der vierzigjährigen Trennung in zwei unterschiedliche politische und gesellschaftliche Systeme wird auf unabsehbare Zeit nachwirken.

Auf die alten Bundesländer hatte die deutsche Teilung nur geringe Auswirkungen. Bemerkenswert ist allenfalls die Ausweitung der Zuckerrüben-Anbaufläche von 130 000 ha (1935/38) auf 402 000 ha (1978), als Westdeutschland von seinem alten Versorgungsgebiet, der Magdeburger Börde, abgeschnitten war. Erst nach 1945 konnte sich der Zuckerrübenanbau nach Süddeutschland ausweiten. Das

Phänomen, daß sich bestimmte Produktionsrichtungen erst dann entwickeln, wenn ein größerer Wirtschaftsraum aufgelöst und schützende Grenzen errichtet wurden, läßt sich häufiger beobachten. Die Staaten Afrikas konnten erst in der Postkolonialzeit zum Aufbau einer Zuckerproduktion übergehen (E. W. SCHAMP 1981, S. 513). Die Türkei entwickelte nach dem Zusammenbruch des Osmanischen Reiches den Teeanbau in ihren pontischen Provinzen, als die Kaffeeanbaugebiete der Arabischen Halbinsel verloren waren. Der Staat behinderte mit fiskalischen Mitteln den Kaffeeimport – die Türken wurden zu Teetrinkern.

Umgekehrt wirkt sich die Errichtung von größeren Wirtschaftsräumen, also der Wegfall staatlicher Grenzen, in Richtung auf eine großräumige Spezialisierung aus. In den dank natürlichen und wirtschaftlichen Faktoren optimalen Räumen wächst die Produktion auf Kosten der weniger begünstigten Standorte. Nach der Bildung des Deutschen Zollvereins (1835) konnte z.B. die Rebfläche in der Pfalz stark ausgeweitet werden, während sie in den weniger begünstigten Anbaugebieten (Franken, Württemberg) schrumpfte.

In der Gegenwart vollzieht sich innerhalb der EU ein großräumiger Spezialisierungsprozeß der Agrarproduktion unter Ausnutzung der natürlichen und ökonomischen Standortgegebenheiten. Der Nordwesten Europas spezialisiert sich auf tierische Produkte, vor allem Schweine-, Geflügel- sowie Rind- und Kalbfleisch- sowie Milchprodukte. Der Anteil der tierischen Produkte an der jeweiligen landwirtschaftlichen Gesamtproduktion betrug 1992 in Großbritannien 61 %, in Deutschland 62 %, in Dänemark 72,5 % und in Irland sogar 86 % (AGRIMENTE 95, S. 51). Dies wird begünstigt durch ein graswüchsiges Klima, zahlreiche Importhäfen für Futtermittel und nicht zuletzt durch die Ballung einer kaufkräftigen Bevölkerung.

Demgegenüber spezialisiert sich der Mittelmeerraum der EU vorwiegend auf pflanzliche Produkte, vor allem auf Obst und Frühgemüse. Man nutzt dabei sowohl die Klimagunst als auch das noch niedrigere Lohnniveau in den peripheren Räumen für arbeitsintensive Baum- und Strauchkulturen. War in Deutschland die pflanzliche Produktion 1992 nur mit 37, 5 % an der landwirtschaftlichen Gesamtproduktion beteiligt, so war ihr Anteil in Spanien 57 %, in Italien 62 % und in Griechenland sogar 79 % (AGRIMENTE 95, S. 51).

In den größeren Kolonialgebieten wurde der staatliche Einfluß auf die Bodennutzung des Raumes besonders augenfällig. Die Einführung und Verbreitung tropischer Kulturen in den einzelnen Kolonien wurde stark von den unterschiedlichen Bedürfnissen der jeweiligen Metropole gesteuert. So förderten in der Sahelzone Afrikas vor dem Ersten Weltkrieg die Franzosen vorrangig die Erdnußkultur (Senegal), die Engländer dagegen die Baumwolle (Sudan). Kopfsteuern, Anbaugebote und -verbote waren die gängigen Mittel der Kolonialzeit zur Einführung oder Verhinderung einer Kultur. Die Abhängigkeit vieler Entwicklungsländer von ein oder zwei Exportkulturen geht auf die räumlich Spezialisierungspolitik der Kolonialmächte zurück.

Im Rahmen einer imperialen Arbeitsteilung hatte dieses Prinzip durchaus einen Sinn – aus der Sicht der einzelnen Kolonie wurde dadurch eine diversifizierte Produktion unterbunden und das Land stark von außenwirtschaftlichen Beziehungen abhängig – auch gerade bei Grundnahrungsmitteln.

3 Der Agrarraum der Erde und seine Grenzen

3.1 Umfang

Eine Vorstellung vom Umfang des Agrarraums, d.h. des gesamten irgendwie landwirtschaftlich genutzten Teils der Erdoberfläche, gibt alljährlich die FAO in ihrem „Production Yearbook" (s. Tabelle 3.1).

Diese Zahlen sind mit Vorsicht zu verwenden, da die Kriterien der Erhebung in den einzelnen Staaten sehr unterschiedlich sind. Ist schon das Ackerland nicht eindeutig zu erfassen, da in einigen Klimazonen die jährlich bestellte Fläche stark schwankt, so lassen sich die Grenzen des Weidelandes in den subpolaren und ariden Zonen sowie gegenüber den Waldgebieten überhaupt nicht festlegen. Die für 1993 angegebene Welt-Nutzfläche von 48,09 Mio. km^2, zusammengesetzt aus 1 047 000 km^2 Dauerkulturen, 13,43 Mio. km^2 Ackerland und 33,62 Mio. km^2 Weideland sind nur als Näherungswerte anzusehen. Dennoch verdeutlichen sie die Größenordnungen der landwirtschaftlichen Bodennutzung. Von der Landfläche der Erde von rund 149 Mio. km^2 wird also nur ein Drittel irgendwie landwirtschaftlich genutzt. Davon entfällt wiederum nur ein Drittel, nämlich 14,5 Mio. km^2 auf Acker- und Dauerkulturland, während zwei Drittel meist sehr extensiv genutztes Weideland darstellt. Die Ernährung der Menschheit muß i.w. von jenem Zehntel der Festlandsfläche gewährleistet werden, das ackerbaulich genutzt wird .

Tab. 3.1:

Der Anteil der landwirtschaftlichen Nutzfläche an der Landfläche der Erde 1993
(Quelle: FAO. Production Yearbook 1989, 1994)

	Gesamtfläche Mio. km^2	Landwirtschaftliche Nutzfläche Mio. km^2	in v. H. der Gesamtfläche	Ackerland	Weideland
Erde	148,49	48,09	32,3	9,7	22,6
Afrika	30,29	10,41	34,4	6,2	28,2
Nordamerika	22,84	6,33	27,7	11,9	15,8
Südamerika	17,82	5,98	33,6	5,8	27,8
Asien[1]	27,58	12,69	46,0	17,0	29,0
Europa	4,88	2,16	44,3	27,9	16,4
Ozeanien/ Australien	8,54	4,79	56,1	6,0	50,1
UdSSR[2]	22,4	5,57	24,9	10,3	14,6

[1] ohne UdSSR   [2] Zahlen von 1988

Bei der Verteilung des Ackerlandes bestehen große regionale Unterschiede. Unter den Kontinenten hat Europa mit einem Anteil von rund 28 % an der Gesamtfläche den höchsten Wert; die klimatische Begünstigung dieses Kontinents wird hier sichtbar. Dagegen haben die Ackerflächen in Afrika (6,2 %), Ozeanien/Australien (6,0 %) und Südamerika (5,8 %) nahezu Inselcharakter. Hier übertrifft die Weidefläche das Ackerland um ein Vielfaches.

Auf der Staatenebene werden die Diskrepanzen noch weit größer: werden in Dänemark 59 % der Staatsfläche ackerbaulich genutzt, so sind es in Norwegen gerade noch 2,7 %.

Es erhebt sich die Frage, welche Reserven an potentiellem Ackerland, das bisher nicht bestellt wurde, noch verfügbar sind. Anhand von Bodenkarten und Klimadaten entwickelte die FAO über ein Geographisches Informationssystem ein Inventar potentieller Anbauflächen für 21 Nutzpflanzen (N. ALEXANDRATOS 1995, S. 151 ff.). Man errechnete ein theoretisches Potential von 1,8 Mrd. ha (18 Mio. km^2). Davon entfallen die größten Teile auf Lateinamerika (48 %) und das subsaharische Afrika (44 %), während Südasien und der Vordere Orient kaum noch über Landreserven verfügen. Etwa die Hälfte dieser Fläche wird von Wald bedeckt, ihre Rodung ist aus ökologischen Gründen problematisch. Weitere Areale sind Gebirgsland oder tragen ertragsarme Böden. Bei realistischer Betrachtung ist bis zum Jahre 2010 eine Ausweitung der landwirtschaftlichen Nutzfläche von lediglich 90 Mio. ha zu erwarten (N. ALEXANDRATOS 1995, S. 158). Der mit Sicherheit zu erwartende Bevölkerungsanstieg muß also i.w. durch Ertragssteigerungen auf dem bereits bestellten Ackerland ernährt werden. Einen wichtigen Beitrag hat dabei die Verbesserung und Ausweitung der *Bewässerungsfläche* zu leisten. Mit Hilfe der Bewässerung läßt sich die pflanzliche Produktion um ein Mehrfaches steigern, Ertragsschwankungen treten kaum auf. Das Anbauspektrum ist sehr vielseitig und erlaubt eine optimale Anpassung an die Marktlage. Bewässerungsfeldbau tritt in allen Klimazonen auf, in denen Anbau möglich ist, von den Inneren Tropen bis zu norwegischen Fjorden; selbst in den trockenen Anbauinseln Jakutiens werden die Felder in der kurzen sommerlichen Vegetationsperiode bewässert. Ihren höchsten betriebswirtschaftlichen Wirkungsgrad erzielt die Bewässerung aber in den frostfreien Tropen und Subtropen, wo sie mehrere Ernten im

Tab. 3.2:

Die Ausweitung der Bewässerungsfläche auf der Erde 1973 bis 1993
(Quelle: FAO. Production Yearbook 1989, 1994)

	1973 1000 km^2	1983 1000 km^2	1993 1000 km^2	1993 v. H.	Anteil am Ackerland (v. H.)
Erde	1815,8	2191,0	2481,3	100	17,1
Afrika	92,2	104,3	129,7	5,2	7,0
Nordamerika	222,0	270,0	293,9	11,7	10,8
USA	165,1	198,3	207,0	8,3	11,0
Mexiko	41,3	48,5	61,0	2,4	24,7
Südamerika	62,4	79,6	89,0	3,5	8,7
Asien[1]	1172,8	1373,0	1600,2	63,8	34,1
China	408,0	450,6	498,7	19,9	51,9
Indien	318,4	407,2	480,0	19,1	28,3
Europa	122,8	154,0	167,2	6,7	12,3
Ozeanien/ Australien	16,1	18,7	23,9	1,0	4,6
ehem. UdSSR	127,5	191,5	205,0[2]	8,1[2]	8,9[2]

[1] ohne ehem. UdSSR   [2] Werte von 1988

Jahr ermöglicht. Die Bewässerungstechnik ist uralt, sind doch für Ägypten, Meso-potamien, Indien und China schon Jahrtausende vor Christi Geburt ausgefeilte Bewässerungsanlagen bezeugt. Im 20. Jahrhundert, vor allem in dessen zweiter Hälfte, erfuhr die Bewässerungsfläche der Erde ihre bislang stärkste Ausweitung. K. SAPPER (1932, S. 227) gibt für 1925 – freilich nur auf vage Schätzungen gestützt – die Weltbewässerungsfläche mit 800 000 km² an. Die FAO, die heute über ein wesentlich genaueres Datenmaterial verfügt (vgl. Tabelle 3.2), beziffert ihren Um-fang für 1973 mit 1,816 Mio. km² und für 1993 mit 2,481 Mio. km². Demnach hätte sie sich alleine in den letzten zwanzig Jahren um 665 000 km² erweitert. Im 20. Jahrhundert erfuhr sie in etwa ein Verdreifachung – eine beachtliche, obgleich wenig bekannte Leistung der Menschheit!

Auf Asien entfallen knapp zwei Drittel der Weltbewässerungsfläche. Hier er-reicht sie auch den höchsten Anteil am Ackerland. Bewässerung, Reisbau und niedriger Lebensstandard bilden die Grundlage für die außerordentlich hohen Bevölkerungsdichten der asiatischen Stromtiefländer. Auffallend sind die geringe Bedeutung der Bewässerungswirtschaft im subsaharischen Afrika und in Süd-amerika. Hier bestehen offensichtlich noch große ungenutzte Potentiale.

3.2 Innere und äußere Grenzen

3.2.1 Das Phänomen der Anbaugrenze

Die innere Differenzierung des Agrarraums der Erde erfolgt, soweit sie natur-gesteuert ist, über die unterschiedlichen ökologischen *Standortangebote*, die je-weils nur derjenige Ausschnitt aus dem Spektrum der Kulturpflanzen und Nutz-tiere wahrnehmen kann, dessen *Standortanforderungen* gedeckt werden. Daraus folgt, daß eine bestimmte Nutzungsweise an ein bestimmtes Areal gebunden ist, dessen Grenzen aus dem Zusammenspiel von natürlichen und ökonomischen Faktoren gesetzt werden. Die Untersuchung von Art und Ursache derartiger Gren-zen ist ein altes Anliegen der Agrargeographie, ihr Wesen soll mit Hilfe eines einfachen Modells dargelegt werden (s. Abbildung 3.1).

Das ökologische Standortangebot für eine Pflanze verschlechtert sich von (+) nach (–), an der Linie AA' findet sie ihre *biologische Grenze*. Es handelt sich hier

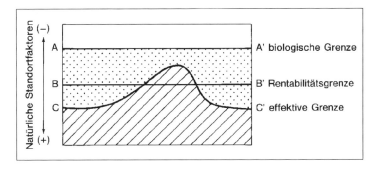

Abb. 3.1:
Die verschiedenen
Arealgrenzen einer
Kulturpflanze

um eine absolute Grenze, die nicht zu verändern ist, es sei denn, daß sich entweder das Standortangebot (Klimaänderung, Bewässerung) oder die genetischen Standortanforderungen der Pflanze, etwa durch züchterische Maßnahmen, ändern. Die Linie BB' markiert die *Rentabilitätsgrenze*, sie ist eine Funktion aus Aufwand und Ertrag und damit starken Oszillationen unterworfen, sie ist also eine relative Grenze. Sie wandert in Richtung AA', wenn sich der Aufwand verringern läßt – etwa durch Fortschritte der Agrartechnologie –, sie zieht sich zurück, wenn der Aufwand steigt, etwa bei Lohnsteigerungen. Ähnliche Wirkungen haben Preisveränderungen. Steigende Weltmarktpreise für Weizen lassen z.B. in den USA die Rentabilitätsgrenze in Gebiete mit zunehmender Aridität vorstoßen. Staatliche Subventionen haben die gleiche Wirkung: ohne staatliche Förderung wäre vermutlich der Tabakanbau in der Bundesrepublik längst erloschen. Die Linie CC' bezeichnet schließlich die *effektive Grenze*, welche das tatsächlich Anbaugebiet umreißt. In der Regel wird sie diesseits der Rentabilitätsgrenze liegen: der Abstand von CC' zu BB' ist abhängig von der Einkommenserwartung der landwirtschaftlichen Bevölkerung und von der Möglichkeit, auf andere Einkommensquellen auszuweichen. Ist diese gering, können beiden Linien zusammenfallen, steigt sie an, vergrößert sich der Abstand. In Einzelfällen kann die effektive Grenze auch über die Rentabilitätsgrenze hinausgehen. Auf den Preisverfall für ein Produkt reagiert der Anbauer erst mit einiger zeitlicher Verzöge-

Abb. 3.2:

Die aktuellen Nordgrenzen des europäischen Weinbaus

(Quelle: W. WEBER 1980)

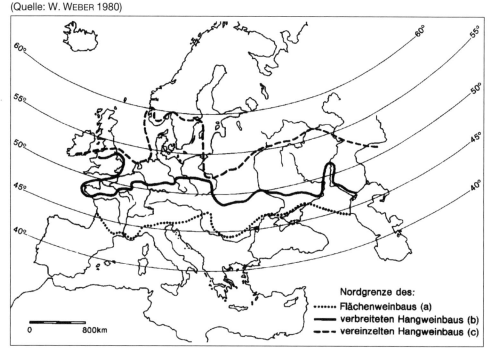

rung. Langfristig kann diese Position aber nur beibehalten werden, wenn die ökonomischen Kategorien von Aufwand und Ertrag nicht angewandt werden wie z.B. in der Subsistenzwirtschaft oder in der modernen Hobbylandwirtschaft von Industriegesellschaften. In der Realität des inhomogenen geographischen Raumes ist die effektive Grenze schwer zu erfassen, ihre Darstellung unterliegt subjektiven Einflüssen – je nachdem, welches Mindestmaß an Anbaufläche man als Untergrenze nimmt. Trockengrenze und Polargrenze sind als Grenzsäume ausgebildet, in denen sich drei qualitativ unterschiedliche effektive Grenzen bündeln:
- Grenze des großflächigen geschlossenen Anbaus,
- Grenze großflächiger Anbauinseln,
- absolute Verbreitungsgrenze.

Die nördliche Weinbaugrenze in Europa (siehe Abbildung 3.2) differenziert W. WEBER (1980) z.B. in eine Grenze des Flächenweinbaus (a), der eine bis 500 km breite Zone mit inselhaft verbreitetem, großflächigen Hangweinbau auf meso- und mikroklimatisch begünstigten Standorten vorgelagert ist. Jenseits von deren Grenze (b) kommt die Weinrebe nur noch auf kleinen Flächen oder als Hausweinstock bis zur absoluten Grenze (c) vor. Innerhalb dieses Grenzgürtels ändert sich auch die wirtschaftliche Funktion der Rebkultur vom Haupterwerb zum Nebenerwerb bzw. zur Freizeitbeschäftigung.

In vielen Veröffentlichungen werden nur absolute Verbreitungsgrenzen angegeben, die ökonomisch relativ belanglos sind. Es handelt sich dabei im Grunde um die Verbindungslinien der äußersten winzigen Anbauinseln; sie täuschen ein weit überdehntes Anbauareal vor.

Die *Außengrenzen des Agrarraumes der Erde*[19] lassen sich mit einiger Sicherheit nur auf der Grundlage des Anbaus von Kulturpflanzen angeben, da die Grenzen der viehwirtschaftlichen Nutzung allzu unsicher sind und erheblichen jährlichen und jahreszeitlichen Schwankungen unterliegen. Zwischen der Grenze des Ackerbaus (agronomische Grenze) und den landwirtschaftlich nicht mehr nutzbaren Wüsten und Frostschutzzonen erstreckt sich eine Zone – in den Gebirgen eine Höhenstufe –, die ausschließlich viehwirtschaftlich genutzt wird. Sie ist in unterschiedlichen Intensitätsstufen ausgebildet. In graswüchsigen kühl-gemäßigten Klimaten dient die Futterfläche der Gras- und Heugewinnung bei durchaus hohem Arbeits- und Kapitalaufwand. An der Trockengrenze und in tropischen und subtropischen Gebirgen dominieren dagegen extensive Weidewirtschaftssysteme auf der Basis natürlicher Pflanzengesellschaften, ähnlich wie die Rentierhaltung an der Polargrenze.

---

[19] In der älteren Literatur werden Anbaugrenzen häufig synonym für die *Grenzen der Ökumene* gebraucht. Seinem Wortsinn (oikos = Haus) kann der Begriff „Ökumene" aber nur den menschlichen *Siedlungsraum* umfassen. Die Expansion nichtagrarischer Aktivitäten (Bergbau, Fremdenverkehr) in landwirtschaftlich nicht nutzbare Räume hat eine wachsende Divergenz von Siedlungsgrenzen und Anbaugrenzen mit sich gebracht. Die ältere Vorstellung, daß größere Dauersiedlungen ohne agrarisches Umland langfristig nicht lebensfähig sind, ist heute nicht mehr haltbar. Auf den siedlungsgeographischen Begriff der Ökumene wird daher bewußt verzichtet.

Es sind primär klimatische Faktoren, welche die absoluten (biologischen) Anbaugrenzen in Form von Trockengrenzen, Polargrenzen und Höhengrenzen determinieren. Demgegenüber hat die Grenze des Agrarraums gegenüber dem Wald anthropogene Ursachen, d.h. sie hängt vorwiegend von sozioökonomischen und technischen Faktoren ab, hat daher keinen Absolutheitscharakter und ist folglich weniger konstant als die klimabedingten Grenzen. Die klimabedingten Anbaugrenzen sind durchweg als Grenzsäume mit folgenden Merkmalen ausgebildet:
- abnehmende Zahl von Kulturpflanzen und Nutztieren und dementsprechend eine reduzierte Zahl von Betriebszweigen,
- abnehmende Flächenerträge,
- zunehmendes Ernterisiko (Ertragsschwankungen).

3.2.2 Trockengrenzen

Agronomische Trockengrenzen sind Anbaugrenzen, die durch ein unzureichendes Standortangebot an natürlicher Feuchtigkeit verursacht werden. Sie liegen jenseits der klimatischen Trockengrenzen und dürfen nicht mit ihr verwechselt werden. Da sie in allen Klimazonen auftreten, lassen sie sich nicht einfach durch Niederschlagswerte angeben, sondern resultieren aus einem komplexen Wechselspiel zwischen Wasserangebot und Wassernachfrage.

Für den östlichen Maghreb – ein Winterregengebiet – hat H. ACHENBACH (1981) versucht, die agronomische Trockengrenze festzulegen, indem er Jahresniederschlag, annuelle hygrische Variabilität sowie die monatliche Feuchteversorgung während der Vegetationsperiode kombiniert und diese Werte mit den Trockengrenzen verschiedener Bodennutzungsarten korreliert (s. Tabelle 3.3).

Die Trockengrenze für den großflächigen regelmäßigen Getreideanbau wird durch das Dry-Farming-System vorgegeben. Hier endet der Anbau, der die Feuchtigkeit allein durch den direkt auf die Ackerparzelle fallenden Niederschlag be-

Tab. 3.3:
Die Trockengrenzen verschiedener Bodennutzungsarten im östlichen Maghreb
(Quelle: H. ACHENBACH 1981, S. 19)

Bodennutzungsart	Untergrenze des Jahresniederschlags (mm)	Annuelle Variabilität	Mindestniederschlag je Monat in der Vegetationsperiode (mm)
Getreidebau im Fruchtwechsel	500	20 %	50
Getreidebau im Dry-Farming-System	300	30 %	30
Episodischer Getreidebau	200	35 %	15
Getreidebau mit Sammlung von Oberflächenwasser	100	40 %	10
Ölbaumkultur	150 – 200	40 %	10 – 15

zieht. Jenseits dieser Grenze ist nur ein episodischer Anbau auf Regenverdacht sowie die Bestellung von begünstigten Flächen wie Senken oder Wadibetten möglich, die eine Wasserzufuhr von benachbarten Räumen erhalten.

In den randtropischen Sommerregengebieten kann die agronomische Trockengrenze nur bedingt mit den Isohyeten korreliert werden. Nach H. UHLIG (1965, S. 2) ist in Afrika auf günstigen Böden ein Anbau ab 250 – 400 mm Jahresniederschlag möglich; bei ungünstiger Verteilung über die Vegetationszeit, wie sie im äquatorialen Klimatyp mit seinen zwei Regenzeiten vorliegt, kann der kritische Wert auf 600 mm, lokal sogar auf 1 000 mm steigen. Im Grenzbereich limitiert zusätzlich die Speicherfähigkeit der Böden den Anbau. Nach M. BORN (1967, S. 246) verläuft im Sudan die Trockengrenze auf Sandböden entlang der 200-mm-Isohyete, auf Tonböden sind dagegen 400 mm erforderlich. Besser als die Jahressumme der Niederschläge eignen sich daher Dauer und Intensität der humiden Jahreszeit für die Bestimmung der agronomischen Trockengrenze in den wechselfeuchten Randtropen. Nach W. SCHMIEDECKEN (1979, S. 273 – 274) benötigt in Nigeria die Pionierpflanze Hirse 3 humide und 3 semiaride Monate, die Erdnußkultur kommt mit 3 humiden und 1 semiariden Monat aus.

3.2.3 Polargrenzen

Die Polargrenzen des Anbaus sind Wärmemangelgrenzen. Primärer Minimumfaktor ist die Wärme, ihr Defizit kann durch die erhöhte Einstrahlung während des langen Polartags nur bedingt ersetzt werden. Pionierpflanzen sind Gerste, Hafer und Kartoffeln. Die Getreidebaugrenze kann mit Boden- und Lufttemperaturwerten korreliert werden. Nach R. ROSTANKOWSKI (1981, S. 149 – 150) ist in der Sowjetunion für den Getreidebau eine Bodentemperatur von deutlich mehr als 10 – 11 °C während der Monate Juni, Juli und August erforderlich. Bei Korrelation mit der Lufttemperatur genügt im Extremfall eine Temperatursumme (Summe der Tagesmitteltemperatur aller Tage über 10 °C) von 1 000 °C, um Getreide reif zu bekommen. Ökonomisch halbwegs sinnvoll wird der Getreidebau aber erst bei Temperatursummen von 1 200 – 1 600 °C. Auch dann bleibt der Getreidebau noch mit Risiken von Spät- und Frühfrösten belastet, die Qualität der Körner reicht oft nicht zum Vermahlen, die Hektarerträge bleiben niedrig. Das verdeutlicht ein Vergleich der Hektarerträge Finnlands mit denen Dänemarks (Durchschnitt 1992 – 1994) in Tabelle 3.4.

Wie man sieht, erreicht Finnland bei Weizen und Roggen nur etwas mehr als die Hälfte der dänischen Hektarerträge, bei Gerste werden drei Viertel der dänischen Werte erreicht.

Tab. 3.4:

Vergeich der Hektarerträge Finnlands mit denen Dänemarks (Durchschnitt 1992 – 1994)

Quelle: FAO. Production Yearbook 1994

	Finnland	Dänemark	Verhältnis F./D. in v. H.
Weizen	36,2	65,0	55,7
Gerste	36,8	49,2	74,8
Roggen	25,8	47,4	54,4

Die Polargrenze des Getreidebaus wird auf der Südhalbkugel nur in Südamerika, und zwar bei etwa 42° S, erreicht. In Nordamerika endet der flächenhafte Anbau im westlichen Kanada bei etwa 55° N; weiter nördlich liegen einige Anbauinseln (Peace River, Fort Nelson, Fairbanks/Alaska), deren Produktion wirtschaftlich völlig unbedeutend ist. In der Alten Welt erreicht der großflächige Getreideanbau in Norwegen seine Polargrenze bei 64°, geht aber sonst kaum über 60° hinaus – ausgenommen in Finnland, das als einziger Staat der Welt fast nur über Ackerflächen nördlich des 60. Breitengrades verfügt und aus Autarkiegründen seine Produktion trotz niedriger Erträge wenigstens teilweise aufrechtzuerhalten sucht.

3.2.4 Höhengrenzen

Die agronomische Höhengrenze ist im Vergleich zu Polar- und Trockengrenzen nur fragmentarisch ausgebildet, sie scheidet auch nur relativ kleine Areale aus dem Agrarraum der Erde aus. Die Höhengrenze des Anbaus ist primär ebenfalls eine Wärmemangelgrenze; sie kann kleinräumig durch Gesteinsart, Böden, Hangneigung, Exposition zur Sonne und zur Hauptwindrichtung erheblich modifiziert werden. Zusätzliche Risikofaktoren für den Anbau im Hochgebirge sind Lawinen, Muren, Hangrutschungen, erhöhte Bodenerosionsgefahr und Wetterstürze. Die großen Höhenunterschiede auf kurzer Distanz erfordern einen verstärkten Einsatz von menschlicher, tierischer oder mechanischer Energie. Mit zunehmender Hangneigung wächst der Aufwand und sinkt der Ertrag. Der Terrassenfeldbau kann zwar auch steile Hänge nutzen; wegen seines hohen Arbeitsaufwandes ist er jedoch nur noch in Billiglohnländern anwendbar. Am höchsten reicht der Anbau in Bolivien (Kartoffelanbau bis 4 300 m) und in Tibet, wo jüngst die höchsten Gerstenfelder in einer Höhe von 4 750 m festgestellt wurden (H. UHLIG 1980a, S. 305). Demnach erreicht die agronomische Höhengrenze ihre größte Höhe in den trockeneren Randtropen und Subtropen sowie im Inneren großer Gebirge mit Massenerhebungseffekt. In den feuchteren inneren Tropen liegen dagegen die Höhengrenzen deutlich niedriger. Polwärts sinken sie ab und fallen schließlich mit der Polargrenze zusammen. Im Detail unterliegt die Höhengrenze sehr komplexen klimatischen Faktoren, da sie auch die Merkmale ihrer Klimazone, der sie jeweils angehört, reflektiert, wie z.B. hygrische Jahreszeiten und hohe Einstrahlung in den Rand- und Subtropen, thermische Jahreszeiten in den höheren Breiten. Während in den immerfeuchten Hochbecken von Ecuador ein ganzjähriger Anbau möglich ist und somit der Zwang zur Vorratshaltung entfällt (C. TROLL 1975, S. 193), ist im bolivianischen Hochland die Anbauperiode auf die Regenzeit beschränkt. Nicht selten ist sogar Bewässerung nötig (Hoher Atlas, Tibet). Die Anbauverhältnisse an der Höhengrenze können also nicht einfach mit denen an der Polargrenze verglichen werden, obwohl beide primär auf Wärmemangel zurückgehen. Die Lage innerhalb der jeweiligen Klimazone determiniert auch den Nutzungsrhythmus der Weideflächen, die sich in den meisten Gebirgen oberhalb der agronomischen Höhengrenze finden. Während das Tageszeitenklima der tropischen Hochgebirge einen ganzjährigen Weidegang ermöglicht, obwohl in der peruanisch-bolivianischen Puna das Weideareal bis in Höhen

Abb. 3.3:

Die ökologisch-agrargeographische Höhenstufung der Hochanden von Südperu und Nordbolivien
(Quelle: C. TROLL 1975, S. 192)

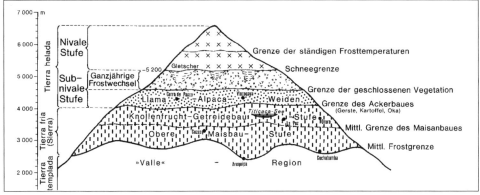

von über 5 000 m hinaufreicht (vgl. auch Abbildung 3.3), gestattet das Jahreszeitenklima der Alpen auf den dortigen Hochweiden lediglich einen Weidegang von 60 – 100 Tagen.

3.3 Expansions- und Kontraktionsphasen

Die Außengrenzen des Agrarraumes der Erde sind alles andere als stabil. Im geschichtlichen Ablauf wechselten Zeiten der Expansion mit denen der Stagnation, ja Regression. Nur bei stark generalisierter Betrachtung haben die ackerbaulich genutzten Flächen auf der Erde seit dem Neolithikum laufend expandiert. Ein Höhepunkt war die Ausweitung der Ackerfläche vom 18. bis ins frühe 20. Jahrhundert durch die Kultivierung der ektropischen Wald- und Graslländer Nord- und Südamerikas, Australiens, Südrußlands und Sibiriens. Bei genauerer Betrachtung traten immer auch Räume und Zeiten mit regressiven Anbaugrenzen auf, wie z.B. das Zurückweichen des Ackerbaus vor nomadisierenden Gruppen in Nordafrika und im Orient vom 10. bis zum 19. Jahrhundert. Die Oszillation der Anbaugrenze wird meist durch ein komplexes Wirkungsgefüge aus den folgenden vier Faktoren bedingt:

1. demographische Faktoren

   In Agrargesellschaften erzwingt ein Bevölkerungswachstum die Ausweitung der Anbaufläche; bei rückläufiger Bevölkerungszahl (Kriege, Seuchen) schrumpf sie entsprechend.

2. ökonomische Faktoren

   Marktorientierte Landwirtschaft unterliegt dem Ertragsgesetz, d.h. der Relation von Aufwand und Ertrag. Im Grenzsaum des Agrarraums wird der Grenzertrag viel früher erreicht als in den begünstigten Kernräumen. Änderungen der Faktorkosten wie der Produktpreise schlagen sich hier schneller in der

Ertragslage nieder. Der Verfall der Weizenpreise während der Weltwirtschaftskrise der dreißiger Jahre führte beispielsweise zu einem Rückzug der Weizen-
Frontier an der Trockengrenze der USA und Australiens.

3. politische und soziale Faktoren
   Die Oszillation der Außengrenze der Ackerbaugebiete war häufig das historische Ergebnis von Auseinandersetzungen verschiedener Gesellschaften. Dabei
   expandierte jeweils die wirtschaftlich-technisch oder machtmäßig überlegene
   Gruppe mitsamt ihrer Wirtschaftsform (Nomaden im Orient vom 10. – 19. Jh.;
   europäische Überseekolonisation vom 16. – 20. Jh.).

4. ökologische Faktoren
   Klimaschwankungen beeinflussen nur langfristig und in Extremräumen (Is-
   land, Grönland) die Anbaugrenzen. Dagegen können eine Reihe von witte-
   rungsbedingten Mißernten den ohnehin latent erwogenen Entscheid zur Aufgabe einer Kultur letztendlich herbeiführen. Größeren Einfluß auf Anbaugrenzen haben dagegen anthropogene Umweltschäden wie Bodenerosion,
   Versumpfung und Versalzung.

In der Gegenwart lassen sich an den Außengrenzen des Agrarraums sowohl ex-
pansive wie regressive Tendenzen beobachten.

Die In den Industrieländern sind die Anbaugrenzen rückläufig. Von dieser Tendenz sind vor allem Polar- und Höhengrenze betroffen. In den Alpen hatte die
äußerste Ausdehnung der Anbaugrenze im Gefolge des Bevölkerungsdrucks bereits Mitte des 19. Jahrhunderts ihren Höhepunkt erreicht. Sie ist seitdem regional
in eine Bergflucht, ja teilweise in eine Entsiedlung umgeschlagen (E. GRÖTZBACH
1982, S. 18). In Alaska wurden noch um 1935 mit staatlicher Hilfe Ackerbaukolo-
nien angelegt, die heute meist verlassen sind. Die Ostprovinzen Kanadas erfahren
bereits seit langem einen ausgedehnten Flurwüstungsprozeß, während in den
Prärieprovinzen des Westens die Anbaugrenze noch bis etwa 1970 polwärts wanderte; seitdem ist auch hier ein Umschwung eingetreten (A. PLETSCH 1983, S. 374).
Bis auf das Peace River Country im Norden Albertas sind heute alle Teile des
borealen Waldlandes in Kanada durch Stagnation, meist aber durch Aufgabe von
Kulturland und Rückverlegung der Anbaugrenze geprägt. Das Spektrum des
Wüstungsprozesses reicht von Flurwüstungen über Hofwüstungen bis zur totalen
Aufgabe von kleineren Siedlungen. Lediglich an landschaftlich reizvollen Stellen,
die schnell von Ballungszentren erreicht werden können, bremsen Pendler und
Zweitwohnsitze von Städtern – wie in allen Industrieländern – den Wüstungs-
prozeß (E. EHLERS u. A. HECHT 1994, S. 108).

Selbst die frühere Sowjetunion, die zwischen 1930 und 1950 mit großem pro-
pagandistischen Aufwand die Polargrenze des Getreidebaus auszuweiten versuchte, hat umgelenkt. Die Getreideernte Kareliens sank von 30 000 t (1950) auf
Null im Jahre 1978 (P. ROSTANKOWSKI 1981, S. 151). In Finnland wandern die
Getreidebaugrenzen wieder rasch nach Süden, nachdem sie in der ersten Hälfte
dieses Jahrhunderts weit nach Norden vorgetrieben worden waren (s. Abbildung 3.4). U. VARJO (1978, S. 54) macht für die Regression primär die Preis-Kosten-
Schere verantwortlich: genügte zur Deckung der Kosten noch 1966 ein Ertrag von
800 kg Gerste je ha, so waren 1974 bereits 1 760 kg erforderlich – ein Wert, der in

Abb. 3.4:
Verschiebung der Polargrenzen von
Gerste (G), Roggen (R) und Winter-
weizen (WW) in Finnland 1930 – 1969
(Quelle: U. Varjo 1978, S. 46)

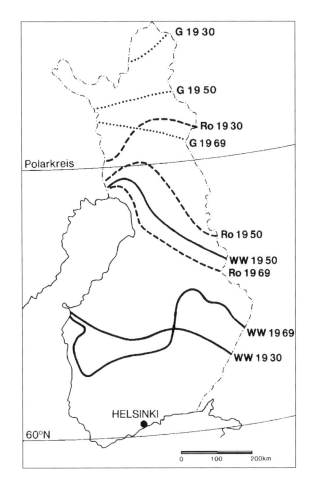

Lappland einfach nicht zu erzielen ist. Auch die Bemühungen, kälteangepaßte
Sorten mit kurzer Vegetationszeit zu züchten, können die Preis-Kosten-Schere,
der die Landwirtschaft in den Industrieländern gegenübersteht, nicht beseitigen.
Die Polargrenze des Getreidebaus ist daher in Nordamerika, Skandinavien und
selbst in der Sowjetunion seit den fünfziger Jahren rückläufig. Er ist der Konkurrenz der Anbaugebiete mit günstigeren Produktionsbedingungen nicht gewach-
sen.

Beispiel Lappland

Sehr gut erforscht ist das Oszillieren der Anbaugrenze und der damit einhergehende Kulturlandschaftswandel in Nordfinnland, dem bislang letzten großen
Raum polarer Agrarkolonisation. Nach dem verlorenen Zweiten Weltkrieg hatte
Finnland 300 000 Flüchtlinge aus den an die Sowjetunion abgetretenen Ost-
gebieten aufzunehmen. Für ihre Aufnahme setzte der Staat eine großflächige
Kolonisation in Mittel- und Nordfinnland in Gang. Zwischen 1945 und 1969 entstanden alleine in der Provinz Lappland 5 000 neue Agrarbetriebe, die LF stieg

von 47 000 auf 85 000 ha (D. PRIGGERT 1990, S. 416). Gegen Ende der sechziger
Jahre erfaßte der gesellschaftliche Wandel Finnlands im Gefolge einer erfolgreichen Industrialisierung auch den Norden des Landes: Abwanderung in nichtlandwirtschaftliche Berufe, Überproduktion von Agrargütern, Mechanisierung
der Landwirtschaft. Die Agrarkolonisation wurde eingestellt, der Staat zahlte ab
1969 sogar Feldstillegungsprämien. Zahlreiche Betriebe wurden aufgegeben, die
LF sank wieder auf 58 000 ha (1980). Die verbliebenen Betriebe stockten ihre
Flächen auf und wandten sich meist unter Aufgabe des Ackerbaus der Milchwirtschaft auf Grünlandbasis zu. Große Teile der jüngeren Bevölkerung wanderten ab
– nach Schweden, Südfinnland oder in die lokalen Zentren. Es kam zu einer

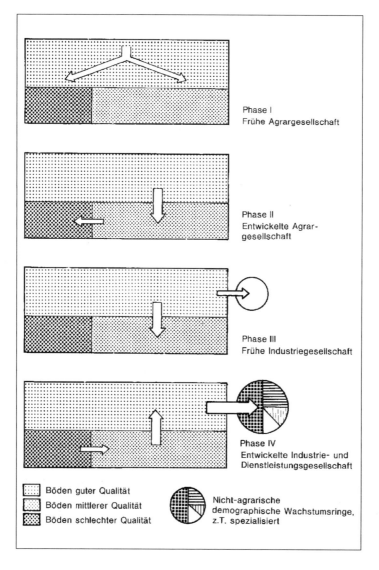

Phase I
Frühe Agrargesellschaft

Phase II
Entwickelte Agrar-
gesellschaft

Phase III
Frühe Industriegesellschaft

Phase IV
Entwickelte Industrie- und
Dienstleistungsgesellschaft

Böden guter Qualität
Böden mittlerer Qualität
Böden schlechter Qualität

Nicht-agrarische
demographische Wachstumsringe,
z.T. spezialisiert

Abb. 3.5:
Schematische Dar-
stellung von Bevöl-
kerungswachstum,
Nahrungsspielraum
und Siedlungsgrenzen
(Quelle: E. EHLERS
1985, S. 332)

verstärkten Zentrenbildung, „die zu einer Konzentration der Bevölkerung, der Wirtschaft und der sozialen Aktivitäten von Staat und Gesellschaft in diesen Mittelpunkten führt, während der ländliche Raum sich zunehmend entvölkert" (D. PRIGGERT 1990, S. 422).

Eine völlig andere Situation herrscht in den Entwicklungsländern mit starkem Bevölkerungswachstum, dem das Wachstum der nichtagrarischen Arbeitsplätze nicht folgen kann. Hier kann man vielfach noch eine Expansion der Anbaugrenzen beobachten. Die Höhengrenze des Anbaus wandert in den peruanischen Anden, in den dichtbesiedelten afrikanischen Hochländern und besonders in den Randgebirgen des Himalaya nach oben – teilweise mit verheerenden ökologischen Folgen (E. GRÖTZBACH 1982, S. 16). Im Trockengürtel der Alten Welt wurden die für den Feldbau geeigneten Areale seit dem ausgehenden 19. Jahrhundert weitgehend aufgesiedelt, teilweise begleitet von der Seßhaftmachung der Nomaden. Eine größere Verschiebung der Anbaugrenze ist hier kaum mehr zu erwarten. Dagegen ist die Expansion gegenüber den tropischen Wäldern ungebrochen, in der Tropenzone erfährt der Agrarraum gegenwärtig seine stärkste Ausweitung. Die Rodung selbst des undurchdringlichsten Urwalds bildet heute kein technisches Problem mehr. Die Kolonisation wird teils vom Staat (u.a. Brasilien, Peru, Ecuador, Zentralamerika, Elfenbeinküste, Indonesien) gelenkt, mehrheitlich aber als ungeregelte schleichende Landnahme (tropisches Afrika, Süd- und Südostasien) durchgeführt. Aus globaler Sicht dürfte die Zurückdrängung der tropischen Wälder die tiefgreifendsten ökologischen Folgen haben, während die Überschreitung der agronomischen Trockengrenze eher regional begrenzte Schäden im Ökosystem verursacht.

E. EHLERS (1985, S. 332) hat die Oszillation von Anbau- und Siedlungsgrenzen aus dem Zusammenspiel von Bevölkerungsentwicklung und gesellschaftlicher Entwicklung anhand eines einfachen Modells dargestellt (s. Abbildung 3.5).

In der Phase I der frühen Agrargesellschaft werden die noch vorhandenen Gunsträume erschlossen. In der folgenden Phase II sind diese Räume aufgesiedelt, der Bevölkerungsdruck zwingt zur Kolonisation auf die weniger günstigen Standorte. Die Phase III der frühen Industrialisierung führt zur Schaffung nichtlandwirtschaftlicher Arbeitsplätze in ausgewählten Zentren. Der Druck auf den Agrarraum läßt nach. Die Phase IV der entwickelten Industrie- und Dienstleistungsgesellschaft bietet in zahlreichen Zentren ein derartiges Angebot gut entlohnter Arbeitsmöglichkeiten, daß die Bevölkerung in großer Zahl die ländliche Peripherie verläßt; es kommt zu einer Rücknahme der Anbau- und Siedlungsgrenzen.

4   Agrarregionen der Erde

4.1   Probleme der agrargeographischen Regionalisierung

Ein altes Anliegen der Agrargeographie ist die Aufgliederung des Agrarraums der
Erde, d.h. seine Regionalisierung. So offensichtlich die starke räumliche Differenzierung der Landwirtschaft ist, so schwierig gestaltet sich jedoch die Ausscheidung von agrargeographischen Raumeinheiten.

4.1.1 Klassifikationssysteme der Landwirtschaft

Eine Grundvoraussetzung für eine agrargeographische Regionalisierung ist eine
allgemein anerkannte *Klassifizierung der Landwirtschaft*, ähnlich wie die Klassifikationen von Klimaten, Böden, Pflanzen die Grundlagen für entsprechenden
Regionalisierungen bilden. Der Prozeß der Klassifizierung beruht auf der Zusammenfassung von Individuen zu Gruppen, die hinsichtlich bestimmter Kriterien
möglichst homogen sind. Klassifikationen sind notwendigerweise hierarchisch
aufgebaut: je umfassender die Gruppe ist, desto allgemeiner müssen die gemeinsamen Merkmale sein.

Da der Agrarbetrieb die kleinste organisatorische und räumliche Einheit der
landwirtschaftlichen Produktion bildet, stellen moderne Klassifikationen der
Landwirtschaft *Betriebssystematiken* dar, sie ordnen den Einzelbetrieb in ein
hierarchisch gegliedertes logisches System ein. In der Bundesrepublik Deutschland gilt seit 1971 eine offizielle Betriebssystematik, die in die vier Stufen Betriebsbereich (neben dem Betriebsbereich Landwirtschaft existieren noch die Betriebs-
bereiche Gartenbau, Forstwirtschaft und Kombinationsbetriebe), Betriebsform,
Betriebsart und Betriebstyp gegliedert ist (s. Übersicht 4.1).

Einziges Kriterium für die Einordnung eines Betriebs ist die monetäre Bewertung der einzelnen Produktionsrichtungen, d. h. ihr in Geld gemessener Beitrag

Übersicht 4.1:
Betriebssystematik für die Landwirtschaft der Bundesrepublik Deutschland (Auszug)
Quelle: E. V. OHEIMB 1973, S. 40; N. DESELAERS 1971

Betriebsform	Betriebsart	Betriebstyp (Beispiele)
Marktfruchtbetriebe		Intensivfruchtbetriebe, Extensivfruchtbetriebe
Futterbaubetriebe		Milchviehbetriebe, Rindermastbetriebe
Veredelungsbetriebe	jeweilige Spezial- oder Verbundbetriebe	Schweinebetriebe, Geflügelbetriebe
Dauerkulturbetriebe		Obstbaubetriebe, Weinbaubetriebe, Hopfenbetriebe
Landwirtschaftliche Gemischtbetriebe		

zum sog. Standarddeckungsbeitrag des gesamten Betriebs (Bruttoleistung der einzelnen Produktionsrichtung abzüglich der variablen Spezialkosten). Von einem Spezialbetrieb spricht man, wenn der Anteil einer Produktionsrichtung 75 v. H. und mehr ausmacht, als Verbundbetrieb gelten Betriebe mit einem Anteil von 50 bis unter 75 v. H. Erreicht keine Produktionsrichtung 50 v. H., handelt es sich um Gemischtbetriebe.

Die Betriebssystematik von 1971 löste eine ältere Klassifizierung ab, die auf dem prozentualen Anteil der verschiedenen Nutzungsarten und Kulturpflanzen an der landwirtschaftlichen Nutzfläche (Bodennutzungssysteme) basierte. Dieses Schema hatte durch die zunehmende Spezialisierung, vor allem auf dem Gebiet der tierischen Produktion, an Bedeutung verloren, da es die Nutzviehhaltung nur indirekt – über die dem Futterbau gewidmeten Flächen – berücksichtigte. Das Flächenprinzip, das im Grunde der geographischen Betrachtung nähersteht, wurde also durch ein monetäres Bewertungsprinzip nach amerikanischem Vorbild[20] abgelöst.

Eine interessante Klassifizierung der Agrarsysteme unter ökologischem Aspekt wird von S. CHRISTIANSEN (1979) vorgeschlagen. Er unterscheidet folgende Ökosysteme:
- natürliche Ökosysteme (Sammeln, Jagen, Fischen, Forstwirtschaft),
- manipulierte Ökosysteme (Nomadismus, shifting cultivation),
- transformierte Ökosysteme (Dauerfeldbau mit externen Energiezuflüssen, Bewässerung).

Beim natürlichen Ökosystem beschränkt sich die Entnahme an Biomasse auf „Extraktion", die Fruchtbarkeit wird durch das natürliche Ökosystem aufrechterhalten. Erst bei den manipulierten und transformierten Systemen kann man von eigentlicher „Produktion" sprechen. In manipulierten Systemen wird ein Teil der ursprünglichen biologischen Elemente durch domestizierte Pflanzen und Tiere ersetzt, doch reicht auch hier noch das natürliche Regenerationspotential zur Aufrechterhaltung des Produktionspotentials aus. Transformierte Systeme sind dagegen auf hohe Inputs von fossiler Energie und Pflanzennährstoffen angewiesen.

Die Weltkommission für Umwelt und Entwicklung hat in ihrem Bericht von 1988 (BRUNDTLAND-Bericht, Berlin 1988) eine einfache Dreiteilung der Welt-Landwirtschaft vorgenommen (zit. n. R. SCHMIDT u. G. HAASE 1990, S. 30 – 32):
- ressourcenreiche Landwirtschaft,
- ressourcenarme Landwirtschaft,
- industrielle Landwirtschaft.

Dabei handelt es sich um globale Bodennutzungssysteme, die in Abhängigkeit von charakteristischen natürlichen Bedingungen und sozioökonomischen Entwicklungen entstanden sind.

---

[20] Das Kriterium des Bruttoeinkommens zur Klassifizierung von Betrieben und Agrarräumen wurde bereits um 1920 vom Russen A. Studensky angewandt und alsbald von amerikanischen Agrargeographen und -ökonomen übernommen und verbessert (H. F. GREGOR 1970a, S. 116 – 117).

Die *ressourcenreiche Landwirtschaft* – auch als „Landwirtschaft der Grünen Revolution" bezeichnet – ist charakteristisch für die immerfeuchten und wechselfeuchten Tropen. Die hohe natürliche Nettoprimärproduktion ist im wesentlichen klimatisch durch Strahlungsdargebot und Feuchteüberschuß bedingt, während die natürliche Fruchtbarkeit der Böden relativ gering ist. Dieser Haupttyp der Landwirtschaft ist vor allem in Süd- und Ostasien sowie in Teilgebieten Lateinamerikas und Afrikas in wasserreichen Tiefebenen anzutreffen. Hier finden wir die wichtigsten Reisanbaugebiete der Erde, in denen es durch erhöhten Einsatz von Düngemitteln und Pestiziden sowie durch Ausbau der Bewässerung gelungen ist, Produktion und Produktivität deutlich zu steigern.

Die *ressourcenarme Landwirtschaft* ist an ungünstige Boden- und Klimabedingungen in den Trockengebieten der Erde gebunden. Ackerland steht nur in geringem Umfang zur Verfügung und ist an Böden mit höherem Wasserhaltevermögen oder an lokal begrenzte Flächen mit Bewässerungsmöglichkeit gebunden. Die extensive Weidenutzung der Trockensteppen und Savannen herrscht vor. Es ist bisher nicht gelungen, hier effektive Formen der Bodennutzung einzuführen und durchzusetzen. Bei steigenden Bevölkerungszahlen ist die Sicherung der Ernährung in zahlreichen Ländern nicht gewährleistet. Das bekannteste Beispiel für dieses Bodennutzungssystem ist die Sahelzone südlich der Sahara.

Die *industrielle Landwirtschaft* weist ein hohes Intensivierungsniveau auf und ist durch den großflächigen Einsatz von Agrartechnik und Agrochemikalien gekennzeichnet. Sie ist vorwiegend an die gemäßigten Zonen, teilweise auch an die Steppenzonen der Nord- und Südhalbkugel der Erde gebunden und umfaßt die Hauptanbaugebiete für Weizen und Körnermais. Der Anbau erfolgt auf Böden mit hohem natürlichen Ertragspotential und hoher Produktivität. Das Klima weist sich durch ausgeglichene Temperaturverhältnisse und Feuchte aus. In den Ländern mit industrieller Landwirtschaft (Nordamerika, Europa, Australien) ist es in den letzten Jahrzehnten gelungen, die Getreideerträge auf 150 – 200 % der Ausgangswerte Mitte des 20. Jahrhunderts zu steigern.

Die bisher umfassendste Klassifikation der Landwirtschaft mit Anspruch auf weltweite Geltung wurde in den Jahren 1964 – 76 von einer *Kommission der Internationalen Geographischen Union* (IGU Commision on Agricultural Typology) unter J. KOSTROWICKY erarbeitet. Sie basiert auf folgenden vier Hauptgruppen von Kriterien (J. KOSTROWICKY 1980, vgl. auch Übersicht 4.2):

- soziale Merkmale (u. a. Eigentums- und Pachtformen, Betriebsgrößen),
- Merkmale des Produktionsprozesses (z. B. Einsatz von menschlicher, tierischer und mechanischer Arbeit, Mineraldüngeraufwand, Bewässerung, Viehbesatz),
- Merkmale der Produktivität und des Produktionsziels (Flächen- und Arbeitsproduktivität, Vermarktungsquotient, Spezialisierungsgrad),
- Merkmale der Agrarstruktur (z.B. Bodennutzungssysteme, Anteil der tierischen Produktion).

In diesen vier Gruppen sind 27 quantifizierbare Variable zusammengefaßt, mit deren Hilfe 55 real existierende Agrartypen ausgeschieden wurden. Sie sind durch Zahlencode und Buchstabenkombination gekennzeichnet und hierarchisch in 5 Typen der 1. Ordnung, 20 Typen der 2. Ordnung und 55 Typen der 3. Ordnung gegliedert (J. KOSTROWICKY 1980, S. 139 – 148).

Übersicht 4.2: Die Landwirtschaftsklassifikation der IGU-Kommission
(Quelle: J. KOSTROWICKY 1980

E. Traditionelle extensive Landwirtschaft
Land häufig in Kollektivbesitz oder durch Arbeits- und Teilpächter bewirtschaftet. Kleinbetriebe vorherrschend mit niedrigen Inputs von Arbeit und Kapital, sehr geringe Arbeits- und Flächenproduktivität, geringer Vermarktungsquotient. Produktionsziel: hauptsächlich Nahrungsgüter.
En nomadische Weidewirtschaft
Ef Wanderfeldbau
Et Landwechselwirtschaft

T. Traditionelle intensive Landwirtschaft
Land meist von Eigentümern, seltener von Pächtern bewirtschaftet. Kleinbetriebe oder Latifundien. Mittlere bis hohe Arbeitsinputs, niedrige Kapitalinputs. Mittlere bis hohe Flächenproduktivität, niedrige Arbeitsproduktivität. Niedriger bis mittlerer Vermarktungsquotient.
Produktionsziel: hauptsächlich Nahrungsgüter.
Ti traditioneller, kleinbetrieblicher, arbeitsintensiver Ackerbau
(Indien, SO-Asien, Oasen des Orients)
Ts traditioneller, großbetrieblicher Ackerbau (z.B. Latifundien Südeuropas und Lateinamerikas, tropische Plantagen älteren Typs
Tl traditionelle, kleinbetriebliche gemischte Landwirtschaft
(Verbindung von Viehwirtschaft und Ackerbau)

M. Marktwirtschaftlich orientierte Landwirtschaft
Land in Privateigentum. Niedrige Arbeits- und hohe Kapitalinputs, hohe Flächen- und Arbeitsproduktivität, hoher Vermarktungsquotient.
Ms kleinbetrieblicher, spezialisierter Anbau von Industriepflanzen
Mi kleinbetrieblicher, hochintensiver Ackerbau
Mm gemischte Landwirtschaft (Verbindung von Viehwirtschaft und Ackerbau)
Ml großbetrieblicher intensiver Pflanzenbau, Moderne Plantage
Me großbetrieblicher extensiver Getreidebau

S. Sozialistische Landwirtschaft
Land in Staats- und Kollektiveigentum.
Großbetriebe mit unterschiedlicher Intensität und Produktivität.
Se sozialistische Landwirtschaft im Frühstadium
Sm sozialistische gemischte Landwirtschaft (Viehwirtschaft und Ackerbau)
Si sozialistische arbeitsintensive Landwirtschaft mit vorherrschendem Ackerbau (China, Vietnam)
Sh sozialistischer Gartenbau
Ss sozialistischer, spezialisierter Anbau von Industriepflanzen

A. Hochspezialisierte Viehwirtschaft
Großbetriebe, hoher Technologieeinsatz, hochgradige Spezialisierung.
Ar extensive stationäre Weidewirtschaft
Ad hochgradig industrialisierte Viehwirtschaft

Am IGU-System besticht die lückenlose Erfassung aller Agrarsysteme der Erde. Die Klassifikation bildet ein offenes System, es lassen sich daher beliebig viele Untertypen bilden. Die Kritik (D. GRIGG 1969; B. HOFMEISTER 1974) konzentriert sich auf zwei Punkte. Einmal erfordert die postulierte Quantifizierung eine Fülle statistischer Daten, die nur für wenige Teile der Erde verfügbar sind. In den Entwicklungsländern ist z. B. eine kleinräumige Agrarstatistik vielfach überhaupt

nicht vorhanden. Zum anderen bedeutet die Ausscheidung einer eigenen Haupt-
gruppe „S – Sozialistische Landwirtschaft" eine Überbetonung der Eigentumsverhältnisse, die heute in vielen Gebieten ihrer Verbreitung um 1980 bereits überholt
ist.

4.1.2 Die Regionalisierung des Agrarraums

Das eigentlich geographische Anliegen einer Klassifizierung der Landwirtschaft
ist erst der folgende Schritt, nämlich die Herausarbeitung der regionalen Verbreitung und Anordnung derartiger Agrarwirtschaftstypen (B. HOFMEISTER 1974,
S. 111). Dieses Ziel hat auch die IGU-Kommission bis zur ihrer Auflösung 1976
nicht erreicht, eine ursprünglich geplante Weltkarte aller Agrartypen der Erde
wurde nie erstellt; sie wäre angesichts des detaillierten IGU-Systems auch nur in
einem sehr großen Maßstab möglich. Fertiggestellt wurde von der Polnischen
Akademie der Wissenschaften lediglich die Karte von Europa: *Types of Agriculture Map of Europe* im Maßstab 1 : 2 500 000 (1984). Durch den Zusammenbruch
des Sozialismus hat sie nur noch historischen Wert. Das Anliegen der Agrargeographie einer allgemein anerkannten Regionalisierung des Agrarraums der Erde
ist bis heute nicht befriedigend gelöst (D. GRIGG 1974, S. 3). Alle bisherigen
Gliederungsversuche (s. die vergleichende Zusammenschau bei D. GRIGG 1969)
beruhen auf recht unterschiedlichen Kriterien – je nach Forschungsrichtung und
-ziel. Sie wurden vorwiegend pragmatisch erstellt und müssen notgedrungen
subjektive Züge enthalten. Einige der wichtigsten Aufgliederungen des Agrarraums der Erde sollen nachfolgend skizziert werden.

Großen Einfluß hatte E. HAHNs Karte der „Wirtschaftsformen der Erde" (Abbildung 4.1) von 1892. Er differenzierte nach Produktionsmethoden und Geräten
und unterschied die sechs Wirtschaftsformen Jäger- und Fischerleben, Hackbau,
Plantagenbau, europäisch-westasiatischer Ackerbau (bestehend aus den drei Elementen Pflug, Ochse, Getreide), Viehwirtschaft, Gartenbau. HAHN ging also über
die Landwirtschaft im engeren Sinne hinaus und bezog in seinem kurzen Aufsatz
auch weitere kulturelle Äußerungen – wie z. B. Ernährungsweise, Parzellengröße
– mit ein. Heute ist sein System nur noch von historischem Interesse, nachdem
Jäger und Fischer nur noch eine verschwindende Reliktgruppe darstellen und der
Pflug überall in die Hackbaugebiete eindringt.

TH. ENGELBRECHTs Landbauzonen (1930) stellen im Grunde Klima- und Vegetationszonen dar, denen mit Hilfe der Agrarstatistik jeweils eine kennzeichnende
Kulturpflanze zugeordnet wird. Für die Tropen werden Reis- und Hirsezonen
unterschieden, die Subtropen gliedern sich in Zuckerrohr-, Baumwolle-, Mais-
und Wintergerstenzonen, die Außertropen werden von Sommerweizen- und
Haferzone eingenommen, während die subarktische Gerstenzone den polwär-
tigen Abschluß der Anbauzonen bildet.

Bis zur Gegenwart basieren viele Untergliederungen des Agrarraums der Erde
auf dem vorgegebenen Muster der Klima- und Vegetationszonen, so z. B. auch bei
B. ANDREAE (1983). D. GRIGG (1969, S. 103) sieht darin einen falschen Ansatz, da er
den Einfluß der physischen Faktoren auf die Landwirtschaft überbewertet. Die

Abb. 4.1:

EDUARD HAHNS Wirtschaftsformen der Erde ca. 1 : 250 000

(Quelle: E. HAHN 1892, Tafel 2)

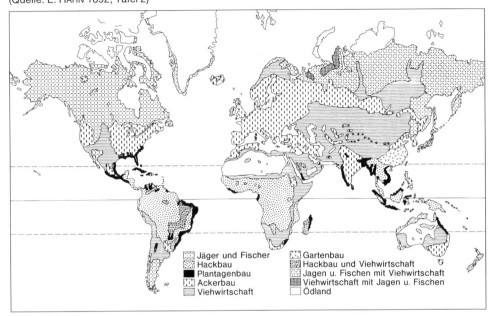

Jäger und Fischer Gartenbau
Hackbau Hackbau und Viehwirtschaft
Plantagenbau Jagen u. Fischen mit Viehwirtschaft
Ackerbau Viehwirtschaft mit Jagen u. Fischen
Viehwirtschaft Ödland

Klima- und Vegetationszonen geben nur den *Eignungsraum* für die landwirtschaftliche Produktion ab, sie markieren das *Produktionspotential*, aber nicht die tatsächlichen Produktionsverhältnisse. Potentialregionen dürfen nicht mit Agrarregionen gleichgesetzt werden (H. F. GREGOR 1970a, S.133).

Ein frühes Beispiel einer weltweiten Potentialuntersuchung bildet W. HOLLSTEINS „Bonitierung der Erde auf landwirtschaftlicher und bodenkundlicher Grundlage" (1937). Er berechnete die Ertragsfähigkeit der Anbaugebiete unter Berücksichtigung von Bodeneigenschaften einerseits und der Gliederung des agronomischen Jahres in Vegetationszeiten andererseits. Die Zahl der Ernten pro Jahr und die Art der Körnerfrüchte bestimmen das Ertragspotential. Hollstein unterschied 11 Areale, teils mit ganzjährigem Anbau, teils mit Kälte- oder Trockenruhe bzw. mit Winter- oder Sommerfrüchten. Angesichts wachsender Ernährungsprobleme in weiten Teilen der Dritten Welt gewinnen Potentialuntersuchungen unter ökologischem Aspekt an Bedeutung. Nicht selten finden sich in den Darstellungen der Landschaftszonen oder Vegetationsformationen der Erde auch Aussagen über die landwirtschaftlichen Nutzungsmöglichkeiten dieser natürlichen Raumeinheiten (z. B. K. MÜLLER-HOHENSTEIN 1979).

Auf die angelsächsische Agrargeographie hatte die Aufgliederung des Agrarraums der Erde von D. WHITTLESEY (1936) den denkbar größten Einfluß. In abgewandelter Form wird seine Regionalisierung bis heute benutzt – u. a. von D. GRIGG (1974).

Im Gegensatz zu den pragmatisch operierenden Angelsachsen befaßten sich deutsche Agrargeographen intensiv mit den theoretisch möglichen Abgrenzungen agrargeographischer Raumeinheiten verschiedenster Größenordnung. E. OTREMBA (1976, S. 80 – 87) unterscheidet neben *natürlichen Eignungsgebieten* und *Verbreitungsarealen* einzelner Sachverhalte (z.B. Kulturpflanzen, Flurformen, Erbsitten) besonders das kleinräumige *Agrargebiet* von der großräumigen *Agrarzone*. Eine wichtige Rangklasse im System der agrarräumlichen Einheiten ist bei ihm der Begriff der *Agrarlandschaft* als „Gestalteinheit mit einem in sich einheitlichen Gefüge im räumlichen Zusammenklang aller Kräfte und Elemente aus allen Bereichen unter dem Gesichtspunkt der Agrarwirtschaft" (S. 82). W.-D. SICK (1993, S. 152 – 162) trennt klar drei Ordnungsstufen agrargeographischer Raumeinheiten nach ihrer Größenordnung:

- Agrarbetriebe,
- Agrargebiete,
- Agrarregionen.

Eine flächendeckende hierarchische Gliederung der Erde hält er – ähnlich wie OTREMBA – für kaum durchführbar, da zwischen den Ordnungsstufen zahllose Übergänge bestehen und viele Räume mit Mischstruktur schwerlich einer bestimmten Einheit zuzuordnen sind (S. 153).

Abb. 4.2:

Agrarregionen der Erde (ca. 1 : 200 000)

(Quelle: eigener Entwurf nach D. GRIGG 1969; B. FAUTZ 1970; H. W. WINDHORST 1978; W.-D. SICK 1993; Alexander-Weltatlas 1982 u.a.)

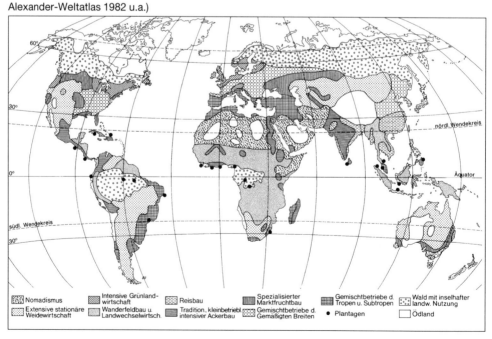

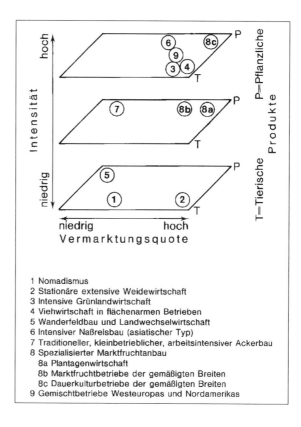

Abb. 4.3:

Agrarsystem nach Intensität,
Vermarktungsquote und
Produktionsrichtung

1 Nomadismus
2 Stationäre extensive Weidewirtschaft
3 Intensive Grünlandwirtschaft
4 Viehwirtschaft in flächenarmen Betrieben
5 Wanderfeldbau und Landwechselwirtschaft
6 Intensiver Naßreisbau (asiatischer Typ)
7 Traditioneller, kleinbetrieblicher, arbeitsintensiver Ackerbau
8 Spezialisierter Marktfruchtanbau
   8a Plantagenwirtschaft
   8b Marktfruchtbetriebe der gemäßigten Breiten
   8c Dauerkulturbetriebe der gemäßigten Breiten
9 Gemischtbetriebe Westeuropas und Nordamerikas

Der Begriff Agrarregion als Bezeichnung für große Agrarräume, ggf. als oberste Stufe einer agrarräumlichen hierarchischen Gliederung, erscheint nicht zuletzt deshalb sinnvoll, weil er dem entsprechenden Terminus der englischsprachigen Literatur (agricultural region; vgl. D. GRIGG 1969 sowie Abbildung 4.2) entspricht. Er wird daher hier übernommen; der Begriff „Agrarzone" erscheint weniger sinnvoll, da die großen agrarräumlichen Einheiten nur selten eine zonale, d.h. gürtelförmige Anordnung aufweisen.

Im folgenden regionalen Teil sollen 9 Agrarregionen im einzelnen behandelt werden. Ihre Bestimmung erfolgt durch das jeweils dominierende Agrarsystem[21]:

---

[21] Der Begriff „Agrarsystem" erscheint uns geeigneter als der in der deutschsprachigen Literatur meist verwandte Ausdruck „Betriebsform", der selbst in der Fachliteratur nicht eindeutig festgelegt ist (E. OTREMBA 1976, S. 215). Zwar hat er in der deutschen Agrarstatistik seit 1971 seinen festen Platz, läßt sich aber nur schwer weltweit übertragen. Nomadismus und Wanderfeldbau z.B. sind mehr als bloße Betriebsformen, es sind Agrarsysteme, d.h. ein komplexer „Satz von Faktoren mitsamt den Beziehungen zwischen ihnen" (P. HAGGETT 1979, S. 52).

Viehwirtschaftsysteme
1. Nomadismus
2. Extensive stationäre Weidewirtschaft (Ranching)
3. Intensive Viehwirtschaft auf Grünlandbasis
4. Viehwirtschaft in flächenarmen Betrieben (Massentierhaltung)

Acker- und Dauerkultursysteme
5. Wanderfeldbau und Landwechselwirtschaft
6. Reisbau
7. Traditioneller kleinbetrieblicher, arbeitsintensiver Ackerbau ohne Reis
8. Spezialisierter Marktfruchtbau
   a) Plantagenwirtschaft der Tropen und Subtropen
   b) Marktfruchtbau der gemäßigten Breiten
   c) Dauerkulturen der gemäßigten Breiten
9. Gemischtbetriebe Westeuropas und Nordamerikas

Die ausgewählten Agrarregionen decken zwar nicht den gesamten Agrarraum der Erde ab, sie umfassen aber die wichtigsten Produktionsräume und den Großteil der Agrarbevölkerung. Ihre Auswahl erfolgte so, daß verschiedene Klimazonen und die vier Hauptkriterien der Agrarklassifikation der IGU (s. Kapitel 4.1.1), nämlich Bodennutzungssystem und Verhältnis von pflanzlicher zu tierischer Produktion, Intensität und Produktionziele, Produktionsmethoden sowie agrarsoziale Verhältnisse, berücksichtigt wurden (s. Abbildung 4.3).

4.2   Viehwirtschaftsregionen der Erde

Vom gesamten Agrarraum der Erde von 48,09 Mio. km^2 entfallen etwa zwei Drittel auf Dauergrünland unterschiedlicher Qualität, das nur viehwirtschaftlich zu nutzen ist. Lediglich 10 – 12 % dieser Fläche besteht aus gedüngtem und z. T. melioriertem Kulturgrasland. Dazu kommen etwa 4 Mio. km^2 Ackerland mit Ackerfutter einschließlich Getreide, das in der Viehwirtschaft eingesetzt wird (28 % des Ackerlandes). Berücksichtigt man noch die Nebenprodukte der pflanzlichen Produktion, die in der Tierernährung eingesetzt werden (z.B. Stroh, Rübenblatt, Ölkuchenschrote, Treber, Melasse), so sind schätzungsweise drei Viertel des Agrarraums der Erde der Erzeugung tierischer Produkte gewidmet (GRAEWE u. MERTENS 1979, S. 138).

Die Motive der Nutztierhaltung sind vielfältig:
- Erzeugung von Nahrungsmitteln (Fleisch, Eier, Milch),
- Erzeugung von Rohstoffen für die Bekleidung (Häute, Felle, Wolle, Haare, Federn),
- Nutzung der tierischen Arbeitskraft (Zug- und Tragkraft),
- Nutzung des Kots als Dünger oder Brennmaterial,
- außer- und semiökonomische Ziele (Religion, Kult, Sozialprestige, soziale Kontakte, Daseinssicherung, Freizeitgestaltung).

Vielfach sind verschiedene Produktionsziele miteinander gekoppelt, wie z. B. die Fleisch- und Wollerzeugung bei der Schafhaltung. Die Nutzungsansprüche an die gleiche Tierart können regional sehr unterschiedlich ausgeprägt sein. Das Rind ist weltweit der wichtigste Fleisch- und Milchlieferant, aber die riesigen Rinder- und Büffelbestände des indischen Subkontinents (1994: 337 Mio. Tiere oder 25 % des Weltbestandes) werden, soweit sie überhaupt eine wirtschaftliche Funktion erfüllen, als Zugtiere eingesetzt; lediglich 10 – 12 % des Bestandes dienen der Milcherzeugung (GRAEWE u. MERTENS 1979, S. 138). Der größte Teil der Tiere wird nicht geschlachtet, sondern stirbt eines natürlichen Todes, wonach lediglich die Haut wirtschaftlich verwertet wird. Die semiökonomische Funktion der Rinderherden in den afrikanischen Savannen ist oft beschrieben worden. Die großen Herden sind zwar Milch-, Blut- und Fleischlieferant, daneben dienen sie aber als Statussymbol, als Gegenstand zahlreicher Tabus, für Zeremonien, als Geschenk, Brautpreis und Tauschobjekt (H. HECKLAU 1978, S. 16).

Die Viehwirtschaft konzentriert sich auf relativ wenige Tierarten, von denen nur fünf (Rind, Schaf, Ziege, Schwein und Huhn) eine weltweite Bedeutung besitzen. An Standorten mit extremen Klimaverhältnissen können hochspezialisierte Tierarten, wie Kamel, Büffel, Lama, Yak, lokal von großer Bedeutung sein. Pferd, Esel und Maulesel werden vorwiegend als Arbeitstiere eingesetzt. Die Bewirtschaftung der Wildtiere (Damwild in Europa, Bisons in den USA, Antilopen im südlichen Afrika) steckt erst in den Anfängen.

Die Tierbestände der Erde haben sich in den letzten Jahrzehnten zahlenmäßig stark erhöht. Der Zuwachs erfolgte vor allem in denjenigen Entwicklungsländern mit wachsendem Lebensstandard, d. h. vor allem in Ostasien, Lateinamerika und im Vorderen Orient. In 93 von der FAO erfaßten Entwicklungsländern einschließlich China stiegen zwischen 1969/71 und 1988/90 die Rinder- und Büffelbestände von 798 Mio. auf 1 005 Mio., die Schweinebestände von 291 Mio. auf 486 Mio. Tiere an (N. ALEXANDRATOS 1995, S. 198). Mit der wachsenden Nachfrage nach tierischen Produkten als Ausdruck von Bevölkerungswachstum und zunehmender Massenkaufkraft wachsen parallel die Tierbestände. Bis zum Jahre 2010 erwartet die FAO einen weiteren Zuwachs der Bestände in den Entwicklungsländern um 35 %.

Mit den Tierbeständen wachsen auch die globalen Emissionen von Ammoniak (NH_3) und Methan (CH_4), die neben dem Kohlendioxid für den Treibhauseffekt der Atmosphäre verantwortlich gemacht werden.

Die räumliche Ordnung der Viehwirtschaft wird durch ein Wechselspiel ökologischer, ökonomischer und kultureller Faktoren gesteuert. Die ausgedehnten Grünlandgebiete jenseits der Grenzen des Ackerbaus sind rationell nur über eine Beweidung durch Wiederkäuer, deren Verdauungssystem das rohfaserreiche Futter aufschließt, zu nutzen. Es handelt sich hier um absolutes Weideland aufgrund der ökologischen Gegebenheiten. Die relativ hohen Produktionskosten tierischer Produkte erfordern eine Nachfrage seitens kaufkräftiger Schichten, ihr Verbrauch ist in den Industrieländern hoch, in den Entwicklungsländern sehr gering. Ihr Verbrauch läßt sich daher direkt mit der Einkommensentwicklung korrelieren (s. Kapitel 2.2.3). Schließlich engen die erwähnten Speisetabus der verschiedenen Kulturkreise die Auswahl der möglichen Nutztiere ein.

Ein Überblick über die räumliche Ordnung der Viehwirtschaft gibt das Verbreitungsmuster der Tierpopulationen (s. Tabelle 4.1). Der größte Bestand an *Rindern und Büffeln*[22] ist auf dem indischen Subkontinent konzentriert – bei denkbar geringer Produktivität. Weitere Schwerpunkte sind Europa einschließlich der westlichen Sowjetunion, die USA und Teile Südamerikas. In Afrika hat die Rinderhaltung ihre Schwerpunkte im Sahel, in den ostafrikanischen Hochländern und im südlichen Teil des Kontinents. Dagegen fallen die Regenwald- und Feuchtsavannengebiete Afrikas wegen der Tsetsefliege für die Rinderzucht weitgehend aus.

	Rinder und Büffel	Schafe	Ziegen	Schweine	Hühner
Erde (Millionen)	1437	1086,6	609,5	875,4	12002
Afrika	14,7 %	21,4 %	29,2 %	2,6 %	8,9 %
Asien	41,8 %	34,9 %	61,9 %	58,9 %	50,3 %
Indischer Subkontinent	25,4 %	7,7 %	31,3 %	1,5 %	6,3 %
China	8,5 %	11,5 %	17,6 %	49,1 %	24,4 %
Nordamerika	12,3 %	1,8 %	2,5 %	11,4 %	18,9 %
Südamerika	21,2 %	9,7 %	3,8 %	6,1 %	10,6 %
Europa	8,1 %	13,4 %	2,5 %	20,5 %	10,5 %
Ozeanien	1,9 %	18,8 %	0,1 %	0,5 %	0,8 %

Tab. 4.1:
Die Verteilung des Haustierbestandes nach Kontinenten 1994
(Quelle: FAO. Production Yearbook Vol. 48, 1994)

Die *Schafhaltung* hat ihre Schwerpunkte sowohl in semiariden wie ozeanischen Klimagebieten. Die stärksten Bestände finden sich in Australien und Neuseeland; stärkere Produktionszentren trifft man in der ehemaligen Sowjetunion, im Vorderen Orient, in Südosteuropa, auf den Britischen Inseln, in Uruguay und Patagonien. Je nach Absatzlage kann Fleisch oder Wolle das Hauptprodukt bilden.

Der zweite Kleinwiederkäuer, die *Ziege*, hat ihre eindeutigen Schwerpunkte in den tropischen und subtropischen Zonen Asiens und Afrikas; auf beide Kontinente entfallen 90 % des Weltbestandes. Die Ziege wird im Gegensatz zum Schaf vorwiegend für die hauswirtschaftliche Erzeugung genutzt.

Schwein und Huhn haben ähnliche Standortvoraussetzungen, nämlich einen breiten Anpassungsspielraum an die verschiedensten Klimazonen, ballastarme Futtermittel in Konkurrenz zur menschlichen Nahrung, hohe Reproduktionskapazität, Eignung für die Massentierhaltung, schließlich eine hohe Nährstoffökonomie (HORST u. PETERS 1978, S. 199). Beide Tierarten haben ein breites Futterspektrum, das von Abfällen, Nebenprodukten des Ackerbaus, Weidefrüchten bis zu hochkonzentrierten Futtermitteln reicht. Ihre Haltung ist daher sowohl in der extensiven Subsistenzwirtschaft wie in der Agroindustrie möglich. Ihr Verbreitungsmuster läßt sich mit der Bevölkerungsverteilung der Erde korrelie-

---

[22] Der Büffelbestand der Erde von 148,8 Mio. Tieren (1994), das sind etwa 10 % des Rinderbestandes, konzentriert sich zu 90 % auf die asiatischen Reisbaugebiete, wo der Büffel das Arbeitstier darstellt.

ren, auf China entfällt alleine 49 % des Schweinebestandes der Erde. Aufgrund ihrer Nahrungsansprüche haben sie ihre Bestandsschwerpunkte in Ackerbauregionen. Da die Tiere auch hochkonzentrierte, transportkostenunempfindliche Futtermittel verwerten, können die Produktionsstandorte mehr und mehr in die dichtbesiedelten Absatzgebiete verlagert werden. Legt man die Tierpopulationen auf die Klimazonen um, so ermöglichen die gemäßigten Klimate ein breites Produktionsspektrum mit Rind, Schwein, Schaf und Geflügel. In den wechselfeuchten Zonen der Tropen und Subtropen dominieren die Wiederkäuer Rind, Schaf und Ziege, während sich in den feuchten Tropen die relativ geringe Tierproduktion stärker auf Schwein und Geflügel sowie die Wiederkäuer Ziege und Büffel stützt (HORST u. PETERS 1978, S. 191).

Das weltweite Verbreitungsmuster der Tierbestände spiegelt nur mangelhaft die tierische Produktion wieder, da die Produktivität je Tier regional sehr unterschiedlich ist und in den meisten Entwicklungsländern nur etwa 25 % des Wertes der Industrieländer erreicht. Dieser Leistungsunterschied ergibt sich aus geringerem Schlachtgewicht, geringerem Fleischzuwachs je Tier und Jahr sowie aus einer geringeren Milchleistung je Kuh (s. Tabelle 4.2).

Tab. 4.2:
Schlachtgewicht und Milchleistung
in ausgewählten Ländern 1994
(Quelle: FAO. Production Yearbook
48, 1994)

	Schlachtgewicht je		Milchleistung je
	Rind (kg)	Schaf (kg)	Kuh (kg)
Indien	103	12	984
Äthiopien	105	10	209
Bolivien	171	9	1401
Argentinien	212	16	2622
Rußland	195	22	2200
Deutschland	300	18	5320
USA	318	30	7277

Diese Produktivitätsunterschiede machen klar, weshalb von der tierischen Nahrungsproduktion der Erde über vier Fünftel auf die gemäßigten Klimazonen und etwa 50 % auf die Industrieländer entfallen, obwohl die Entwicklungsländer über ansehnliche Tierpopulationen verfügen. In fast allen Industrieländern sind die Verkaufserlöse aus der tierischen Produktion für die Landwirtschaft weit wichtiger als die pflanzlichen Produkte. Sie beliefen sich z.B. 1992 in Großbritannien auf 61 %, in der Bundesrepublik Deutschland auf 62 %, in Dänemark sogar auf 72 % der Gesamterlöse.

4.2.1 Die Regionen des Nomadismus

Die große Aufmerksamkeit, welche der Nomadismus in der Forschung vieler Disziplinen gefunden hat, ist umgekehrt proportional zu seiner heutigen wirtschaftlichen Bedeutung. Dieses Interesse erklärt sich einmal aus der Urtümlichkeit dieser Wirtschafts- und Lebensform, zum anderen aus dem riesigen Ausmaß der Flächen zwischen Atlantik und Zentralasien, welche auch heute noch durch nomadische Weidewirtschaft genutzt werden. Sie ist das spezifische Agrarsystem, das in der Alten Welt zur Nutzung der Trockengebiete mit spärlichem und jahreszeitlich wechselndem Futterangebot entwickelt wurde. In der Neuen Welt hat es dagegen nie einen Nomadismus gegeben, wie schon A. VON HUMBOLDT erkannte – es fehlen die Weidetiere. In präkolumbianischer Zeit war das Lama, das lediglich als Tragtier und Wollieferant diente, das größte Nutztier Amerikas.

Die *Anfänge des Nomadismus* liegen im Dunkel der Vorgeschichte. E. WIRTH (1969, S. 41) gibt der klassischen Dreiteilung der orientalischen Gesellschaft – seßhafte Ackerbauern (Fellachen), Nomaden und Städter – ein Alter von fünf Jahrtausenden. Für die Sahara ist die Ausbildung einer Rinderhirtenkultur im 4. Jahrtausend v. Chr. durch Felsbilder hervorragend dokumentiert. Ob es sich bei dieser Weidewirtschaft bereits um Nomadismus i.e.S. handelt, ist freilich strittig. A. LEIDLMAIR (1965, S. 82) sieht den Ursprung im Steppenbauerntum des Orients, aus dem sich als Frühform ein Kleintiernomadismus mit Schaf- und Ziegenhaltung abspaltete. Die Domestizierung von Pferd und Kamel ermöglichte zwischen 1500 und 1100 v. Chr. den Übergang zum Vollnomadismus (E. WIRTH 1969, S. 47) im asiatischen Steppenraum. Die beiden Reittiere verschafften den Nomaden hohe Mobilität und militärische Überlegenheit. Die ersten schriftlichen Aufzeichnungen in den Hochkulturen der Antike berichten denn auch einseitig von kriegerischen Auseinandersetzungen mit Nomaden, wie z.B. das Buch der Richter, Kapitel 6 – 8, vom Sieg der Israeliten über die Midianiter. Da die schriftlichen Aufzeichnungen so gut wie ausschließlich von Seßhaften stammen, spiegeln sie deren Sichtweise und Vorurteile wider (F. SCHOLZ 1995, S. 46). Dabei wird meist ein negatives Bild vom Nomaden gezeichnet, er ist der Barbar, eine Bedrohung für die Zivilisation. Häufig werden sie mit alles verzehrenden Heuschrecken verglichen – ein Topos, der sich vom Alten Testament bis IBN KHALDOUN findet: „Denn sie kamen herauf mit ihrem Vieh und Hütten wie eine große Menge Heuschrecken, daß weder sie noch ihre Kamele zu zählen waren, und fielen ins Land, daß sie es verderbten" (RICHTER 6, 5). Über Jahrtausende stellten die mobilen asiatischen Reiterkrieger (u.a. Skythen, Hunnen, Tartaren, Mongolen) eine stetige Bedrohung der umliegenden Hochkulturen dar. Die Herkunft der Nomaden aus dem wesentlich älteren Ackerbau ist heute allgemein anerkannt. Bis zum Ende des 19. Jahrhunderts hatte sich die Dreistufentherorie des Griechen DIKÄARCH (ca. 310 v. Chr.) gehalten, der zufolge Nomadismus eine Zwischenstufe in der allgemeinen Entwicklung der Menschheit von der Sammlerstufe über das Hirtentum zum Ackerbau bildete. Erst F. RATZEL und E. HAHN wiesen die Herkunft aus dem Ackerbau überzeugend nach, da er keine autarke Wirtschaftsform ist; schon aus ernährungsphysiologischen Gründen ist der Nomade auf den Bezug von pflanzlichen Produkten der Ackerbauern angewiesen. Außerdem war der Übergang von der einen in die andere Lebensform im Orient häufig fließend: Nomaden wurden seßhaft, Seßhafte nomadisierten (E. WIRTH 1969, S. 41).

Der Begriff *„Nomadismus"* wird vieldeutig gebraucht und auf manche mobile Wirtschaftsform (Wildbeuter, Zigeuner, Touristen) angewandt. Im Rahmen dieser agrargeographischen Betrachtung werden – in Anlehnung an R. HERZOG (1963, S. 11) – unter Nomaden ausschließlich „Wanderhirten, deren wesentliche Existenzgrundlage Viehzucht ist", verstanden. Diese Definition entspricht auch dem

Wortsinn des griechischen Verbums „nemein" = grasen, weiden, von dem der schon bei HERODOT vorkommende Begriff Nomade abgeleitet ist. Sie schließt die temporäre Aufnahme anderer wirtschaftlicher Aktivitäten wie Transportfunktionen, Handel oder ungeregelten Anbau von Getreide ein. Es gab und gibt kaum Nomaden, die nicht irgendeine Beziehung zum Anbau hatten. Die strikte Trennung der Wirtschaftsformen gehört zur Charakterisierung von Gruppen in der Theorie der Wirtschaftsstufen, sie ist in der Praxis selten. Nach F. SCHOLZ (1982, S. 6) weist der Nomadismus als Lebens- und Wirtschaftsform[23] die folgenden vier Merkmale auf:

- Viehhaltung als Wirtschaftsgrundlage,
- Naturweide mit spärlicher Futterproduktion erzwingt großräumige Herdenwanderungen,
- die viehhaltenden Sozialgruppen wechseln mit den Herden den Siedlungsplatz,
- genealogische Sozialgruppen sind die Träger des Nomadismus und die Eigentümer von Weiden und Herden.

Die *Viehhaltung* bildet die Existenzgrundlage selbst dort, wo der Nomade als Transportunternehmer und Händler agiert, da auch dann sein Vieh das Hauptproduktionsmittel bildet. Die Herden bestehen aus Kleinwiederkäuern (Schaf, Ziege) und Großvieh (Rind, Kamel, Pferd und Yak) bei regional wechselnder Zusammensetzung. F. SCHOLZ (1994, S. 72) unterscheidet die Nomaden nach ihrer wichtigsten Existenzgrundlage, den Tieren für die Zeit um 1900 folgendermaßen: von Osten nach Westen gab es im Trockengürtel der Alten Welt die Pferdehalter der Mongolei, die Yakzüchter des tibetanischen Hochlandes und der angrenzenden Gebirge, die Kamelnomaden Zentralasiens, die Dromedarzüchter zwischen Rajasthan im Osten und Mauretanien im Westen sowie die Rinderhalter im Sahel und in Ostafrika. Häufig wurden dazu Schafe und Ziegen gehalten. Der aktuelle Bedeutungsrückgang von Kamel, Dromedar und Pferd als Transporttiere wird durch die Vermehrung der Schaf- und Ziegenherden kompensiert, falls die Futterbasis das zuläßt. Produktionsziele sind primär die Selbstversorgung mit tierischen Produkten und Transporttieren. Als tierische Nahrung sind Milch und Milchprodukte (Butter, Käse, Joghurt) wichtiger als Fleisch, das selten auf dem Speisezettel steht. Die Nahrung der Nomaden besteht vorwiegend aus pflanzlichen Produkten (Getreide, Datteln, Tee, Zucker), die entweder selbst angebaut oder gekauft werden. Nach H. RUTHENBERG (1971, S. 257) benötigt z.B. ein Fünfpersonenhaushalt der Saharanomaden jährlich 300 kg Getreide und 500 kg Datteln. Die Nomaden sind deshalb seit jeher auf Austauschbeziehungen mit den Ackerbauern angewiesen und müssen eine Überschußproduktion an tierischen Erzeugnissen (Tiere, Häute, Wolle, Teppiche) erwirtschaften. Mit den wachsenden Ansprüchen an das Güterangebot der heutigen Zivilisation steigt die Vermarktungsquote. Radios, Autos und Traktoren in Nomadenlagern des Orients sind

---

[23] Zur Abgrenzung des Nomadismus von den übrigen Formen der Fernweidewirtschaft wie Transhumanz und Almwirtschaft vgl. A. BEUERMANN 1967, S. 17 – 31.

heute nichts Ungewöhnliches mehr, sie können nur durch den Verkauf auch von jüngeren Tieren erworben werden. Damit sinkt auch die Bedeutung der semi- und außerökonomischen Funktionen, welche Viehherden in nomadischen Gesellschaften zu erfüllen haben, wie z.B. Statussymbol, Träger des Rangs ihrer Eigentümer. Neben der Viehhaltung üben Nomaden häufig zusätzliche Aktivitäten aus wie Getreidebau, Sammelwirtschaft (Halfa in den Steppen des Maghreb, Brennholz für die Städte), Militärdienst. Die klassischen Nebentätigkeiten Transporte, Handel, Schmuggel, Erhebung von Schutzgebühren vom Transitverkehr und von abhängigen Seßhaften sind durch die moderne Entwicklung stark be-

Jahresniederschlag	Weidefläche je Schaf
300 - 400 mm	0,25 – 0,5 ha
200 - 300 mm	1 – 4 ha
100 - 200 mm	10 – 20 ha

Tab. 4.3:
Potentielle Bestockungsdichte mit Schafen für die algerische Steppe
(Quelle: W. TRAUTMANN 1982, S. 107)

schnitten worden bzw. weggefallen.

Die Produktionsgrundlage der nomadischen Viehwirtschaft bildet stets die Naturweide, d.h. die natürliche Pflanzengesellschaft der jeweiligen Vegetationszone; eine Weidepflege und Futterbevorratung findet nicht statt. Nomadismus ist ausschließlich im Trockengürtel[24] der Alten Welt verbreitet, er wurde in den letzten Jahren auf deren aridere Teile, die für den Regenfeldbau nicht mehr in Frage kommen, zurückgedrängt. Standortvoraussetzungen sind Weideflächen, die auch in den Trockenzeiten noch eine ausreichende Futterbasis bilden sowie genügend Wasserstellen zur Viehtränke. Futterangebot und Wasserstellendichte determinieren die Tierarten, die jeweils dominieren. Reinbestände einer Tierart sind selten, häufiger werden gemischte Herden gehalten (Verwertung verschiedener Pflanzen, Risikostreuung). In der Trockensavanne Afrikas dominiert das Rind, das hier nicht mehr durch die Tsetsefliege gefährdet ist. In der Dornsavanne erlaubt dagegen die lichter werdende Pflanzendecke mit vielen dornigen Arten und Hartgräsern nur noch die Haltung von Schaf und Ziege. Kamele begnügen sich noch mit dem spärlichen Futterangebot der Randwüsten; da sie in der warmen Jahreszeit nur alle 2 – 3 Tage, im Winter nur alle 2 – 3 Wochen getränkt werden müssen, können sie auch Futterflächen in 80 km Entfernung vom Lager nutzen, die keine andere Tierart erreicht (H. RUTHENBERG 1971, S. 257). In den subtropischen Trockensteppen Nordafrikas und des Orients dominiert wieder die Schaf- und Ziegenhaltung.

Die Tragfähigkeit der Naturweiden ist gering und schwankt stark je nach Niederschlags- und Bodenverhältnissen. Für die algerische Steppe gibt W. TRAUTMANN die in Tabelle 4.3 wiedergegebene potentielle Bestockungsdichte an.

---

[24] Die Wanderweidewirtschaft in der arktischen Tundrenzone mit Rentieren soll hier nicht behandelt werden, da sie kaum noch in der Form des Nomadismus auftritt.

Die jahrhundertealte Beweidung, in manchen Gebieten auch die Methode des Abbrennens, haben die natürliche Vegetation der Savannen und Steppen stark überformt – im Extremfall bis zur Vernichtung der Vegetationsdecke. Dennoch wäre es falsch, den Nomaden die Hauptschuld am gegenwärtigen Desertifikationsprozeß in den Trockenzonen zuzuweisen. Im semiariden Raum ist der Umbruch der Vegetationsdecke zwecks Ackerbau ein viel tiefgreifenderer Eingriff ins Ökosystem als die Beweidung, zudem ist der Holzverbrauch der Seßhaften wesentlich höher als der der Nomaden (F. IBRAHIM 1980, 1982). Herdenwanderungen über größere Distanzen sind das einfachste und wirkungsvollste Mittel zur Regeneration der Vegetationsdecke. Bei sinnvoller Bestandsgröße beschränken sich die Überweidungsschäden auf die Umgebung der Wasserstellen. F. SCHOLZ (1995, S. 20 – 21) sieht im Nomadismus eine „Kulturweise", die nicht auf Naturbeherrschung und Naturausbeute, sondern auf das Leben in und mit der Natur gerichtet war. Sie stellte für den Trockengürtel der Alten Welt eine regionsspezifische, die ökologischen Möglichkeiten optimal zur Überlebenssicherung nutzende Daseinsäußerung dar, weil sie schonend mit den beschränkten Ressourcen umging. Dagegen steigen die Desertifikationsschäden schlagartig an, wenn Nomaden im ungeeigneten Milieu seßhaft werden. Die Herden werden vielfach neben dem Anbau beibehalten, aber die Wanderdistanzen verkürzt. Das Ergebnis ist eine Vegetationszerstörung in der Nähe der Siedlungen; zudem führt der Ackerbau zu einer schnellen Degradation der Böden, wie sie das Überweiden kaum verursacht.

Die *Produktivität* der nomadischen Herden, gemessen am Fleischzuwachs und an der Milchleistung, ist gering. Das Wachstum der Tiere muß sich dem Vegetationsrhythmus anpassen, d.h. in der Regenzeit gewinnen sie an Gewicht, in der Trockenzeit magern sie ab, die Milchleistung sinkt auf Null. Relativ gering ist die Reproduktionsrate, da viele Kühe verkalben und in der Regel nur alle zwei Jahre aufnehmen. In der Trockenzeit sind vor allem Jungtiere gefährdet. Nach H. RUTHENBERG (1971, S. 261) überleben in den tropischen Savannen kaum 50 % der Kälber. Die Herden sind überaltert; alte Tiere werden aber beibehalten, weil man sie für seuchenresistent hält. Folgen mehrere Dürrejahre aufeinander, was in allen semiariden Regionen in unregelmäßigen Abständen der Fall ist, so werden die Herden oft dezimiert. TH. LABAHN (1982, S. 84) beziffert die Verluste der somalischen Nomaden während der Dürre 1974/75 auf 30 % der Rinder, 20 % der Schafe und 10 % der Kamele. Die algerischen Steppennomaden sollen in den Jahren 1945 – 47, infolge der katastrophalsten Dürre dieses Jahrhunderts, sogar 80 % ihrer Schafherden verloren haben (R. COUDREC 1976, S. 100).

Das spärliche Futterangebot zwingt die Nomaden mit ihren Herden zu *Wanderungen* über teilweise erhebliche Distanzen. Gewandert wird, sobald das Futter in der Nähe knapp wird. Je nach geographischer oder orographischer Lage müssen die Weidegründe im periodisch-jahreszeitlichen oder im episodischen Rhythmus gewechselt werden (s. Abbildung 4.4). Die häufigsten Formen sind der jahreszeitliche Wechsel zwischen sommerlichen Hochweiden und winterlichen Niederungsweiden sowie zwischen den feuchteren Steppen und Savannen und der Randwüste, die während der jeweiligen Regenzeit aufgesucht wird. Die Nomaden der algerischen Steppe wandern z.B. während der sommerlichen Trockenzeit nach Norden bis zum Tellgebirge, während sie im Winter die spärlichen Weidegründe

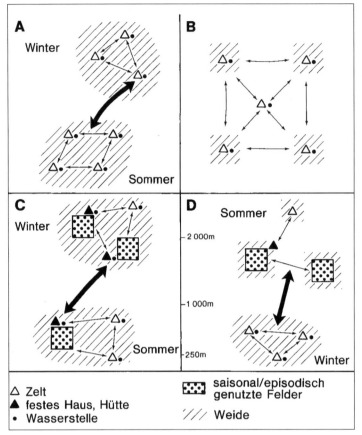

Abb. 4.4:
Die verschiedenen
Formen des
Nomadismus
(Quelle:
F. SCHOLZ 1982, S.5)
A – Vollnomadismus mit
periodisch-saisonalen,
horizontalen
Wanderungen;
B – Vollnomadismus
mit episodischen,
ungerichteten
Wanderungen;
C – Halbnomadismus
mit periodisch-saisona-
len, horizontalen
Wanderungen;
D – Bergnomadismus
mit periodisch-saisona-
len, vertikalen
Wanderungen

des Sahararandes (Winterregen!) nutzen (s. Abbildung 4.5). Je nach Relief werden vertikale und horizontale Wanderungen unterschieden. Die Wanderdistanzen sind höchst unterschiedlich. In den Tafelländern Nordafrikas und Arabiens mit ihrer geringen naturräumlichen Differenzierung legen die Kamelnomaden jährlich Strecken bis zu 500 – 800 km zurück (H. RUTHENBERG 1971, S. 256; F. IBRAHIM 1982, S. 55). Demgegenüber bieten die Höhenstufen des alpidischen Gebirgsgürtels von Marokko bis Zentralasien auf kurzer Entfernung ein rasch wechselndes Futterangebot, so daß die Wanderstrecken wesentlich kürzer sind.

Ein wesentliches Merkmal des Vollnomandismus ist, daß die gesamte viehhaltende Sozialgruppe die Herden bei ihren Wanderungen begleitet. Mehrmals im Jahr muß der Siedlungsplatz verlegt werden, was mobile Behausungen (Zelte, Hütten) verlangt. Die Ausstattung mit Gegenständen der materiellen Kultur kann sich nur auf das absolut Notwendige beschränken. Diese Reinform des Vollnomadismus ist heute relativ selten geworden. Immer mehr nomadisierende Gruppen verstärken den Ackerbau. Damit wird ihr Wanderverhalten nicht mehr ausschließlich von der Futtersuche, sondern auch vom ackerbaulichen Arbeitskalender gesteuert. Kommt zur mobilen noch eine feste Behausung hinzu, die zu-

Abb. 4.5: Die Sommerwanderungen der algerischen Steppennomaden
(Quelle: Algerische Nomadismus-Enquête 1969)

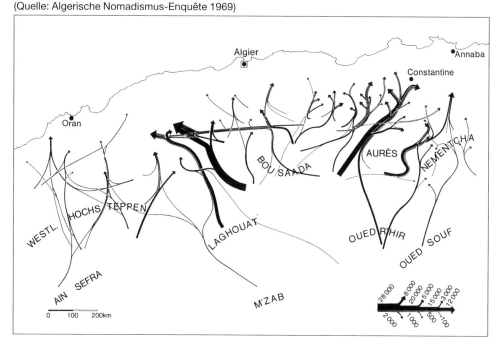

mindest zeitweise von Teilen der Sozialgruppe bewohnt wird, so ist die Bezeichnung „Halbnomadismus" (F. v. RICHTHOFEN) angebracht. Die Wirtschaftsform des Nomadismus ist stets mit tribalistischen Gesellschaftsstrukturen verbunden. Die menschlichen Gruppen sind nach genealogischem Prinzip, meist patrilinear, in Großfamilien, Clans, Sippen, Teilstämme und Stämme gegliedert. Zuweilen waren die Stämme noch zusätzlich nach der Rechtsstellung der Personen strukturiert, die Tuareg der Sahara z.B. in Adlige, Freie und Sklaven. Ein weiteres Prinzip der sozialen Gliederung bildet die Größe der Herden, die höchst ungleichmäßig auf die einzelnen Familien verteilt sind (H. RUTHENBERG 1971, S. 256). Nach E. WIRTH (1969, S. 46) verfügte um 1960 eine durchschnittliche Nomadenfamilie im Vorderen Orient über 300 Schafe, während nicht wenige der großen Scheichs Herden von 20 000 bis 50 000 Tieren besaßen! In Algerien hatten 1975 nur 5 % der Viehzüchter über die Hälfte des Schafbestandes von 8 – 10 Mio. Tieren zu eigen (W. TRAUTMANN 1982, S. 92). Mit zunehmender Marktorientierung und Monetarisierung der nomadischen Produktion verschärfen sich die sozialen Gegensätze innerhalb der nomadischen Gruppen.

Die heutige Bedeutung und Verbreitung des Nomadismus in Zahlen auszudrükken ist schwierig, da sowohl die statistischen Erhebungen vielfach fehlen wie auch die Abgrenzungen des Voll- und Halbnomaden zum Seßhaften mit Viehhaltung schwierig ist. In verschiedenen Publikationen wird die Zahl der Nomaden für die sechziger Jahre dieses Jahrhunderts weltweit auf 15 Millionen geschätzt (A. LEIDLMAIR 1965, S. 83; D. GRIGG 1974, S. 112). F. SCHOLZ (1982, S. 14) rechnet noch mit 6 – 8 Millionen, wahrscheinlich aber wesentlich mehr Menschen, die als Nomaden leben. In seiner umfangreichen Studie über den Nomadismus betont F. SCHOLZ (1995, S. 211), daß eine aktuelle Dokumentation der Erscheinungsvielfalt nicht leistbar ist. Seine Karte erfaßt denn auch in sehr detaillierter Form den altweltlichen Nomadismus für das Jahr 1900, für die Gegenwart fehlen die Grundlagen einer derartigen Darstellung. Im Verbreitungsmuster des Nomadismus sind heute zwei räumliche Schwerpunkte zu erkennen, nämlich einmal die Trocken- und Dornbuschsavannen Afrikas (Sahel, Somalia, ostafrikanische Hochländer), zum anderen die Hochländer Irans und Afghanistans. Hier stellen die Nomaden noch einen nennenswerten Anteil der Bevölkerung. In Somalia erreichen sie mit 2,3 Mio. Menschen (ohne Flüchtlinge) noch 58 % der Gesamtbevölkerung von 4 Mio. (TH. LABAHN 1982, S. 82). Für die Hochländer und Gebirge zwischen Anatolien und Indusebene wird ihre Zahl auf 5 Mio. geschätzt (D. GRIGG 1974, S. 112), für Afghanistan alleine auf 2 Mio. (CH. JENTSCH 1973, S. 5).

Demgegenüber ist der *Prozeß der Auflösung des Nomadismus*, d.h. der Übergang zur seßhaften Lebensweise, in Zentralasien, im Vorderen Orient und in Nordafrika weit fortgeschritten. In der Sowjetunion wurden die letzten Nomaden durch die Kollektivierungen der Jahre 1930 – 36 zwangsweise seßhaft gemacht. Die Viehwirtschaft in den asiatischen Trockengebieten wird von Kolchosen und Sowchosen betrieben. In den Ländern des Vorderen Orients ist die Zahl der Nomaden auf kleine Gruppen geschrumpft, wie das Beispiel des Irak in Tabelle 4.4 zeigt (I. HAIDARI 1982, S. 139).

Jahr	Anzahl der Nomaden	v.H. Gesamtbevölkerung
1867	500 000	35,00 %
1947	250 000	5,00 %
1977	95 000	0,12 %

Tab. 4.4:
Entwicklung des Nomadentums im Irak
(Quelle: J. HAIDARI 1982, S. 189)

Auch in den Ölförderstaaten am Persischen Golf, die eine nomadenfreundliche Politik betreiben (Futterprämie je Schaf oder Ziege, Bereitstellung subventionierter Futtermittel, kostenlose veterinärmedizinische Betreuung, Einrichtung von Brunnen) spielt die traditionelle Fernweidewirtschaft nur noch eine marginale Rolle (R. CORDES 1982, S. 179). Im Maghreb ist die Situation der Nomaden von Staat zu Staat recht unterschiedlich. In Tunesien sind nur noch kleine Gruppen von Vollnomaden im südlichen Landesteil anzutreffen – Schätzungen sprechen von 15 000 Personen. In Marokko nutzen noch größere Gruppen in vertikalen Wanderungen das saisonal wechselnde Futterangebot in den Gebirgen, speziell im Mittleren und Hohen Atlas. Die zahlenmäßig größte Nomadenpopulation ist noch im algerischen Steppenhochland anzutreffen. Die Volkszählungen erfaßten die folgende Nomadenbevölkerung (A. ARNOLD 1995, S. 157):
1966: 600 000; 1977: 418 330; 1987: 280 551.

Die Mehrzahl der Nomaden ist auch hier seßhaft geworden. Die Herden werden von einigen Familienmitgliedern oder Lohnhirten begleitet, die weiterhin das Zelt benutzen. Angesichts der hohen algerischen Fleischpreise bilden Viehherden eine gute Kapitalanlage. Die Nomaden behalten daher auch nach Seßhaftwerdung ihre Herden bei, selbst kapitalkräftige Städter investieren in Schafherden. Aus diesem Grunde hat sich der Schafbestand in der Steppe von 5 Mio. (1965) auf heute 12 – 13 Mio. Tiere erhöht. Das empfindliche Ökosystem ist damit überbeansprucht, eine weitflächige Degradation der Steppenvegetation und Desertifikationserscheinungen sind die Folge. In der Bewirtschaftung der Schafherden haben sich in den letzten Jahrzehnten beachtlich Modernisierungsprozesse vollzogen. Die Wanderungen über größere Distanzen erfolgen heute mit dem LKW, zur Mast wird vom Staat subventioniertes und meist importiertes Kraftfutter eingesetzt, Tankwagen machen die Herden von Wasserstellen unabhängig. Die Nomaden wandelten sich zu Viehzuchtunternehmern, monetäres Denken ist ihnen durchaus vertraut. Die einstige Subsistenzwirtschaft hat sich zur Marktwirtschaft gewandelt.

Eine interessante Entwicklung zeichnet sich in der Mongolei ab. Nach sowjetischem Vorbild war auch hier die nomadische Viehwirtschaft ab 1959 weitgehend kollektiviert worden. Nach der politischen Wende im Jahre 1990 wurden die großen Viehgenossenschaften aufgelöst und deren Herden an private Eigentümer aufgeteilt. Mehrere miteinander verwandte Familien schlossen sich zu Hütegemeinschaften mit 3 – 4 Jurten zusammen. Jede Familie nennt im Durchschnitt 85 Tiere ihr eigen, aufgeteilt auf die fünf Tierarten Schaf, Ziege, Rind einschließlich Yak, Pferd und Kamel. Ungelöst ist bis heute die Frage, ob das Weideland in Staatseigentum bleiben oder ebenfalls privatisiert werden soll (F.-V. MÜLLER u. B. O. BOLD 1996). Die Transformation vom sozialistischen zum marktwirtschaftlichen System führt anscheinend zu einer Wiederbelebung des Nomadismus.

Der Trockengürtel der Alten Welt ist heute keine durchgehende Nomadenregion mehr wie noch zu Beginn des 20. Jahrhunderts. Die räumlichen Schwerpunkte des Nomadismus sind meist identisch mit Staaten geringen volkswirtschaftlichen Entwicklungsstandes.

Über den *Niedergang des Nomadismus* liegt eine umfangreiche Literatur vor (s. u.a. A. LEIDLMAIR 1965; R. HERZOG 1967; E. WIRTH 1969; F. SCHOLZ 1982, 1995; G. MEYER 1984). Als Hauptgründe werden angeführt:
- Umwandlung der besten Weiden in Ackerland,
- Seßhaftmachungspolitik der Kolonialmächte und jungen Nationalstaaten,
- striktes Grenzregime der Nationalstaaten, das die Fernwanderungen der Herden einschränkt,
- genozidartige Repression der Nomaden durch die jeweilige Zentralregierung (Tuareg in Niger und Mali, Raikas in Nordwest-Indien, Kurden in der Türkei, Sahrouis in der West-Sahara nach F. SCHOLZ 1995, S. 21),
- Verlust der militärischen Überlegenheit gegen moderne Heere,
- Verlust von Transport- und Handelsfunktionen (Karawanenhandel),
- Preisrückgang für Kamele und Pferde,
- Wegfall von Schutzgebühren, Abgaben und Arbeitsleistungen abhängiger Gruppen,
- attraktive ökonomische Alternativen (Bergbau, Industrie, Städte),
- höhere Konsumansprüche der Nomaden (Güterversorgung, Infrastruktur, Bildungswesen),
- Abstufung in der sozialen Rangposition gegenüber seßhaften Gruppen.

Die Ursachen für den Niedergang des Nomadismus sind primär externe Einflüsse aus einem seit hundert Jahren sich wandelnden sozioökonomischen Umfeld, sekundär ein interner Wertwandel, der zu einer Geringschätzung der eigenen Lebensform führt. Oft mißglückt der Übergang in andere Existenzformen, Nomaden bilden nicht selten die Randgruppen in den festen Siedlungen des altweltlichen Trockengürtels.

Welche *Zukunftsperspektiven* hat der Nomadismus? In den meisten Entwicklungsländern wird er als anachronistische Wirtschafts- und Lebensform angesehen. Wissenschaftler aus Industrieländern bewerten ihn vielfach noch als eine optimal an ein ungünstiges Milieu angepaßte Wirtschaftsform. Wer jemals ein Nomadenlager besucht hat, mit seiner spartanischen Einrichtung und seinen analphabetischen Bewohnern, wird kaum für die unveränderte Bewahrung dieser Form menschlicher Existenz eintreten. Andererseits sprechen ökonomische und ökologische Gründe für die Aufrechterhaltung der Fernweidewirtschaft, die überhaupt erst die Nutzung riesiger Trockenräume mit jahreszeitlich wechselndem Futterangebot ermöglicht. Die steigende Nachfrage nach tierischen Produkten in den heutigen Nomadenregionen bieten der Viehwirtschaft eine sichere wirtschaftliche Basis. Alternative Formen der Fernweidewirtschaft werden seit langem ausgeübt. Dabei werden die Herden nur noch von Hirten begleitet, während der Großteil der Sozialgruppe an einem festen Wohnort verbleibt und die Vorteile der seßhaften Lebensweise wahrnehmen kann. Man zielt dabei nicht nur auf die Erhaltung und Steigerung der tierischen Produktion ab, sondern auch auf die Eingliederung der nomadischen Bevölkerung in die nationalstaatliche Gesellschaft. Eine derartige Modernisierung der nomadischen Weidewirtschaft umfaßt ein Bündel von Maßnahmen:

1. Schutz der natürlichen Weidegründe
- Anpassung des Viehbestandes an die mittlere Tragfähigkeit,
- geregelte Weiderotation mit Vorhalten von Reserveflächen,
- Erosionsschutz, Windschutzhecken.

2. Steigerung von Produktion und Vermarktungsquote
- züchterische Verbesserung der Viehrassen,
- Anlage künstlicher Futterflächen,
- Zugabe von Futtermitteln in kritischen Wachstumsphasen (z.B. Kalben),
- Verbesserung der Vermarktungsorganisation.

3. Verringerung des Produktionsrisikos
- Futtervorräte für Notlagen,
- Anlage von Tränken, Einsatz von Tankwagen,
- rasche Herdenverlagerung durch LKW,
- veterinärmedizinische Betreuung.

4. Infrastrukturelle und soziale Maßnahmen
- Aufbau eines Netzes fester Siedlungen,
- Einrichtungen der Grunddaseinsfunktionen,
- Schaffung nichtlandwirtschaftlicher Arbeitsplätze.

4.2.2 Regionen der extensiven stationären Weidewirtschaft

Die extensive stationäre Weidewirtschaft (engl.-spanisch „Ranching") ist die rentabilitäts- und marktorientierte Alternative zum Nomadismus. Sie nutzt ähnliche Naturräume wie der Nomadismus, nämlich semiaride Savannen und Steppen jenseits der agronomischen Trockengrenze, mit völlig anderen Produktionsmethoden. Das Ranching ist ein von seßhaften Europäern, die sich in semiariden Überseegebieten niedergelassen hatten, entwickeltes Agrarsystem. Es wird charakterisiert durch hochspezialisierte Großbetriebe mit einer Betriebsfläche von einigen tausend bis über hunderttausend Hektar und Viehherden mit oftmals tausenden von Tieren. Die Betriebe sind marktorientiert, sie waren zeitweise sogar vorwiegend auf den Weltmarkt ausgerichtet. Sie entsprachen damit der Plantage, ihrem kolonialwirtschaftlichen Pendant auf dem Gebiet der tropischen Pflanzenproduktion.

Die *Ursprünge* der extensiven stationären Weidewirtschaft sind im sommertrockenen Iberien zu suchen, wo im Zuge der Reconquista menschenleere, semiaride Räume durch große Herden von Merinoschafen und Rindern unter Aufsicht berittener Hirten genutzt wurden. Dieses Agrarsystem wurde vom 16. Jahrhundert an von den Spaniern und Portugiesen in die Neue Welt übertragen. Dort traf man menschenleere Grasländer an, die ohne mühsame Rodearbeit mit den Herden bestockt werden konnten: die Pampas, den Chaco, die Sertaos Brasiliens, die Llanos von Venezuela, die Trockengebiete des nördlichen Mexiko einschließlich Texas und Kalifornien. Später übernahmen und verbesserten die Buren in Südafrika (18./19. Jh.) und die Briten in Australien und Neuseeland dieses bewährte System. In die Weltwirtschaft wurden die Regionen der extensiven Weidewirtschaft erst im 19. Jahrhundert einbezogen, als der Bedarf der europäischen Industrie an tierischen Rohstoffen nicht mehr vom eigenen Kontinent gedeckt werden konnte. Die Weideregionen an der weltwirtschaftlichen Peripherie erschienen anfangs nur mit problemlos zu transportierenden Rohstoffen (Häute, Wolle) auf den Märkten der Industrieländer. Nach 1870 führte die billige und qualitativ hochwertige Überseewolle zum Zusammenbruch der Schafzucht in den norddeutschen Heidegebieten. Das Fleisch der Tiere war anfangs fast wertlos, neben dem Eigenbedarf konnten nur geringe Mengen als Salz- und Trockenfleisch sowie Fleischextrakt im Export verwertet werden. Erst etwa ab 1880 war es möglich, mit Hilfe neuer Transport- und Konservierungstechniken (Dampfschiff, Konservendose, Kühl- und Gefriertechnik) auch Fleisch aus den Südkontinenten über die heiße Tropenzone hinweg nach Europa, insbesondere nach England, zu verschiffen. Die Verstädterung im Gefolge der Industrialisierung hatte einen breiten Absatzmarkt eröffnet. Damit waren die Regionen der extensiven Weidewirtschaft mit ihrer gesamten Produktionspalette in das zentralperiphere Raumsystem der Weltwirtschaft eingegliedert. Aus europazentrischer Sicht erschienen sie um 1920 als dessen äußerster THÜNENscher Intensitätskreis (E. OBST 1926). Heute ist die weltwirtschaftliche Verflechtung dieser Regionen weit geringer als zu Beginn unseres Jahrhunderts. Einerseits hat der rasche Bevölkerungsanstieg und die Verstädterung in den südamerikanischen Ländern dazu geführt, daß nur noch geringe Mengen an Fleisch für den Export bereitstehen, andererseits behindert

der Agrarprotektionismus der Industrieländer[25] den Fleischimport heute viel
stärker als zur Zeit der liberalen Handelspolitik um 1900. Lediglich in Namibia,
Australien und Neuseeland ist die Viehwirtschaft noch stark vom Fleischexport
abhängig.

Die extensive stationäre Weidewirtschaft weist folgende *Merkmale* auf:
- Großbetriebe im Eigentum von natürlichen oder juristischen Personen,
- marktorientierte tierische Monoproduktion,
- hohes Produktionsrisiko aufgrund natürlicher und ökonomischer Faktoren,
- geringer Faktoreinsatz in Relation zur Fläche aber hoher Kapitalaufwand je
  Betrieb,
- Einsatz von Lohnarbeitern, z.T. Saisonarbeitern und Arbeitspächtern.

Extensive Weidewirtschaft ist nur auf großen Flächen möglich, was vordergründig
im geringen Futteraufkommen je Flächeneinheit begründet ist. Nach W. ERIKSEN
(1971a, S. 26) benötigt am patagonischen Andenrand ein Rind 15 ha auf feuchteren Standorten, aber bereits 73 ha im semiariden Bereich. In Namibia ist je
Großvieheinheit (GV)[26] eine Fläche von 11 bis 40 ha erforderlich (J. BÄHR 1981,
S. 287). Ein weiterer Grund für große Einheiten ist die Kostenstruktur dieses
Betriebstyps. Der überwiegende Teil der Kosten – Wohnhaus, Zäune, Brunnen,
Fahrzeuge, Einkommensanspruch der Farmer – sind Fixkosten, die von der Herdengröße unabhängig sind. Da die Herdengröße aber direkt von der Weidefläche
abhängig ist, wird die Fixkostenbelastung je Tier um so geringer, je größer die
Betriebsfläche und damit die Herde ist. In kaum einem anderen Betriebstyp sprechen die „economies of scale" so für den Großbetrieb wie bei der extensiven
Weidewirtschaft. Namibische Farmen bewirtschaften im Durchschnitt 5 000 bis
8 000 ha (J. BÄHR 1981, S. 279), während in Argentinien Estancien von 5 000 bis
25 000 ha als Mittelbetriebe und erst über 25 000 ha als Großbetriebe gelten
(W. ERIKSEN 1971b, S. 36). Viehkolchosen in Kasachstan umfassen nicht selten
50 000 ha (E. GIESE 1976, S. 200).

Die Betriebe der extensiven Weidewirtschaft sind hochgradig spezialisiert.
Meist wird nur eine Tierart gehalten, wobei das Produktionsziel noch weiter
spezialisiert sein kann; z.B. gliedern sich die australischen Schafzüchter in
Fleischschafhalter und Wollschafhalter. Diese Monostruktur hat ein sehr hohes
Produktionsrisiko zur Folge. Es umschließt sowohl naturbedingte Risiken (Vieh-
verluste durch Dürren und Seuchen, Verkaufszwang nach Trockenjahr) als auch
Absatzrisiken und starke Preisschwankungen. Die Ausrichtung auf eine Tierart
mit oft sehr langen Produktionszeiträumen (Bullen benötigen bis zur Schlachtreife zwei Jahre, in Entwicklungsländern sogar 3 – 4 Jahre) macht die Betriebe sehr
unflexibel, sie können sich nur schwer den Marktveränderungen anpassen.

---

[25] Die Weltmärkte für tierische Nahrungsgüter sind außerordentlich eng, die Produkte werden i.d.R. dort verbraucht, wo sie erzeugt werden. Der Anteil des Welthandels an der Weltproduktion betrug 1977 – 1979 bei Fleisch etwa 6 % bei Milch 4,5 %, bei Eiern 1,5 % (TANGER-
MANN u. KROSTITZ 1982, S. 233). Er hat sich seitdem kaum verändert.

[26] GV = Großvieheinheit. Bezugsgrundlage ist die Kuh (= 1 GV). Nach Schlachtgewicht und
Futterbedarf werden die übrigen Tiere auf diese Einheit bezogen. Beipiele: Mastrind, Kuh =
1 GV; Zuchtschwein = 0,3 GV; Schaf = 0,1 GV.

Ranching zählt zu den extensivsten Agrarsystemen, die es gibt. Der Einsatz der Produktionsfaktoren Arbeit und Kapital je Flächeneinheit ist extrem niedrig. Die Weiden werden nicht gedüngt, Stallgebäude sind in der Regel nicht erforderlich. Entsprechend gering ist die Bodenproduktivität, d.h. der Ertrag je Flächeneinheit. Andererseits sind wegen des riesigen Ausmaßes je Einzelbetrieb erhebliche Kapitalien erforderlich. Sie sind vor allem in den Herden sowie in Zäunen, Brunnen, Fahrzeugen, Werkstätten und Wohngebäuden gebunden. Wegen der relativ geringen Zahl von Arbeitskräften ist der Kapitaleinsatz je Arbeitskraft und die Arbeitsproduktivität sehr hoch – ein entscheidender Unterschied zum Nomadismus! Die hohe Arbeitsproduktivität rührt daher, daß eine Arbeitskraft eine sehr große Fläche zu bewirtschaften vermag. W. ERIKSEN (1971 b, S. 40) gibt das Beispiel einer argentinischen Schaffarm an, deren Fläche von 10 000 ha, bestockt mit 6 390 Tieren, von nur 7 Dauerbeschäftigten bewirtschaftet wird. Auf eine Arbeitskraft kommen somit 900 Tiere und 1 400 ha Weideland. Wegen des großen Umfangs der Wirtschaftsflächen mußten die Hirten seit den Anfängen dieses Agrarsystems sehr mobil sein: das Reitpferd ist heute oft durch Geländewagen oder gar Flugzeuge ersetzt. Regionen der extensiven Weidewirtschaft haben eine extrem niedrige Bevölkerungsdichte, die meist bei weniger als 1 Einwohner/km^2 liegt.

Die extensive Weidewirtschaft hat seit ihrer Entstehung im Mittelalter mehrere *Entwicklungsphasen* durchlaufen (L. WAIBEL 1922; B. ANDREAE 1983). Ursprünglich weideten die Rinder frei, nur unter Aufsicht ihrer berittenen Hirten (cowboys, gauchos, boundary-riders), nach Bedarf kamen sie an die Tränkstellen. Die Grenzen der Betriebe waren nur vage festgelegt (open-range). An eine selektive Zucht war nicht zu denken, da die verschiedenen Altersklassen und Geschlechter in einer Herde weideten und sich kreuzten. Ein- bis zweimal im Jahr trieb man die Herden zusammen, brandmarkte die Kälber und sonderte die überschüssigen Tiere zum Verkauf aus. Der größte Nachteil dieser Wirtschaftsweise war die ungleichmäßige Ausnutzung der Futterfläche: während die Umgebung der Wasserstelle überweidet war, wurden entferntere Flächen überhaupt nicht ausgenutzt (s. Abbildung 4.6 A). Die Anlage von zusätzlichen künstlichen Wasserstellen führte zu einer gleichmäßigeren Ausnutzung der gesamten Weidefläche und zu einer Verringerung der täglichen Marschstrecke der Tiere (s. Abbildung 4.6 B).

Gegen Ende des 19. Jahrhunderts erlaubte die Preisentwicklung für tierische Produkte und die agrartechnische Entwicklung die Einführung kapitalintensiver Methoden in der stationären Weidewirtschaft. Der Stacheldraht ermöglichte die genaue Abgrenzung der Besitztümer nach außen sowie deren Untergliederung in einzelne Kämpe (engl. paddock; span.-argent. potrero) – die Kamptechnik wurde entwickelt (s. Abbildung 4.6 C). Nun wurden die Herden nach Geschlecht und Altersklassen auf die verschiedenen Weidequalitäten aufgeteilt, die Ausbreitung von Viehseuchen war erschwert, vor allem aber wurde jetzt eine optimale Bewirtschaftung des Futterangebots durch Weiderotation und Reservekämpe für die futterarme Jahreszeit möglich.[27] Fortschritte in der Grundwassererschließung

---

[27] Ein Nachteil der Kamptechnik aus ökologischer Sicht muß erwähnt werden: die Zäune unterbinden die Wanderungen der Wildtiere und sind daher bei großflächiger Einrichtung eine Ursache für die Vernichtung der Großtierwelt von Steppe und Savanne.

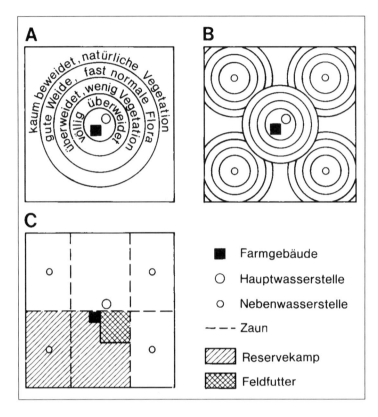

A – kaum beweidet, natürliche Vegetation
fast normale Flora
gute Weide, wenig Vegetation
überweidet
völlig überweidet

Abb. 4.6:
Entwicklungsstufen
der extensiven
Weidewirtschaft
(Quelle:
B. ANDREAE 1983)
A – open-range-
System ohne Zäune,
eine Wasserstelle
B – Keine Zäune,
mehrere Wasserstellen
C – Kampsystem mit
Weiderotation,
Reservefutterfläche
und Feldfutterbau

■ Farmgebäude
○ Hauptwasserstelle
∘ Nebenwasserstelle
— — Zaun
▨ Reservekamp
▨ Feldfutter

(Tiefbrunnen, z.T. auf artesisches Wasser, Windmotoren) machten die Bestockung
von den natürlichen Wasserstellen unabhängig. Nun konnten Hochleistungs-
rassen eingeführt bzw. mit den widerstandfähigen Lokalrassen gekreuzt werden.
Schließlich wird auf kleineren bewässerten Flächen Feldfutter für kritische Zeiten
angebaut. Ist ein leistungsfähiges Verkehrsnetz vorhanden, wie z.B. in den USA,
so können Futterkonzentrate von den Ackerbaugebieten in die Regionen der extensiven Weidewirtschaft transportiert werden. Der gesamte Zyklus von der
Zucht bis zur Mast und Schlachtung ist dann an diesen Standorten möglich. In
den entwickelten Ländern verhindert heute eine leistungsfähige Infrastruktur
(Verkehrs- und Kommunikationsnetze, Futtermittelhandel, Schlacht- und Kühl-
häuser), daß klimatisch bedingte Dürreperioden ähnliche wirtschaftliche Kata-
strophen auslösen, wie in den Nomadenregionen.

Die *Sozialstruktur* in den Regionen der extensiven stationären Weidewirtschaft
ist in den marktwirtschaftlich orientierten Staaten durch den Gegensatz von
Großeigentümern und Lohnabhängigen gekennzeichnet. Dabei kommt es zu einer merkwürdigen Mischung von Elementen der alten Feudalgesellschaft iberi-
scher Herkunft, der Kolonialgesellschaft mit ihren Rassenschranken und der
modernen Industriegesellschaft. Eigentümer der Großbetriebe können Privatleu-
te, Familiengruppen, aber auch Kapitalgesellschaften sein. Letztere treten besonders in den USA, in Südamerika und in Australien auf. Betriebe der extensiven

Weidewirtschaft sind seit dem ausgehenden 19. Jahrhundert ein beliebtes Anlage-objekt für Kapital nichtlandwirtschaftlicher Herkunft. So floß z.B. viel englisches Kapital in argentinische Estancien; in den USA entwickelte sich seit etwa 1960 das von kapitalkräftigen Großkonzernen gesteuerte Agrobusiness zu einer Gefahr für die Familienbetriebe. Nicht zuletzt lockt die Nutzung steuerlicher Vorteile heute Großverdiener zur Anlage in Rindergroßbetrieben der USA und Brasiliens. Die Belegschaft der Betriebe ist ausgesprochen hierarchisch gegliedert. Große argenti-nische Estancien werden beispielsweise – bei Abwesenheit der Eigentümer – von einem Management aus Verwalter und Buchhalter geführt. Fachkräfte wie Me-chaniker oder Zuchtspezialisten leiten ihre eigenen Ressorts, die Lohnarbeiter untergliedern sich weiter in Vorarbeiter, berittene Hirten und Hilfsarbeiter (CH.-C. LISS 1979, S. 40 – 42). Saisonale Arbeitspitzen, wie etwa das Schafscheren, werden von nur zu diesem Zweck angeheuerten Schurkolonnen mit Akkordlohn bewältigt. Die koloniale Vergangenheit wird daran sichtbar, daß die untersten Lohngruppen vielfach von der Urbevölkerung (Indios, Bantus, australische Urein-wohner) gestellt werden.

Das *Verbreitungsgebiet* der extensiven stationären Weidewirtschaft ist i.w. auf die Räume der europäischen Agrarkolonisation in Übersee und im asiatischen Teil der ehemaligen UdSSR beschränkt. Sein Umfang ist allerdings heute geringer als vor hundert Jahren. Die extensive Weidewirtschaft wurde in Räume gedrängt, deren Naturpotentiale oder Marktferne keine andere Nutzung erlaubt. Eine neue Erscheinung ist dieses Agrarsystem im Trockengürtel der Alten Welt, wo es die nomadische Weidewirtschaft abgelöst hat.

Zu den wichtigsten Regionen der extensiven stationären Weidewirtschaft zählt der trockene *Westen der USA*. In den letzten Jahrzehnten hat sich hier ein Wandel von der Rinderzucht zur Mast in agroindustriellen Großbetrieben vollzogen.Das Mastfutter wird teils auf bewässerten Flächen angebaut (Alfalfa, Sorghum), teils als Konzentrat zugekauft. Das Magervieh muß nicht mehr wie ehedem in die Maisanbaugebiete des Mittleren Westens verkauft werden (H. BLUME 1975; H.-W. WINDHORST 1976). Es kam zu einem raschen räumlichen Konzentrationsprozeß der Rindermast in den südlichen Plainsstaaten Colorado, Kansas, New Mexico, Oklahoma und Texas. Diese Region steigerte ihren Anteil am Mastrinderauf-kommen der USA zwischen 1955 und 1986 von 14 % auf 44 %. Zugleich sank der Anteil des corn belt von 39 % auf 14 % (H.-W. WINDHORST 1989, S. 123). Das winter-milde Klima der südlichen Plains ermöglicht die Mast der Rinder im Freien; in riesigen Feedlots werden 100 000 und mehr Tiere in einem Betrieb gehalten. Den Großmästereien sind moderne Schlachthöfe nachgeschaltet. Eine Handvoll agrar-industrieller Unternehmen kontrolliert so 85 % des Rindfleischmarktes der USA (H.-W. WINDHORST 1989, S. 124).

Die *südamerikanischen Weideflächen* werden südlich des 40. Breitengrades vorwiegend von Schafen bestoßen, während in den äquatornäheren Gebieten das Rind dominiert. In Brasilien wird die Region der Rinder-Weidewirtschaft gegen-wärtig gegen den Randsaum des amazonischen Regenwaldes und in die Campos Cerrados, die Feuchtsavannen des Zentralen Hochlandes, vorgeschoben. Nach-dem eine kleinbäuerliche Agrarkolonisation teilweise fehlgeschlagen ist, fördert die brasilianische Regierung die Einrichtung riesiger Rinderfazendas zur Fleischversorgung der Städte. Ihre Betriebsgrößen schwanken zwischen weniger als 10 000 und mehreren hunderttausend Hektar, sie erreichen eine Bestockung von durchschnittlich 1,5 Rinder/ha (G. KOHLHEPP 1978, S. 9). Die Führung erfolgt nach modernen Managementmethoden und oft mit großem technologischen Aufwand. Die Investitionen werden vorwiegend durch branchenfremdes Kapital nationaler und internationaler Herkunft finanziert. Ökologische und soziale Schäden dieses großflächigen Programms sind unübersehbar.

Abb. 4.7:

Plan der Estancia Cóndor (Patagonien) mit einer Fläche von 200 000 ha
(Quelle: C.–CH. LISS 1982)

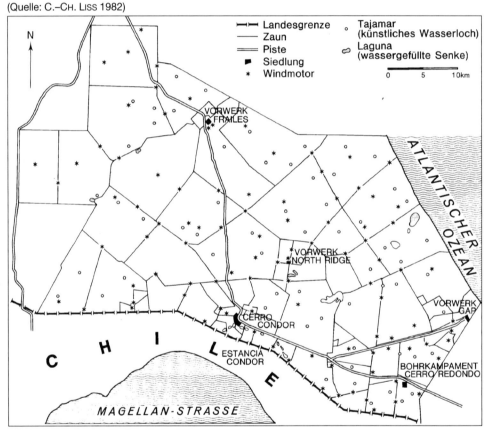

Die Farmzone Namibias erstreckt sich über unterschiedliche Klimaräume mit Jahresniederschlägen von weniger als 200 bis zu 500 mm. Gebiete mit mehr als 250 mm dienen vorwiegend der Rinderzucht (Produktionsziel Schlachtvieh), während die trockeneren Räume vom anspruchsloseren Karakulschaf genutzt werden. Die Karakulherden können sehr flexibel dem schwankenden Futterangebot angepaßt werden: in Trockenjahren werden alle Lämmer nach der Geburt getötet und ihre Felle (Persianer) verkauft, in Feuchtjahren bleibt die benötigte Anzahl für die Verjüngung der Herde am Leben (J. BÄHR 1981, S. 283). In Namibia lassen sich heute noch die gleichen ökonomischen Probleme beobachten, die früher für alle Regionen der extensiven Weidewirtschaft charakteristisch waren, nämlich Monostruktur und Exportabhängigkeit. Der Verkauf von Schlachtrindern und Karakulfellen macht Dreiviertel des Gesamtwerts der landwirtschaftlichen Produktion aus. Angesichts eines minimalen Binnenmarktes muß der größte Teil der Produktion in die Republik Südafrika oder nach Übersee verkauft werden.

Unter allen Kontinenten hat *Australien* den höchsten Anteil von Flächen, die durch extensive Weidewirtschaft genutzt werden. Dabei werden die subtropischen Winterregengebiete, die für den Weizenanbau zu arid sind, mit Wollschafen bestoßen, während die wechselfeuchten tropischen Savannen bis auf kleine Ackerbauinseln im NE (Zuckerrohr!) der Rinderzucht dienen. Versuche der britischen Kolonisten, die ihnen vertrautere Schafzucht auch in den Tropen einzuführen, schlugen fehl. Nach B. FAUTZ (1970, S. 388) wird die Rinderzucht auch heute noch vorwiegend im open-range-System, d.h. ohne Zäune, Weiderotation und geregelte Aufzucht durchgeführt. Die niedrigen Löhne der eingeborenen „stockmen" sind ein wichtiger Standortfaktor im Hochlohnland Australien, des

Abb. 4.8:
Räumliches Organisationsmuster einer Großkolchose von 52 000 ha
(Quelle: E. GIESE 1976, S. 201)

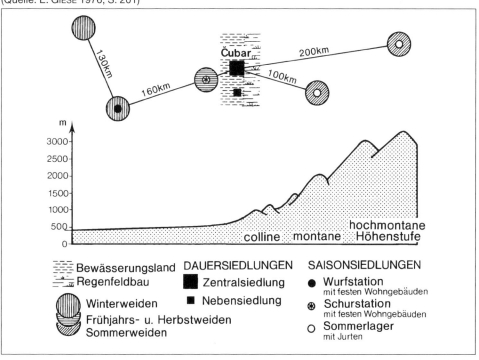

sen Viehwirtschaft angesichts seines beschränkten Binnenmarktes stark export-
lastig ist. Australien ist nicht nur der mit Abstand größte Wollexporteur der Erde,
sondern auch der zweitgrößte Exporteur – nach den Niederlanden – von Frisch-
fleisch (Wert 1993: 2,2 Mrd. Dollar).

Die Trockensteppen und Halbwüsten der ehemaligen *mittelasiatischen GUS-
Staaten*, die einen Regenfeldbau nicht mehr zulassen, werden von Rinder-, Schaf-
und Ziegenherden beweidet. Betriebseinheiten sind seit der Kollektivierung der
dreißiger Jahre Sowchosen und Kolchosen mit oft mehr als 50 000 ha LN. Im
Übergangsraum zwischen dem Tiefland von Turan und den zentralasiatischen
Hochgebirgen haben die Kollektivbetriebe die jahreszeitlich-periodischen Wanderungen der früheren Nomaden teilweise beibehalten (E. GIESE 1976, S. 200). Die
Winter- und Sommerweiden liegen bis zu 200 km von den Hauptsiedlungen entfernt, in denen der größte Teil der Bevölkerung zusammengefaßt ist. Daneben
bestehen feste Winterlager mit Stallungen, Gehegen und Wohngebäuden; während der Sommerweidezeit im Gebirge wird dagegen noch die traditionelle Jurte
benutzt (s. Abbildung 4.8). Durch Futterbevorratung und Einstallung im Winter
wurden die früher erheblichen Tierverluste eingedämmt. Produktionsziele sind
Fleisch, Wolle und Karakulfelle für den Export. Die Zucht von Pferden und Kame-
len, bei den Nomaden einst der vornehmste Zweig der Viehzucht, spielt nur noch
eine untergeordnete Rolle.

4.2.3 Regionen der intensiven Viehwirtschaft auf Grünlandbasis

Die intensive Viehwirtschaft ist i.w. auf die wohlhabenden Länder beschränkt, in
denen ein ausreichend kaufkräftiger Markt für die relativ teuer zu produzierenden tierischen Produkte vorhanden ist. Nur hier läßt sich der hohe Aufwand in
Form von Gebäuden, Betriebsmitteln, Viehstapel und Arbeit durch entsprechend
hohe Erträge rechtfertigen. Von den wiederkäuenden Nutztieren sind in den Industrieländern nur noch Rind und Schaf von nennenswerter Bedeutung als
Nahrungslieferanten. Sieht man von der intensiven Fleischschafhaltung ab, deren Schwerpunkte in Ländern britischer Eßtradition (Großbritannien, Irland,
Neuseeland, Australien) liegen, so ist die Rindviehhaltung die heute dominierende Möglichkeit zur rationellen Verwertung des Dauergrünlandes. Diese einge-
schränkte Nutzungsmöglichkeit stellt im Vergleich zu den vielfältigen Produktionsmöglichkeiten auf dem Ackerland eine Schwäche der Grünlandwirtschaft
dar. In Europa ist das Agrarsystem Gründlandwirtschaft/Rindviehhaltung neben
einigen Sonderkulturen das einzige System, das als Monokultur betrieben werden
kann. Es läßt sich in die folgenden Hauptbetriebsarten untergliedern (HORST u.
PETERS 1978, S. 198):

- der sich selbst ergänzende *Rindermastbetrieb* auf der Basis der Mutterkuh-
  haltung,
- der *Milchviehbetrieb* mit Nebenproduktion von Jungrindern, evtl. auch von
  Mastvieh,
- der arbeitsteilige *Endmastbetrieb* (Bullen- und Kälbermast).

Der sich selbst ergänzende Rindermastbetrieb hält eine Milchkuhherde und zieht die männlichen Kälber zur Mast und einen Teil der gesunden weiblichen Kälber zur Ergänzung des Kuhbestandes auf. Der Vorteil dieses Typs ist seine Vielseitigkeit (Produktion von Milch und Fleisch als Koppelprodukte) sowie seine Unabhängigkeit von den Vorleistungen anderer Betriebe. Er ist repräsentativ für den kleinen bäuerlichen Familienbetrieb Europas. Im Milchviehbetrieb steht die Milcherzeugung im Vordergrund, überschüssige Kälber werden verkauft. Der Endmastbetrieb hält keine Kuhherde, sondern kauft Kälber oder Magervieh, um sie bis zur Schlachtreife zu mästen. Man findet diesen Typ vorwiegend unter größeren Betrieben und bei geringem Arbeitskräftebesatz. Sein Standort liegt mehr in den Ackerbauregionen mit Getreidebau oder silagefähigen Futterpflanzen, er kann auch als bodenunabhängiger Betrieb geführt werden. Er hat seinen Ursprung im Maisgürtel der USA und ist heute auch in Europa, Südamerika und Südafrika zu finden (HORST u. PETERS 1978, S. 199).

Die Übergänge zwischen diesen drei Hauptbetriebstypen sind fließend, je nach Marktlage kann der Schwerpunkt auf Milch- oder Fleischerzeugung gelegt werden – außer beim hochspezialisierten, arbeitsteiligen Endmastbetrieb. Als begleitender Betriebszweig der Milchviehbetriebe tritt häufig noch die Schweinehaltung auf, die zur Verwertung der anfallenden Magermilch und Molke dient.

Futterbasis Grünland

Die Grundfutterbasis für die intensive Rinder- und Schafhaltung bildet das Dauergrünland zusammen mit dem langlebigen Wechselgrasland (Wechsel von langjähriger Grasnutzung mit einigen Jahren Ackerbau). Das Dauergrünland ist eine vielgliedrige Pflanzengesellschaft aus Gräsern, Leguminosen und anderen Kräutern. Die Grasnarbe hat gegenüber dem Ackerbau *ökologische Vorteile*: sie schützt den Boden vor Erosion, reichert ihn mit Humus an und ist gegen Pflanzenschädlinge wenig anfällig. An den klimatischen Grenzsäumen des Anbaus hat sie gegenüber dem Feldbau den Vorteil, jede wachstumsfähige Stunde auszunützen. Sie kommt mit kürzeren Vegetationszeiten aus und verträgt höhere Niederschläge. Das Dauergrünland ist größtenteils anthropogen, aus der Rodung der Wälder entstanden. Auch seine Erhaltung setzt Weidegang oder Mahd, also die Nutzung durch den Menschen, voraus. Ohne menschliche Eingriffe verbuscht das Grünland in kurzer Zeit. Nur auf wenigen waldfeindlichen Standorten (Mattenstufe, Moore) ist natürliches Grünland anzutreffen. Die intensive Grünlandbewirtschaftung versucht, mit vielfältigen Methoden die Quantität und Qualität des Futterertrags zu erhöhen: Bewässern, Walzen, Abbrennen, Kalken, Düngen mit Gülle oder Mineraldünger, Einsaat wertvoller Futtergräser und Kleearten. Intensiv genutztes Grünland bildet ein weitgehend vom Menschen gestaltetes Ökosystem, es ist eine Kulturvegetation. Das Dauergrünland nimmt im Landbau der gemäßigten Breiten eine wichtige Stellung ein (s. Tabelle 4.5).

Während die großräumige Verbreitung des Dauergrünlandes klimatisch begründet ist, sind Boden- und Wasserverhältnisse für seine kleinräumige Anordnung auf Flächen, die für den Ackerbau ungeeignet sind, verantwortlich. Derartiges absolutes Grünland findet sich auf überschwemmungsgefährdeten Flächen (Talauen, Deichvorland), auf vernäßten, tonigen oder flachgründigen Böden

	Fläche (1 000 ha)	v.H. der LN
Island	2 274	99,7
Neuseeland	13 500	78,0
Irland	4 690	83,6
Schweiz	1 114	70,5
Großbritannien	11 048	64,3
Niederlande	1 051	52,9
Österreich	1 954	56,6
Frankreich	10 764	35,6
BR Deutschland	5 251	30,6
Kanada	27 900	38,0

Tab. 4.5:

Der Anteil des Dauergrünlandes an der LN 1993

(Quelle: FAO. Produktion Yearbook 48, 1994)

sowie auf steilen Hängen. Neben dem absoluten Grünland, das keinen rentablen Ackerbau zuläßt, findet sich das fakultative Grünland, das auch für den Ackerbau geeignet ist. Welche Nutzung bevorzugt wird, hängt von der jeweiligen Agrarpolitik und von der Preisrelation pflanzlicher/tierischer Produkte ab. Das Acker-Grünland-Verhältnis ist langfristig also keineswegs stabil. In der europäischen Agrargeschichte wechselten Vergrünlandungsphasen mit Umbruchzeiten. Am bekanntesten ist der Vergrünlandungsprozeß der Britischen Inseln, als nach der Aufhebung der Kornzölle 1846 die Landwirtschaft gezwungen war, die pflanzliche Produktion einzuschränken und sich stärker der tierischen Veredlungswirtschaft zuzuwenden. In England und Wales verringerte sich zwischen 1879 und 1939 die Fläche des Ackerlandes von über 6 Mio. ha auf 3,5 Mio. ha. In den letzten Jahrzehnten hat die Kostenbegünstigung der Mähdruschfrüchte wieder zu einem Anstieg auf 6,1 Mio. ha geführt. Auch die deutschen Grünlandgebiete (alte Marsch, Alpenvorland, Mittelgebirge) haben erst im Verlauf eines jahrhundertelangen Vergrünlandungsprozesses, besonders seit Mitte des 19. Jahrhunderts, ihre heutige Monostruktur eingenommen. Nach der Nutzungsweise lassen sich folgende Formen des Grünlandes unterscheiden (E. KLAPP 1971, S. 15 – 16, S. 399 ff.):
- Dauerwiesen
- Dauerweiden
- Mähwiesen
- Wechselgrünland

Dauerwiesen werden durch Mahd genutzt, sie dienen vorwiegend der Heugewinnung. Der Vorteil der Wiese gegenüber der Weide liegt in ihrer artenreicheren Pflanzengesellschaft und im hohen Stallmistanfall. Schwerwiegende Nachteile sind der hohe Arbeitsaufwand und das Wetterrisiko bei der Heuwerbung sowie ein geringes Ertragssteigerungspotential. Bei der Weidenutzung entfallen Erntearbeiten und Wetterrisiko, der Nährstoffkreislauf ist kurzgeschlossen, die Stallarbeit ist reduziert. In der alten Bundesrepublik Deutschland hat sich daher seit 1965 der Anteil der Wiesen zugunsten des Weidelandes stetig verringert (s. Tabelle 4.6). Der gesamte Anteil des Dauergrünlandes war in diesem Jahrhundert mit 38 – 40 % der LN erstaunlich stabil geblieben. Seit etwa 1970 verringert er sich jedoch laufend zugunsten des Ackerlandes. Hier lassen sich viel größere Ertragssteigerungen erzielen als mit Wiesen und Weiden. Meliorationen und

Tab. 4.6:

Anteil des Dauergrünlandes an der LN in der

alte Bundesrepublik Deutschland 1925-1992

(in v. H.)

(Quelle: Statistisches Jahrbuch ELF 1981, S. 70;

AGRIMENTE 95, S. 10)

	Wiesen	Weiden	Dauergrünland
1925	24,7	12,3	37,0
1935/38	24,8	13,1	37,9
1951	25,6	13,9	39,5
1965	27,2	15,9	40,5
1980	21,3	17,5	38,8
1992	19,1	17,2	36,3

Wasserbaumaßnahmen haben das Nässerisiko auf feuchten Standorten reduziert. Es sind vor allem die Talauen mit ihren vorzüglichen Auelehmböden, die zu Ackerland umgebrochen werden. Flora und Fauna (Störche, Wiesenbrüter) sind entsprechend verarmt. In den neuen Bundesländern war der Grünlandanteil mit etwa 20 % der LN aus naturbedingten Gründen immer weit niedriger als im Altbundesgebiet.

Bei der räumlichen Verteilung von Wiesen und Weiden ergibt sich in Europa ein starker Gegensatz zwischen atlantischen Weideregionen (Britische Inseln, Nordwestfrankreich, Nordwestdeutschland) und den kontinentalen Wiesenregionen (Süddeutschland, Alpenländer). In der alten Bundesrepublik liegen 66 % der Wiesenflächen in der südlichen Landeshälfte, 84 % der Weiden im nördlichen Teil (H. RÖHM 1964, S. 46). Dieser räumliche Gegensatz läßt sich einmal mit klimatischen Bedingungen erklären: unter kontinentalen Bedingungen ist die Weideperiode kürzer und der Bedarf an Winterfutter größer. Mindestens ebenso wichtig sind nach E. KLAPP (1971, S. 20 – 24) aber auch Siedlungsweise, Flurform und Besitz- und Parzellengrößen. Weidewirtschaft überwiegt generell bei Einzelhofsiedlungen mit großen Parzellen und hofnaher Lage des Grünlandes; bei starker Flurzersplitterung ist sie schwer möglich.

Beim langlebigen Wechselgrünland (leyfarming) wechselt langjährige Grasnutzung mit einigen Ackerbaujahren. Diese Feldgraswirtschaft liefert nicht nur Futter, sie dient auch der Bodenverbesserung für den Ackerbau (Humusanreicherung, Beseitigung von Ackerunkräutern). Sie ist weitverbreitet auf den Britischen Inseln, in Nordskandinavien, Neuseeland und in den USA.

Unter den Produktionsbedingungen der Industrieländer geraten die reinen Grünlandregionen zunehmend in eine *bedrängte Situation*. Grünland findet sich vorwiegend auf Fläche, die für den Ackerbau nicht geeignet sind. Die Betriebe sind daher wenig flexibel, sie sind auf die Rindviehhaltung fixiert. Vielfach kumulieren die ungünstigen Standortbedingungen: kleine Betriebsflächen, Ungunst der Naturfaktoren, periphere Lage. Die Erträge des Graslandes lassen sich nicht im gleichen Maße steigern wie die des Ackerlandes. Die Steigerung der tierischen Erzeugung setzt den Zukauf von Futtermitteln voraus, was die Betriebe der Preis-Kosten-Schere aussetzt. Der Energiebedarf der Hochleistungsrinder läßt sich immer weniger durch Gras und Heu decken, energiereiches Kraftfutter muß zugefüttert werden. Das begünstigt aber die Standorte der intensiven Viehwirtschaft in Ackerbaugebieten bzw. in der Nähe der Importhäfen, während die Grünlandwirtschaft der peripheren Räume immer mehr in eine Grenzkostensituation gerät. Damit dürfte sich die wirtschaftliche und soziale Problematik der Landwirtschaft in den peripheren Grünlandgebieten in Zukunft noch verschärfen, zumal das Hauptprodukt Milch im Überschuß produziert wird. Auf lange Sicht ist die Landbewirtschaftung von großen Teilen des ländlichen Raumes, die heute durch das Agrarsystem Grünland/Rindviehhaltung genutzt werden (Gebirge, atlantischer Küstenraum, höhere Breiten), gefährdet.

Die Milchwirtschaft

Der wichtigste Betriebstyp der intensiven Viehwirtschaft ist die Milchviehhaltung. Der Milchverkauf (1992/93: 16,3 Mrd. DM) erbringt in der Bundesrepublik Deutschland etwa ein Viertel aller landwirtschaftlichen Verkaufserlöse und erreicht damit fast den Erlös für alle pflanzlichen Erzeugnisse zusammen (22,1 Mrd. DM). In Schweden stammt gar ein Drittel der landwirtschaftlichen Einkommen aus der Milchproduktion.

Die heutige *zentrale Stellung* der Milchproduktion im nördlichen Europa und in den USA hat sich erst im Verlauf der Industrialisierung herausgebildet. Bis ins 19. Jahrhundert dienten Rinder vorwiegend als Arbeitstiere und Fleischlieferanten. Milch war ein Nebenprodukt, dessen Menge außerdem im Jahresverlauf mit dem Futteraufkommen stark schwankte, Butter galt als Luxusprodukt. Einige wichtige Gebiete hatten sich bereits in der frühen Neuzeit auf die Milchverarbeitung spezialisiert, wie z.B. Teile der Niederlande (Limburg) und der Schweiz. Von hier kamen die Fachkräfte, die im 19. Jahrhundert andernorts als Innovatoren wirkten (vgl. die Bezeichnung „Holländerei" für Molkerei oder die Berufsbezeichnung „Schweizer"). So ist beispielsweise die Entwicklung des Allgäu zum führenden deutschen Käse-Produktionsraum ab 1830 u.a. Schweizer Einwanderern zu verdanken. Der allgemeine Aufschwung der Milchwirtschaft ist auf folgende Ursachen zurückzuführen:
- Verbesserung der Preisrelation Milch/Getreide zugunsten der Milch. Dadurch wurde die Getreideerzeugung auf ungünstigen Standorten unrentabel.
- Die Verstädterung ließ große Märkte für Milch und Milchprodukte entstehen.
- Die Eisenbahnen erlaubten den Handel mit Milch und Milchprodukten über weit größere Distanzen als früher.
- Hygienische Maßnahmen führten zur Verbesserung der Milchqualität.
- Leistungsfähige Organisationsformen für Sammlung, Verarbeitung und Vertrieb der Milch entstanden.
- Moderne Grünlandwirtschaft und Anbau von Feldfutterpflanzen beseitigten den winterlichen Futterengpaß und milderten die Saisonalität der Milchproduktion.
- Die Tierzüchtung steigerte die Milchleistung der Kühe; aus den früheren Mehrzweckrassen entstanden reine Milchrassen oder das Zweinutzungsrind (Milch/ Fleisch).

Ein auffallendes Merkmal der Milchviehbetriebe ist ihre kleinbetriebliche Struktur. In den alten Ländern der Bundesrepublik Deutschland hatten 1991 64 % der 269 000 milchviehhaltenden Betriebe einen Bestand von weniger als 20 Kühen; auf diese Größenklasse entfiel 34 % des Milchkuhbestandes von 4,7 Mio. Tieren, weitere 53 % auf die Größenklasse 20 bis 49 Tiere. Somit stehen 87 % der Milchkühe in Beständen mit weniger als 50 Tieren, die durchschnittliche Kuhherde zählte 1991 nur 17, 6 Kühe. In den neuen Ländern mit ihrer großbetrieblichen Struktur standen freilich 96,5 % der Milchkühe in Beständen mit 100 und mehr Tieren, die Durchschnittsgröße der Herden lag bei 202 Kühen. Von diesem Sonderfall abgesehen, wird in den marktwirtschaftlich orientierten Ländern die Milch vorwiegend in Familienbetrieben mit relativ wenigen Lohnarbeitskräften erzeugt, wenn auch Konzentrationstendenzen unübersehbar sind. Dafür ist vor allem die hohe und im Jahresgang gleichbleibende Arbeitsintensität verantwortlich. Für die landwirtschaftlichen Kleinbetriebe bedeutet die ganzjährige Milchproduktion – milchlose Zeiten gibt es bei modernen Fütterungsmethoden nicht mehr – eine regelmäßige Bargeldeinnahme, die sie bei anderen Produkten kaum erzielen. Die Milchgeldeinnahmen haben für die Kleinbetriebe eine wichtige soziale Komponente, der staatlich garantierte Milchpreis wird zu einer Einkommensfunktion in den Ländern der Alten Welt. Andererseits führte die hohe Arbeitsbelastung bei der Milchkuhhaltung in allen Industrieländern zu einem starken Rückgang der Zahl der Milchviehbetriebe. Sie sank in der Bundesrepublik Deutschland von 1 Mio. (1965) auf 276 000 (1991).

Die intensive Milchwirtschaft ist auch sehr kapitalintensiv. Eine Herde von Hochleistungskühen repräsentiert bereits einen beträchtlichen Wert. Dazu kommen die Aufwendungen für Stallungen einschließlich Fütterungs-, Entmistungs- und Melktechnik, Kühlanlagen, Einrichtungen zur Futterbevorratung (Silos, Scheunen), für Güllelagerung und -transport sowie Maschinen zur Futtergewinnung. Die hohen fixen Aufwendungen je Betrieb erzwingen die Vergrößerung des Viehbestandes zur Nutzung der „economies of scale", da die Fixkosten je Tier um so geringer werden, je größer die Herde ist. Aus diesem Grunde wuchs in der Bundesrepublik Deutschland die durchschnittliche Milchkuhherde von 4,5 Tieren (1959) auf 13,9 (1980) und 17,6 (1991) an. In den Niederlanden wurden 1991 bereits 57 % und in Großbritannien sogar 81 % der Milchkühe in Beständen von 50 und mehr Tieren gehalten (Statist. Jb. ELF 1994, S. 443). Auch die Steigerung der Milchleistung je Kuh dient der Fixkostensenkung. Die Milchproduktion je Kuh stieg in der Bundesrepublik Deutschland von 2 910 kg (1955) auf 4 552 kg (1980) und 5 241 kg (1993) an; in den Niederlanden und in den USA liegt die durchschnittliche Milchleistung bereits bei über 6 000 kg. Spitzentiere erreichen 7 000 bis 8 000 kg. Obwohl die Milchkuhbestände in allen Industrieländern rückläufig sind – in Schweden z.B. von 1,6 Mio. auf 500 000 während der letzten 20 Jahre, in den USA von 21,9 Mio. (1950) auf 9,6 Mio. (1994) – steigt die Milchproduktion dennoch an.

Die leichte Verderblichkeit der Milch bedingt leistungsfähige *Organisationen* für ihre schnelle Sammlung und Verarbeitung sowie für den Vertrieb der Milchprodukte. Schon aus diesem Grund stößt der Aufbau einer modernen Milchwirtschaft in den Entwicklungsländern der heißen Zonen auf erhebliche Schwierigkeiten. Seit dem ausgehenden 19. Jahrhundert hat sich in den Industrieländern die Molkereiwirtschaft entwickelt, nachdem die technischen Voraussetzungen (Milchzentrifugen, Pasteurisierung, Kühlverfahren) gegeben waren. Bis dahin hatte sich die Milchverarbeitung ausschließlich innerhalb des bäuerlichen Betriebs vollzogen. Heute werden 92 % der Milchproduktion der Bundesrepublik Deutschland von 28,1 Mio. t (1993) an Molkereien abgeliefert, wo sie zu einer breiten Palette von Milchprodukten verarbeitet wird (s. Tabelle 4.7).

Milcherzeugung (1000 t)	28 098
Ablieferung an Molkereien	25 829
Verwendung in Molkereien für	
Frischmilcherzeugnisse	31,9 %
davon Konsummilch	12,9 %
Sahne	14,2 %
Butter	36,5 %
Käse	20,0 %
Sonstiges	11,6 %

Tab. 4.7:

Die Verwendung der Vollmilch in der Bundesrepublik Deutschland 1993

(Quelle: Statistisches Jahrbuch für ELF 1994, S. 230)

Der hohe Anteil der Butterproduktion ist vorwiegend mit der staatlichen Abnahmegarantie, aber nicht mit den Anforderungen des Marktes zu erklären. In den USA, wo die Milchproduktion vergleichsweise wenig staatliche Förderung erhält, wird der überwiegende Teil der Erzeugung als Konsummilch abgesetzt. Staaten mit hohen Milchüberschüssen (Dänemark, Niederlande, Irland, Neuseeland) müssen den Großteil der Milcherzeugung zu haltbaren, transportfähigen Produkten wie Butter, Käse, Trockenmilch verarbeiten. Sie werden dann über oft globale Distanzen vermarktet.

Die theoretisch zu erwartende räumliche Differenzierung der Milchverarbeitung in Konsummilch-, Butter- und Käsezonen in Abhängigkeit von der Marktentfernung (s. Abbildung 2.4) ist heute nur noch bei sehr großräumiger Betrachtungsebene feststellbar. So sind der „dairy belt" der USA im verstädterten Nordosten und um Chicago auf Frischmilch, die peripher gelegenen Staaten Wisconsin und Minnesota auf Butter und Käse spezialisiert. Im kleinräumigen Europa lassen sich derartige räumliche Differenzierungen nur in Ansätzen feststellen. Die Distanzen sind zu gering und die Transportkosten der Milchtankwagen auf dem engmaschigen Autobahnnetz zu niedrig. Die Frischmilcherzeugung wanderte daher vom Umland der Großstädte in die natürlichen Grünlandgebiete, so z.B. aus der Umgebung Londons nach Westengland und Wales (D. GRIGG 1974, S. 207). In der Bundesrepublik Deutschland haben sich die küstennahen Grünlandgebiete und das Alpenvorland zu Schwerpunkten der Milchkuhhaltung entwickelt. Das verringerte Milchaufkommen im Umland der Ballungsräume zwang die Molkereien in Nordrhein-Westfalen, ihr Einzugsgebiet auszudehnen (K. ECKART 1983, S. 254). Die starke Konzentration auf wenige Großmolkereien hat die früher lokal sehr begrenzten Einzugsbereiche sehr ausgeweitet. Aus den neuen Bundesländern wird Milch sogar bis in die Niederlande geliefert, weil dort die Nachfrage nach der Einführung der Milchquote nicht mehr gedeckt werden kann. Selbst die Barriere der Alpen ist heute kein Hindernis mehr für die Lieferung großer Mengen Frischmilch aus Südbayern zu den oberitalienischen Agglomerationen; täglich überquert eine Flotte von mehreren hundert Milchtankzügen den Brenner. Offensichtlich kann Rohmilch heute einen Transport über Hunderte von Kilometern kostenmäßig vertragen.

Die *Milchproduktion der Erde* ist noch stärker auf die wohlhabenden Industrieländer mit europäischer Bevölkerung konzentriert, als die intensive Viehwirtschaft insgesamt. Auf Europa, die Nachfolgestaaten der Sowjetunion und Australien/Neuseeland entfallen 74 % der globalen Kuhmilcherzeugung.

Tab. 4.8: Die Kuhmilchproduktion der Erde 1994
(Quelle: FAO. Production Yearbook 48, 1994)

	Mio. t	v.H.
Erde	458,6	100,0
Europa[1]	152,5	33,3
davon EU-12	110,7	24,1
GUS	82,7	18,0
Nordamerika	88,3	19,3
davon USA	69,7	15,2
Südamerika	36,0	7,8
Asien	67,1	14,6
Ozeanien, Australien	16,8	3,7
Afrika	15,2	3,3

1) ohne GUS

Auffällig ist die geringe Rolle, welche die Milch für die Ernährung in den *Entwicklungsländern* spielt. Diese Staatengruppe trägt kaum mehr als 20 % zur gesamten Milcherzeugung der Erde bei. Das vereinte Deutschland produziert mit 5,3 Mio. Kühen fast doppelt so viel Milch wie der riesige afrikanische Kontinent und nicht viel weniger als Indien mit dem größten Kuhbestand der Erde von 30 Mio. Tieren. Die Ursachen für diese geringe Produktivität liegen primär im volkswirtschaftlichen Entwicklungsstand; auf den offensichtlichen Zusammenhang zwischen Industrialisierung und der Entwicklung der modernen Milchwirtschaft wurde bereits verwiesen. Außerdem werden nach N. ALEXANDRATOS (1995, S. 200) in den Entwicklungsländern über 90 % der Viehbestände von Kleinbauern mit geringem Marktzugang gehalten. Daneben spielen aber auch andersartige Konsumgewohnheiten eine Rolle. Im ostasiatischen Kulturkreis werden z.B. Milchprodukte verabscheut; Japan produziert jährlich nur etwa 8,3 Mio. t Kuhmilch, d.h. weniger als die Niederlande. Zudem ist bei einigen Menschenrassen die Milchverdaulichkeit wegen Enzymmangels (Lactase-Mangel) offensichtlich stark eingeschränkt.

Nur von lokaler Bedeutung sind die Schaf- und Ziegenmilch im Mittelmeerraum, in Indien, Iran und Somalia sowie die Büffelmilch in Indien und Pakistan.

Führender Produktionsraum für Kuhmilch ist heute *Westeuropa*. Auf die Europäische Gemeinschaft der Zwölf entfällt alleine ein Viertel der Welterzeugung von Kuhmilch. Die Milchproduktion nimmt eine zentrale Stellung in der Marktpolitik der EU ein. Administrativ fixierte Preise und unbeschränkte Abnahmegarantien (bis 1984) ohne Rücksicht auf den stagnierenden Verbrauch schalteten die Marktmechanismen aus und führten in den sechziger und siebziger Jahren zu einer Steigerung der Milchproduktion in der damaligen EG-9 von 79,4 Mio. t. (1960) auf 104,9 Mio. t (1981). Die Butterproduktion stieg gleichzeitig von 1,3 Mio. t auf 1,81 Mio. t oder um 39 %, in Irland sogar um 80 % und in den Niederlanden um 84 %. Großbritannien, das sich vor dem Beitritt zur Gemeinschaft vorwiegend mit Importbutter, vor allem aus Neuseeland, versorgt hatte, erlebte eine Produktionssteigerung von 38 000 t (1960) auf 171 000 t (1981), d.h. um das Dreieinhalbfache. Das Beispiel von Irland und Großbritannien zeigt, welche Produktionsreserven beim Übergang zur Autarkie- und Hochpreispolitik freigemacht werden können. Als Ergebnis dieser Agrarpolitik produzierte die EG schwer absetzbare Überschüsse an Milchprodukten. Der Selbstversorgungsgrad bei Butter erreichte 1981/82 für

	Kuhmilch (1000 t)	Milchleistung/Kuh (kg/Jahr)	Butter (1000 t)	Käse (1000 t)
Belgien	3460	4669	61	69
Dänemark	4660	6583	77	322
Deutschland	28098	5241	482	1336
Griechenland	755	3668	1	178
Spanien	6030	4241	25	227
Frankreich	25300	5450	444	1505
Irland	5311	4208	127	94
Luxemburg	268	5249	3	3
Niederlande	10969	6024	188	658
Portugal	1652	4344	17	57
Großbritannien	14783	5381	109	307
EU-12	112126	5403	1631	5609

Tab. 4.9:
Die Erzeugung von Kuhmilch und Milchprodukten in den EU-Länder 1993
(Quelle: Statistisches Jahrbuch ELF, 1994)

die EG-9 den Satz von 128 %, die sog. Marktordnungsausgaben für Milcherzeugnisse stiegen von 2 072 Mio. DM (1971) auf 12 165 Mio. DM (1980) an. Angesichts dieser unbezahlbar gewordenen Überschüsse wurde zum 1.4.1984 eine Garantiemengenregelung über feste Milchquoten pro Kuhhalterbetrieb eingeführt. Damit gelang es, die Kuhmilchproduktion der erweiterten EU-12 bei etwa 112 Mio. t und die Marktordnungsausgaben bei 8 – 12 Mrd. DM jährlich zu stabilisieren.

Rußland fehlen größere Regionen mit graswüchsigem Klima. Zwei Drittel seiner Wiesen und Weiden liegen in der Steppenzone mit geringem Futteraufkommen. Die natürlichen Grünflächen steuern daher nur etwa 30 % der Futtererzeugung bei (J. BREBURDA et al. 1976, S.95). Die Hauptfutterbasis ist daher der Ackerbau, insbesondere die Getreideerzeugung. Der Entwicklungsstand der Viehwirtschaft ist erstaunlich niedrig, die Milchleistung je Kuh und Jahr stagniert seit Jahrzehnten bei 2 200 kg. Der Kuhbestand Rußlands von 20 Mio. ist nur geringfügig kleiner als der der EU-12 von 21,5 Mio. Tieren, produziert aber nur 44 Mio. t Milch, verglichen mit 112 Mio. t in der EU. Die Standorte der Milchwirtschaft haben ihre Schwerpunkte in der Nichtschwarzerdezone des europäischen Landesteils, da sich hier die großen Verbraucherzentren befinden und Naturwiesen einen größeren Flächenanteil einnehmen.

Die Milchwirtschaft der *USA* nimmt mit einer Milchleistung von 7 277 kg je Kuh im weltweiten Vergleich eine Spitzenstellung ein. Die rasche Steigerung der Jahresmilchleistung von 5 510 kg (1981) auf den heutigen Wert ist nicht zuletzt dem Einsatz von Hormonen zu verdanken, die in den USA – anders als in der EU – erlaubt sind. In der Milchviehhaltung der USA dominiert noch der kleine und mittelgroße Familienbetrieb, doch schreitet die sektorale Konzentration rasch voran. Die großen Einheiten finden sich vor allem im südlichen Florida, in Arizona und vor allem in Kalifornien. In diesem Staat existieren bereits Milchfarmen mit mehreren tausend Tieren (H.-W. WINDHORST 1989, S. 132). Der Agrarpolitik der USA ist es gelungen, die Milchproduktion nicht ausufern zu lassen. Der Anstieg von 58 Mio. t (1979 – 81) auf 69,7 t (1994) entspricht etwa dem Bevölkerungszuwachs. Die Mehrproduktion wird mit immer weniger Kühen erzielt: 9,4 Mio. Tiere (1994) gegenüber 10,8 Mio. (1979 – 81). Wegen des rückläufigen Verbrauchs pro

Kopf – fetthaltige Produkte wie Vollmilch und Butter erlitten bei den gesundheits-
bewußten Käufern Absatzeinbußen – entstanden auch in den USA beträchtliche
Überschüsse an Milchprodukten.

Die Milchproduktion der USA ist regional hochgradig konzentriert. Bereits in
der zweiten Hälfte des 19. Jahrhunderts hat sich der „dairy belt" herausgebildet,
der in einen nordöstlichen Flügel (Neuenglandstaaten, New York, Pennsylvania)
und in einen Westflügel (Wisconsin und Minnesota) zerfällt. Auf den Nordosten
entfällt etwa ein Fünftel, auf den Westen ein Viertel der nationalen Milcherzeugung. Der dairy belt ist keineswegs monostrukturiert, doch sind hier über 50 % der
Betriebe „dairy farms", die mehr als die Hälfte ihrer Einnahmen aus der Milchwirtschaft erzielen. Nach B. HOFMEISTER (1970, S. 161) sind drei Faktoren für diese
regionale Spezialisierung verantwortlich:
- kühlgemäßigtes, graswüchsiges Klima,
- Einwanderer aus Ländern mit traditioneller Milchwirtschaft wie Irland,
  Schweiz, Skandinavien,
- günstige Absatzverhältnisse in den städtischen Agglomerationen des „manu-
  facturing belt".
Mit der Westwanderung des Bevölkerungsschwerpunkts kam es auch zu einer
stärkeren Verlagerung der Milchproduktion in den Westen und Süden der USA,
die führende Stellung des dairy belt blieb aber erhalten.

Der Aufbau der Milchwirtschaft *Neuseelands* begann 1882, als ein Kühlschiff
die erste Ladung von Gefrierfleisch und Butter nach Großbritannien transportier-
te. Vorher hatte das Land nur Wolle, Häute und Felle exportieren können. Damit
waren die Voraussetzungen für den Übergang des Landes von der extensiven
Schaf-Weidewirtschaft zur intensiven Milchwirtschaft gegeben. Die Milchproduktion ist aufgrund der natürlichen Gegebenheiten zu 80 % auf die Nordinsel konzentriert, deren Westteil Milchwirtschaft in Monokultur betreibt (s. Abbildung
4.9). Hohe Niederschläge um 2 000 mm, die gleichmäßig über das ganze Jahr
verteilt sind und ein Temperaturgang, der eine fast ganzjährige Beweidung
erlaubt, boten nach der staatlich gelenkten Kolonisation des Regenwalds beste
Voraussetzungen für die Anlage von Dauerweiden. Sowohl die Futterpflanzen
(Raigras, Weißklee) wie die Jerseyrinder wurden aus England importiert (B. FAUTZ
1967). Angesichts des minimalen Binnenmarktes ist die neuseeländische Milchwirtschaft seit ihren Anfängen auf Exportmärkte angewiesen. Bis 1970 war das
Land überwiegend auf den britischen Markt orientiert; nach dem Beitritt des
Mutterlandes zur EG mußten neue Märkte erschlossen werden. Trotz der enor-
men Distanzen sind die neuseeländischen Produkte konkurrenzfähig, weil die
Produktionskosten extrem niedrig sind (große Betriebe, ganzjähriger Weidegang)
und das Land eine leistungsfähige Molkereiwirtschaft besitzt. Im Vordergrund
steht die Produktion transportfähiger Erzeugnisse wie Butter (1994: 230 000 t)
und Käse (190 000 t). Während die Butterproduktion wegen der prekären Absatz-
situation auf dem Weltmarkt seit Anfang der achtziger Jahre rückläufig ist, hat
sich die Käseproduktion mehr als verdoppelt. Von seiner Position als erster
Butterexporteur der Erde (Marktanteil 1972: 23 %) ist Neuseeland bis 1980 auf den
4. Rang mit 10,5 % zurückgefallen – nach den Niederlanden, der Bundesrepublik
Deutschland und Belgien-Luxemburg! Die subventionierte Exportpolitik der EU

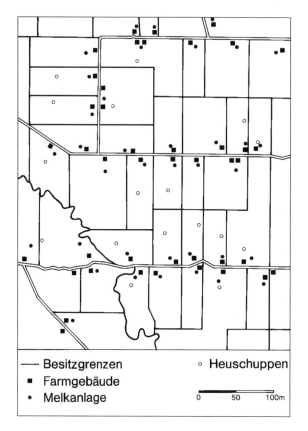

Abb. 4.9:
Milchfarmregion auf der Nordinsel
Neuseelands
(Quelle: B. FAUTZ 1967, S. 131)

—— Besitzgrenzen   ○ Heuschuppen
■ Farmgebäude
• Melkanlage   0   50   100m

bildet für das Land eine schwere Konkurrenz. Folglich sank der Anteil der Agrargüter an den neuseeländischen Exporten von 90 % in den sechziger Jahren auf 45 % (1993/94), wobei die Milchprodukte mit 14 % beteiligt waren.

4.2.4 Viehwirtschaft in flächenarmen Betrieben (Massentierhaltung)

Die extremste Form der (kapital)intensiven Viehwirtschaft ist die Massentierhaltung in Betrieben mit geringen oder überhaupt keinen Futterbauflächen, die auf Futterzukauf angewiesen sind. Das Prinzip der Substitution der Produktionsfaktoren Boden und Arbeit durch Kapital wird hier auf die Spitze getrieben, die beiden Hauptproduktionsrichtungen der Landwirtschaft, nämlich die pflanzliche und tierische Erzeugung, sind organisatorisch und z.T. auch räumlich völlig getrennt. Wegen seines geringen Flächenbedarfs ist dieses Agrarsystem nur in Ausnahmefällen regionprägend.

Der Begriff Massentierhaltung besagt nach H.-W. WINDHORST (1973, S. 474), daß viele Einzeltiere auf geringem Raum konzentriert werden, ein häufiger Generationenwechsel vorliegt, mit geringstem Arbeitseinsatz und unter Einsatz mechanischer Einrichtungen zur Fütterung, Versorgung und Entsorgung gewirt-

schaftet wird sowie hochwertiges Futter unter höchstmöglicher Ausnutzung verfüttert wird.

Eine frühe Vorform der bodenunabhängigen Massentierhaltung waren die Ab-
melkbetriebe in den europäischen Großstädten des ausgehenden 19. Jahrhunderts, die ausschließlich Milchkühe über eine Laktationsperiode zur Frischmilcherzeugung hielten. Während diese Betriebsform in den Industrieländern mit der
Entwicklung der Kühltechnik verschwand, ist sie in indischen Großstädten noch
anzutreffen. Im Oldenburger Münsterland traten schon vor dem Ersten Weltkrieg
Schweinemastbestände mit mehr als 1 000 Tieren auf, die vorwiegend mit importierter russischer Gerste und Dorschmehl gefüttert wurden (H.-W. WINDHORST
1973, S. 472). Es handelte sich aber noch um bäuerliche Betriebe mit eigenem
Futteranbau. Die technisierte, teilweise bodenunabhängige Massentierhaltung
entwickelte sich erst um 1960 in den USA und wurde – vor allem auf dem Gebiet
der Geflügelhaltung – bald nach Europa und in andere Erdteile übertragen. Es ist
strittig, ob diese industrialisierte Form der tierischen Produktion noch als Landwirtschaft zu bezeichnen ist.[28] Ausgelöst wurde die Entwicklung dieser Produk-
tionsform durch eine verstärkte Nachfrage nach preiswerten tierischen Nahrungsmitteln einerseits und durch den ökonomischen Zwang zur Substitution der
immer teurer werdenden menschlichen Arbeitskraft andererseits. Die von den
USA ausgehende Verbreitung von Schnellimbißlokalen („fast food") trug besonders zur Nachfragesteigerung nach Geflügelfleisch bei. Die Konzentration großer
Tierbestände auf engem Raum konnte erst erfolgen, als eine Reihe von Problemen
auf den Gebieten der Tierzüchtung, Stalltechnik, Tierernährung und Tiermedizin
gelöst waren. Auffallendstes Merkmal sind die großen Stallanlagen, ausgestattet
mit Klimaanlagen, vollautomatischen – z.T. bereits computergesteuerten – Einrichtungen für Versorgung (Futter, Wasser) und Entsorgung. Die Tierernährungs-
wissenschaft entwickelte spezifische Futtermischungen für die einzelnen Tierarten, deren Energiegehalt optimal ausgenutzt wird. Das traditionelle Viehfutter
wurde in der Massentierhaltung weitgehend zurückgedrängt. Im Landkreis Vechta liegt der Selbstversorgungsgrad der tierischen Veredlungsbetriebe für Futter
nur noch bei etwa 10 % (H.-W. WINDHORST 1986, S. 355), 90 % müssen eingeführt
werden. Dieser beständige Input von Nährstoffen, die zum Großteil als Gülle auf
die landwirtschaftlichen Flächen gelangen, brachte das agrarische Ökosystem aus
dem Gleichgewicht, weil der natürliche Nährstoffkreislauf total überlastet wird.
Lediglich in der Rinderhaltung muß ein Grundquantum von Rauhfutter verab-
reicht werden, sie bleibt daher in gewissem Umfang bodenabhängig.

Die Betriebe der Massentierhaltung sind in der Regel auf eine Tierart spezialisiert: Legehennen, Geflügelmast (Hähnchen, Enten, Puten), Ferkel, Schweine-,

---

[28] In der Bundesrepublik Deutschland unterscheidet der Gesetzgeber zwischen landwirtschaftlicher und gewerblicher Tierhaltung im sog. Bewertungsgesetz. Für landwirtschaftliche Betriebe ist Bodenbewirtschaftung vorgeschrieben, sie sind steuerlich wesentlich
besser gestellt. Nach zunehmender Betriebsgröße sind degressiv gestaffelte Höchstgrenzen
der Tierbestände vorgeschrieben: 10 ha - 100 VE; 100 ha - 390 VE (H. PACYNA 1983, S.119).
Demnach gilt bodenunabhängige Viehwirtschaft als gewerbliche Aktivität. Die steuerlich
differenzierte Behandlung soll dem Schutz der bäuerlichen Familienbetriebe dienen.

Kälber- und Rindermast. Dabei werden in Südoldenburg Bestandsgrößen von 250 000 Legehennen, 5 000 Mastschweinen und 16 000 Mastkälbern erreicht (H.-W. WINDHORST 1973, S. 473). Die Spezialisierung beschränkt sich nicht nur auf eine Tierart, sondern betrifft auch deren verschiedene Lebensabschnitte, die zu sukzessiven Produktionsstufen führen. So lassen sich Zucht- und Vermehrungsbetriebe, Aufzuchtbetriebe, Mastbetriebe und Ablegebetriebe unterscheiden. Neben einstufigen Betrieben mit nur einem Produktionsziel (z.B. Eierproduktion) treten auch mehrstufige Betriebe bzw. Betriebssysteme auf, die mehrere Produktionsziele verfolgen (s. Abbildung 4.10).

Die Betriebe erhalten einen „agrarindustriellen Charakter" (H.-W. WINDHORST 1973, S. 474), wenn sie mit den vorgelagerten (Futtermittelfabrik, Stallbaufirmen) und nachgelagerten (Verarbeitung, Vermarktung) Produktionsstufen unter einer einheitlichen Unternehmensführung vereinigt sind. H.-W. WINDHORST sieht in dieser vertikalen Integration verschiedener Produktionsstufen sowie in der Hierarchisierung und Dezentralisierung des Managements sogar die entscheidenden Kriterien von agrarindustriellen Unternehmen: „Von *agrarindustriellen Unternehmen* kann erst dann gesprochen werden, wenn zu den Kriterien der kapitalintensiven Produktion und der Vereinigung großer Produktionskapazitäten auf die Betriebseinheit zusätzlich die vertikale Integration sowie die Hierarchisierung und Dezentralisierung des Managements kommen" (H.-W. WINDHORST 1989,

Abb. 4.10:
Produktionsverbund in einem vertikal integrierten Unternehmen der Geflügelfleisch-Erzeugung
(Quelle: H. W. WINDHORST 1989)

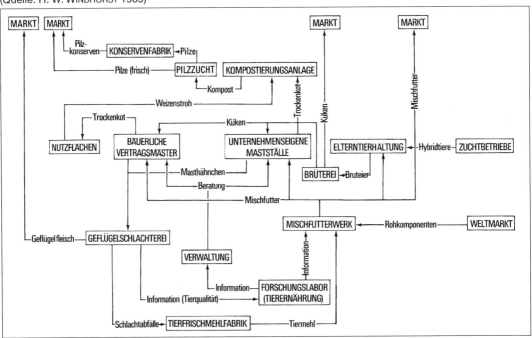

S. 32). Die bloße Übernahme industriespezifischer Produktionsweisen wie Technikeinsatz und Spezialisierung berechtige noch nicht, von Agrarindustrie zu sprechen. Die bloße Technisierung des Produktionsprozesses ist heute auch für bäuerliche Familienbetriebe eine Selbstverständlichkeit. Die bis zur Unübersichtlichkeit miteinander durch Kapitalbeteiligungen und Lieferbeziehungen verschachtelten Firmenkonglomerate, wie sie in den USA und im Oldenburger Münsterland anzutreffen sind, stellen zweifelsfrei industrielle Organisationsformen dar (s. Abbildung 4.10).

Die bodenunabhängigen Großbestandshalter arbeiten oft auf dem Kontraktweg mit bäuerlichen Betrieben zusammen, in die Teilfunktionen ausgelagert werden, wie z.B. Lieferung von Jungtieren, Anbau von Grünmais für die Bullenmast, Abnahme von Gülle und Mist. Der enorme Kapitalbedarf in der Massentierhaltung kann vielfach nicht mehr von einzelnen Privatpersonen getragen werden, sondern wird von anonymen Kapitalgesellschaften – in den USA oft von multisektoralen Konzernen – aufgebracht. In der Betriebsführung ist hier der Bauer vom Manager abgelöst worden. Für die Betreuung der Tiere werden vielfach betriebsfremde Arbeitskräfte herangezogen, da das Arbeitspotential der Familie nicht mehr ausreicht.[29] Infolge der Übernahme von Organisationsformen und Managementmethoden aus der Industrie wird die Massentierhaltung im englischen Sprachraum auch als „factory farming" bezeichnet.

Die Bedeutung der Massentierhaltung schwankt mit den Tierarten. In der Bundesrepublik Deutschland ist die Konzentration am weitesten bei der Geflügelhaltung vorangeschritten. Im Jahre 1991 wurden 80 % der 33 Mio. Masthühner in nur 319 Betrieben mit jeweils mehr als 25 000 Tieren gehalten. 10,7 Mio. Hühner, d.h. ein Drittel des Bestandes, standen in nur 28 Betrieben mit jeweils mehr als 200 000 Tieren (Statist. Jb. ELF 1994, S. 136). Ähnlich ist die Konzentration bei den Legehennen: 70 % von ihnen wurden in Beständen von mehr als 10 000 Tieren gehalten. Nach H.-W. WINDHORST (1989, S. 150) kontrollieren die vier größten Agrarindustriellen 38 % des Eiermarktes. Von den Schweinen standen im früheren Bundesgebiet 45,6 % in Beständen mit mehr als 400 Tieren, in den neuen Ländern sogar 96,5 % (Statist. Jb. ELF 1994, S. 130).

Die Zusammenfassung der Nutztiere zu großen Beständen wirft gravierende Probleme auf, besonders, wenn sich eine Vielzahl derartiger Betriebe räumlich konzentrieren und die Relation Tier/Raum sehr ungünstig wird. So erreichte der Landkreis Vechta um 1980 eine Dichte von 1 050 Schweinen und 25 000 Hühnern je km^2 LN! Die räumliche Konzentration derartiger Tiermassen verursacht erhebliche Umweltbelastungen bei der Beseitigung der Abfallstoffe (Kot, Gülle, Tierkadaver, Schlachtabfälle). Die beständige Überdüngung führte zur Nitratanreicherung im Grundwasser, die erst um 1980 bewußt wurde. Niedersachsen versuchte mit wenig Erfolg durch einen „Gülleerlaß" die Düngung auf die Vegetationszeit einzuschränken und die Ausbringung auf 2,5 Dungeinheiten je Hektar (1 DE =

---

[29] Für die Auslastung einer Vollarbeitskraft sind nach WÖHLKEN u. PORWOLL (1981, S. 96) folgende Bestandsgrößen erforderlich: 50 Milchkühe, 250 Bullenmastplätze, 100 Sauenplätze, 10 000 Legehennen, 30 000 Hähnchenmastplätze.

80 kg Stickstoff und 70 kg Phosphat) zu beschränken. In den Niederlanden wurden sog. „Mistbanken" gegründet, welche Gülle in weniger belasteten Regionen absetzen sollen.

Geruchsbelästigungen treten in zweierlei Form auf. Eine ständige Dauerbelastung rührt von der Abluft der Ställe her, deren Schmutzpartikel (Ammoniak, Stäube, Pilze) für das gehäufte Auftreten von Allergien und Erkrankungen der Atemwege bei der Bevölkerung der Umgebung verantwortlich gemacht werden. Extrembelastungen treten bei der Ausbringung der Gülle auf.

Eine dauernde Gefährdung der Tierbestände bildet die Seuchengefahr. Zu nennen sind hier die Europäische Schweinepest, Hühnerpest, Newcastle Disease, Maul- und Klauenseuche, Aujeszkysche Krankheit (H.-W. WINDHORST 1986, S. 354).

Die Massentierhaltung wird nicht zuletzt aus ethischen Gründen zunehmend kritischer bewertet. Die Käfighaltung der Legehennen und die Einstallung von Kälbern in lichtlosen Großställen haben mit artgerechter Haltung nichts zu tun.

Die von der Massentierhaltung aufgeworfenen Probleme der Tierethik, der Umweltbelastungen, der Seuchengefahren, die illegale Verwendung von Tierpharmaka (z.B. wachstumsfördernde Hormone) haben bei weiten Bevölkerungskreisen tierische Produkte in Mißkredit gebracht. Fleisch hat sein Image als Qualitätsprodukt verloren, in vielen Industrieländern sinkt der Konsum von Fleischprodukten und Eiern.

Die *Standortwahl* für Betriebe der Massentierhaltung erfolgt – im Gegensatz zur sonstigen landwirtschaftlichen Produktion – prinzipiell ohne Rücksicht auf natürliche Faktoren. Die vielfach erwähnten naturräumlichen Standortvorteile wie z.B. die hohe Gülle-Aufnahmekapazität leichter Geestböden oder die klimabedingt niedrigeren Stallbaukosten in den Südstaaten der USA bieten allenfalls marginale Kostenvorteile. Auch die a priori zu erwartende Absatzorientierung ist angesichts des relativ hohen Werts der tierischen Produkte nicht zwingend. Die Entwicklung der Transport- und Kühltechnik hat im Gegenteil die Verlagerung der Schlachtbetriebe aus den Verbrauchszentren in die Produktionsräume ermöglicht, wie der Niedergang der Schlachthöfe von Chicago beweist. Unabdingbare Standortanforderung ist aber eine gute Verkehrsinfrastruktur zum Antransport der Futtermittel und Abtransport der tierischen Produkte. Da auf Futter etwa 50 % der Produktionskosten entfällt, wird die Nähe der Importhäfen bzw. der Futtermittelwerke gesucht. In der Bundesrepublik Deutschland haben drei Viertel aller 881 Futtermittelfabriken ihren Standort in Schleswig-Holstein, Niedersachsen und Nordrhein-Westfalen. Selbst periphere Räume wie Südoldenburg, die Bretagne (Zentrum der französischen Schweineproduktion) und die südlichen Great Plains der USA konnten sich unter diesen Bedingungen zu Zentren der Massentierhaltung entwickeln.

Im Nordwesten der Bundesrepublik Deutschland hat sich in den Regierungsbezirken Weser-Ems, Münster und Detmold ein Schwerpunkt der Massentierhaltung von Schweinen und Geflügel entwickelt (H. DOLL 1984). Kernbereich ist Südoldenburg, das heute zu den Agrarregionen mit den höchsten Viehdichten der Welt gehört. In zahlreichen Arbeiten von H.-W. WINDHORST sind seine Entwicklung, Struktur und funktionalen Verflechtungen untersucht worden. Dieser Raum war von seinen mäßigen natürlichen Standortgegebenheiten her keineswegs für diese Entwicklung prädestiniert. Sie begann bereits Ende des 19. Jahrhunderts bei der Sozialgruppe der landarmen Heuerlinge, die zur Verbesserung ihrer ökonomischen Situation die Schweinemast aufnahm. Diese Ausrichtung wurde begünstigt durch die Futtermittelimporte über die nahen Weserhäfen sowie durch die Nachfrage im Ruhrgebiet. Nach 1950 wurde aus den USA die weitgehende automatisierte, technisierte Massentierhaltung adoptiert. Schwerpunkte sind die Geflügel- und Schweinehaltung, seit 1970 gewinnt auch die Bullen- und Kälbermast an Gewicht (H.-W. WINDHORST 1981, S. 23), nachdem der Grünmaisanbau stark ausgeweitet wurde. Mais wird für Silagefutter angebaut, weil er große Güllemengen aufnehmen kann und in der Rotation mit sich selbst verträglich ist. Im westlichen Münsterland nimmt er in einigen Gemeinden bereits 50 % der Gemarkungsfläche ein (J. NIGGEMANN 1983, S. 30). Die nordwestdeutschen Kernräume der Massentierhaltung werden geprägt von der räumlichen Konzentration hochspezialisierter Agrarbetriebe auf engstem Raum mitsamt ihrer ökonomischen und ökologischen Problematik. Hier ist ein Agrarsystem entstanden, das weitgehend von den natürlichen Produktionsgrundlagen gelöst ist und nur dank der weitgespannten räumlichen Beziehungen bei der Futterversorgung und Produktvermarktung lebensfähig ist.

Wichtigstes westeuropäisches Zentrum der Massentierhaltung sind aber die Niederlande. Auch hier ist dieses Agrarsystem aus der bäuerlichen Veredlungswirtschaft hervorgegangen. Als seit dem ausgehenden 19. Jahrhundert billiges überseeisches Getreide auf den europäischen Markt drang, wandte sich das Land nicht der Schutzzollpolitik zu, sondern zwang seine Landwirte frühzeitig zur tierischen Veredlungswirtschaft und Exportproduktion auf der Futterbasis von Importgetreide. Die Bildung der Europäischen Gemeinschaft 1957 verschaffte der leistungsfähigen niederländischen Landwirtschaft ungehinderten Zugang zu einem großen Markt. Die Niederlande konnten ihre Lagegunst an der Rheinmündung, inmitten des nordwesteuropäischen Ballungsraumes, voll ausspielen; die Landwirtschaft reagierte mit einer starken Ausweitung der tierischen (und gartenbaulichen) Produktion. Die Niederlande hatten 1981 mit 385 GV je 100 ha LF die höchste Tierbestandsdichte eines Flächenstaates auf der Erde (zum Vergleich die Bundesrepublik Deutschland: 157 GV). Dabei sind Schweine[30] (525 Tiere je 100 ha), Milchkühe (123 Tiere) und Legehennen (1 368 Tiere) die wichtigsten Tierarten. Die tierische Produktion ist etwa je zur Hälfte für den Eigenbedarf und für den Export bestimmt. Der Selbstversorgungsgrad der Niederlande erreichte 1992 bei Schweinefleisch 278 %, Geflügelfleisch 185 %, Butter 510 % und Eier 317 % (Statist. Jb. ELF 1994, S. 453). Die hohe Bestandsdichte in Relation zur LF ist nur möglich durch umfangreiche Futtermittelimporte, die bereits 1977/78 den Wert von 11,7 Mio. t Getreideeinheiten erreichten (G. THIEDE 1980, S. 6). In erster Linie handelt es sich um Futtergetreide, Ölkuchen und Tapioka (Maniokmehl). Mehr als die

---

[30] Die räumlichen Schwerpunkte der Schweinehaltung liegen in den Provinzen Nordbrabant, Gelderland und Limburg mit leichten, sandigen Böden, die viel Gülle aufnehmen können. Mit Bestandsdichten von 1 000 – 1 200 Tieren je 100 ha LF werden hier ähnliche Werte wie in Südoldenburg erreicht (J. NIGGEMANN, 1983, S. 27).

Hälfte der tierischen Erzeugung der Niederlande wird mit eingeführtem Futter erzielt, der Futterimport entspricht 110 % der eigenen Futterbasis. Rotterdam ist heute der Welt größter Umschlaghafen für Futtermittel, als Folgeindustrien sind riesige Futtermittelwerke entstanden. Die kurzen Distanzen ermöglichen überall im Lande eine kostengünstige Belieferung.

In den USA bildet die Rinder- und Geflügelmast den Schwerpunkt der Fleischproduktion (vgl. a. Tabelle 4.10), während die Schweinemast erst die dritte Position einnimmt. In den letzten Jahren haben sich die amerikanischen Verbraucher zunehmend vom fettreichen „roten" Fleisch abgewandt und dafür mehr „weißes" Geflügelfleisch verzehrt. Dieser Wandel im Verbraucherverhalten – verursacht durch ein wachsendes Gesundheitsbewußtsein und die niedrigeren Geflügelpreise angesichts stagnierender Kaufkraft – trug dazu bei, daß in den achtziger Jahren die Erzeugung von Geflügelfleisch sich verdoppelt hat; es hat das Rind- und Schweinefleisch überrundet und nimmt heute den ersten Platz bei der amerikanischen Fleischproduktion ein. Diese Entwicklung hat den Trend zur Massentierhaltung in Großkonzernen sehr begünstigt. Seit 1960 verlagerte sich die Produktion zunehmend von den bäuerlichen Veredlungsbetrieben zu kommerziellen Großbetrieben. Großmäster, die teilweise über Bestände von 200 000 Tieren verfügen, erzeugen über 50 % des Rindfleisches bei einem Anteil von nur 1 % aller Betriebe (H.-W. WINDHORST 1976, S. 65). Dabei kam es auch zu einer räumlichen Verlagerung der Rindfleischproduktion aus dem Maisgürtel in die süd-

	1979-81	1987	1994
Rindfleisch	9991	10734	10826
Schweinefleisch	7234	6487	7960
Geflügelfleisch	6712	9154	13351

Tab. 4.10:

Die Fleischproduktion der USA 1979 – 1994 (1000 t)
Quelle: FAO. Produktion Yearbook 43, 1989; 48, 1994)

lichen Great Plains (u.a. Texas, Oklahoma, Kansas, Colorado) und nach Kalifornien. Verschiedene Faktoren sind dafür verantwortlich, u.a. größere Betriebsflächen der dortigen Betriebe, Erweiterung der Futterbasis durch Bewässerung (Sorghum), klimatisch bedingte niedrigere Fixkosten für die Stallanlagen, großes Jungtierangebot aus den Betrieben der extensiven Weidewirtschaft, progressivere Betriebsführung durch qualifizierte Manager. Eine Hauptursache für den Trend zur Massentierhaltung war aber das Eingreifen nichtlandwirtschaftlichen Großkapitals in die landwirtschaftliche Produktion, welches WINDHORST auf drei Motive zurückführt: Landspekulationen, Steuerersparnis und die Entwicklung vollintegrierter Nahrungsketten, bei denen die Fleischproduktion nur ein Glied des agrarindustriellen Komplexes ist. Gegen die Kapitalkraft derartiger Unternehmen haben die Familienfarmen einen schweren Stand. Ähnliche Konzentrationsprozesse hatten sich in den sechziger Jahren auf dem Gebiet der Legehennenhaltung und Geflügelmast abgespielt. Diese Betriebe haben heute ihre regionalen Schwerpunkte im ehemaligen Baumwollgürtel des Südens und Südostens, wo die Stallanlagen geringeren Aufwand erfordern und billige farbige Arbeitskräfte als

Vertragsmäster (share cropper) und für die Schlachtereien reichlich zur Verfügung stehen.

Die Massentierhaltung von Geflügel dringt zunehmend auch in die Entwicklungsländer vor, weil sie eine schnelle, energiesparende Umsetzung des pflanzlichen Futters in tierische Produkte ermöglicht und das Konsumverlangen der rasch wachsenden städtischen Schichten befriedigt. Schließlich wird Geflügelfleisch von religiösen Speisetabus nicht berührt, so daß sich derartige Großbetriebe heute auch in Israel und in islamischen Ländern (Algerien, Ägypten) finden. In Einzelfällen dienen sie auch der Versorgung von Touristenzentren, wie z.B. in Tunesien. Die Betriebe haben ihre Standorte meist in der Nähe der Häfen und Großstädte.

4.3 Regionen der Ackerbau- und Dauerkultursysteme

Vom gesamten Agrarraum der Erde von 48,1 Mio. km^2 entfallen nur 14,5 Mio. km^2 auf Ackerland und Dauerkulturen. Zieht man von dieser Fläche die Areale ab, die mit Futterpflanzen (4 Mio. km^2) und nicht für die Ernährung bestimmten Industriepflanzen bestellt sind, so dient lediglich eine Fläche von etwa 10 Mio. km^2 oder 7 % der Festlandsfläche der direkten menschlichen Ernährung.

4.3.1 Regionen des Wanderfeldbaus und der Landwechselwirtschaft im Umbruch

Zu den ältesten und urtümlichsten Agrarsystemen zählen Wanderfeldbau und Landwechselwirtschaft, die in der älteren englischsprachigen Literatur meist unter dem Begriff „Shifting Cultivation" zusammengefaßt sind.[31] Nach Schätzungen der FAO ernähren sich weltweit etwa 250 Mio. Menschen auf diese urtümliche Weise (W. WEISCHET 1981, S. 22). Ihr Verbreitungsareal beschränkt sich heute auf die Entwicklungsländer in den Tropen, während sie in prähistorischer und historischer Zeit auch in anderen Klimazonen anzutreffen waren.

W. MANSHARD (1965, S. 246) unterscheidet den *Wanderfeldbau* von der *Landwechselwirtschaft*.[32] Beim Wanderfeldbau werden sowohl die Wirtschaftsflächen als auch die Siedlungen in einem gewissen Rhythmus verlegt. Diese Wirtschaftsweise ist nur bei sehr großen Landreserven möglich. Im Gegensatz dazu werden bei der Landwechselwirtschaft die Siedlungen nicht mehr verlegt, lediglich die

---

[31] Die wissenschaftliche Terminologie ist alles andere als einheitlich. Im Englischen treten häufig die Begriffe „slash-and-burn-agriculture", „swidden agriculture", „rotational bush fallowing" auf; im Deutschen werden – teils mit unterschiedlichem Sinngehalt – die Termini „Urwechselwirtschaft", „Wanderhackbau", „Schwendbau", „Brandrodungsfeldbau", „Brandrodungs-Wanderfeldbau" verwandt. Dazu kommen zahlreiche lokale Ausdrücke aus den jeweiligen Sprachen (s. eine Zusammenstellung bei W. MANSHARD 1965, S. 247).

[32] Neuere englischsprachige Arbeiten folgen dieser Unterscheidung, indem sie „shifting cultivation" von „bush fallow" trennen (G. BENNEH 1972, S. 246).

Anbauflächen wechseln turnusmäßig, wobei sich mehr oder minder lange Brachezeiten ergeben. Zwischen Wanderfeldbau und Landwechselwirtschaft gibt es eine Vielzahl von Zwischenformen, eine klare Abgrenzung ist oft schwer zu ziehen. RUTHENBERG u. ANDREAE (1982, S. 126) befürworten daher in Anlehnung an JOOSTEN eine Klassifizierung nach der Intensität des Umtriebs, d.h. nach dem Verhältnis zwischen Anbau- und Brachjahren im Rahmen der gesamten Umlaufzeit einer Rotation nach folgender Formel:

$$R = \frac{100 \cdot A}{A + B}$$

A = Anbaujahre, B = Brachjahre

Ein R von 40 heißt daher, daß 40 % des ackerfähigen Landes in dem jeweiligen Jahr tatsächlich bestellt werden. Bei niedrigen R-Werten liegt Wanderfeldbau vor (z.B. R = 10 bei 2 Anbau- und 18 Brachjahren). Überschreitet R den Wert 33 kann von einem Wandern der Felder und der Bevölkerung kaum noch gesprochen werden; in der Terminologie von MANSHARD haben wir Landwechselwirtschaft. Wenn der R-Wert die Zahl 66 übersteigt, liegt permanenter Ackerbau vor. Wanderfeldbau und Landwechselwirtschaft weisen bei allen Verschiedenheiten die folgenden gemeinsamen Merkmale auf (J. E. SPENCER 1966, S.22):
- Rotation der Felder anstelle der Feldfrüchte, wobei kurzen Anbauperioden von 1 - 3 Jahren lange Bracheperioden von 6 - 8, oft von mehr als 20 Jahren folgen;
- Gebrauch von Axt und Feuer zur Beseitigung der natürlichen Vegetation;
- Regeneration der Bodenfruchtbarkeit durch lange Bracheperioden mit einer Sekundärvegetation.

Diese gemeinsamen Merkmale umschließen zahlreiche lokale Subsysteme dieses weitverbreiteten *Agrarsystems*. Der Wanderfeldbau tritt in den verschiedenen Landschaftszonen der Tropen in unterschiedlichen Ausprägungen auf (W. DOPPLER 1991, S. 33). Bei hohen Niederschlagsmengen und langer Brachedauer herrscht der Regenwald vor: Wanderfeldbau wechselt mit Waldbrache. Bei mittleren Niederschlägen und reduzierter Brachedauer reichen die Aufwuchsperioden nur noch für den Busch: Wanderfeldbau wechselt mit Buschbrache. In den Savannen alterniert der Anbau mit einer Grasvegetation, es bildet sich eine Feld-Gras-Wechselwirtschaft aus.

Der *Wanderfeldbau* ist mehr als ein bloßes Rotationsprinzip, er wird von vielen Autoren (u.a. H. UHLIG 1970) als komplexe Wirtschaftsweise und Lebensform angesehen, die in vielfältige ökologische, soziale und magisch-religiöse Bezüge eingebunden ist.

Ein wesentliches Merkmal ist die fast ausschließliche Verwendung *menschlicher Arbeitskraft*, Zugtiere werden nur zögernd eingesetzt. Überhaupt spielt die Haustierhaltung eine untergeordnete Rolle. Kleinvieh (Schwein und Geflügel in Asien, Ziegen in Afrika) sowie Fische und Wildtiere (einschließlich Reptilien und Nagetiere wie z.B. die westafrikanische Rohrratte) liefern die - oft unzureichenden - tierischen Proteine. Wichtigste Werkzeuge sind Axt und Buschmesser für die Rodungsarbeiten sowie Pflanz- oder Grabstock oder die Hacke zur Bodenvorbereitung. Dabei dominiert in Afrika die Hacke, in Südostasien und z.T. auch in Lateinamerika der Pflanzstock (H. UHLIG 1970, S. 86). Der Pflug findet aus verschiedenen Gründen wenig Anklang: Zugtiere fehlen, Wurzelstöcke behindern den Einsatz, der starke Eingriff in die Bodenstruktur fördert Erosion und Auswaschung der Nährstoffe. E. HAHN (1892) benannte die Wirtschaftsform des Hackbaus nach ihrem Arbeitsgerät; heute wird allgemein die Kennzeichnung eines Agrarsystems nach dem Gerät nicht mehr als ausreichend empfunden (W. MANSHARD 1965, S. 248).

Starke *soziale Interaktionen* resultieren aus den arbeitsaufwendigen Rodungsarbeiten, die oft von der Dorfgemeinschaft oder der Großfamilie gemeinsam durchgeführt werden. Das früher dominierende Kollektiveigentum am Boden wandelt sich nur langsam in Privateigentum um. Unklare Eigentumsverhältnisse führen in den Wanderfeldbaugebieten Lateinamerikas häufig zu Konflikten. Stammesreligiöse Riten begleiten in Afrika und Südostasien die Feldarbeiten (P. GOUROU 1976, S. 35).

Die *Anbautechniken* ähneln sich in allen Verbreitungsgebieten. Auf der nach bestimmten Kriterien (Indikatorpflanzen!) ausgewählten Parzelle werden die Sträucher, Lianen und schwächeren Bäume geschlagen und gegen Ende der Trokkenzeit, wenn das Material abgetrocknet ist, verbrannt. Nach dem ersten Regen werden in die aschebedeckten oberen Bodenschichten die Samenkörner oder Stecklinge mit Hilfe eine Grabstocks eingebracht, im übrigen bleibt der Boden unbearbeitet. Die *Palette der Nutzpflanzen* in den Tropen ist von fast unübersehbarer Vielfalt.[33] Als erste Frucht werden in der Regel Getreide und Hülsenfrüchte eingesät: Mais und Bohnen in Amerika, Hirse und Mais in Afrika, Bergreis in Südostasien. Im 2. und 3. Jahr überwiegen Knollenfrüchte, von denen in der Alten Welt Maniok (Cassava) zunehmend den Yams verdrängt. Mit zunehmender Marktorientierung werden auch Marktfrüchte (z.B. Kakao, Kaffee, Tabak, Kautschuk, Erdnüsse, Baumwolle, Coca) in das Programm aufgenommen; die Selbstversorgung ist keineswegs mehr das alleinige Produktionsziel der Gruppen, die Wanderfeldbau betreiben. Nach der dritten Ernte lassen die Erträge in der Regel so stark nach, daß das Land wieder aufgegeben wird. Lediglich langlebige Pflanzen wie Ölpalmen oder Bananen werden weiter abgeerntet, im übrigen wächst schnell eine Sekundärvegetation hoch. Auch während des Anbauzyklus sind *Misch- und Stockwerkkulturen* mit sehr unterschiedlichen Pflanzen üblich. Die *Kulturlandschaft* in den Regionen von Wanderfeldbau und Landwechselwirtschaft ist ein bunter Fleckenteppich von Parzellen mit unregelmäßigen und unscharfen Grenzen. Abbildung 4.11 zeigt den Wechsel zwischen Anbauflächen und Buschbrache rings um das Gehöft einer kongolesischen Großfamilie: Langfristiger Anbau wird nur auf dem hofnahen Gartenland betrieben. Die Außenparzellen werden nur 2 Jahre genutzt und verbuschen wieder, neue Rodungen sind fällig.

Kaum ein anderes Agrarsystem ist so umstritten, wie der Wanderfeldbau. Die Bewertung reicht von „bemerkenswerter Anpassung an die Umweltbedingungen der feuchten Tropen" (D. GRIGG 1974, S. 71) bis zur Bezeichnung als „flächenverschwenderisches und leistungsschwaches Nutzungssystem" (W. WEISCHET

---

[33] Vgl. die Karte der tropischen Nutzpflanzengesellschaften bei JEN-HU-CHANG 1977, S. 243.

Abb. 4.11:
Landwechselwirtschaft um den Hof eines Asande-Bauern (Zaïre) in fünf Jahren
(Quelle: P. DE SCHLIPPE 1956, S. 113–115)

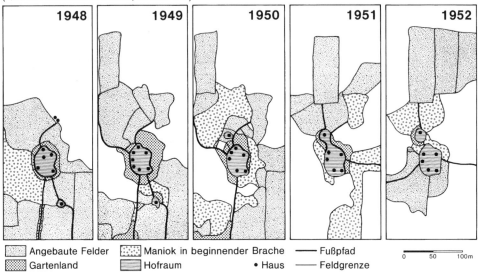

| 1948 | 1949 | 1950 | 1951 | 1952 |

Angebaute Felder   Maniok in beginnender Brache   —— Fußpfad
Gartenland   Hofraum   • Haus   —— Feldgrenze   0   50   100 m

1981, S. 20). Das Abschlagen und Verbrennen der Vegetation stellt zweifellos einen schweren Eingriff in die tropischen Ökosysteme dar. Zwar erfahren die gewonnenen Kulturflächen aus der Asche eine Nährstoffzufuhr in Form von Kationen (Ca, Mg, K, Na), Phosphaten und Spurenelementen, der Stickstoff der verbrannten Biomasse entweicht aber nutzlos in die Atmosphäre. Gleichzeitig werden 600 bis 1 100 t organischen Materials je ha zerstört (P. GOUROU 1976, S. 32) und in der obersten Bodenzone die physikalischen und chemischen Eigenschaften sowie die Mikrolebewelt durch das Brennen beeinträchtigt. Die Zerstörung des noch nicht in den Boden eingearbeiteten Humus verringert nach W. WEISCHET (1981, S. 28) die Nährstoff-Speicherkapazität des Bodens (Kationen-Austauschkapazität = c.e.c) so sehr, daß ein Großteil der anfallenden Nährstoffe nutzlos abgeschwemmt wird. Nach der ersten Ernte hat sich die Speicherkapazität des Bodens durch fortgeschrittene Mineralisierung der organischen Substanz noch weiter verringert, so daß selbst Mineraldünger weitgehend wirkungslos bleibt.

Die direkte Einstrahlung führt zu physikalischen Veränderungen im Oberboden, indem sie die Konkretionsbildung fördert und zu einer grobkörnigen Struktur (Pseudosand) führt (E. WELTE 1978, S. 635). Dadurch wird die Durchlässigkeit und Auswaschung erhöht. Jede Bodenbearbeitung bewirkt eine verstärkte Sauerstoffzufuhr und begünstigt die biologische Oxydation. Umstritten ist die Rolle der Wurzelpilze Mykorrhizae für die Biomassenproduktion. Während ihr WEISCHET (1981, S. 29) eine Schlüsselrolle als Nährstoffalle und Systemsicherer zuspricht, hält sie WELTE (1978, S. 638) unter feuchttropischen Bedingungen nicht für entscheidend. Es verbleibt auch weiterhin ein Erklärungsdefizit, warum der tropische Regenwald mit seinem nahezu geschlossenen Nährstoffkreislauf die höchste Nettoproduktion an pflanzlicher Biomasse unter allen Pflanzengesellschaften der Erde ausweist, während agrarische Ökosysteme nach kurzer Zeit zusammenbrechen.

Kontrovers wird auch die ökonomische Seite des Wanderfeldbaus beurteilt, d.h. das Verhältnis von Aufwand und Ertrag. Manche Autoren erachten den Arbeitsaufwand zur Gewinnung des Lebensunterhalts im Vergleich zum permanenten Feldbau für gering (so. z.B. B. W. HODDER 1976, S. 97; P. GOUROU, 1976, S. 33). Der Kapitaleinsatz ist ohnehin minimal. Andere bewerten sie als aufwendiges Agrarsystem mit Sisyphuscharakter (W. WEISCHET 1981, S. 20). Unbestritten ist, daß der Wanderfeldbau unter allen Anbausystemen der Tropen und Subtropen die niedrigste Flächenproduktivität aufweist, während bei der Arbeitsproduktivität nach W. DOPPLER (1991, S. 36) ein mittleres Niveau erreicht wird. Allerdings ist die Arbeitsproduktivität schwer zu berechnen, da die Übergänge zwischen Arbeit und Freizeitaktivitäten unklar sind. Arbeitsspitzen sind der Umzug der Siedlung und die Rodungsarbeiten, während die Bodenbearbeitung minimal ist. W. DOPPLER (1991, S. 39) beziffert den Arbeitsaufwand im Wanderfeldbau des tropischen Regenwaldes mit 500 bis 2 000 Stunden je Hektar und Jahr; in der Buschzone sind 300 bis 1 000 und in der Savanne 200 bis 900 Arbeitsstunden zu veranschlagen.

Ein kritischer Faktor ist immer die Bevölkerungsdichte. Bei geringer Bevölkerungsdichte fügte sich der Wanderfeldbau jahrtausendelang harmonisch in den Naturhaushalt ein. Ökologische Schäden treten erst dann auf, wenn durch steigende Bevölkerungszahlen oder übermäßige Ausweitung der Marktproduktion die Landreserven sinken und die Brachezeiten so verkürzt werden müssen, daß sie nicht mehr für die Bodenregeneration ausreichen. U. SCHOLZ (1984, S. 363) gibt 50 Einwohner pro km^2 als kritische Obergrenze des Wanderfeldbaus auf Sumatra an. Feste Umtriebszeiten lassen sich nicht angeben, die Werte schwanken sehr stark mit den Boden- und Klimaverhältnissen. Für Borneo gibt H. UHLIG (1970, S. 87) beispielsweise eine Mindestruhezeit von 12 – 20 Jahren an. Werden diese

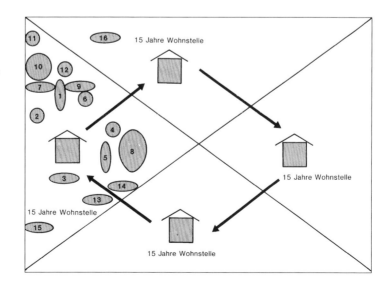

Abb. 4.12:

Wanderung von Siedlung und Anbauparzellen im Wanderfeldbau

(Quelle: W. DOPPLER 1991, S. 30)

Umtriebszeiten unterschritten, so kann es zu schweren ökologischen Schäden
kommen: Verarmung der Böden an Nährstoffen, Krustenbildung, sprunghafter
Anstieg des Bodenabtrags, Aufschotterung und Verwilderung der Flüsse, Störung
des Wasserhaushalts.

Wanderfeldbau wird zunehmend durch intensivere Agrarsysteme abgelöst. Er
existiert heute nur noch in wenigen Gebieten mit geringer Bevölkerungsdichte
(W. DOPPLER 1994, S. 67). Verursacht wird dieser Prozeß einmal durch den starken
Bevölkerungszuwachs, zum anderen durch die Nachfragesteigerung nach Marktfrüchten als Folge der raschen Verstädterung. Die Einführung technischer Innovationen und eine Regierungspolitik, welche auf Steigerung der Exportproduktion abzielt, verstärken den Übergang von der reinen Subsistenzproduktion zur
Marktproduktion. Die Familien bewirtschaften infolgedessen mehr Land, als sie
zur Eigenversorgung benötigen. Wird gar die Hacke durch den Ochsenpflug ersetzt (z.B. Sahel, Ostafrika), so steigt die angestrebte Betriebsgröße sprunghaft von
2 – 3 auf 6 – 8 ha (H. RUTHENBERG 1967, S. 135). W. DOPPLER (1994, S. 67) schätzt,
daß reine Subsistenzbetriebe, die mehr als 90 % ihrer Erzeugung selbst konsumieren, weltweit nur noch 5 % der Agrarbevölkerung mit 10 % der LF in den Tropen
und Subtropen ausmachen. 90 % der Betriebe sind heute sowohl subsistenz- wie
marktorientiert. Ihre Vermarktungsquote schwankt zwischen 10 und 90 % des
Produktionswertes.

Als erste Intensivierungsstufe wandelt sich der Wanderfeldbau zur *Landwechselwirtschaft* mit verkürzter Brache, welche keine Regeneration der Waldvegetation mehr zuläßt (Buschbrache). An die Stellen von zahlreichen Rodungs-
inseln im Wald tritt eine relativ offene Agrarlandschaft, die von zahlreichen
Grasflächen oder Buschgruppen durchsetzt ist. Die Vernichtung der Waldforma-
tion in den Zonen des tropischen Regenwalds und der Feuchtsavanne ist zwar
nicht ausschließlich, aber doch mehrheitlich auf den Landbedarf der bäuerlichen
Bevölkerung zurückzuführen. Weite Flächen der Tropen sind vom Menschen mit
Feuer und Hacke von der ursprünglichen Waldvegetation in eine Gras- und
Buschvegetation umgeformt worden (Ostafrika, Madagaskar, Borneo, Philippinen, Brasilien). B. N. FLOYD (1982) beziffert den jährlichen Schwund der tropischen Waldfläche auf 15,7 Mio. ha. Die Auswirkungen auf die globalen Ökosysteme sind schwer abzuschätzen. Für das Stichjahr 1990 beziffert die FAO
die Gesamtfläche des tropischen Regenwaldes auf 1,76 Mrd. ha. Der jährliche
Schwund belief sich im Jahrzehnt 1980 – 90 auf 15,4 Mio. ha oder 0,8 % (N. ALEXAN-
DRATOS 1995, S. 207).

Der Übergang vom Wanderfeldbau zur Landwechselwirtschaft bedeutet auch
die Fixierung der Siedlungen, die nun nicht mehr nach einigen Jahren aufgegeben werden müssen. Das hat den Vorteil, daß langfristige Investitionen möglich
werden, wie z.B. komfortablere Häuser, Brunnen, Schulen und andere Gemein-
schaftsbauten. Bevorzugt siedelt man sich an Fernstraßen an, die bessere Kom-
munikations- und Handelsmöglichkeiten bieten (H. HECKLAU 1978, S. 135). Rings
um ortsfeste Behausungen werden Hausgärten angelegt, die durch Abfälle und
Fäkalien gedüngt werden. Sie ermöglichen daher eine permanente Bebauung.
Der Gartenbau bildet zusammen mit der Kleintierhaltung eine der wichtigsten
Nahrungsgrundlagen in den Tropen. Bei günstiger Marktlage kann aus ihm ein

Marktgartenbau hervorgehen (Borneo, Süd-Ghana, japanische Kolonien im Amazonastiefland).

Bei weiterer Landverknappung verschwindet auch die kurzzeitige Buschbrache, man muß zur *permanenten Landnutzung* übergehen. Dabei ist die Erhaltung der Bodenfruchtbarkeit das schwierigste und weithin noch ungelöste Problem. Angesichts der großen klimatischen und pedologischen Unterschiede innerhalb der Tropen ist sicherlich auch keine allgemeingültige Lösung zu erwarten. Abbildung 165.1 veranschaulicht die verschiedenen Entwicklungsmöglichkeiten.

Unproblematisch aus ökologischer Sicht ist in der Regel der Übergang zum *Bewässerungsfeldbau*, besonders zum Naßreisbau. Er setzt jedoch ausreichende Niederschläge oder perennierende Flüsse voraus und ist vom Kapitalaufwand wie von der Anbautechnik her recht anspruchsvoll. Seine Einführung ist daher nur auf begrenzten Flächen innerhalb der Tropen möglich.

Mehrjährige Baum- und Strauchkulturen (Dauerkulturen) werden von den meisten Experten als brauchbare Alternative zu den Wechselsystemen angesehen. Im Unterschied zur Plantage, die sich ausschließlich auf Marktfrüchte beschränkt, müssen im kleinbäuerlichen Betrieb Marktfruchtbäume (u.a. Kaffee, Kakao, Öl- und Kokospalme, Gummibaum) zusammen mit den gängigen Nahrungspflanzen in Mischkultur angebaut werden. Aus ökologischer Sicht bieten derartige Polykulturen ein naturnahes Ökosystem mit vielfältigen Vorteilen gegenüber Monokulturfeldern: ganzjähriger Schutz des Bodens vor Einstrahlung und Starkregen, effektive Nutzung der Sonnenenergie, verringerte Erosionsgefahr, größere Immunität gegen Schädlingsbefall, geringe Nährstoffabfuhr, da nur ein kleiner Teil der Biomasse als Frucht entfernt wird. Das tiefgreifende Wurzelwerk erschließt Nährstoffreserven aus einem sehr viel größeren Bodenvolumen, der kontinuierliche Laubfall versorgt die oberen Bodenschichten mit Humus und Mineralien. B. N. FLOYD (1982, S. 438) betrachtet die Bäume geradezu als „Nährstoffpumpen", denen eine Schlüsselrolle für die Erhaltung der Bodenfruchtbarkeit im feuchttropischen Bereich zukommt. Zudem dienen die Bäume als Brenn- und Nutzholzlieferanten – ein Aspekt, dem angesichts des Energiemangels in vielen Ländern der Dritten Welt immer mehr Bedeutung zukommt. Schließlich nützt die heterogene Nutzpflanzengesellschaft das Nährstoffpotential des Bodens besser aus, vorteilhaft ist auch die gleichmäßigere Verteilung der Arbeiten sowie die Nahrungsversorgung über die Vegetationsperiode bei sukzessivem Anbau. Von Nachteil aus ökonomischer Sicht ist, daß Mischkulturen jegliche Mechanisierung verhindern.

Weitere bodenschonende Maßnahmen sind Mulchen (Abdecken des Bodens mit Pflanzenstreu), Gründüngung, ausgewählte Fruchtfolgen bei den Unterkulturen sowie die Reduzierung der Bodenbearbeitung auf ein Minimum.

Werden Teile des natürlichen Waldes erhalten und mit der ackerbaulichen Nutzung verzahnt, so spricht man von *Agroforstwirtschaft*. Kommt gar noch eine weidewirtschaftliche Nutzung hinzu, so haben wir ein *agrosilvopastorales Agrarsystem* vor uns (W. DOPPLER 1991, S. 70). Dabei werden Holzgewächse, Nutzpflanzen und Weidetiere auf einer Fläche so bewirtschaftet, daß sie sich gegenseitig ökologisch beeinflussen. Derartige Bodennutzungssysteme werden in jüngster

Zeit im Rahmen von Entwicklungsprojekten viel propagiert. Sie haben ihre Anfänge in der Forstpolitik der Kolonialzeit. In Burma und Britisch-Indien wurden
schon im 19. Jahrhundert exportfähige Holzarten wie Teak, Limba und Mahagoni
angepflanzt. Zwischen den Setzlingen konnten die Bauern für einige Jahre ihre
annuellen Nahrungspflanzen anbauen, bis das Kronendach sich geschlossen hatte. Dieses Taungya-System wurde auch nach Indonesien und Afrika übertragen.

Umstritten ist die Einführung von *Feld-Gras-Wirtschaften* in den Tropen. Zunächst bereitet die Integration der Viehhaltung in den Ackerbau erhebliche
Schwierigkeiten. Das Vieh muß dabei die Funktionen Nahrungslieferant, Arbeitstier und Düngerlieferant übernehmen. Der Übergang von der Hacke zum
Ochsenpflug und Wagen bedeutet zwar eine erhebliche Steigerung der Arbeitsproduktivität, aber auch eine technologische Revolution, die nur zögernd adoptiert wird.[34] Außerdem erfordert sie einen hohen Kapitaleinsatz, den die Kleinbauern oft nicht aufbringen können. Weitere Hemmnisse sind Viehkrankheiten,
die in den Tropen weit häufiger als in gemäßigten Breiten auftreten, sowie die oft
problematische Futterbereitstellung. Die erforderlichen Feld-Gras-Wirtschaften
sind nach H. RUTHENBERG (1967, S. 139 – 143) nur in kühlen tropischen Hochländern, wo Boden und Klima ein ganzjähriges Wachstum guter Futtergräser
erlauben, problemlos. In den tropischen Tiefländern läßt mit steigenden Temperaturen die Graswüchsigkeit nach. Vielfach folgt dem Wald eine wertlose
Savannenvegetation, wie z.B. die Alang-Alang-Savanne in Borneo, die vom Vieh
kaum angenommen wird (H. UHLIG 1970, S.87). Im Unterschied zu den gemäßigten Breiten können daher Feld-Gras-Wirtschaften in den Tropen nicht in jedem
Fall als bodenerhaltend bezeichnet werden (H. RUTHENBERG 1967, S. 142). Sehr
selten sind bisher noch *Düngerwirtschaften*, bei denen der durch Stallviehhaltung gewonne Dung auf die permanent bebauten Felder transportiert wird,
wie z.B. auf der Insel Ukara im Victoriasee (H.-D. LUDWIG 1967).

Über die *weltweite Verbreitung* von Wanderfeldbau und Landwechselwirtschaft liegt nur unzulängliches und teilweise veraltetes Material vor. Die FAO
bezifferte 1974 die Gesamtfläche, auf der diese Wechselsysteme umgehen, mit 36
Mio. km^2 (W. WEISCHET 1981, S. 20) – ein Wert, der entschieden zu hoch anmutet.
Er wäre mehr als doppelt so groß als die gesamte Ackerfläche der Erde!

In *Südostasien* lebten in den sechziger Jahren nach J. E. SPENCER (1966, S. 14 bis
17) noch etwa 50 Mio. Menschen vom Wanderfeldbau, der sich über etwa 100
Mio. ha tropischen Waldlandes bewegt, wovon jeweils 20 Mio. ha bebaut sind. Die
räumlichen Schwerpunkte bilden die Bergwälder des festländischen Südostasiens sowie die großen Inseln Borneo und Neuguinea. In den meisten Staaten
bilden die sog. Bergstämme in Rückzugsgebieten die Träger des Wanderfeldbaus,
denen die Reisbauern der Ebenen gegenüberstehen. Vom Staatsvolk sind sie
durch andersartige Wirtschaftsweise, Volks-, Sprach- und Religionszugehörigkeit

---

[34] Nach U. STÜRZINGERs Untersuchungen (1980, S. 155) in der Republik Tschad sind primär
psychologische Hemmschwellen zu überwinden. Die Hackbauern kennen die Großviehhal-
tung nicht und unterschätzen den Aufwand für Fütterung und Pflege des Viehs, das vielfach
den Knaben überlassen bleibt, während Erwachsene diese Arbeiten meiden.

Abb. 4.13:
Entwicklungstendenzen tropischer
Agrarsysteme
(Quelle: H. RUTHENBERG 1979 u.a.)

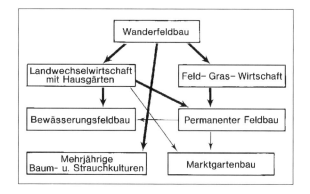

getrennt (H. UHLIG 1970, S. 86). Sie bilden echte Lebensformgruppen im Sinne von H. BOBEK. Wichtigste Nutzpflanze ist der Bergreis, der als Erstfrucht mit dem Pflanzstock ausgesät wird. Das südostasiatische Verbreitungsgebiet schrumpft rasch, nach SPENCER (1966, S. 14) gehen jährlich 0,4 – 0,8 Mio. ha in permanenten Feldbau über. Auf Borneo wird der Wanderfeldbau abgelöst durch Naßreis-kulturen, Kautschuk- und Kokoshaine und Marktgartenbau (H. UHLIG 1970). Für Sumatra liegt mit der agrargeographischen Studie von U. SCHOLZ (1988) eine eingehende Analyse des Transformationsprozesses vom Wanderfeldbau zu per-manenten Kulturen vor. Die landwirtschaftliche Nutzfläche dieser großen Tro-peninsel mit einer Landfläche von 480 000 km^2 gliedert sich heute folgenderma-ßen auf:

- Dauerkulturen   60 %
- Bewässerungsfeldbau   25 %
- permanenter Trockenfeldbau   10 %
- Wanderfeldbau   5 %.

SCHOLZ konstatiert vor allem einen raschen Übergang vom Wanderfeldbau zu Dauerkulturen (u.a. Kaffee, Kautschuk, Zimt, Gewürznelken, Pfeffer), weil sich diese Handelspflanzen mit einfachen Mitteln in den Wanderfeldbau integrieren lassen. Anstatt das Feld nach 1 – 2 Anbaujahren brachfallen zu lassen, pflanzen die Bauern Setzlinge von Baum- und Strauchkulturen zwischen die einjährigen Nutzpflanzen (meist Trockenreis). Auf diese Weise sind große Wanderfeldbau-Flächen gleichsam mit Nutzpflanzen „aufgeforstet" worden. Heute sind mehr als 60 % der gesamten LN Sumatras mit Dauerkulturen bestanden, während der Wanderfeldbau bis auf geringe Reste in abgelegenen Räumen verschwunden ist. Die kleinbäuerlichen Betriebe mit einer Nutzfläche von durchschnittlich 1,4 ha produzieren dabei sowohl Nahrungsmittel für den Eigenbedarf wie Handels-früchte (cash crops) für den Markt. Aus ökologischer Sicht ist der Übergang zu langlebigen Baum- und Strauchkulturen sehr zu begrüßen, er bildet einen posi-tiven Schritt zu einer nachhaltigen Bodennutzung in den Tropen.

     Im *tropischen Afrika* konnte man den Wanderfeldbau in den sechziger Jahren noch häufig in Zentral- und Ostafrika antreffen, während er im Sahel und in Westafrika bereits weitgehend durch Landwechselwirtschaft verdrängt war (vgl. Abbildung 4.14). Nach der Aussage vieler Regionalstudien ist Tropisch-Afrika ge-

Abb. 4.14:
Wanderfeldbau und Landwechselwirtschaft im tropischen Afrika
(Quelle: W. D. MORGAN 1969, vereinfacht)

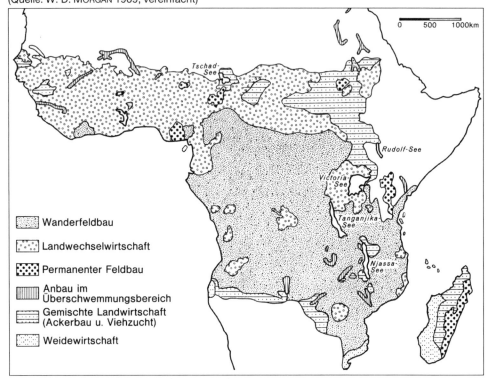

kennzeichnet durch ein vielfältiges Nebeneinander verschiedenster Agrarsysteme.[35] Zwar dominieren in der Fläche Wanderfeldbau und Landwechselwirtschaft, doch ist in den dichtbesiedelten Gebieten der permanente Feldbau und in Stadtnähe der Marktgartenbau im Vordringen. In den tsetsefreien Räumen wird die Hacke langsam vom Ochsenpflug verdrängt. Für das *tropische Amerika* liegt die FAO-Studie von WATTERS (1971) vor. Wanderfeldbau wird in den Regenwaldgebieten Zentralamerikas, am Osthang der Anden und im Amazonasbecken betrieben. WATTERS unterscheidet den traditionellen, kollektiven Wanderfeldbau der Indiostämme vom individuellen der Campesinos. Letztere roden aus Landnot den Wald, weil dessen Eigentumsverhältnisse unklar sind. Während sich der traditionelle Typ im Gleichgewichtsverhältnis mit der Natur befindet, führt der individuelle Typ häufig zu irreversiblen Schäden im Naturhaushalt, da der Wald keine ausreichende Regenerationspause erhält. Man findet diese Form häufig entlang den Erschließungsstraßen im Urwald. Für Nordkolumbien beschreibt

---

[35] Zur Vielfalt der Agrarsysteme in Tropisch-Afrika vgl. W. B. MORGAN (1969); G. BENNEH (1972); H. HECKLAU (1978); W. MANSHARD (1988).

G. MERTINS (1978) den Wanderfeldbau von Kleinbetrieben, die 2,5 bis 3,5 ha Rodungsland 2 – 3 Jahre bebauen und anschließend wieder dem Wald überlassen. Jährlich müssen 1 – 1,5 ha hinzugerodet werden. Angebaut werden Reis, Mais, Maniok, Yams und verschiedene Gemüsearten. Der Anbau von Nahrungsmitteln für den Eigenbedarf dominiert, bei günstiger Verkehrslage werden Überschüsse von Mais und Reis verkauft. Auch hier ist der Übergang zu Landwechselsystemen, besonders zu Feld-Gras-Systemen, mit fixiertem Wohnplatz fließend.

Die Ablösung von Wanderfeldbau und Landwechselwirtschaft durch permanente Bodennutzungssysteme ist langfristig unumgänglich. Es kommt dabei darauf an, das von Natur aus beschränkte Ertragspotential der Tropen nicht zu überfordern. Die Bodenfruchtbarkeit auf beschränktem Niveau (low-level-equilibrium) kann langfristig nur durch eine auf „ausgeglichene Nährstoffbilanz ausgerichtete Input-Output-Wirtschaft" (E. WELTE 1978, S. 638) gesichert werden. Innerhalb der sich überall rasch entwickelnden Volkswirtschaften sind beide Agrarsysteme heute ähnlich antiquiert wie der Nomadismus. Sie umspannen zwar noch riesige Räume, ihre ökonomische Bedeutung ist aber relativ gering.

4.3.2 Reisbauregionen

Unter den Kulturpflanzen der Erde nimmt der Reis eine überragende Stellung ein, stellt er doch für mehr als die Hälfte der Menschheit das Hauptnahrungsmittel dar (H. WILHELMY 1975, S. 9). Die globale Produktion von 534,7 Mio. t (1994) liegt zwar ungefähr gleichauf mit der von Mais und Weizen (s. Tabelle 4.11), da aber die beiden anderen Hauptgetreidearten zu erheblichen Teilen an das Vieh verfüttert werden, kommt dem Reis für die Ernährung der Weltbevölkerung eine Schlüsselstellung zu. Auf einem Fünftel der Weltgetreidefläche erbringt der Reis aufgrund seiner relativ hohen Hektarerträge ein Viertel der Weltgetreideernte. Dabei konzentrieren sich 90 % von Produktion und Konsum der globalen Reisernte auf die volkreichen Entwicklungsländer Süd-, Südost- und Ostasiens, in denen 70 % der Bevölkerung der Dritten Welt leben. Von der gesamten Weltreisernte entfallen sogar 95 % auf die Entwicklungsländer, nur 5 % oder 27 Mio. t (1994) werden in Industrieländern geerntet. Die wichtigsten entwickelten Reis-

Tab. 4.11:
Die Getreidebaustruktur der Erde 1994
(Quelle: FAO. Production Yearbook 48, 1994)

	Ernte Mio. t	v. H.	Fläche Mio. ha.	v. H.	Erträge dt/ha
Getreide insges.	1990,6	100	689,1	100	28,3
Weizen	528,0	26,5	215,9	31,3	24,5
Reis	*534,7*	*26,8*	*146,5*	*21,2*	*36,5*
Mais	569,6	28,7	131,5	19,1	43,3
Gerste	160,8	8,1	73,5	10,7	21,9
Hirse	37,7	1,9	26,0	3,8	6,9
Sorghum	60,9	3,1	43,7	6,3	13,9
Hafer	33,7	1,7	19,7	2,9	17,1
Roggen	22,6	1,1	11,0	1,6	20,5
Sonstige	42,6	2,1	21,3	3,1	20,0

produzenten sind Japan mit 15 Mio. t, die USA (9 Mio. t), Europa (2 Mio. t) und Australien mit 1 Mio. t. Die Steigerung der Reisproduktion bildet somit einen wesentlichen Teil der globalen Entwicklungspolitik. Im asiatischen Halbmond zwischen Pakistan und Korea, der mit rund 3 Milliarden Menschen den Bevölkerungsschwerpunkt der Erde bildet, ermöglicht der Reisbau Bevölkerungsdichten, die z.B. im ländlichen Zentraljava Werte wie im Ruhrgebiet mit 1 500 bis 2 000 Einw./km^2 erreichen können (W. RÖLL 1979, S. 37). Bei täglich drei Reismahlzeiten benötigt ein Indonesier jährlich zwischen 120 und 160 kg Reis[36] (W. RÖLL 1979, S. 141), womit etwa 60 – 80 % des Kalorienbedarfs abgedeckt werden. An Kalorien- und Nährwert ist Reis dem Weizen überlegen, doch können bei zu einseitiger Reisnahrung Mangelerscheinungen auftreten, da Reis nur 8 – 10 % Proteine enthält und arm an einigen Vitaminen und Kalzium ist (H. WILHELMY 1975, S. 72). Andererseits liefert das Ökosystem Reisfeld ergänzende Proteine in Form von Fischen, auch werden in die Rotation häufig proteinreiche Pflanzen, wie z.B. Hülsenfrüchte, eingebaut.

Als Handelsgut spielt Reis seit jeher im Vergleich zu den anderen Hauptgetreidearten eine untergeordnete Rolle. Man schätzt, daß in den asiatischen Reisländern die Hälfte der Erzeugung von der Produzentenfamilie verzehrt wird; die Vermarktungsquote schwankt von Land zu Land je nach volkswirtschaftlichem Entwicklungsstand und Verstädterungsgrad. In den internationalen Handel gelangen nur 2 – 3 % der Ernte. Vor dem Zweiten Weltkrieg waren einige südostasiatische Länder – Burma, Thailand und Indochina – die wichtigsten Exporteure. Von ihnen erwirtschaftet heute nur noch Thailand nennenswerte Überschüsse für den Export, es hat einen Anteil von 30 % an den globalen Reisexporten. Dann folgen mit den USA und Italien zwei Industriestaaten. In guten Erntejahren können neuerdings China und Vietnam geringe Mengen Reis exportieren.

Reis ist – vor dem Mais – die Hauptgetreideart der Tropen und Subtropen. Die Urheimat ist das wechselfeuchte Südostasien; in Nord-Thailand wurde Reis bereits um 3500 v. Chr. angebaut. Die Kulturpflanze *Oryza sativa* umfaßt viele tausend Sorten, die beiden wichtigsten Artengruppen sind Indica (Tropen) und Japonica (Subtropen). Die Pflanze stellt geringe Ansprüche an den Boden, wenn auch die besten Erträge auf den schweren Schwemmlandböden erzielt werden. Dagegen stellt der Reis hohe Anforderungen an Temperatur, Einstrahlung und Wasserversorgung. Während der Wachstumszeit von 120 – 180 Tagen sind nach REHM u. ESPIG (1976, S. 21) 1 200 – 1 500 mm Niederschlag optimal, als Minimum sind 800 mm erforderlich. Seine pflanzenbaulich wichtigste Eigenschaft ist die Fähigkeit, durch Sauerstoffaufnahme über die oberirdischen Organe im Wasser zu gedeihen, obwohl er keine Wasserpflanze ist. Das ermöglicht erst die Nutzung der riesigen Überschwemmungsgebiete tropischer Flüsse, die dadurch zu Konzentrationsräumen von Bevölkerung und Siedlung werden – ganz im Gegensatz zu den Talauen der gemäßigten Breiten! In den ariden und sommertrockenen Klimazonen kann Reis nur bei künstlicher Bewässerung angebaut werden. Der

---

[36] Zum Vergleich: In den USA stehen pro Kopf jährlich 1 000 kg Getreide zur Verfügung, wovon 70 kg direkt verzehrt und 930 kg verfüttert werden (U. KRACHT 1975, S. 217).

eigentlich begrenzende Faktor des Reisanbaus ist die Temperatur. Die Keimung erfolgt bei subtropischen Sorten ab 10 – 12 °C, bei tropischen ab 18 °C. Während der Hauptwachstumszeit wird eine Minimumtemperatur von 20 °C beansprucht, optimal sind 30 – 32 °C. Wegen des Wärmebedarfs liegt die Höhengrenze auch in den Tropen meist bei 1 200 m, in Ausnahmefällen bei 1 500 m. In thermisch begünstigten Tälern und Becken des Himalaya können 2 200 m, im Extremfall 2 850 m erreicht werden (H. UHLIG 1980 b, S. 55). Die meisten der traditionellen Reissorten sind sehr fotosensitiv, sie bringen die höchsten Erträge bei langer Sonnenscheindauer. Die Hektarerträge in den Kerntropen (Af-Klima) mit Kurztagen und starker Wolkenbedeckung liegen daher deutlich unter denen der wechselfeuchten Tropen (Aw) oder der Winterregengebiete (Cs) mit ungestörter sommerlicher Einstrahlung und langen Sommertagen (Kalifornien, Australien, Mittelmeerraum). Die modernen Sorten sind dagegen meist tagneutral oder nur geringfügig fotoperiodisch empfindlich (REHM u. ESPIG 1976, S. 21). Reis zählt zu den Kulturpflanzen, die in der Rotation mit sich selbst verträglich sind, wie u.a. auch Roggen, Mais, Baumwolle, Zuckerrohr. Diese Eigenschaft ermöglicht den „permanenten" Reisanbau mit ein oder zwei Ernten jährlich und die Ausbildung von Agrarlandschaften, die so eindrücklich von einer Kultur geprägt werden.

Der besondere *ökologische Wert* des „ewigen" Naßreisbaus besteht darin, daß er offensichtlich das einzige großflächige Anbausystem der Tropen ist, das auf Dauer ohne nachteilige Folgen für das Ökosystem betrieben werden kann. An der Stelle von Regenwald und Feuchtsavanne ist der Reis die Klimaxvegetation der Kulturlandschaft. Die Ursachen für die Stabilität dieses Agrarsystems sind bis heute nicht völlig geklärt. Folgende Gründe werden in der Literatur genannt (D. GRIGG 1974, S. 77; P. GOUROU 1976, S. 120; H. UHLIG 1980 b, S. 46):
- monatelange Wasserbedeckung der Felder. Dadurch Erniedrigung der Oberflächentemperatur, Verringerung der Auswaschung, die kinetische Energie der Starkregen wird unwirksam und die Erosion verhindert;
- Nährstoffzufuhr durch die Schwebstoffe im Wasser, evtl. verstärkt durch Bodenaushub aus den Zuleitungskanälen;
- Stickstoffabsorption aus dem langsamen Zerfall der organischen Substanzen unter anaerobischen Bedingungen sowie Stickstoffixierung durch mehrere Algenarten.
- Gründüngung durch Stoppeln und Unkräuter;
- relativ geringe Nährstoffentnahme wegen der Beschränkung der Ernte auf die Rispen mit jeweils 35 – 100 Körnern.

Begünstigt sind Reisbaugebiete auf jungvulkanischen, nährstoffreichen Böden (z. B. Java, Bali) sowie im Überflutungsbereich schwebstoffreicher „Weißwasserflüsse" der Tropen. In diesem Falle kann sich die Bodenerosion im Oberlauf für das Reisbaugebiet im Mittel- und Unterlauf positiv auswirken.

Der Anbau von Reis vollzieht sich in höchst unterschiedlichen *Formen*, je nach der ökologischen Situation und dem volkswirtschaftlichen Entwicklungsstand. Am Beispiel des Reisbaus lassen sich die unterschiedlichen Kombinationsmöglichkeiten der Produktionsfaktoren Arbeit, Boden und Kapital eindrucksvoll demonstrieren. Auf der einen Seite steht die marktorientierte, vollmechanisierte, großflächige Reisfarm Kaliforniens oder Australiens, die mit hohem Kapitaleinsatz (Flugzeuge für Saat und Schädlingsbekämpfung, hoher Dünger- und Chemikalienverbrauch, Mähdrusch), aber minimalem Arbeitseinsatz eine hohe Arbeits- und Flächenproduktivität erzielt. Auf der anderen Seite befindet sich der javanische Reisbauer mit einer durchschnittlichen Betriebsfläche von 0,5 - 0,7 ha, der ohne Maschinen nur dank hohem Arbeitseinsatz seiner Familie mittlere Erträge erwirtschaftet, die vorwiegend dem Eigenverbrauch und als Pachtzins dienen. Eine Mittelposition nimmt der Reisbau in den Industrieländern der Alten Welt ein (Japan, Spanien, Italien), wo bei kleinen bis mittleren Betriebsgrößen, mittlerem Arbeitsinput und hochgradiger Mechanisierung zwar eine hohe Flächenproduktivität erzielt wird, die hohen Arbeitskosten aber nur dank hohen staatlichen Garantiepreisen getragen werden können. In Japan wurde in den letzten Jahren der Reisbau weitgehend mechanisiert, der Arbeitsaufwand sank von 1 410 (1965) auf 644 Stunden je Hektar und Jahr ab (M. ISHII 1984, S. 144). In Südkorea, Taiwan und Thailand bahnt sich eine ähnliche Entwicklung an.

Hinsichtlich Betriebsgröße und Eigentumsformen stehen sozialistische, kollektiv bewirtschaftete Großbetriebe auf dem asiatischen Festland, kommerzielle große Reisfarmen in den USA und bäuerliche Kleinstbetriebe in Asien nebeneinander. In Indonesien waren 1973 88,5 % aller Betriebe kleiner als 2 ha, 46 % bewirtschafteten sogar weniger als 0,5 ha (W. RÖLL 1979, S. 136). Für das in Zentral-Sumatra gelegene Minangkabau-Hochland gibt U. SCHOLZ (1988, S. 111) eine durchschnittliche Wirtschaftsfläche von 0,88 ha je Betrieb an. Da bei günstigen natürlichen Standortfaktoren – Vulkanböden und hohe Niederschläge – 1 - 2 Ernten möglich sind, liegt die jährliche Erntefläche aber bei 1,16 ha. Daraus erwirtschaften die Kleinbauern relativ hohe Einkommen. Scharfe soziale Gegensätze zwischen Großgrundbesitzern und landarmen oder landlosen Pächtern und Tagelöhnern sind charakteristisch für die Reisbauregionen Süd- und Südostasiens. Auch in Japan liegt die durchschnittliche Betriebsgröße unter 1 ha, doch wurde hier die soziale Problematik dadurch gemildert, daß 87 % der Betriebe nur noch im Zu- oder Nebenerwerb bewirtschaftet werden; die Industrialisierung schuf genügend nichtlandwirtschaftliche Haupterwerbsquellen

Wegen ihrer überragenden Bedeutung in der Welterzeugung sollen nachfolgend die verschiedenartigen *Reisbausysteme Asiens* betrachtet werden, die sich auf unterschiedlichen Ökotopen herausgebildet haben. Nach dem *Kriterium der Wasserzufuhr*, die weitgehend die Anbautechniken determiniert, unterscheidet H. UHLIG (1983, S. 272) folgende Hauptformen des Reisanbaus[37]:

1. Trocken-Reisbau
   - Trockenreis im Wanderfeldbau,
   - Trockenreis in Daueracker-Rotation.
2. Naßreisbau
   - Reisbau auf Regenstau,
   - Reisbau im natürlichen Überschwemmungsbereich der Flüsse,
   - Reisbau mit „künstlicher" Bewässerung.

---

[37] Die Terminologie ist sowohl im Deutschen wie im Englischen nicht einheitlich. Hier werden die von H. UHLIG geprägten Begriffe übernommen.

Trockenlandreis wird wie jedes andere Getreide auf offenen Feldern, hoch über dem Grundwasser, angebaut. Die Pflanzen sind ausschließlich auf Regen angewiesen. Der Anbau erfolgt sowohl im Wanderfeldbau mit dem Pflanzstock, als auch im Pflugbau bei Daueracker-Rotation. Häufig wird in der deutschen Terminologie auch der Begriff „Bergreis" verwandt. Die Flächenerträge sind meist niedriger als bei Naßreisbau und überschreiten selten 15 dt/ha (REHM u. ESPIG 1976, S. 22). Starke jährliche Ertragsschwankungen sind durch die Niederschlagsvariabilität bedingt.

Beim *Naßreisbau* ist das Feld während der Hauptwachstumszeit möglichst gleichmäßig von Wasser bedeckt, was eine exakte Nivellierung der Bodenoberfläche erfordert.

Beim *Reisbau auf Regenstau* werden die Felder durch niedrige Erdwälle eingefaßt, welche das Regenwasser zurückhalten. Die Felder werden mit dem javanischen Begriff „Sawah" bezeichnet. Voraussetzung für diese Form sind hohe Niederschläge und relativ undurchlässige Böden. Sie ist in Gebieten mangelnder oberirdischer Wasserführung verbreitet, etwa auf Plateaus, terrassierten Hängen und unbewässerbaren höheren Flußterrassen. Nachteilig für die Bodenfruchtbarkeit ist die minimale Nährstoffzufuhr durch das Regenwasser. Das Ertragsrisiko ist, wie bei allen Reisbausystemen mit natürlicher Wasserzufuhr, sehr hoch.

Der *Reisbau im natürlichen Überschwemmungsbereich* der Flüsse ist die dominierende Form in den Tiefländern des festländischen Süd- und Südostasien (H. UHLIG 1983, S. 273). Der Anbau ist dem monsunal-wechselfeuchten Jahresrhythmus der steigenden und fallenden Wasserstände angepaßt. Vor dem Hochwasser wird der Reis gesät und gepflanzt, die Reispflanze wächst mit dem steigenden Wasserstand, nach dem Abfluß erfolgt die Ernte. Die Abhängigkeit vom natürlichen Abflußregime ist risikoreich: ungenügende Wasserzufuhr in regenarmen Jahren beeinträchtigen die Ernte ebenso wie zu schnell steigende Wasserstände und zu lange anhaltende Überflutungen. Schließlich ist in der Regel nur eine Ernte pro Jahr möglich. Den natürlichen Überschwemmungsbereich untergliedert H. UHLIG (1983, S. 274 – 275) in drei Ökotope (s. Abbildung 4.15).

Abb. 4.15:

Die Hauptformen des Reisbaus nach der Wasserzufuhr (Quelle: H. UHLIG 1983, vereinfacht)

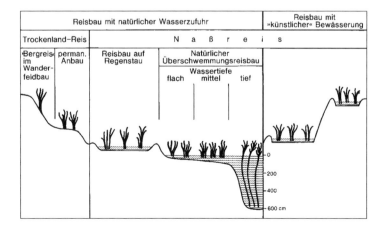

- Flachwasserbereich mit Wassertiefen von 5 - 15 cm. Stark trockenheitsgefährdet, erfordert schnell reifende Sorten;
- mitteltiefer Bereich (15 - 100 cm); bei Wassertiefen von 15 - 50 cm können moderne Hochertragssorten verwandt werden, über 50 cm ist man auf die traditionellen Langhalmsorten angewiesen;
- Bereich für Tiefwasserreis („Schwimmender Reis") bei Wassertiefen von
  1 - 3 m, im Extremfall bis 6 m. Die elastischen Halme wachsen mit dem steigenden Wasser täglich 10 - 15 cm; Ernte nach dem Trockenfallen, seltener vom
  Boot aus.

Die Flüsse im tropischen Tiefland sind häufig als Dammuferflüsse ausgebildet.
Dabei tragen die relativ breiten, hochwassersicheren Uferdämme die Siedlungen
samt ganzjährig bestellten Gärten, während die breiten Senken hinter den Dämmen, die mehrere Wochen überflutet sind, das natürliche Reisland abgeben.

Regenstau und Überschwemmung werden fälschlicherweise oft als künstliche
Bewässerung aufgefaßt. Hält man sich aber an die alte Definition der künstlichen
Bewässerung von P. HIRTH (1928)[38], nach welcher „durch menschliches Zutun auf
irgendeine Weise Wasser zu landwirtschaftlichen Zwecken, an die Stelle gebracht
wird, an die es von Natur aus nicht gelangt wäre", so zählen diese Formen eindeutig zur natürlichen Wasserzufuhr.

Tab. 4.12:

Die Reisbautypen Asiens 1973/75

(Quelle: H. UHLIG 1981, Tab. 1 und 2)

	Gesamte Reisfläche (Mio. ha)	Überschwemmungsreis u. Reis auf Regenstau	Trockenlandreis	Künstlich bewässerte Reisfläche
		v.H. von Spalte 1		
China	34,1	8	2	90
Japan	2,7	-	4	96
Südkorea	1,2	8	-	92
Südostasien	33,8	64	10	26
Indien	38,4	55	6	39
Bangla Desch	9,5	67	23	10
Pakistan	1,6	-	-	100
Sri Lanka	0,6	33	17	50
Südasien insges.	51,3	56	9	35

Der Reisbau mit künstlicher Bewässerung bietet ungeachtet der hohen Investitions- und Unterhaltungskosten erhebliche Vorteile: Die Ertragsschwankungen
im Gefolge der Niederschlagsvariabilität werden ausgeglichen. Die regelmäßige
und kontrollierte Bewässerung paßt die Wasserzufuhr exakt dem Wasserbedarf
des jeweiligen Wachstumsstadium an. Die neuen Hochertragssorten erbringen in

---

[38] Zitiert nach K. SAPPER 1932, S. 226.

der klimatischen Trockenzeit, d.h. der früheren Brachzeit im wechselfeuchten Klima, deutlich höhere Erträge aufgrund der günstigeren Einstrahlung und niedrigeren Nachttemperaturen. Die Gefahr von Insektenbefall und Krankheitsrisiken sind niedriger als in der Regenzeit. Eingebrachter Mineraldünger wird nicht ausgeschwemmt wie bei Überschwemmungsreisbau, die Düngerreaktionen sind in der niederschlagsarmen Zeit besser (H. UHLIG 1980 b, S. 42). Der Hauptvorteil der ganzjährigen künstlichen Bewässerung besteht aber in den Tropen in der Möglichkeit, zu zwei oder gar drei Ernten überzugehen. Der ganzjährige Anbau ermöglicht außerdem vielfältige Rotationen, an die Stelle des „permanenten" Reisbaus treten komplexe Fruchtwechselsysteme. Das Feld kann jedes Jahr ein- oder zweimal mit Reis und zusätzlich mit anderen Früchten bestellt werden. Der Übergang zu mehreren Ernten bedeutet nicht nur eine beträchtliche Steigerung des Ertrages bei unveränderter Anbaufläche, sondern auch eine vielseitige Ernährung. Diese offensichtlichen Vorteile der künstlichen Bewässerung haben zu einer Umbewertung großer Agrarräume geführt. In Indien entwickelten sich junge Bewässerungsgebiete zu erfolgreichen Überschußgebieten (u.a. Pandschab, Sindh), während Gebiete mit alter Reisbautradition, aber natürlicher Wasserzufuhr (Westbengalen, Bihar, Orissa) zurückbleiben (H. UHLIG 1980 b, S. 43).

Nach H. UHLIG (1981, S. 203) sind weltweit nur 25 – 50 % der Reisfläche künstlich bewässert, 35 – 50 % entfallen auf Regenstau und Überschwemmung, 10 – 15 % auf Tiefwasserreis und 5 – 10 % auf Trockenlandreis. Entgegen einer weitverbreiteten Vorstellung, die Naßreisbau stets mit künstlicher Bewässerung in Verbindung bringt, ist die Weltreisfläche überwiegend von natürlicher Wasserzufuhr mit all ihren Risiken abhängig. Naßreisbau mit natürlicher Wasserzufuhr dominiert in Südostasien, wie z. B. in Thailand (77 %) oder Burma mit 79 % der Reisfläche (H. UHLIG 1983, S. 271). Trockenlandreis hat seine Schwerpunkte in Brasilien (60 % der Reisfläche), Afrika (50 %) und auf den Philippinen. Reisbau mit künstlicher Bewässerung dominiert in Ostasien seit altersher. Das chinesische Reich soll bereits im 14. Jahrhundert n. Chr. eine bewässerte Reisfläche von 8,5 Mio. ha besessen haben (D. GRIGG 1974, S. 86). Die relativ alten Reisbaukulturen des islamischen Kulturkreises beruhen ebenso ausschließlich auf künstlicher Bewässerung, wie die modernen Kulturen in den USA, in Australien und Europa. Der weitere Ausbau der künstlichen Bewässerung in den Reisbauregionen der Dritten Welt würde erhebliche Produktionsreserven mobilisieren.

Seit Mitte der sechziger Jahre erfuhr der asiatische Reisbau eine Reihe von ertragssteigernden Innovationen, wofür das medienwirksame Schlagwort von der *"Grünen Revolution"* geprägt wurde. Wichtigstes Innovationszentrum war das 1962 gegründete International Rice Research Institute (IRRI) von Los Baños (Philippinen). Ihm gelang in relativ kurzer Zeit die Züchtung von Hochertrags-Hybridsorten (High-Yielding-Varieties = HYV) aus der Kreuzung von Indica- mit kurzwüchsigen Japonica-Rassen. Ihre wichtigsten Eigenschaften sind: höhere Flächenerträge, kürzerer Halm (dadurch verringerte Gefahr des Umlegens wegen der schwereren Rispe), verkürzte Wachstumszeit. Unter Versuchsbedingungen wurden damit Ertragssteigerungen von den bis dahin höchsten Werten im südostasiatischen Reisbau von 40 dt/ha bis auf 100 dt/ha erzielt (H. UHLIG 1980, S. 39). Durch die Verkürzung der Wachstumszeit werden 2 – 3 Ernten im Jahr möglich. In der

Praxis werden diese Werte allerdings selten erreicht, da die Hochertragssorten nur im Verbund mit einem ganzen Bündel von Anbautechniken ihr genetisches Ertragspotential voll ausschöpfen. Nach H. UHLIG (1980) stellen sie folgende Anforderungen:
- regelmäßige und kontrollierte (meist künstliche) Bewässerung,
- Verpflanzen statt Saat (das Reisfeld wird dadurch 4 - 6 Wochen für eine anderweitige Nutzung frei),
- genau dosierter Einsatz von Mineraldünger,
- Einsatz von Pestiziden und Herbiziden.

Die sozialen und ökologischen Auswirkungen der „Grünen Revolution" werden sehr unterschiedlich bewertet (vgl. W. RÖLL 1979 mit H. UHLIG 1980). Die erste Phase der „Grünen Revolution" kam vor allem den Anbaugebieten mit künstlicher Bewässerung zugute, in denen die kurzstrohigen HYV-Sorten problemlos eingesetzt werden konnten. Dagegen wurden die Reisbauregionen mit natürlicher Wasserzufuhr anfangs vernachlässigt. Heute ist die Forschung auch um Verbesserungen in diesen Räumen bemüht. Die neuen Anbautechniken erfordern einen sehr viel höheren Kapitaleinsatz für Saatgut (Hybridsorten!), Agrochemikalien, Mineraldünger und Geräte. Die Kapitalkraft und der Ausbildungsstand der kleinbäuerlichen Bevölkerung wird vielfach überfordert, die „Grüne Revolution" kam vorwiegend den Inhabern größerer Betriebe zugute. In Indien, Pakistan, Indonesien führte sie zu einer Verschärfung der ohnehin sehr tiefen sozialen Gegensätze auf dem Lande. Andererseits ist nach H. UHLIG (1980, S. 60) eine Einkommenssteigerung für breite bäuerliche Schichten im Gefolge der neuen Anbautechnik nicht zu bestreiten. H. G. BOHLE (1989) erweiterte den Begriff der „Grünen Revolution" um eine weitere Dimension. Zusätzlich zum landwirtschaftlichen Modernisierungsprogramm mit dem obersten Ziel der schnellen und nachhaltigen Produktionssteigerung tritt zweitens ein übergreifendes Entwicklungsprogramm für den ländlichen Raum. Es soll dauerhaft Armut und Hunger überwinden. Dieses zweite Ziel wurde bisher nicht erreicht – hauptsächlich, weil nicht etwa ein ungenügendes Angebot von Nahrungsmitteln, sondern die fehlende Kaufkraft die Situation der ländlichen Armut bestimmt. Die Kehrseiten der „Grünen Revolution" sind nach BOHLE (1989, S. 92):
- wachsende regionale Disparitäten zwischen Bewässerungsregionen und unbewässerten Agrarräumen,
- Ausweitung der Kluft zwischen Arm und Reich,
- zunehmende ökologische Probleme.

Auf der anderen Seite wurde die zentrale Frage für die Reisbauländer der Dritten Welt, nämlich die Produktionssteigerung parallel zur Bevölkerungsentwicklung durch höhere Flächenerträge, bisher erstaunlich gut gelöst (s. Tabelle 4.13). Die Weltreisernte konnte von rund 170 Mio. t (1948/52) auf 535 Mio. t (1994) oder um 214 % gesteigert werden. Dabei wuchs die Reisanbaufläche nur um 43 %, die Hektarerträge aber um 121 %. Indonesien vergrößerte seine Reisbaufläche zwischen 1948 und 1994 um 89 %, die Reisproduktion wuchs aber um 390 %! Der Anstieg der Produktion ist also primär der Steigerung der Flächenproduktivität zu verdanken, während bis zur Mitte des 20. Jahrhunderts die Ausweitung des Reislandes die Hauptursache für das Wachstum der Ernten war. Seit den achtziger Jahren hat sich die jährliche Zuwachsrate der globalen Reisproduktion bedenklich verringert, nämlich von 3,2 % (1970 – 81) auf 2,2 % (1982 – 94). Man befürchtet ernsthaft, daß in Zukunft die Steigerung der Ernten hinter dem Bevölkerungszuwachs zurückbleibt.

Tab. 4.13: Die Entwicklung der globalen Reisproduktion 1948 - 1994
(Quellen: Brockhaus Enzyklopädie, Bd. 15, 1972; FAO. Production Yearbook 35, 1981 und 48, 1994)

	Fläche (Mio. ha.)			Ernte (Mio. t.)			Erträge (dt/ha)		
	1948/52	1970	1994	1948/52	1970	1994	1948/52	1970	1994
Erde	102,8	135,5	146,5	169,6	306,8	534,7	16,5	22,6	36,5
Asien	96,1	123,7	130,0	158,0	280,1	485,1	16,4	22,6	37,3
VR China	26,8	32,2	30,4	58,2	100,0	178,3	21,7	31,1	58,7
Japan	3,0	2,9	2,2	12,7	16,5	15,0	42,3	56,9	67,7
Südkorea	0,9	1,3	1,2	3,4	5,9	7,1	36,2	46,0	60,8
Philippinen	2,4	3,2	3,4	2,8	5,7	10,2	11,8	17,8	30,3
Thailand	5,2	7,3	8,5	6,8	16,6	18,4	13,1	22,8	21,8
Indonesien	5,9	8,2	10,6	9,4	16,8	46,2	16,1	20,4	43,4
Indien	30,1	37,7	42,0	33,4	62,5	118,4	11,1	16,6	28,2
Afrika	2,8	3,9	7,2	3,5	7,5	15,9	12,4	19,4	21,9
Ägypten	0,3	0,5	0,6	1,0	2,6	4,6	37,9	54,3	79,2
Amerika	3,5	7,1	8,1	6,5	15,9	29,0	18,8	22,4	35,7
Brasilien	1,9	4,6	4,4	2,9	7,6	10,6	15,8	16,4	23,8
USA	0,8	0,7	1,3	1,9	3,8	9,0	25,6	51,2	67,2
Europa	0,5	0,7	0,4	1,5	3,1	2,1	34,1	42,9	55,9
Australien	0,03	0,05	0,1	0,1	0,3	1,0	31,1	53,3	83,4

Aus Tabelle 4.13 wird deutlich, wie eindeutig der Schwerpunkt des Reisbaus in *Asien* liegt. Keine andere Getreideart ist so auf einen Kontinent konzentriert. Auffallend sind die Unterschiede der Flächenerträge zwischen Ostasien und Süd- und Südostasien. Die höhere Flächenproduktivität Ostasiens ist einmal in den günstigeren klimatischen Verhältnissen, vorwiegend aber im größeren Einsatz von Arbeitskräften (China) bzw. ertragssteigernden Betriebsmitteln (Japan) begründet. Ertragssteigerungen bewirken auch die halbjährliche Rotation zwischen Reis als Sommerfrucht und den Winterfrüchten (u. a. Soja, Weizen) sowie die Dominanz der künstlichen Bewässerung. Demgegenüber beruht die Reiskultur in Süd- und Südostasien noch für zwei Drittel der Fläche auf natürlicher Wasserzufuhr. Hier überwiegt auch heute noch der an das Monsunklima angepaßte Anbaurhythmus mit Hauptwachstum in der feuchten und (einer) Ernte in der Trockenzeit.

Der *afrikanische Kontinent* trägt nur 3,0 % zur Weltreisernte bei, obwohl er größtenteils den Tropen und Subtropen angehört. Die geringe Bedeutung des Reisbaus läßt sich teilweise mit dem Zurücktreten großer Schwemmlandebenen, hauptsächlich aber aus kulturellen Gründen erklären (andere Eßgewohnheiten, Probleme mit der Bewässerungstechnik, relativ geringe Bevölkerungsdichte). Als räumliche Schwerpunkte lassen sich ausscheiden: Ägypten (Nildelta), Madagaskar, Tansania sowie einige Staaten Westafrikas (Nigeria, Elfenbeinküste, Guinea). Auffallend sind die niedrigen Hektarerträge von 10 – 20 dt im tropischen Afrika.

Südamerika, der andere Tropenkontinent, erbringt nur 3,4 % der globalen Reisproduktion, obwohl er über riesige Tiefländer verfügt, die für den Reisbau in Frage kämen. Schwerpunkte sind Brasilien, Kolumbien und Peru. In der Flächenproduktivität bestehen erhebliche Disparitäten zwischen Brasilien mit 23,8 dt/ha (Dominanz des Trockenlandreises!) und Peru, wo bei künstlicher Bewässerung 58,4 dt/ha geerntet werden.

Die *USA* steigerten ihre Erzeugung von 1,9 Mio. t (1948/52) auf 9 Mio. t (1994). Angesichts des relativ geringen Binnenkonsums gehen 40 % der Ernte in den Export, der durch geringe Produktionskosten im vollmechanisierten Anbau und einen hohen Qualitätsstandard gefördert wird. Die Hauptanbaugebiete liegen in Kalifornien und an der Golfküste.

Australiens Reisbau erzielt mit 83,4 dt/ha (1994) die höchsten Flächenerträge der Welt. Die Produktion konnte von 84 000 t (1948/52) auf 1 Mio. t (1994) gesteigert werden. Das Hauptanbaugebiet liegt im Murrumbidgee-Bewässerungsperimeter (Neusüdwales), ein kleineres Zentrum im tropischen Queensland.

Der Reisbau im *europäischen Mittelmeerraum* ist aus weltweiter Sicht unbedeutend, Anbauflächen und Produktion sind rückläufig. Das größte geschlossene Anbaugebiet ist die untere Poebene; die spanischen Reisbaugebiete, besonders das Ebrodelta, sind wegen ihrer hohen Flächenerträge (1994: 62 dt/ha) bemerkenswert.

4.3.3 Regionen des traditionellen, kleinbetrieblichen, intensiven Ackerbaus ohne Reis

Neben den Reisbausystemen, die seit jeher die Aufmerksamkeit der Forschung auf sich zogen, werden häufig andere traditionelle, kleinbetriebliche Ackerbausysteme übersehen, denen die Masse der Agrarbetriebe in der Dritten Welt zuzurechnen ist. Diese Vernachlässigung hat eine lange Tradition. In der Kolonialzeit waren die „Eingeborenenwirtschaften" für den Kolonialherrn uninteressant, weil sie nur geringe Überschüsse für den Weltmarkt lieferten, den Plantagen wurde daher in der Regel größere Aufmerksamkeit geschenkt. Auch in der Postkolonialzeit wurden die traditionellen Agrarsysteme jahrzehntelang vernachlässigt, sie lagen nicht im Interessenfeld der neuen Machteliten. Früher war dieser Typ auch in den Industrieländern der Alten Welt verbreitet; er mußte sich aber entweder spezialisieren – z.B. auf Wein- oder Obstbau – oder ist aus der Produktion ausgeschieden.

D. WHITTLESEY (1936, S. 222-223) schied bereits ein Agrarsystem „Intensive Subsistance Tillage without Paddy Rice" aus. Es tritt in einer Fülle von Untertypen auf, wie das angesichts seiner weiten Verbreitung in den verschiedensten Klimazonen zu erwarten ist. Man trifft es in Lateinamerika, Afrika, im Mittelmeerraum, im Orient, in Süd-, Südost- und Ostasien sowie Ozeanien an. In der IGU-Klassifikation der Agrarsysteme (s. Tabelle 3.3) bildet es neben dem Mischtyp Tm die beiden folgenden Untertypen (J. KOSTROWICKY 1980, S. 142 – 143): Ti: Traditioneller, kleinbetrieblicher, arbeitsintensiver Ackerbau; Ts: Traditioneller, kleinbetrieblicher, teilweise marktorientierter, spezialisierter Ackerbau.

Bei aller Verschiedenheit hinsichtlich Kulturpflanzen, Anbautechniken und agrar-sozialen Verhältnissen weisen diese Typen folgende gemeinsame Merkmale auf:
- kleine Betriebsgrößen;
- mittlerer bis hoher Arbeitsaufwand, niedriger Kapitaleinsatz;
- mittlere bis hohe Flächenproduktivität, niedrige Arbeitsproduktivität.

Aus der schwer überschaubaren Fülle der Subtypen sollen nachfolgend zwei regionale Beispiele vorgestellt werden, einmal die Oasenlandwirtschaft des Orients (Typ Ti) am Beispiel der südtunesischen Oase Gabès, zum anderen die klein-bäuerlichen Kakaobauregionen Westafrikas (Typ Ts).

Die Oasenlandwirtschaft des Orients

Jenseits der agronomischen Trockengrenze ist Ackerbau nur noch mit Bewässe-rung möglich. Der Anbau ist auf die wenigen Standorte mit ausreichendem Wasserangebot beschränkt, die im islamischen Kulturkreis als Oasen[39] bezeich-net werden. Darunter versteht man inselhafte Anbauflächen mitsamt ihren Sied-lungen inmitten von Wüsten und Wüstensteppen. Sieht man von den ausgedehn-ten Stromoasen ab, so handelt es sich in der Regel um recht kleine Areale.

Die traditionelle, kleinbetriebliche Oasenlandwirtschaft des Orients zählt zu den kompliziertesten Agrarsystemen der Erde. Sie unterscheidet sich von den übrigen Formen des Bewässerungsfeldbaus – wie z.B. Reisbau, moderne Bewäs-serungswirtschaft – durch ihre Komplexität hinsichtlich Anbaustruktur (Pflan-zenvielfalt, Stockwerkbau), Bewirtschaftungsformen, Besitzgefüge, Wasser- und Nutzungsrechten sowie der Sozialstruktur der Oasenbevölkerung. Im Grunde handelt es sich bei der Oasenlandwirtschaft um eine Form des Gartenbaus. Die menschliche Arbeitskraft überwiegt, die Hacke ist das Universalgerät zur Boden-bearbeitung. Der Pflugbau mit Spanntieren oder Traktoren ist i.w. auf die groß-flächigen, offenen Stromoasen beschränkt. A. BENCHERIFA (1990, S. 82) bezeichnet die Oasenlandwirtschaft als „eines der intensivsten traditionellen Anbausysteme der Welt". Es ist entstanden, um „die Ernährungserfordernisse der hohen Bevöl-kerungszahl auf engstem Raum zu ermöglichen".

Oasen werden hauptsächlich nach der Art der Wasserversorgung differenziert, allerdings können mehrere Wasserbeschaffungsarten in einer Oase auftreten:
1. Oberflächenwasser
- perennierende Fremdlingsflüsse. Die großen Stromoasen sind die mit Abstand wichtigsten Agrarräume in den Trockenzonen. Allein im Niltal konzentrieren sich 50 Mio. Menschen. Die Bewässerungstechniken, die einen hohen sozialen Organisationsgrad erfordern, waren mit ein Anlaß zur Entwicklung der ersten Hochkulturen.
- periodisch fließende Gewässer. Sie laufen entweder linienhaft in Wadis ab oder werden in Geländemulden gesammelt.

---

[39] Der Begriff Oase leitet sich über lateinisch oasis und griechisch óasis letztlich vom altägyp-tischen wh't = Kessel, Niederung ab (F. KLUGE, Etymologisches Wörterbuch der deutschen Sprache. Berlin 1960).

- Wasserspeicher (Stauseen, Stauteiche, Tanks) sind das wichtigste Mittel zur Modernisierung der Wasserversorgung. Sie machen den Anbau von den starken jährlichen und jahreszeitlichen Schwankungen des Oberflächenabflusses unabhängig.
2. Grundwasser
- natürliche Quellen,
- Grundwasserströme in Wadis, die an Felsschwellen – sog. hydraulischen Schwellen – von selbst an die Oberfläche treten,
- Grundwasser-Sickerstollen (Qanat, Foggara, Rhettara),
- Brunnen auf nichtgespanntes Grundwasser, das durch Hebevorrichtungen an die Oberfläche gebracht wird; Motorpumpen verdrängen mehr und mehr die traditionellen, von Menschen oder Tieren betriebenen Hebevorrichtungen.
- artesische Brunnen, in denen Grundwasser unter hydrostatischem Druck die Oberfläche erreicht.

Regionalbeispiel Gabès

Die südtunesische Oase Gabès ist durch die detaillierten Studien von H. ACHEN-BACH (1971) und A. BECHRAOUI (1980) agrargeographisch gut erforscht. Sie verkörpert den Typ der saharischen Bodennutzung, obwohl der Raum bei 180 – 190 mm Jahresniederschlag vegetationsgeographisch der Steppe zuzurechnen ist. Der maritime Einfluß auf die Küstenoase macht sich durch einen ausgeglichenen Temperaturgang und hohe Luftfeuchtigkeit geltend. Die niedrigen Sommertemperaturen (Monatsmittel im August: 27,3 °C) schließen zwar den Anbau von hochwertigen Dattelsorten aus, andererseits begünstigt das geringe Frostrisiko in der Litoralzone (Januarmittel: 11,1 °C) den ganzjährigen Gemüseanbau. Gegenüber den Binnenoasen der Sahara ist der Anbau hier wesentlich vielseitiger.

Die Grundvoraussetzung der Oasenlandwirtschaft ist die *Wasserversorgung*. Gabès gehört zu einer Gruppe von neun Oasen, die von einem großen Grundwasserreservoir mit teilweise artesischem Charakter lebt. Der überwiegende Teil des Wassers stammt aus etwa 100 Quellen, die zwei Flüsse speisen. Seit 1890 wurden in der Umgebung 60 Brunnen erbohrt, die zu einer Übernutzung des Grundwasserreservoirs und zu einer Absenkung des Grundwasserspiegels führten. Das Wasser muß nun in zunehmendem Maße gepumpt werden. Insgesamt steht in der Kernoase eine Wasserspende von 610 l/s zur Verfügung, womit etwa 1 080 ha bewässert werden (A. BECHRAOUI 1980, S. 70).

Alle Oasen, in denen das Wasser der limitierende Faktor des Anbaus ist, besitzen ein ausgefeiltes *Wasserrecht*. Gabès kennt zwei Aneignungformen, nämlich einmal das kollektive, an den Boden gebundene und unveräußerliche Wassernutzungsrecht, zum anderen das private Wassereigentum, das unabhängig vom Boden ist. Das kollektive Nutzungsrecht ist an die natürlichen Quellen gebunden, es dominiert in der Kernoase. Das private Wassereigentum gilt für die Brunneneigentümer an der Peripherie, welche die Bohrung finanziert hatten. Eine Wassergenossenschaft (jamia el ma), gebildet aus allen Grundstückseignern, wacht über die Wasserverteilung. Besoldete Wasseraufseher übernehmen das Öffnen und Schließen der Hauptverteiler. Das Wasser der beiden Oasenflüsse wird über Verteilerrechen in immer kleineren Zuleitungskanälen (Seguias) den Gärten zugeführt. Die Wasserzuteilung erfolgt nach alten Wasserrechten und keineswegs proportional zur Anbaufläche. So werden die Gärten in Quellnähe alle 15 Tage, diejenigen am Ende der Seguias nur alle 20 Tage (Winter) oder gar nur alle 27 - 30 Tage (Sommer) bewässert (A. BECHRAOUI 1980, S. 78). In diesen peripheren Bereichen fehlen folglich die Unterkulturen. Die grundlegende Zeiteinheit der Zuteilung ist die Oujba von 12 Stunden, die sich in viele Untereinheiten gliedert. Nach H. ACHENBACH(1971, S. 125) erhalten in Quellnähe die Gärten 2 - 3 Stunden lang ein Debit von 100 l/s, was bei einer durchschnittlichen Gartenfläche von 12,5 ar einem Einstau von 50 mm entspricht.

In ariden Klimaten muß der Bewässerung immer eine Entwässerung der Böden gegenüberstehen, damit sich das im Wasser gelöste Salz (2,5 g/l in Gabès) nicht anreichert. In Gabès führt ein Netz von etwa 1,5 m tiefen Gräben das mit Salz angereicherte Wasser (10 - 12 g/l) ins Meer ab.

Wie in allen traditionellen Oasen dominieren auch in Gabès die Klein- und Kleinstbetriebe. Die Anbaufläche von 1 080 ha verteilt sich auf 5 600 Eigentümer (A. BECHRAOUI 1980, S. 106), woraus sich eine Durchschnittsfläche von 0,2 ha errechnet. Die genaue *Betriebsstruktur* ist nicht zu ermitteln, da ein Kataster fehlt. Bei einer Teilerhebung über 100 ha mit 891 Eigentümern besaßen 1965 84 % weniger als 0,2 ha, 14,5 % hatten 0,2 - 0,6 ha und nur 1,5 % verfügten über mehr als 0,6 ha. Der größte Grundbesitz umfaßte 2,5 ha. Die im Islam begründetet Realteilung ist der Hauptgrund für diese Betriebsstruktur.

Nach A. BECHRAOUI (1980, S. 105 - 126) lassen sich drei *Bewirtschaftungsformen* unterscheiden:
- Eigenbewirtschaftung (etwa 60 % aller Betriebe),
- Geldpacht mit zweijähriger Pachtdauer (15 %),
- Khammessat (Teilpacht, 25 %).

Die Bewirtschaftungsformen sind keineswegs klar voneinander getrennt. Kleineigentümer pachten Gärten hinzu oder arbeiten als Khammes. Für die Arbeitsspitzen im Herbst oder unangenehme Arbeiten, wie z.B. das Leeren der Latrinen zur Düngung, werden Tagelöhner angeheuert, die vorwiegend aus den übervölkerten Binnenoasen Südtunesiens (Djerid, Nefzaoua) für eine Arbeitssaison zuwandern und etwa 20 % der Arbeitskräfte stellen. Das klassische arabische Teilpachtsystem des Khammessats ist in Gabès mit einer lokalen Variante vertreten. Der Khammes (hier Chérik genannt) stellt seine Arbeitskraft zur Verfügung, der Eigentümer steuert die Produktionsmittel Boden – einschließlich Wasser – und die Betriebsmittel (Saatgut, Arbeitsgerät, Tragtier) bei. An der Ernte ist der Khammes je nach Kultur mit variierenden Anteilen beteiligt: 1/3 der Bodenkulturen, 1/4 des Obstes, aber 1/7 der Datteln (A. BECHRAOUI 1980, S. 120).

Das *Anbauspektrum* in Gabès ist äußerst vielseitig (s. Abbildung 4.16). Das gilt nicht nur für die Oase als Ganzes, sondern auch für die einzelnen Betriebe. Die vielgliedrige Kulturpflanzengesellschaft wird ermöglicht durch die erwähnte Klimagunst, die guten Verkehrsverbindungen zu den Absatzmärkten sowie durch den Kleinstbesitz, der zu intensiven Anbauformen zwingt. Die knappe Anbaufläche erfordert die Ausschöpfung aller Produktionsmöglichkeiten im Stockwerkbau, der schon von PLINIUS D. Ä. im ersten nachchristlichen Jahrhundert aus Gabès beschrieben wird (A. BECHRAOUI 1980, S. 139). Das Oberstockwerk bildet die

Dattelpalme, die hier mit etwa 40, durchweg geringwertigen Sorten vertreten ist. Ihre wirtschaftliche Bedeutung ist rückläufig, was vor allem auf veränderte Konsumgewohnheiten der tunesischen Bevölkerung zurückzuführen ist. Das vom Staat subventionierte Brot hat die einfachen Dattelsorten als Grundnahrungsmittel weitgehend verdrängt. Die Nebennutzungen von Palmwedel (Zäune, Flechtwaren) und Palmstamm (Bau- und Brennholz) sind heute unbedeutend. So trägt die Palme nur noch 10 – 20 % der landwirtschaftlichen Einkommen bei.

Abb. 4.16: Bodennutzung in der Oase Gabès (Tunesien) (Quelle: H. Achenbach 1971)

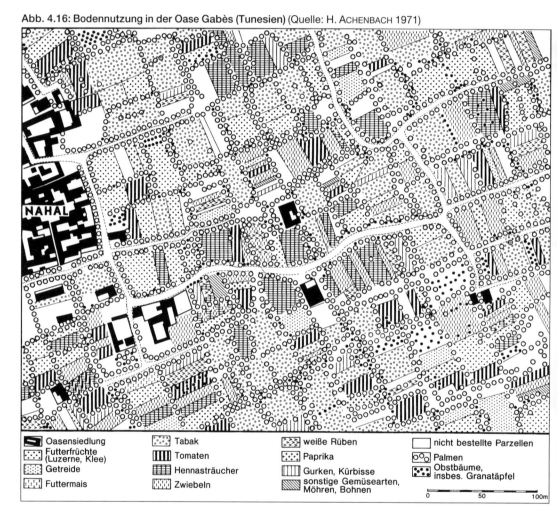

Das Mittelstockwerk bilden die Obstbäume, vor allem Granatapfel und Pfirsich. Das Obst erbringt etwa ein Drittel der Einkommen aus den Gärten. Die Haupterlöse stammen jedoch aus den Bodenkulturen, die in einer überaus großen Vielfalt angebaut werden. Produktionsschwerpunkte sind die Sommerkulturen Tomaten, Paprika und Tabak. Das Winterspektrum weist eine größere Artenvielfalt, aber geringere Ertragsmengen auf (s. Abbildung 4.16). Ertragsintensive Frühkulturen für die rasch wachsenden städtischen Absatzmärkte gewinnen an Raum (Frühtomaten, Spargel). Von den mehrjährigen Kulturen nehmen die Luzerne und der Hennastrauch größere Flächen ein. Luzerne bildet die Futterbasis der Oasentiere und dient als Bodenverbesserer. Bei jährlich 8 – 9 Schnitten sichert sie dem Fellachen ganzjährige Bareinnahmen. Henna ist ein wichtiges Färbemittel im arabischen Kulturkreis (Haare, Hände und Füße der Frauen), Gabès liefert allein die Hälfte der tunesischen Produktion. Von der gesamten landwirtschaftlichen Produktion dienen nach A. BECHRAOUI (1980, S. 195) etwa 20 – 40 % dem Eigenverbrauch der Familien, während ein wachsender Anteil auf dem Lokalmarkt der Stadt (92 000 Einwohner) sowie in entfernteren Großstädten, vor allem in der Landeshauptstadt Tunis, verkauft werden. Die Oasenlandwirtschaft befindet sich hier im vollen Wandel von der Subsistenz- zur Marktwirtschaft. Der *Anbaukalender* (vgl. Abbildung 4.17) demonstriert den ganzjährigen Arbeitsanfall, eine tote Saison gibt es nicht. Es ist vor allem die Bewässerung, welche die häufige Präsenz im Garten erfordert (u.U. sogar in der Nacht), will man die Wasserzuteilung nicht versäumen. Die Arbeitsspitzen treten im Herbst (September bis November) auf, wenn die Bestellung der Winterfrüchte und die Ernten von Henna und Datteln zusammentreffen. Die Arbeitsintensität ist sehr hoch, nach A. BECHRAOUI (1980, S. 125) läßt sich ein ungefährer Besatz von 3 AK/ha errechnen. Minimal ist dagegen der Kapitalaufwand. Man benötigt einige wenige Arbeitsgeräte (Hacken zur Bodenbearbeitung, Sicheln und Messer zur Ernte), die traditionellen Tragtiere Esel und Maultier werden rasch von Mofas verdrängt. Der natürliche Dünger – Mist und Fäkalien – wird zunehmend durch Mineraldünger ersetzt.

Abb. 4.17:
Anbaukalender der Oase
Gabès (Südtunesien)
Quelle: H. ACHENBACH
1971, S. 130)

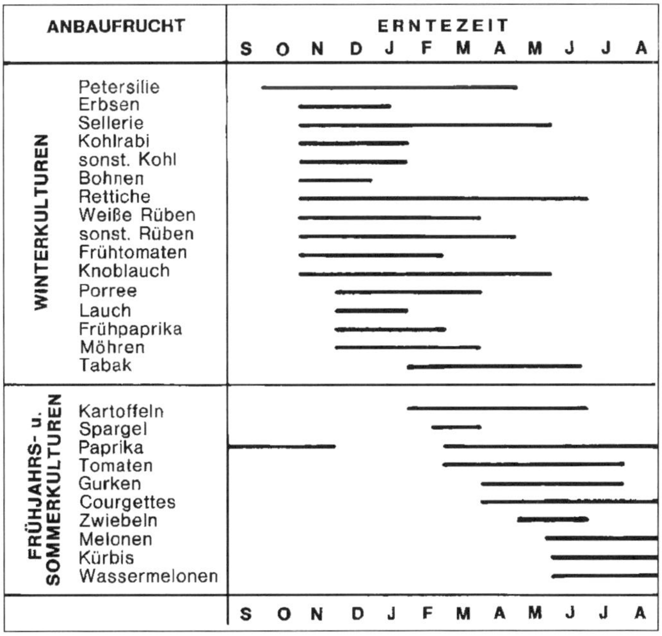

Dem hohen Arbeitsaufwand in der Oasenlandwirtschaft entspricht keineswegs die Flächenproduktivität, wenn man etwa den Erwerbsgartenbau der Industrieländer zum Vergleich heranzieht. Noch weit ungünstiger ist die Arbeitsproduktivität und dementsprechend die Einkommenssituation der Oasenbauern. Aus dieser Diskrepanz resultiert in erster Linie die *Krise der orientalischen Oasenlandwirtschaft*, vor allem in den Staaten mit rascher volkswirtschaftlicher Entwicklung, in denen das Lohnniveau rasch steigt. Die Oase konnte als Agrarsystem nur existieren, solange sie dank ihrer Isolierung nicht mit billiger produzierenden Agrarräumen in Konkurrenz stand und solange die Lohnkosten sehr niedrig waren (Sklaven!). Das Verschwinden des Karawanenhandels – Gabès war bis Anfang dieses Jahrhunderts ein wichtiger Zielpunkt der Transsaharakarawanen – beraubte viele Oasen ihrer Stützpunktfunktionen. Der Niedergang des Nomadismus beendet auch die traditionelle Symbiose zwischen nomadisierenden Viehzüchtern und seßhaften Oasenbauern. Eine Produktivitätssteigerung in den traditionellen Oasen wird vor allem durch die komplexen Verfügungsrechte über die Produktionsmittel – Mikroeigentum, Pachtverhältnisse, Wasserrechte – verhindert. Da zudem die Landarbeit im Orient seit jeher ein geringes Sozialprestige genießt, ist der Anreiz zur Abwanderung hoch, vor allem bei der Jugend. Durch die Verkleinerung des Arbeitskräftereservoirs hat sich andererseits die soziale Situation der bisher mehr oder weniger abhängigen Randgruppen (Harratin, Khammes) stark verbessert. Sie haben erstmals die Chance zum sozialen Aufstieg und zur Emanzipation. Trotz des hohen Bevölkerungsdrucks kommt es zu Extensivierungserscheinungen. Dabei lassen sich räumliche Differenzierungsprozesse beobachten. Während kleine, abseitige Oasen hohe Wanderungsverluste erleiden und man regional bereits vom „Oasensterben" spricht, erfahren große Oasen mit einem ausreichenden Angebot an nichtlandwirtschaftlichen Arbeitsplätzen (Industrie, Dienstleistungssektor) Konzentrations- und Urbanisierungsprozesse. Dies läßt sich gut in den ostalgerischen Oasen Ouargla, Ghardaia und Touggourt – Nachschubbasen der Gas- und Ölfelder – aber auch in Gabès beobachten. Gabès wurde seit den sechziger Jahren vom tunesischen Staat zum Entwicklungspol für den ariden Süden ausgebaut (vgl. A. ARNOLD 1979, S. 101 – 107: Handelshafen, Phosphatverarbeitung, chemische Industrien, Zementfabrik, Fremdenverkehr). In diesen begünstigten Siedlungen wächst zwar die Bevölkerungszahl, die Oasenlandwirtschaft profitiert aber nur bedingt davon. Vielfach erfahren die Gärten einen Funktionswandel zum Freizeitgarten und sommerlichen Zweitwohnsitz, wie z.B. in der algerischen Oase Ghardaia. Die Agrarprodukte werden aus anderen Regionen importiert, der Selbstversorgungsgrad der früher weitgehend autarken Oase wird immer geringer. Die Reaktion der Oasenlandwirtschaft auf die Einbindung in weitgespannte Handelsbeziehungen ist vielschichtig. A. BENCHERIFA (1990, S. 86 – 87) unterscheidet drei Tendenzen bei der Entwicklung der Oasen im Maghreb:

- Teile der Oasenflur werden aufgelassen, sei es wegen der Entvölkerung, sei es wegen fehlender Arbeitskräfte. Dies betrifft vor allem die extensiv genutzten Randbereiche; flüchtige Reisende schließen beim Anblick der ungepflegten Oasenränder fälschlich auf „Oasensterben". Dieses Phänomen ist keineswegs von umwälzendem Ausmaß.

- Die Oasenflur erlebt einen Extensivierungsprozeß. Wegen der Verknappung der Arbeitskräfte beschränken sich die kulturpflegerischen Maßnahmen auf ein Minimum, um das Weiterbestehen des Oasen-Ökosystems gerade noch zu gewährleisten. Die Fruchtbäume, vor allem die Dattelpalmen, werden weiterhin produktiv gehalten, während die Unterkulturen Getreide und Futterpflanzen aufgegeben werden.
- Die Oasenwirtschaft erlebt an manchen Orten eine kapitalistisch motivierte Intensivierung. Gastarbeiter und Remigranten investieren nicht nur in neue Häuser, sondern auch im Kauf von Land, in Motorpumpen, in die Pflanzung neuer Palmen und sogar in die Zucht leistungsfähiger Rinder.

Von der Rezession der Oasenlandwirtschaft bleiben die großen Stromoasen unberührt. Der Anbau erfolgt hier stärker auf offenen Feldern, die Stockwerkkultur tritt zurück. Das Parzellengefüge ist grobgliedriger, die Wasserversorgungen weniger kompliziert. Folglich ist dieser Oasentyp leichter zu modernisieren, der Mechanisierungsgrad ist z.B. in Ägypten bereits recht hoch. Traktoren, Pumpen und vereinzelt auch Dreschmaschinen substituieren relativ rasch die tierische, in geringerem Umfang auch die menschliche Arbeitskraft.

Die kleinbetrieblichen Kakaobauregionen Westafrikas

Der Kakaoanbau der Erde nimmt aus agrargeographischer Sicht eine Sonderstellung aufgrund folgender Merkmale ein:
- Konzentration des Anbaus auf wenige tropische Entwicklungsländer,
- Konzentration des Konsums auf wenige Industrieländer,
- extreme Preisschwankungen für das Produkt,
- Dominanz kleinbäuerlicher einheimischer Betriebe in den afrikanischen Hauptanbaugebieten.

Der Kakaobaum (*Theobroma cacoa* L.), der heute in vielfältigen Kulturformen gezüchtet wird, stammt aus dem Unterholz der tropischen Regenwälder Amerikas. Spanier brachten ihn im 16. Jahrhundert auf die Insel Fernando Poo, erst um 1880 gelangte seine Kultur aufs westafrikanische Festland, wo sie sich unter den einheimischen Bauern rasch ausbreitete – unter Assistenz von europäischen Missionsstationen und Kolonialverwaltungen. Bereits zu Beginn des Ersten Weltkriegs hatte sich der Anbauschwerpunkt aus Amerika nach Westafrika verlagert, wo die Kakaokultur auf optimale natürliche und sozioökonomische Anbaubedingungen traf. Die amerikanischen Anbaugebiete, vor allem Brasilien, spezialisierten sich fortan auf die Kultur des sog. Edelkakaos, während Westafrika den Konsumkakao lieferte. Hier wurde um 1970 mit 73 % der Welt-Kakaoernte ein Höhepunkt erreicht; damals entfielen auf die vier Hauptproduzenten Ghana, Elfenbeinküste, Kamerun und Nigeria alleine 67 %! Seitdem ist die Erzeugung Ghanas und Nigerias absolut stark gefallen – eine Folge einer verfehlten Agrarpolitik. Dagegen konnte die Elfenbeinküste ihre Produktion von 400 000 t um 1980 auf 809 000 t (1994) verdoppeln; das Land hat Ghana als größten Kakaoproduzenten abgelöst. Dennoch fiel der Anteil Afrikas an der Welt-Kakaoernte bis 1994 auf 53 % ab. Seit Beginn der achtziger Jahre sind neue Produktionszentren in Asien, vor allem in Indonesien, Malaysia und in geringerem Umfang in Papua-Neuguinea entstanden. Die Welt-Kakaoernte verdoppelte sich zwischen 1950 und 1970 auf

	1909	1925/29	1948/52	1969/71	1994
in 1000 t	235	532	760	1506	2564
in v. H.					
Afrika	35	63	66	73	53
Ghana	15	43	33	29	11
Nigeria	4	8	14	17	6
Elfenbeinküste	-	-	-	13	32
Sao Tomé u. Principe	15	3	1	0,7	0,2
Amerika	62	36	34	24	25
Brasilien	13	12	16	12	13
Asien, Ozeanien	-	-	-	3	22

Tab. 4.14:
Die Weltproduktion von
Kakaobohnen
(Quellen: H. BOESCH 1969 u.
FAO Production Yearbook
1981, 1994)

1,5 Mio. t, stagnierte dann bis etwa 1980, um bis Mitte der neunziger Jahre erneut auf etwa 2,5 Mio. t anzuwachsen (s. Tabelle 4.14).

Kakao zählt zu den wenigen tropischen Produkten, die fast keinen Binnenmarkt besitzen: etwa 90 % der Produktion muß exportiert werden. Im Rahmen der kolonialen Arbeitsteilung wurde den Produzentenländern eine exportorientierte Kultur aufgeprägt, die ihre Volkswirtschaften bis heute vom Spiel der Marktkräfte auf der Londoner Rohstoffbörse abhängig machen. Als Abnehmer kommen – anders als bei Kaffee, Tee und Tabak – fast ausschließlich Industrieländer in Frage: 1980 nahmen die EG 60 % und die USA 17 % des international gehandelten Kakaos im Wert von 4,3 Mrd. Dollar ab. Die Wirtschaftsstruktur der afrikanischen Produzentenländer Ghana und Elfenbeinküste ist stark vom Kakaoexport abhängig (Exportanteil ca. 30 %). Die extremen Schwankungen des internationalen Kakaopreises, die auf die geringe Elastizität von Angebot und Nachfrage dieses Genußmittels zurückzuführen sind (s. Tabelle 2.5), bilden ein bis heute ungelöstes Problem für die Produzentenländer. Daran konnte auch das seit 1972 bestehende Welt-Kakaoabkommen mit Exportquoten und Ausgleichslagern nichts ändern. Ein besonderes Merkmal des internationalen Kakaohandels ist die Monopolisierung des Exports durch die staatlichen Organisationen (marketing boards) einerseits und die Nachfragekonzentration auf relativ wenige industrielle Verarbeiter andererseits.

Als Pflanze des tropischen Regenwalds bevorzugt der Kakaobaum Temperaturen von 25 – 28 °C, das Mittel des kältesten Monats sollte 20 °C nicht unterschreiten. Niederschläge von 1 500 – 2 000 mm im Jahr bei möglichst gleichmäßiger Verteilung gelten als optimal, die aride Zeit darf 3 Monate nicht übersteigen; die Böden sollten tiefgründig und gut dräniert sein (REHM u. ESPIG 1976, S. 254 – 255). Die Anpflanzung erfolgt durch direkte Saat oder – häufiger – durch Jungpflanzen aus dem Anzuchtbeet. Junge Bestände benötigen ein Schattendach durch ältere Bäume oder durch höhere Nahrungsmittelpflanzen (Bananen, Mehlbananen, Mais, Maniok), die in den ersten Jahren zwischen den Kakaobäumchen angebaut werden. Der erste Kakao wird nach 5 – 7 Jahren geerntet, der volle Ertrag setzt nach 10 – 12 Jahren ein und hält etwa bis zum 30. Jahr an, dann setzt ein rascher Ertragsabfall ein. Da die Bäume aber 60 – 70 Jahre alt werden, unterbleibt in den kleinbäuerlichen Anbauregionen häufig die an sich erforderliche Verjüngung der Bestände.

Ein ökologischer Vorteil dieser Baumkultur ist die geringe Nährstoffentnahme aus dem Boden, da je Hektar nur 200 – 400 kg Kakaobohnen geerntet werden. Unter den tropischen Kulturen ist der Kakaobaum eine der bodenschonendsten Kulturpflanzen (s. Tabelle 4.15). Zum geringen Nährstoffentzug kommen die Vorteile der Beschattung, des ständigen Laubfalls als Nährstoff- und Humuslieferant sowie eine sehr viel weniger häufige Bodenbearbeitung hinzu. Bei Beachtung gewisser Regeln – Mischpflanzung und Einbringen der Fruchtschalen als Mulch – erlaubt die Kakaokultur einen langlebigen Anbau.

Tab. 4.15:
Der Nährstoffentzug
durch tropische Kulturen
(Quelle: J. D. FREWERDA
1980, S. 30)

Kultur	Produkt	Ernte kg/ha	N kg/ha	P kg/ha	K kg/ha
Mais	Maiskörner	1626	26,0	5,2	6,0
Erdnuß	Schote	905	43,0	2,9	11,0
Maniok	Knolle	9867	19,0	6,4	59,0
Banane	frische Frucht	15000	22,0	3,0	69,0
Kaffee	trockene Bohne	479	17,0	1,3	18,0
Kakao	trockene Bohne	306	6,0	1,4	3,0

Ein hohes Risiko erwächst für die Kakaokulturen aus ihrer Anfälligkeit gegenüber Pflanzenkrankheiten und tierischen Schädlingen, besonders wenn sie in Monokultur betrieben werden. So hat z.B. eine Viruskrankheit (swollen shoot) die Kakaokulturen Ghanas jahrzehntelang heimgesucht.

Die Kakaokultur hat einen *hohen Intensitätsspielraum*, der Faktoreinsatz und dementsprechend der Flächenertrag sind sehr variabel. Extensiv und intensiv wirtschaftende Betriebe liegen in unmittelbarer Nachbarschaft. Selbst auf Länderebene variieren die Hektarerträge in Westafrika sehr stark: 1994 wurden in Ghana 264 kg Kakaobohnen, in der Elfenbeinküste 505 kg/ha geerntet (FAO, Production Yearbook 1994). Moderne Pflanzungen erzielen gar 2 000 bis 2 500 kg/ha. Bei der traditionellen extensiven Wirtschaftsweise werden die Kakaobäume kaum gepflegt, als Arbeitsgeräte genügen Hacken, Äxte und Buschmesser. Bei intensiver Bewirtschaftung erfolgt ein häufigeres Überpflücken, gezielter Baumschnitt sowie ein Kapitaleinsatz in Form von Mineraldünger und Pflanzenschutzmitteln. Insgesamt ist aber in den westafrikanischen Kakaubauregionen der Kapitaleinsatz niedrig, der Arbeitseinsatz dagegen mit 30 – 95 Tagen je ha relativ hoch (H. G. SCHÖNWÄLDER 1969, S. 58, 95). Dies hängt auch damit zusammen, daß die ersten Aufbereitungsstufen – Fermentieren (Vergären) und Trocknen der Kakaobohnen – von den Bauern vorgenommen werden müssen. Im Vergleich zu anderen tropischen Kulturen ist der Geldertrag je Flächeneinheit recht hoch, so daß die Betriebe mit erstaunlich kleinen Flächen auskommen. Die Kakaoproduktion Westafrikas wird vorwiegend von Kleinbauern getragen, auch wenn großbäuerliche Betriebe in der Hand von Afrikanern sowie europäische Plantagen durchaus vorkommen. Um 1965 bewirtschafteten 75 % aller Kakaobauern Ghanas weniger als 4 ha; im Südosten der Elfenbeinküste hatten um 1964 zwei Drittel der Betriebe weniger als ein Hektar (H. G. SCHÖNWÄLDER 1969, S. 25), nur 3,4 % der Betriebe mit

zusammen 15,4 % der Kakaofläche bewirtschafteten mehr als 3 ha. Die kleinbäuerliche Betriebsstruktur geht sowohl auf Maßnahmen der britischen Kolonial-
verwaltung – sie erteilte in Ghana und Nigeria keine Plantagenkonzessionen –, als
auch auf die Innovationsbereitschaft afrikanischer Stämme zurück, welche den
Kakaoanbau in das traditionelle Anbauschema der herkömmlichen Landwechselwirtschaft einzupassen verstanden. Die geringe Betriebsgröße führt in der Regel
dazu, daß die Bauern noch andere Marktfrüchte (Kolanuß, Ölpalme), vor allem
aber Nahrungsmittel für den eigenen Haushalt anbauen (Yams, Kassava, Mais,
Banane, Mehlbanane, Bohnen, Gemüse). Die Nahrungsmittelpflanzen werden

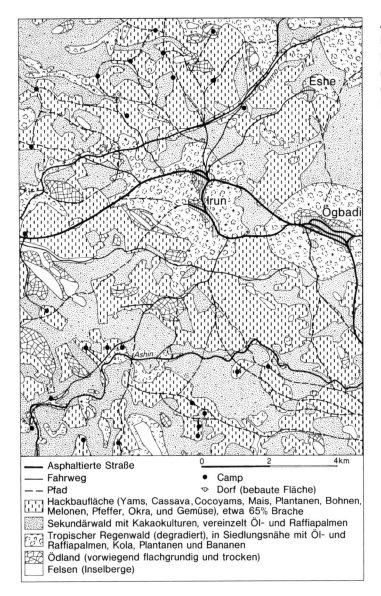

Abb. 4.18:
Bodennutzung im
Kakaogürtel West-
nigerias
(Quelle:
K. GRENZBACH 1984)

— Asphaltierte Straße
— Fahrweg   • Camp
– – Pfad   ⬠ Dorf (bebaute Fläche)
Hackbaufläche (Yams, Cassava, Cocoyams, Mais, Plantanen, Bohnen,
Melonen, Pfeffer, Okra, und Gemüse), etwa 65% Brache
Sekundärwald mit Kakaokulturen, vereinzelt Öl- und Raffiapalmen
Tropischer Regenwald (degradiert), in Siedlungsnähe mit Öl- und
Raffiapalmen, Kola, Plantanen und Bananen
Ödland (vorwiegend flachgrundig und trocken)
Felsen (Inselberge)

0   2   4km

teils auf neu angelegten Kakaoflächen als Schattenpflanzen, überwiegend aber auf intensiv bewirtschafteten siedlungsnahen Parzellen gezogen. Dadurch bilden sich um die Siedlungen eine Art von THÜNENschen Intensitätskreisen: die seltener aufgesuchten Kakaoareale werden in die entfernteren Gemarkungsteile abgedrängt (s. Abbildung 4.18).

Die Einführung der Exportfrucht Kakao hat überall in Westafrika zu einer beträchtlichen *sozialen Differenzierung* geführt. Der Boden war ursprünglich Kollektiveigentum der Stämme; jeder Stammesangehörige – nicht selten auch Stammesfreunde – erhielt ein Stück Land zum Nießbrauch nach seinen Bedürfnissen. Die Langlebigkeit der Kakaokultur von 30 – 60 Jahren führt unvermeidlich zu einer Individualisierung der Besitztitel. In Westafrika entwickelte sich eine kleine, aber einflußreiche „Pflanzerbourgeoisie". Nicht selten legen Städter (Kaufleute, Politiker) ihr Kapital in Kakaopflanzen an, die sie von Landlosen bewirtschaften lassen. H. G. SCHÖNWÄLDER (1969, S. 62) spricht in diesem Zusammenhang vom „Vordringen rentenkapitalistischer Erscheinungen".

Die Arbeitskräfte der Kakaowirtschaft bestehen aus Familienangehörigen, Pächtern und Lohnarbeitern. In der Masse der Kleinbetriebe dominieren die familieneigenen Arbeitskräfte. Die Anlage und Pflege der Baumbestände ist Männerangelegenheit, Frauen und Kinder helfen bei der Ernte. Neben den landbesitzenden Bauern hat sich eine breite landlose Schicht herausgebildet, die in unterschiedlichen Arbeitsverhältnissen steht (W. MANSHARD 1962, S. 197 – 198; H. G. SCHÖNWÄLDER 1969, S. 63 – 65):

1. *Abusa-Pächter*: bei diesem Teilpachtsystem erhält der Pächter 1/3, der Besitzer 2/3 der Erträge. Der Pächter hat mit seiner Familie alle Arbeiten nach Weisung des Besitzers auszuführen, er hat also keine Unternehmerfunktion;

2. *ständige Lohnarbeiter*, die Stunden-, Tages-, Monats- oder Jahreslohn erhalten;

3. *temporäre Lohnarbeiter*, die nur für die Arbeitsspitzen beschäftigt werden. In Ghana ist das Nkotokuano-Arbeitsverhältnis weit verbreitet, wobei der Arbeiter nach Akkord, d.h. nach der Menge des geernteten Kakaos, bezahlt wird. Kontraktarbeiter, oft in Kolonnen organisiert, werden für eine fest umgrenzte Arbeit eingestellt, beispielsweise für Rodungen, Unkrautjäten, Saatvorbereitung;

4. *Gastarbeiter* aus anderen afrikanischen Staaten, besonders aus der Sahelzone. Sie bilden die unterste soziale Schicht, da sie nahezu rechtlos sind und bei Beschäftigungsproblemen mit Ausweisung rechnen müssen – so z.B. aus Ghana 1969/70 und aus Nigeria 1983. Ihre Zahl geht in die Millionen. Schon vor dem Ersten Weltkrieg löste die Kakaokultur umfangreiche Wanderungen aus den nördlichen Savannen in die Regenwaldzone aus. Saisonale Arbeiterwanderungen werden durch komplementäre Anbauzeiten begünstigt. Die Hauptkakaoernte am Ende der Großen Regenzeit (Oktober bis Januar) beginnt, wenn die Ernte in den Savannen beendet ist und dort die Feldarbeit wegen der Trockenzeit ruht.

Der Einsatz von Saisonarbeitern sowie die teilweise Verankerung in der Subsistenzökonomie verschafft den westafrikanischen Kakaobauern im Vergleich zu den Plantagen eine größere Elastizität beim Arbeitseinsatz und eine gewisse Absicherung gegenüber den extremen Weltmarkt-Preisschwankungen – freilich um den Preis der sozialen Deformation einer früher nahezu egalitäten Gesellschaft.

Die monopolistischen Vermarktungsorganisationen (Marketing Boards, Caisses de Stabilisation) wurden bereits in der Spätkolonialzeit gegründet, um die Kleinbauern vor den ärgsten Folgen der Preisschwankungen auf dem Weltmarkt zu schützen. Ihnen obliegt Aufkauf, Transport, Gradierung (Sortierung), Qualitätskontrolle, Lagerung und Export des Kakaos. In der Postkolonialzeit scheinen sie teilweise zu Finanzierungsinstrumenten des Staatshaushalts umfunktioniert worden zu sein. Der Erzeuger erhält in manchen Ländern nur den geringeren Teil des Exportpreises, den Löwenanteil schöpft der Staat ab. In Nigeria und Ghana reagieren die Kakaobauern mit Schmuggel in die Nachbarländer und Produktionseinschränkungen. So sank die Kakaoproduktion Ghanas von 430 000 t (1969 bis 71) auf 230 000 t (1981) und stagniert seitdem auf diesem Niveau, diejenige Nigerias sank im gleichen Zeitraum von 261 000 t auf 160 000 t.

Der *Entwicklungs- und Modernisierungseffekt* der westafrikanischen Kakaowirtschaft wird höchst unterschiedlich bewertet. Einerseits werden der relativ hohe Entwicklungsstand der westafrikanischen Küstenländer um 1960 sowie die positiven Einkommenseffekte für die Kakaobauern hervorgehoben (R. v. ALBERTINI 1982, S. 374 – 386), andererseits unterstreicht eine kritischer gewordene Afrikaforschung[40] die offensichtlichen Nachteile dieses Agrarsystems für die Produzentenländer: totale Außenabhängigkeit, extreme Preisschwankungen, Vernachlässigung der Nahrungsmittelproduktion, soziale Differenzierung, Entstehung regionaler Disparitäten. Aus geographischer Sicht wird man den hohen Geldertrag je Flächeneinheit sowie die ökologische Verträglichkeit der Kakaokultur im Vergleich zu jeder Nahrungsmittelkultur nicht übersehen dürfen. Das schließt die Forderung nach stärkerer Diversifizierung der Kulturen nicht aus.

4.3.4 Regionen des spezialisierten Marktfruchtanbaus

In Gesellschaften mit ausgeprägter Arbeitsteilung, entwickelter Geldwirtschaft und intensiven Fernhandelsbeziehungen kann es zur Ausbildung von Agrarsystemen kommen, die auf die Erzeugung einiger weniger pflanzlicher Produkte spezialisiert sind. Dieser Typ M der Agrarklassifikation der IGU (s. Übersicht 4.2) läßt sich in zwei Untertypen gliedern, die sich nach Betriebsgröße, Faktoreinsatz und Sozialstruktur stark unterscheiden:
1. Großbetriebe (IGU-Typen Ml und Me) mit niedrigem Arbeits- und hohem Kapitaleinsatz, hoher Flächen- und sehr hoher Arbeitsproduktivität, sehr hohem Vermarktungsquotienten und sehr hohem Spezialisierungsgrad, Einsatz von Lohnarbeitern.
2. Kleinbetriebe (IGU-Typ Mi) mit hohem Arbeits- und Kapitaleinsatz, sehr hoher Flächen- und Arbeitsproduktivität, sehr hohem Spezialisierungsgrad, sehr hohem Vermarktungsquotienten, Einsatz von familieneigenen Arbeitskräften.

---

[40] So z.B. R. TETZLAFF: Ghana. In: NOHLEN u. NUSCHLER (Hrsg.): Handbuch der Dritten Welt, Band 2, Halbband 1, S. 179 – 195. Hamburg 1976.

Der erste Typ ist uralt. Lange bevor die Prinzipien der Arbeitsteilung, Spezialisierung und Trennung von Arbeit und Kapital Eingang in die gewerbliche Warenproduktion fanden, wurden sie im landwirtschaftlichen Großbetrieb praktiziert. Die Latifundien der Römer in Nordafrika, die bereits auf karthagische Vorbilder zurückgehen, waren Spezialbetriebe der pflanzlichen Produktion zur Versorgung der großstädtischen Märkte des Imperiums mit Getreide und Olivenöl. Die ersten Zuckerplantagen wurden von Persern im Mündungsgebiet von Euphrat und Tigris im 9./10. Jahrhundert angelegt (L. WAIBEL 1933, S. 25). Im Rahmen der Kolonialherrschaft übertrugen Europäer[41] das Agrarsystem der Plantage in die Tropen und Subtropen, um dort Nahrungs- und Genußmittel sowie industrielle Rohstoffe für die Metropolen zu produzieren. In den gemäßigten Klimazonen kamen Großbetriebe des spezialisierten Marktfruchtanbaus erst mit der Industrialisierung und Mechanisierung auf. In Nordamerika spezialisierten sich Großbetriebe erstmals nicht nur auf Dauerkulturen, sondern auch auf normale Feldfrüchte, wie z.B. Weizen. In Nordwesteuropa führte die Kultur der Zuckerrübe im 19. Jahrhundert zur Ausbildung von spezialisierten Marktfruchtbetrieben[42]; es war aber erst die enorme Verteuerung der Handarbeit nach 1950, welche den Wechsel vieler größerer Betriebe Westeuropas vom Gemischtbetrieb zum spezialisierten Marktfruchtbetrieb veranlaßte. Im Extremfall wird völlig viehlos gewirtschaftet, die für Europa seit Jahrhunderten typische Verknüpfung von Ackerbau und Viehhaltung in einem Betrieb löst sich auf. In den meisten sozialistischen Ländern Europas verlief die Entwicklung zu spezialisierten Marktfruchtbetrieben (z.B. LPG Pflanzenproduktion) ähnlich, die andersartige Eigentumsform ist aus geographischer Sicht unerheblich.

Nach H. F. GREGOR (1965, S. 22) weisen die großen Marktfruchtbetriebe der gemäßigten Klimazonen die meisten derjenigen Merkmale auf, die früher allein den Plantagen zugeschrieben wurden, nämlich Spezialisierung des Anbaus, hochrationalisierte Kultur- und Erntetechniken, große Betriebseinheiten, zentralisierte Leitung, Spezialisierung der Arbeitskräfte, Massenproduktion und hoher Kapitalaufwand. Er dehnt deshalb den Begriff „Plantage" auf die Marktfruchtbetriebe der Mittelbreiten aus (H. F. GREGOR 1970 b), was allerdings von den meisten Agrargeographen nicht nachvollzogen wird.

Der zweite Typ, der arbeits- und kapitalintensive spezialisierte Kleinbetrieb, kultiviert vorwiegend Baum- und Strauchkulturen, Gemüse, Zierpflanzen. Als Garten-, Wein- und Obstbaubetrieb hat er in verschiedenen Kulturkreisen eine alte Tradition. Vom Großbetrieb unterscheidet er sich nicht nur durch die sehr

---

[41] Es ist wenig sinnvoll, Stammbäume der Plantage aufzustellen. W. GERLING hat bereits 1954 darauf hingewiesen, daß „beim Vorwalten ganz bestimmter ökonomischer Voraussetzungen die Entwicklung einer solchen Wirtschaftsform prinzipiell möglich ist".

[42] Bereits E. HAHN (1892, S. 10) verglich in seiner bekannten Abhandlung „Die Wirtschaftsformen der Erde" den Zuckerrübenanbau mit der Plantagenwirtschaft: „Zugleich zieht der Zuckerbau in steigendem Maße die Arbeitskräfte anderer Gegenden zu einer dem Plantagenbau sehr ähnlichen Arbeit heran und versucht mit Glück unsere unerquicklichen Fabrikzustände auf das flache Land zu verpflanzen."

viel geringere Betriebsfläche, sondern auch durch höhere Intensität und Flächenproduktivität sowie durch die Dominanz familieneigener Arbeitskräfte.

Von beiden Typen sollen nachfolgend drei Raumbeispiele erörtert werden.

Die Plantagenregionen

Das Agrarsystem der Plantage ist seit langem Untersuchungsobjekt verschiedener wissenschaftlicher Disziplinen. Von geographischer Seite haben sich vor allem L. WAIBEL, W. GERLING, H. BLUME, H. F. GREGOR, P. P. COURTENAY mit ihm befaßt.

Die Plantagenwirtschaft war das spezifische Marktfruchtsystem der Tropen und Subtropen im Rahmen des kolonialen Wirtschaftssystems. Zusammen mit der extensiven stationären Weidewirtschaft (vgl. Kapitel 4.2.2) und dem Bergbau diente sie als Speerspitze der kolonialen Penetration. Im Rahmen der Zentrum-Peripherie-Modelle können Plantagen als Einrichtungen der Metropolen an der jeweiligen Peripherie erklärt werden (P. P. COURTENAY 1980, S. 15). Ihre Hauptfunktion war die Lieferung derjenigen pflanzlichen Erzeugnisse an die Metropolen, die dort aus klimatischen Gründen nicht produziert werden können. Zur Einrichtung und Unterhaltung des Plantagensystems ist der Transfer von Kapital und Management aus den Metropolen nötig. Plantagenarbeiter wurden vom 16. bis ins 20. Jahrhundert meist aus fremden Ländern rekrutiert, ursprünglich als Sklaven, nach den Sklavenbefreiungen als Kontraktarbeiter. Die Plantage war somit eingespannt in ein weiträumiges Verflechtungssystem von Produktionsfaktoren und Produkten, das eindeutig von den Metropolen gesteuert wurde. Im eigenen Land hatten die Plantagenregionen vielfach Enklavencharakter.

Die Zahl der Plantagendefinitionen ist kaum mehr zu überschauen. W. GERLING (1954, S. 19 – 20) schreibt der Plantage folgende Merkmale zu:
- Erzeugung von Rohstoffen der tropisch-subtropischen Klimazonen,
- intensive Wirtschaftsweise,
- Großbetrieb mit ausgedehnten Kulturflächen und mit teilweise technisch-industriellem Charakter,
- hohe Kapital- und Arbeitermengen,
- Weltmarktorientierung,
- Führungskräfte und Eigner sind in der Regel Europäer oder Nordamerikaner,
- Unterscheidung vom bäuerlichen Betrieb durch Tendenz zur Monokultur, Größe der Anbaufläche und höhere technische Ausstattung.

Seit dem Erscheinen von GERLINGs vielbeachteter Monographie haben die Plantagenregionen infolge der Entkolonialisierung und der allgemeinen sozioökonomischen Entwicklung (Industrialisierung, Verstädterung) tiefgreifende Veränderungen erfahren. Die GERLINGsche Definition muß daher in einigen Punkten modifiziert werden. Eine jüngere, knappe Definition des Agrarsystems „Plantage" findet sich bei W. DOPPLER (1991, S. 188): „Plantagen sind marktorientierte Betriebssysteme mit Dauerkulturen, die durch eine hohe Flächenkapazität, hohe Kapitalinvestitionen und Lohnarbeitsverfassung gekennzeichnet sind. Die Zielsetzung ist in der Regel die Maximierung der Kapitalrendite und des Unternehmergewinns. Die Flexibilität der Entscheidungen über die Produktionsrichtungen ist ein wichtiges Merkmal dieser Systeme. Von gleicher Bedeutung kann die erforderliche oder vorhandene Verarbeitungsindustrie sein." Nach der Lebensdauer der Kulturen unterscheidet DOPPLER drei Untertypen:

- Kurzfristige Investitionsperiode in Dauerkulturen mit Anpassungsmöglichkeiten an die Marktverhältnisse in Zeitspannen von drei bis fünf Jahren. Dies gilt für mehrjährige Feldkulturen wie Ananas, Zuckerrohr, Sisal.
- Mittelfristige Investitionsperioden in Dauerkulturen mit Anpassungsmöglichkeiten an den Markt innerhalb von 10 bis 20 Jahren bei Strauchkulturen wie Kaffee, Tee und Bananen.
- Langfristige Investitionsperiode in Dauerkulturen mit Anpassungsmöglichkeiten innerhalb einer Zeitspanne von 20 bis 50 Jahren. Hierbei handelt es sich um Baumkulturen wie Agrumen, Kautschuk, Ölpalmen.

In ihrer fünfhundertjährigen Geschichte hat sich die Plantage als recht dynamisches Agrarsystem erwiesen, das sich stets den Wandlungen der Wirtschafts- und Gesellschaftssysteme angepaßt hat. In historischer Sicht lassen sich drei Entwicklungsphasen feststellen:

1. Die *klassische traditionelle Plantage des 16. – 19. Jahrhunderts* mit europäischen Eignern und Führungskräften und afrikanischen Sklaven. Produktionsziel waren hochwertige tropische Spezialprodukte für den europäischen Markt, welche die hohen Transportkosten vertrugen, wie Zucker und Rum, Tabak, Kaffee und Gewürze. Wegen der günstigen Segelschiffverbindungen zu Europa lag das Schwergewicht im amerikanischen Raum; der amerikanische Plantagengürtel erstreckte sich von Virginia über die Karibik bis nach Nordost-Brasilien. Ein ökonomisches Verbundsystem Europa-Afrika-Amerika entstand. In der Alten Welt kam es erst vom 18. Jahrhundert an zur Ausbildung von kleinen Plantagenregionen, wie Sao Tomé (Kakao), Mauritius und Réunion (Zucker).

2. Die *moderne kapitalistische Plantage* entstand in der 2. Hälfte des 19. Jahrhunderts. Industrialisierung und Verstädterung in Europa und Nordamerika ließen die Nachfrage nach tropischen Produkten steil ansteigen. Neue Transporttechniken wie Dampf- und Kühlschiff ermöglichten jetzt auch den Versand von geringwertigen Massengütern und verderblicher Frischware, wie z.B. Bananen. Risikokapital suchte nach Anlage – ähnlich wie bereits im 16. Jahrhundert nach dem Übergang zur Geldwirtschaft (W. GERLING 1954, S. 11). Große Kapitalgesellschaften traten häufig an die Stelle des privaten Plantageneigners. Schwierigkeiten bereitete nach den Sklavenbefreiungen des 19. Jahrhunderts die Beschaffung der Arbeitskräfte. Der Schwerpunkt der Plantagenwirtschaft verlagerte sich daher in die asiatischen Tropen, nach Ostafrika und Ozeanien, da dort aus dem dichtbevölkerten Asien der Bedarf an Arbeitern leichter zu decken war. Breite Ströme von indischen und chinesischen Kontraktarbeitern in die Plantagenregionen wurden ausgelöst, deren Nachkommen noch heute dort ethnische Minoritäten bilden. Die Öffnung des Suezkanals (1869) verkürzte die Distanz zu Europa und verbesserte so die Wettbewerbsstellung der afro-asiatischen Plantagenregionen.

3. Die *Plantage der Postkolonialzeit.* Entgegen vielen Erwartungen ist das Agrarsystem Plantage mit dem Ende der Kolonialreiche keineswegs verschwunden, die unabhängig gewordenen Staaten versuchen vielmehr, die Plantage ihrer

nationalen Wirtschaftspolitik dienstbar zu machen (vgl. auch Tabelle 4.16). Die wirtschaftlichen Vorteile der Plantage sind offensichtlich so überzeugend, daß Regierungen der unterschiedlichsten ideologischen Richtungen sie in ihre Entwicklungspolitik integrieren. In vielen Ländern (Maghreb, Indonesien, Kuba, Ostafrika) wurden die ausländischen Eigentümer enteignet und die Plantagen als Staatsbetriebe, Kooperativen oder von einheimischen Privatleuten weitergeführt. Vereinzelt kam es auch zur Verteilung des Plantagenlandes an Kleinbauern. Das ausländische Führungspersonal wurde nach Möglichkeit durch Einheimische ersetzt, der ethnische Dualismus verschwand weitgehend; Kontraktarbeiter werden kaum mehr im Ausland angeworben. Weit schwieriger gestalten sich die Bemühungen zum Abbau des Enklavencharakters der Plantagen. Nur in relativ wenigen Ländern (Algerien, Indien, Indonesien, Brasilien) kann die Inputbeschaffung im Inland erfolgen und nur für einige Plantagenprodukte wie z.B. Zucker, Tabak, Tee, pflanzliche Öle lassen sich Binnenmärkte erschließen. Der Devisenmangel und das Fehlen alternativer Exportprodukte zwingen die Entwicklungsländer, die Exportorientierung ihrer Plantagen aufrechtzuerhalten, wie das Beispiel der kubanischen Zuckerwirtschaft lehrt.

Tab. 4.16:

Tropische Kulturen mit Anbauschwerpunkten in Plantagen
(Quellen: H. RUTHENBERG, 1967, S. 183; P. P. COURTENAY, 1980, S. 105; FAO. Production Yearbook 1981, 1994)

	ökonomische Nutzungsdauer Jahre	Hauptanbaugebiete	Ernte in 1000 t	
			1969–71	1994
Zuckerrohr	6–8	Brasilien, Karibik, Indien, Australien	576812	1075893
Bananen	20	Zentralamerika, Ecuador, Westafrika	30761	52584
Sisal	6–20	Brasilien, Ostafrika	645	305
Tee	50	Indien, Sri Lanka, Ostafrika	1264	2623
Gummibaum	35	Liberia, SO-Asien	3004	5636
Ölpalme	50	Malaysia, W-Afrika, Kongo	1987	14577
Kaffee	30–100	Brasilien, Zentralamerika, Ostafrika	4262	5430
Kokospalme	80	SO-Asien, Ozeanien	29355	44059
Ananas	6–13	SO-Asien, Hawaii, Mexiko, Elfenbeinküste	4969	11832

P. P. COURTENAY (1980, S. 83) gibt eine neue Definition der modernen Plantage der Postkolonialzeit: sie ist aufzufassen als ein auf die Produktion und unmittelbare Verarbeitung von Pflanzen spezialisiertes Wirtschaftsunternehmen unter zentralem Management, das wissenschaftliche Methoden und effiziente Produktionstechniken anwendet. Kulturen die ihren Anbauschwerpunkt in Plantagen haben, sind überwiegend Dauerkulturen mit ganzjähriger Erntezeit. Wegen der gleichmäßigeren Auslastung von Arbeitskräften und technischen Anlagen sind sie vorteilhafter als Saisonfrüchte mit ausgesprochenen Arbeitsspitzen. Für diese eignet sich der kleinbäuerliche Betrieb mit seiner größeren Arbeitselastizität besser (P. P. COURTENAY 1980, S. 83). Aus der langen ökonomischen Nutzungsdauer der Plantagenkulturen von 60 – 80 Jahren resultieren einige charakteristische Merkmale der Plantage. Aus ökologischer Sicht dienen Dauerkulturen weit besser der Erhaltung der Bodenfruchtbarkeit als Feldkulturen. Einige erlauben die Nutzung von Hängen, die für den Ackerbau nicht in Frage kommen, wie z.B. der Teestrauch. Aus ökonomischer Sicht ist der hohe Kapitalaufwand je Betrieb bemerkenswert. Er ergibt sich aus der ertragslosen Zeit zwischen Pflanzung und erster Ernte, vor allem aber aus den Aufwendungen für die Infrastruktur (Verkehrseinrichtungen, Plantagensiedlungen mit Wohnungen, Schulen, Läden usw.) und die Aufbereitungs- und Verarbeitungsanlagen, die vielfach Fabriken darstellen. In der älteren Plantagenliteratur wird der technisch-industrielle Charakter dieses Agrarsystems besonders betont (z.B. bei L. WAIBEL 1933). Er wird teils durch die Verderblichkeit der Früchte, teils durch das Gewichtsverlustmaterial erzwungen (Faseranteil bei Sisalagave: 2 – 5 %!). Dabei ist zwischen einfacher technischer Aufbereitung (z.B. Fermentieren und Trocknen der Kaffeebohnen) und industrieller Verarbeitung zu Fertigprodukten, wie z.B. Ananaskonserven, zu unterscheiden (W. GERLING 1954, S. 19). Die hohen Fixkosten der Anlagen haben schon früh die Monokultur gefördert. Das gilt nach wie vor für Produkte, deren Verarbeitungsanlagen einerseits eine gewisse Mindestgröße haben müssen, die aber andererseits keine hohen Transportkosten vertragen, wie z.B. Zuckerrohr, Ananas. Andererseits geht aus ökologischen und ökonomischen Gründen die Tendenz zur Polykultur. So baut z.B. die United Fruit Company auf ihren mittelamerikanischen Plantagen neben der Hauptkultur Banane auch Kakao und Ölpalmen an (H. F. GREGOR 1965, S. 227). Früchte, die frisch auf den Markt kommen, benötigen zwar keine Verarbeitungsanlagen, sind dafür aber auf exakt terminierende Ernte-, Transport- und Absatzorganisationen angewiesen. Aus diesem Grunde dominiert gerade bei diesen Produkten (Banane, Ananas) der Großbetrieb.

Ein gravierender Nachteil der Baum- und Strauchkulturen mit ihrem langen Produktionsvorlauf von 4 – 8 Jahren ist die geringe Elastizität des Angebots. Ein Anpassung an den Markt ist nur langfristig möglich.

Vorteilhaft aus der Sicht der Entwicklungsländer ist der hohe Bedarf der Dauerkulturen an Handarbeit, der außerdem relativ gleichmäßig über das Jahr verteilt ist. Dagegen sind Plantagen in Hochlohnländern wie USA und insbesondere im Bundesstaat Hawaii sowie Australien hochgradig mechanisiert. Die Sozialstruktur der Plantagenbeschäftigten ähnelt der von Industriebetrieben mit ihrer straff gegliederten Hierarchie von Lohnempfängern: Manager, Angestellte in Büros und Forschungseinrichtungen, Ingenieure, Aufseher, Vorarbeiter, Facharbeiter, einfache Arbeiter. Die Entkolonisierung hat lediglich den Dualismus zwischen Weißen und Farbigen sowie den ausländischen Kontraktarbeitern weitgehend beseitigt. Gesetzliche Maßnahmen der unabhängigen Regierungen versuchten, die soziale Lage des ländlichen Proletariats zu verbessern: Mindestlöhne,

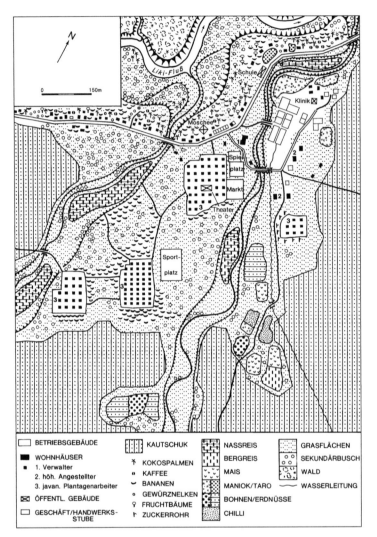

Ansätze einer Sozialversicherung. Auch heute noch erfolgt die Entlohnung nur teilweise durch Geld. So besteht in den Kautschukplantagen West-Sumatras der überwiegende Teil des Lohns aus Naturalien wie Reis, Kerosin, Kleiderstoffe, aus freier Wohnung und einem Stück Land zum Anbau von Nahrungsmitteln (U. SCHOLZ 1977, S. 161). Trotz der niedrigen Löhne sind Plantagen sehr lohnintensive Betriebe; der Anteil der Löhne an den Betriebskosten kann 50 – 80 % erreichen. Wie in der industriellen Arbeitswelt üblich, wird die Belegschaft den Absatzmöglichkeiten angepaßt. Erfordern Absatzkrisen eine Produktionseinschränkung, wird ein Teil der Beschäftigten entlassen.

Die soziale Gliederung der Plantagenbevölkerung spiegelt sich in der hierarchisch strukturierten Plantagensiedlung wider – nicht unähnlich den Bergbausiedlungen in der Dritten Welt (s. Abbildung 4.19). Plantagensiedlungen können durchaus die Bevölkerungszahl einer Kleinstadt erreichen; die Ausstattung derartiger Werkssiedlungen mit Infrastruktur- und Versorgungseinrichtungen übertrifft oft den Standard ländlicher Gebiete.

Die Plantage ist ein seit langem heftig umstrittenes Agrarsystem. Ihre unbestreitbaren Vorteile liegen auf ökonomischem Gebiet wegen ihren wissenschaftlich fundierten, industriemäßigen Produktionsmethoden. Im Vergleich zu kleinbäuerlichen Betrieben der Tropen und Subtropen erzielen sie meist eine höhere Flächenproduktivität und vor allem eine höhere Produktqualität, was für die Exportfähigkeit entscheidend ist. Das gilt besonders für Produkte mit hohem Aufbereitungsaufwand wie Tee, Zucker, Palmöl. Die Arbeitsproduktivität und – davon abhängig – die Einkommens- und Lebensverhältnisse der Plantagenbevölkerung sind vielfach besser als in benachbarten bäuerlichen Regionen. Aus entwicklungspolitischer Sicht bilden Plantagenregionen in der Regel keine Problemräume, sie genießen daher auch wenig Förderung bei Forschung und Entwicklung (W. DOPPLER 1991, S. 190). Plantagen waren die Wegbereiter des wissenschaftlich-technischen Fortschritts in der tropischen Landwirtschaft; die moderne Plantagentechnik mit ihren Baum- und Strauchkulturen kann sich den ökologischen Problemen der Tropen flexibler anpassen als die Kleinbauern. Plantagen sind außerdem vielfach die Instrumente der Binnenkolonisation im Urwald.

Die Nachteile der Plantage sind vorwiegend politischer Art, nämlich die weiter bestehende Abhängigkeit von ausländischen Märkten mit extremen Preisschwankungen. Nur bei wenigen Produkten wie Zucker, Tee und Palmöl leisten die Plantagen einen Beitrag zur Ernährungssicherung ihrer Staaten; vielfach sind Plantagenregionen auf die Zufuhr von Grundnahrungsmitteln angewiesen. Ihre soziale Problematik, die Schaffung einer Schicht von landlosen Arbeitern, dürfte eigentlich heute nicht mehr so negativ beurteilt werden, da die von allen Entwicklungsländern angestrebte Industrialisierung den gleichen Effekt hätte.

Wie ist die Zukunft der Plantage zu beurteilen? Im Zuge der Entkolonisierung gingen Zahl und Betriebsflächen der Plantagen in den meisten tropischen Ländern stark zurück – einige Staaten mit betont marktwirtschaftlicher Wirtschaftspolitik wie Liberia, Elfenbeinküste, Malaysia, Philippinen ausgenommen. Heute ist dagegen die Plantagenwirtschaft in den Tropen wieder in Ausbreitung begriffen, ausdrücklich gefördert von den jungen Nationalstaaten. Dabei lassen sich neue agrarindustrielle Organisationsformen beobachten, die weit über den alten Plantagenbegriff hinausgehen – das sog. *Agrobusiness.* Dieser aus den USA stammende Begriff bezeichnet ein komplexes Produktionssystem, das von der Inputbeschaffung über Produktion, Verarbeitung und Vermarktung reicht. Unter dem Zwang, angesichts des Bevölkerungsanstiegs die Nahrungsproduktion rasch steigern und Exportprodukte bereitstellen zu müssen, entschieden sich die Regierungen oft für agroindustrielle Großobjekte anstelle der langwierigen Förderung der bäuerlichen Produktion. Es kommt zum Zusammenwirken von Regierungen, die das Land zur Verfügung stellen, internationalen Finanzquellen und multinationalen Lebensmittelkonzernen, die ihren Sachverstand für Planung, schlüsselfertigen Aufbau und Führung des Großprojekts sowie die Vermarktung der Produkte einbringen. E. W. SCHAMP (1981) hat den Aufbau einer Rohrzuckerproduktion im tropischen Afrika beschrieben. Zwei Komplexe, die von der Republik Kamerun

zusammen mit französischen Firmen betrieben werden, umfassen 13 000 bzw.
11 200 ha. Ähnlich wie bei der Plantagenwirtschaft wird der ökonomische Erfolg –
Erzeugung von 40 000 t Zucker/Jahr – mit sozialen Folgen erkauft: Saison- und
Wanderarbeiter aus Nordkamerun, soziale Enklavensituation des Großbetriebes.
Die Regierenden fördern das Großprojekt, da es im Vergleich zu kleinbäuerlichen
Entwicklungsprojekten leichter durchsetzbar und international leichter zu finan-
zieren ist sowie schneller rentabel wird. Das ausländische Unternehmen behebt
die Knappheit an technisch-organisatorischen Fähigkeiten. Insgesamt geht aber
die rasche ökonomische Effizienz auf Kosten einer integrierten Entwicklung des
ländlichen Raumes. Die Förderung des Agrobusiness war eine der Ursachen der
iranischen Revolution von 1979. Fehlinvestitionen bleiben nicht aus. Von sechs
Zuckerkomplexen der Elfenbeinküste mußten 1984 zwei mit jeweils 6 000 ha
Bewässerungsland wegen Absatzschwierigkeiten stillgelegt werden und sollen auf
Reisanbau umgestellt werden (Fraternité Matin, Abidjan, 5.9.1984).

Marktfruchtbauregionen in der Bundesrepublik Deutschland

Die volkswirtschaftliche Entwicklung, vor allem der rasche Anstieg des allgemeinen Lohniveaus, zwang die Landwirtschaft der alten Bundesrepublik nach 1950
zu einer Umkombination der Produktionsfaktoren: Arbeit wurde zunehmend
durch Kapital und Boden ersetzt. Besonders die teuren Großmaschinen, wie z.B.
Mähdrescher und andere Vollerntemaschinen, erzwangen eine Anpassung der
Produktionsrichtung, die als Spezialisierung oder Betriebsvereinfachung bezeichnet wird. Die teuren Großmaschinen erfordern große Flächen zur Ausnutzung
ihres Leistungspotentials, außerdem sind die Produktionstechniken so komplex
geworden, daß der einzelne Landwirt nur noch wenige Produktionslinien beherrschen kann.

Ein entscheidender Schritt zur Minimierung des Arbeitsaufwandes ist die Reduzierung bzw. Aufgabe der Viehhaltung und die Spezialisierung auf den Anbau
von Marktfrüchten. Unter allen Betriebsformen wiesen die im Vollerwerb bewirtschafteten Marktfruchtbetriebe der alten Bundesrepublik 1993/94 mit nur 3,12
AK/100 ha den niedrigsten AK-Besatz auf; in den neuen Ländern wirtschafteten
die dort wesentlich größeren Betriebe sogar nur mit 1,02 AK/100 ha (Agrarbericht
1995, MB, S. 41). Voraussetzung ist ein Standort, der ausschließlich Ackerbau
erlaubt und nicht mit absolutem Dauergrünland belastet ist. Eine weitere Voraussetzung ist eine angemessene Betriebsgröße, da die Reinerträge je Flächeneinheit
relativ gering sind. Beim Familienbetrieb mit durchschnittlich 1,6 AK ist auch
eine Mindestfläche von 60 – 100 ha zur Auslastung der Arbeitskräfte erforderlich.
Diese Voraussetzungen sind in den alten Ländern nur an wenigen Standorten
gegeben. Raumprägend wurde dieses Agrarsystem bisher nur in Ostholstein mit
seinen vielen Gutsbetrieben sowie in den Bördenlandschaften. Weit verbreitet ist
der viehlos wirtschaftende Marktfruchtbetrieb dagegen in den neuen Ländern.
Nach der repräsentativen Agrarberichterstattung 1993 zählten von den 28 000
Betrieben der neuen Länder rund 10 400 zu diesem Typ. Sie bewirtschaften
durchschnittlich 284 ha, in Mecklenburg-Vorpommern sogar 417 ha. Über die
Hälfte der LF der neuen Länder wird von Marktfruchtbetrieben bestellt. Die starke
Stellung dieses Typs erklärt sich aus der in den siebziger Jahren in der DDR

vorgenommenen Trennung von tierischer und pflanzlicher Produktion, aus der Effizienz dieses extrem arbeitsextensiven Agrarsystems, vor allem aber aus den riesigen Flächen je Betrieb. Diese Großbetriebe können sich mit relativ geringen Nettoerträgen je Flächeneinheit zufrieden geben, das Betriebseinkommen ist immer noch sehr hoch. Im Wirtschaftsjahr 1993/94 belief sich das Betriebseinkommen je Hektar nur auf DM 808, je AK aber auf DM 79 000. In den alten Bun-desländern erwirtschafteten die Marktfruchtbetriebe DM 853/ha verglichen mit DM 1210 bei den Futterbaubetrieben und DM 2939 bei den Dauerkulturbetrieben (Agrarbericht 1995, S. 23).

Die Zahl der angebauten Marktfrüchte ist unter den gegebenen Anbau- und Absatzverhältnissen in Mitteleuropa recht gering geworden und hat sich i.w. auf Getreide, Hackfrüchte, Raps sowie kleine Flächen von Klee und Gras zur Samengewinnung, Hülsenfrüchte und Feldgemüse beschränkt. Die Entwicklung der Landtechnik ließ den Anbau von Mähdruschfrüchten zum arbeitsextensivsten Produktionszweig überhaupt werden. Für einen Hektar Getreide ist nur noch ein Arbeitsaufwand von 13h/Jahr nötig (ANDREAE u. GREISER 1978, S. 45). Die früher so gefürchteten Arbeitsspitzen von Saat und Ernte gehören beim Getreidebau der Vergangenheit an. Infolgedessen stieg der Anteil der Getreidefläche am Ackerland im alten Bundesgebiet von 55 % (1951) auf 72 % (1981). Die Agrarreformen der EU zu Beginn der neunziger Jahre bewirkten wieder einen Rückgang der Getreideflächen auf 59 % in den alten Ländern und 53 % in Gesamtdeutschland (1993). Diese „Vergetreidung" erforderte neue, vereinfachte *Fruchtfolgen*. Seit der Einführung der Fruchtwechselwirtschaft im 18. Jahrhundert war großer Wert auf den ständigen Wechsel zwischen Humusmehrern (Futterpflanzen) und Humuszehrern (Hackfrüchte), garefördernden (Hackfrüchten) und garezehrenden Kulturen (Getreide), Flachwurzlern (Gerste) und Tiefwurzlern (Luzerne) gelegt worden (H. STEINHAUSER et al. 1978, S. 43). Nun wurden diese Grundsätze zugunsten einfacher, getreidereicher Fruchtfolgen vernachlässigt (s. Tabelle 4.17), im Extremfall wird der bewährte Wechsel zwischen Halmfrucht und Blattfrucht sogar ganz aufgegeben: auch in Mitteleuropa sind heute reine Getreidefruchtfolgen anzutreffen. Angesichts der jüngsten Preissteigerungen für Kunstdünger, speziell für Stickstoff, scheint sich allerdings wieder eine Rückbesinnung auf die bewährte vielgliedrige Fruchtwechselwirtschaft anzubahnen.

Die Wahl der jeweiligen Fruchtfolge ist vom Betriebsziel, vor allem aber auch von den Standortverhältnissen abhängig (B. ANDREAE 1984, S. 1), wird doch die Selbst- und Fremdverträglichkeit der Getreidearten stark von den Boden- und Klimaverhältnissen beeinflußt.

Tab. 4.17:

Getreidereiche Fruchtfolgen in Norddeutschland

(Quellen:W. LANGE 1981, A und B;

B. ANDREAE 1984 , C)

A	B	C
Ostholstein	Ostholstein	Lößbörde
1. Winterraps	1. Winterraps	1. Hafer
2. Winterweizen	2. Winterweizen	2. Winterweizen
3. Wintergerste	3. Zuckerrüben	3. Wintergerste
	4.Winterweizen	4. Winterroggen
	5. Wintergerste	

Übersicht 4.3:

Beispiel eines viehlosen Marktfruchtbetriebs in Ostholstein

(Quelle: W. LANGE 1981)

Fläche:	100 ha LF, davon 96 ha Acker, 4 ha Dauerwiesen
Naturraum:	flachwellige Grundmoräne mit stark wechselnden Böden; Bodenwertzahl durchschnittlich 50 Punkte
Betriebsorganisation:	bis 1976 Haltung einer Milchkuhherde von 50 Tieren zuzüglich Nachzucht; 7 Fremd-AK (einschl. 2 Melker) waren nötig. Nach Aufgabe der Viehhaltung wird der Betrieb alleine vom Inhaber bewirtschaftet, dazu 1 Saisonarbeiter
AK-Besatz:	1,5 AK/100 ha
Maschinenpark:	1 Mähdrescher von 3,50 m Schnittbreite, 3 Schlepper, 1 Körnertrocknungsanlage
Fruchtfolgen:	vor 1976: seit 1976:
	1. Kleegras 1. Winterraps
	2. Winterraps 2. Winterweizen
	3. Winterweizen 3. Zuckerrüben
	4. Wintergerste 4. Hafer
	5. Zuckerrüben 5. Wintergerste
	6. Hafer

Der Übergang zu einfachen getreidereichen Fruchtfolgen wurde ermöglicht durch Mechanisierung, agrochemische Hilfen (Unkrautbekämpfung, Pestizide und Fungizide, Halmverkürzungsmittel) und nicht zuletzt durch die staatlichen Preis- und Absatzgarantien, welche das ökonomische Risiko milderten. Mineraldünger hat den organischen Dünger ersetzt, der Humushaushalt findet seinen Ausgleich durch Einarbeitung von Pflanzenresten (Rübenblatt oder gehäckseltes Stroh) sowie Gründünger. Allerdings sind diesen pflanzenhygienischen Maßnahmen dadurch Grenzen gesetzt, daß sie mit erheblichen zusätzlichen Kosten verbunden sind. Mit wachsender Einseitigkeit der Fruchtfolgen nehmen Krankheiten und Schädlinge zu und bedingen wachsende Kosten (H. STEINHAUSER et al. 1978, S. 43). Es bleibt eine Restunsicherheit, ob die vereinfachten Fruchtfolgen mit ihrem hohen Halmfruchtanteil langfristig die Bodenfruchtbarkeit sichern können. Die zunehmende Anwendung chemischer Präparate stellt einen Eingriff in das komplexe ökologische System dar, dessen Auswirkungen wegen der Kürze des Beobachtungszeitraums noch nicht zu übersehen sind.

Dauerkulturregionen der gemäßigten Breiten: die Obstbauregion Niederelbe als Beispiel

Nach der bundesdeutschen Betriebssystematik zählen Wein, Obst und Hopfen zu den Dauerkulturen[43]. Sie heben sich durch folgende Merkmale von den Ackerkulturen ab:

---

[43] Häufig findet sich auch der Begriff „Sonderkulturen". Er umfaßt eine Gruppe von Früchten, denen nur gemeinsam ist, daß sie in die Einteilung Getreide, Hackfrüchte, Futterpflanzen nicht hineinpassen. Neben den o. a. Dauerkulturen versteht man darunter auch Tabak, Arzneipflanzen und Feldgemüse.

- Langlebigkeit,
- starke Bindung an naturbegünstigte Standorte,
- Anbau meist in Monokultur,
- hohe Arbeitsintensität, Auftreten ausgeprägter Arbeitsspitzen,
- hohe Kapitalintensität,
- hohe Ertragsintensität,
- hohes Risiko,
- komplexe Anbautechniken, die ein hohes Ausbildungsniveau erfordern,
- aufwendige Verarbeitungs-, Lager- und Absatzeinrichtungen und Absatzorganisationen,
- in Europa Dominanz kleiner Familienbetriebe,
- starke Überformung der Kulturlandschaft,
- lange Anbautraditionen in vielen Dauerkulturregionen.

Der Begriff „Dauerkultur" ist aus ihrer Langlebigkeit abgeleitet, die unter Beachtung der heutigen Rentabilitätsgesichtspunkte bei Hopfen 15 – 20, bei Obst 15 – 30 und bei Wein 30 – 40 Jahre beträgt. Daraus ergibt sich eine geringe Flexibilität des Betriebes als schwerwiegender Nachteil; auf Veränderungen des Marktes kann er nur mit großer Verzögerung reagieren. Die Bindung an naturbegünstigte Standorte ist unter mitteleuropäischen Verhältnissen vor allem beim Wein, weniger bei Obst und Hopfen ausgeprägt. Der Handarbeitsaufwand ist bei Dauerkulturen trotz gewisser Mechanisierungserfolge noch sehr hoch. Die im Vollerwerb geführten bundesdeutschen Dauerkulturbetriebe – zu zwei Drittel handelt es sich um Weinbaubetriebe – beschäftigen 14,8 AK /100 ha, d.h. das Fünffache der Marktfruchtbetriebe (Agrarbericht 1995, MB, S. 41). Der jährliche Arbeitsaufwand je Hektar Rebland reicht von 700 h (Flachlagen der Pfalz) über 1 200 h (Franken) bis zu 1 700 h in Steillagen an der Mosel. Ein normaler Familienbetrieb ist daher mit 3 – 4 ha Rebland arbeitsmäßig voll ausgelastet. Kleine Betriebsflächen dominieren im europäischen Weinbau. Große Weingüter mit Lohnarbeitskräften kommen zwar vor, sind aber in Europa – anders als in den USA – eher die Ausnahme. Von den 77 400 Betrieben mit Weinbau (1989/90) in der alten Bundesrepublik bewirtschafteten nur 1 010 eine Rebfläche von mehr als 10 ha (Statist. Jb. ELF, 1991, S. 113). Aber auch im Wein- und Obstbau ist der Konzentrationsprozeß der Betriebe in vollem Gange. Zwischen 1979/80 und 1989/90 sank die Zahl der Betriebe mit Weinbau von 89 000 auf 77 400 während die der Betriebe mit mehr als 10 ha Rebfläche sich von 521 auf 1 010 verdoppelte.

Trauben- und Obsternten bilden ausgesprochene Arbeitsspitzen im Jahresarbeitskalender, da die Handarbeit nur sehr eingeschränkt durch Pflückmaschinen zu ersetzen ist. Der Arbeitsanfall kann nur mit Saisonkräften bewältigt werden, die auf dem deutschen Arbeitsmarkt trotz hoher Arbeitslosigkeit kaum zu finden sind. Waren es vor Grenzöffnung im Osten vor allem Türken, die mit Touristenvisum einreisten und sich für die Erntezeit bei Winzern und Obstbauern verdingten, so stellen heute Polen das Gros der – in der Regel legalisierten – Saisonkräfte. Sie treten im Herbst in den Obst- und Weinbaugebieten zu Tausenden auf. Dagegen ist die Hopfenernte weitgehend mechanisiert, seit den fünfziger Jahren hat die Hopfenpflückmaschine die früheren Scharen von Pflückern bis auf Reste überflüssig gemacht.

Der hohe Kapitalaufwand errechnet sich aus den Kosten für Neuanlagen (DM 40 000 bis 50 000/ha im Weinbau; im modernen Obstbau gelten Pflanzdichten von 1 000 bis 2 000 Bäumen/ha!), für Betriebsmittel, Lager- und Verpackungseinrichtungen sowie den fehlenden Einnahmen bis zur ersten Ernte nach 3 – 4 Jahren. Dem stehen hohe Einnahmen je Flächeneinheit gegenüber. Beispielsweise erzielten die Winzer der Rheinpfalz bei Flaschenweinvermarktung 1992/93 einen Ertrag von DM 26 990,-/ha, bei Faßweinvermarktung noch DM 11 484,-/ha (Statist. Jb. ELF 1994, S. 168). Obstbaubetriebe der Niederelbe kamen 1994/95 auf einen Ertrag von DM 17 494,-/ha (Mitt. OBV Jork). Der Anbau dieser Kulturen an ihren Polargrenzen läßt die Ernten von Jahr zu Jahr hinsichtlich Qualität und Quantität stark schwanken. So bewegte sich die westdeutschen Weinmosternte zwischen 5,4 Mio. hl (1985) und 13,2 Mio. hl (1989), der Hektarertrag schwankte dementsprechend zwischen 58,1 und 140,8 hl. Die Schwankungen werden allerdings gemildert, da bei knappen Ernten höhere Preise je Produkteinheit zu erzielen sind. Die Preisschwankungen für die Produkte der Dauerkulturen sind relativ groß, sie werden auch von den Marktordnungen der EU nicht voll aufgefangen. Dauerkulturen sind daher in Mitteleuropa mit einem relativ hohen Risiko verbunden, das ihnen einen spekulativen Charakter verleiht. Um das Risiko abzufedern, haben Erzeugergenossenschaften, welche Verarbeitung, Lagerung, Verpackung und Absatz übernehmen, unter Winzern, Obst- und Hopfenbauern eine starke Stellung. Beim Hopfen dient auch der Vertragsanbau für Brauereien zu Festpreisen der Betriebssicherung.

Stärker als normale Ackerkulturen prägen die Dauerkulturen die Kulturlandschaft. Das gilt für die Fluren wie die Siedlungen. Die hochgiebeligen Hopfenhäuser von Spalt, die Hopfendarren im südostenglischen Kent oder die ummauerten Weinbaudörfer Mainfrankens sind markante Zeugnisse einer traditionsreichen Dauerkultur.

Trotz den gemeinsamen Merkmalen unterscheiden sich die Dauerkulturregionen doch erheblich nach Alter, Genese, Produktionsrichtung und Absatzverflechtung. Exemplarisch soll daher nachfolgend die Obstbauregion Niederelbe

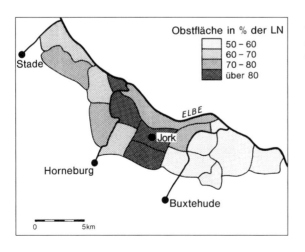

Abb. 4.20:
Anteil der Obstflächen im Alten Land
(Quelle: R. FROMMELT 1977)

behandelt werden. Sie bildet mit einer Anbaufläche von 10 200 ha (1993) die größte geschlossene Obstbauregion Deutschlands. Sie erstreckt sich über die südlichen Elbmarschen (Winsener Marsch, Altes Land, Land Kehdingen, Land Hadeln), wobei das Alte Land eindeutig den Anbauschwerpunkt bildet. Um sein Zentrum Jork erreichen die Obstflächen über 80 % der LN (s. Abbildung 4.20). Die Tradition des Obstbaus reicht bis ins Spätmittelalter zurück, damals wurde er von den Grundherren, Klöster der Stadt Stade, eingeführt. Im Jahr 1657 wurden bereits 742 Betriebe mit Obstbau und einer Gesamtfläche von 200 ha gezählt (H. ACHENBACH 1984, S. 155 – 157). Der Hauptbetriebszweig blieb aber der Getreidebau mit Viehwirtschaft. Erst in der 2. Hälfte des 19. Jahrhunderts erfolgte der Übergang zur vollen Marktwirtschaft und die Spezialisierung auf den Obstbau als Haupterwerb. Damit ging eine rasche Expansion der Obstfläche einher. Sie umfaßte im Jahre 1900 bereits 2 500 ha, der Höhepunkt wurde um 1970 mit 14 300 ha in der Region Niederelbe erreicht (K. LOOCK 1984, S. 142). Die seitdem erfolgte Schrumpfung auf jetzt 10 200 ha ist eine Reaktion auf die Überproduktion in der EG, ist aber auch durch die Aufgabe vieler Betriebe zu erklären. Seit Anfang der achtziger Jahre ist die Zahl der Obstbaubetriebe von 2 100 auf etwa 1 500 (1992) geschrumpft. Die z.T. mit EG–Prämien geförderten Rodungen erfolgten vor allem an den Rändern der Obstbauregion auf Geestböden, wo sich den Bauern alternative Anbaumöglichkeiten boten.

Die Hauptursache für die Ausbildung der Obstbauregion war anfangs die Nähe des Hamburger Absatzmarktes. Die Möglichkeit, direkt von den Höfen das Obst über Kanäle und Elbe mit strohgepolsterten Kähnen zu verschiffen, war im vortechnischen Zeitalter ein nicht zu unterschätzender Standortvorteil. Zusammen mit der Gemüsebauregion der Vierlande und dem Baumschulengebiet um Pinneberg bildet die Obstbauregion Niederelbe einen stadtnahen Intensivkulturring im Sinne THÜNENS (vgl. H. ACHENBACH 1984). Die neuen Transportmittel des Industriezeitalters erlaubten die Erschließung entfernter Märkte, wie die norddeutschen Großstädte, das Ruhrgebiet, England und Skandinavien.

Träger des Obstbaus war anfangs eine breite unter- und kleinbäuerliche Schicht, die ein Zubrot suchte. Erst von etwa 1850 an gingen auch die Vollhufner von der üblichen Landwirtschaft zum Erwerbsobstbau über.

Die natürliche Ausstattung des Raumes ist für den Obstbau günstig. Er konzentriert sich vorwiegend auf das 1 – 2 m über NN gelegene Marschland hinter dem Elbdeich, während das niedrigere, staunasse Sietland am Geestrand gemieden wird. Kleinere Flächen greifen heute auch auf die Geest aus. Das maritime Klima begünstigt vor allem den Apfelanbau: ausreichende Niederschläge von etwa 730 mm im Jahr, hohe Luftfeuchtigkeit – sie erlaubt dünnschalige Sorten – und niedrige Sommertemperaturen, die für ein ausgeglichenes Zucker-Säure-Verhältnis sorgen (H. REICH 1974, S. 9). Ein wesentlicher Faktor ist das geringe Spätfrostrisiko, was nicht zuletzt auf die ausgleichende Wirkung der zahlreichen künstlichen und natürlichen Wasserläufe in der vom 12. – 15. Jahrhundert angelegten Marschhufenflur zurückzuführen ist.

Etwa 1 500 Betriebe teilen sich die Baumobstfläche von 10 200 ha, so daß im Durchschnitt 7 ha je Betrieb anzunehmen sind. Die Betriebsgrößen sind jedoch recht unterschiedlich, nur 850 Betriebe bewirtschaften mehr als 3 ha Obstland;

die größeren Einheiten kommen auf 15 - 20 ha Obstfläche. Der Obstbau erfordert Spezialkenntnisse sowie Maschinen und Einrichtungen, die sich nur in größeren Betrieben rentabel einsetzen lassen; er ist nicht mehr einfach im Nebenerwerb nach Feierabend zu betreiben.

Das Niederelbegebiet hat sich in den letzten Jahrzehnten zunehmend auf den Anbau von Äpfeln spezialisiert. Ihr Anteil ist zwischen 1982 und 1993 von 79 % auf 87 % der Obstfläche gestiegen. Nur noch 4 % entfallen auf Birnen, 5 % auf Süßkirschen und 2,4 % auf Sauerkirschen. Die Birnen- und Kirschenfläche ist in den letzten Jahren infolge der italienischen Konkurrenz stark zurückgegangen (s. Tabelle 4.18). Das Sortenbild der Äpfel spiegelt die Anpassung an das maritime Klima wider: Boskop, Elstar, Gloster und Cox Orange stehen an der Spitze; auf die 9 wichtigsten Sorten entfallen 80 % der Anbaufläche. Das Sortenbild ist dabei einem ständigen Wandel unterworfen – je nach den Anforderungen des Marktes und der Konkurrenzsituation. Traditionelle Sorten wie Horneburger, Ingrid Marie und Cox Orange verlieren an Bedeutung und werden durch Neuzüchtungen wie Gloster, Jonagold und Jonagored ersetzt.

Der Arbeitskräftebesatz ist wie bei allen Dauerkulturen sehr hoch. Ständig werden 1 500 AK beschäftigt, in der Erntezeit kommt nochmals die vierfache Zahl von Aushilfskräften, nämlich 6 000 AK, hinzu (K. LOOCK 1984, S. 144). Man rechnet im Jahresdurchschnitt für je 6 ha eine Arbeitskraft. Als Erntearbeiter werden heute vorwiegend Polen beschäftigt, die offiziell organisiert einreisen. In den achtziger Jahren waren es überwiegend Türken gewesen, die mit einem Touristenvisum einreisten.

	Baumobstfläche 1981/82		Baumobstfläche 1992/93	
	ha	v. H.	ha	v. H
Baumobstfläche insgesamt	12062	100	10235	100
davon Äpfel	9175	79,1	8879	86,8
Birnen	698	6,0	438	4,3
Süßkirschen	682	5,9	522	5,1
Sauerkirschen	798	6,9	241	2,4
Pflaumen, Zwetschgen	243	2,1	155	1,5

Tab. 4.18:
Das Anbauspektrum der Region Niederelbe 1981/82 und 1992/93 (Quelle: H. LOOCK 1984, S. 142; Mitt. Obstbauversuchsring Jork 1994)

Der Kapitaleinsatz liegt mit 500 000 bis 800 000 DM je Arbeitsplatz[44] durchaus im Niveau industrieller Arbeitsplätze. Die wichtigsten Posten bilden Pflanzgut, Pflanzenschutzmittel, Dünger, Treibstoffe, Beregnungsanlagen, Maschinen und Geräte. In den Apfelplantagen geht der Trend zu immer höherer Pflanzdichte je Hektar, sie liegt bei Neuanlagen bereits bei über 2 000 Bäumen je Hektar. Folglich ist die Zahl der Apfelbäume trotz rückläufiger Fläche von 3,7 Mio. Bäumen (1981) auf 8,2 Mio. (1992) angestiegen. Etwa 60 - 70 % der Apfelflächen sind heute mit Frostschutzberegnungsanlagen ausgerüstet. Sehr stark fallen die Lagerungsko-

---

[44] Freundliche Mitteilung von Herrn Dr. P. QUAST, Obstbauversuchsanstalt Jork

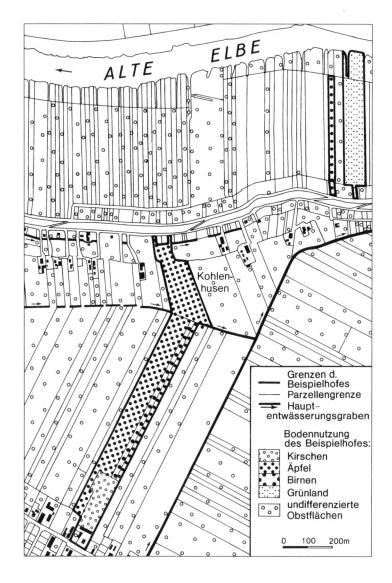

Abb. 4.21:
Anbaugefüge eines
Obsthofes im Alten
Land
(Quelle:
R. FROMMELT 1977)

sten ins Gewicht. Die Verkaufssaison dauert von September bis Juni, d.h. über 10 Monate. Ab Januar ist dabei bei vielen Sorten ein Qualitätsabfall zu beobachten – falls sie nicht in Spezialkühlhäusern gelagert werden. Die Kühl- und Lagertechnik ist immer aufwendiger geworden. Die Entwicklung ging vom Frischluftlager zum Kühllager mit kontrollierter Atmosphäre. Bei dieser technisch aufwendigen CA/ULO-Lagerung wird der Sauerstoffgehalt auf 1,5 % reduziert und dadurch der Alterungsprozeß der Äpfel verlangsamt.

Dem hohen Aufwand entspricht ein hoher Ertrag von durchschnittlich 250 bis 300 dt/ha. Er konnte in den letzten 20 Jahren durch Modernisierung der Plantagen verdoppelt werden, so daß die Ernten trotz Verringerung der Anbauflächen größer wurden. Der Absatz erfolgt über vier Erzeugerorganisationen, private

Großhändler und direkt an Großabnehmer (Saftereien). Der Direktverkauf an Endverbraucher beträgt nur etwa 6 – 10 % der Ernte, kann aber bei einzelnen Betrieben wesentlich höher liegen. Der frühere Hauptabsatzplatz Hamburg nimmt nur noch etwa 10 % der Ernte ab. Hauptabnehmer sind heute die Industriegebiete Nordrhein-Westfalens (45 %) sowie die übrigen städtischen Agglomerationen Norddeutschlands. Etwa an der Mainlinie endet die Konkurrenzfähigkeit des Niederelbe-Obstes.

4.4   Regionen der landwirtschaftlichen Gemischtbetriebe

Die Integration von Ackerbau und Viehzucht in ein und demselben Betrieb war bisher in Europa, soweit es der gemäßigten Klimazone angehört, etwas Selbstverständliches. Abgesehen von den reinen Grünland- und Dauerkulturbetrieben war der übliche europäische Bauernhof auf diese beiden Betriebszweige ausgerichtet. Von europäischen Siedlern wurde dieses Agrarsystem nach Übersee exportiert. Seine Hauptverbreitungsregionen sind heute West- und Mitteleuropa, Polen – im übrigen östlichen Mitteleuropa und Osteuropa wurde es durch die Kollektivierung modifiziert –, in Nordamerika östlich der Trockengrenze am 98. Längengrad. Hier dominiert es im Maisgürtel, der nach B. HOFMEISTER (1972, S. 35) besser Mais-Soja-Schweine-Rindermastgürtel heißen sollte. Ausleger finden sich schließlich in der argentinischen Pampa, Südostaustralien, Neuseeland und Südafrika (D. GRIGG 1974, S. 152). Aus weltweiter Sicht bleibt das Agrarsystem der Gemischtbetriebe dennoch ein Sonderfall, hervorgegangen aus der mittelalterlichen Dreifelderwirtschaft des nordwestlichen Europa. Diese war vorwiegend auf die Erzeugung von Getreide für den menschlichen Konsum ausgerichtet, die Viehhaltung war unbedeutend. Das Vieh – auch die Schweine – weidete fast das ganze Jahr über auf dem Brachfeld oder der Allmende. Die „agrare Revolution", die im 18. Jahrhundert in England einsetzte, führte u.a. zur Einführung der Fruchtwechselwirtschaft mit Beseitigung der Brache. Neben Getreide erschienen nun auch Hackfrüchte (Rüben, Kartoffeln) und Futterpflanzen (Klee, Gras) in der Rotation. Die erweiterte Futterbasis ermöglichte die Aufstockung des Viehstapels und den Übergang zur Stallfütterung. Damit stieg das Düngeraufkommen für das Ackerland, die Flächenerträge stiegen an. Erst jetzt kann man von einer Integration von Ackerbau und Viehhaltung sprechen, während vorher beide Betriebszweige nebeneinander, weitgehend unverbunden, betrieben wurden. Der sozioökonomische Hintergrund für diesen Intensivierungsprozeß waren Bevölkerungsvermehrung, Industrialisierung und Verstädterung.

In der angelsächsischen Terminologie wird das System der Gemischtbetriebe meist als „Mixed Farming", in der IGU-Klassifikation als „Mixed Agriculture" bezeichnet mit folgenden Merkmalen: kleine bis mittlere Betriebsgrößen mit mittlerem Arbeits- und hohem bis sehr hohem Kapitaleinsatz, hoher Flächen- und Arbeitsproduktivität, hohem Vermarktungsquotienten und Orientierung auf gemischte pflanzliche und tierische Produktion. In der bundesdeutschen Betriebssystematik ist der Begriff „Gemischtbetrieb" viel enger gefaßt, er überspannt nur diejenigen Betriebe, welche aus keinem der vier Betriebszweige Markfrucht,

Futterbau, Veredlung und Dauerkultur mehr als 50 % der Einnahmen erzielen (1980/81: 12 % aller Vollerwerbsbetriebe). In Wirklichkeit sind auch die meisten Futterbau- und Veredlungsbetriebe Gemischtbetriebe, sie haben nur eindeutige Schwerpunkte in der tierischen Produktion. Würde man die IGU-Kriterien zugrundelegen, so wären wohl 80 % aller Vollerwerbsbetriebe in der Bundesrepublik Deutschland Gemischtbetriebe.

Die vier wichtigsten Merkmale des Agrarsystems „Gemischtbetrieb" sind:
- Integration der Betriebszweige Ackerbau und Viehwirtschaft,
- Vielfalt von Feldfrüchten und Nutztieren,
- Familienbetrieb,
- hoher Vermarktungsquotient.

Die Integration von Ackerbau und Viehwirtschaft hat zur Folge, daß das Ackerland vorwiegend der Futtererzeugung für das betriebseigene Vieh dient. Es dominieren also die Produktionsketten B und C (s. Abbildung 1.1), die sich nur wohlhabende Gesellschaften leisten können. Gras ist entweder auf das absolute Grünland beschränkt oder wird innerhalb der Rotation nur einige Jahre auf dem Ackerland angebaut. Fruchtfolgen, bei denen die üblichen Feldfrüchte mit Grasjahren wechseln (engl. ley-farming), sind besonders am atlantischen Saum Europas stark verbreitet.

Die *Feldpflanzengesellschaft i*st in Regionen mit Gemischtbetrieben recht vielfältig. Den Löwenanteil nimmt Getreide ein, wobei die Hauptgetreidesorten je nach den Klimaverhältnissen Mais, Weizen oder Gerste sein können. Im Unterschied zu anderen Regionen dient das Getreide vorwiegend als Viehfutter. So wandert in Dänemark 90 % der Getreideernte – sie besteht zu 85 % aus Gerste – in den Futtertrog. Im amerikanischen Maisgürtel wird der größte Teil des Maises am Ort verfüttert; im Staate Iowa, dem Zentrum des Maisanbaus, werden 80 % des Verkaufserlöses der Farmen mit tierischen Produkten erzielt (B. HOFMEISTER 1970, S. 164). Die zweite Hauptkultur bilden in Europa die Hackfrüchte, besonders Zuckerrüben, Runkelrüben und Kartoffeln. Ihre Anbauflächen sind allerdings mit Ausnahme der Zuckerrübe stark rückläufig, da sie einerseits sehr arbeitsintensiv sind und andererseits die Absatzmöglichkeiten für Kartoffeln gesunken sind. So verringerte sich der Anteil der Hackfrüchte am Ackerland in der alten Bundesrepublik Deutschland von 25,2 % (1951) auf 8,5 % (1994). Für die Gemischtbetriebe stellen die Hackfrüchte auch eine Futterquelle dar: Blatt und Trockenschnitzel der Zuckerrübe, früher auch die Kartoffel. Eine breite Palette von Feldfutterpflanzen steht den Gemischtbetrieben als dritte Hauptkultur zur Verfügung – in Deutschland vor allem Grünmais, Klee, Luzerne. Ihre Auswahl variiert stark nach Standort, Tradition und jeweiliger Anbau- und Erntetechnik. In den USA hatten die Hackfrüchte nie die Bedeutung wie in Europa erlangt, vor allem, weil die Lohnkosten wegen der geringen Bevölkerungsdichte schon immer relativ hoch waren. So bildete seit jeher die von den Indianern übernommene Maiskultur („indian corn") die Hauptfutterbasis. Im Zentrum des „Corn Belt" erreicht der Mais 35 – 50 % des Ackerlandes (B. HOFMEISTER 1972, S. 351). Seit dem Zweiten Weltkrieg hat sich die Sojabohne als zweite Hauptkultur innerhalb der Rotation entwickelt – neben Hafer, Winterweizen, Sorghum und Gras. Im Rahmen der Betriebsvereinfachung bauen viel Farmer nur noch Mais und Soja an, von einer Rotation kann kaum mehr gesprochen werden (B. HOFMEISTER 1970, S. 167). Sieht man von diesem Extrembeispiel ab, so ist der Gemischtbetrieb immer noch durch eine relative Vielseitigkeit seiner Produktion gekennzeichnet. Vielgliedriger Anbau, mehrere Tierarten und die verschiedenen Altersstufen der Tierhaltung ergeben zusammen eine große Vielfalt von Verbundmöglichkeiten zwischen pflanzlicher und tierischer Produktion, von denen Tabelle 4.19 drei Möglichkeiten aufführt.

Tab. 4.19:

Fallbeispiele von Gemischtbetrieben (Vollerwerb)

Quellen: M. Gläser 1982 (A) und Ergebnisse des Geländepraktikums
des Geogr. Inst. Hannover 1982 (B u. C)

	Betrieb A	Betrieb B	Betrieb C
Standort:	Aurich	Königsberg (Unterfranken)	
		OT Römershofen	
Naturraum:	Geest	Fränkisches Gäuland	
Jahresniederschläge:	770 mm	550 mm	
Landw. Nutzfläche:	27 ha	27 ha	19 ha
davon Pachtland	13 ha	11 ha	5 ha
Ackerland	27 ha	24 ha	12 ha
Dauergrünland	-	3 ha	7 ha
Fruchtfolge:	1. Gras	1. Gerste	
	2. Gerste	2. Winterweizen	
	3. Roggen	3. Grünmais	
	4. Hafer	4. Zuckerrüben	
		5. Gurken	
Viehbestand:			
Milchkühe	16	10	14
Jungvieh	25	30	16
Schweine	100	40	30
	(nur Zuchtsauen)		
Arbeitskräfte:	3	3	2

Von den in Tabelle 4.19 angegebenen Beispielen hat nur der Betrieb A einen eindeutigen Schwerpunkt, nämlich die Ferkelerzeugung. Daneben bieten der Verkauf von Milch und Jungvieh sekundäre Einnahmequellen. Die gesamte Getreideernte wird verfüttert, Gras baut man im Wechsel mit Feldfrüchten auf dem Ackerland an. Bei den beiden fränkischen Betrieben reicht die traditionell breite Produktionspalette von Milch, Kälbern, Mastschweinen und Ferkeln bis zu den Marktfrüchten Braugerste, Zuckerrüben und Gurken. Das Dauergrünland beschränkt sich wegen des niederschlagsarmen Klimas auf die Talauen. Die vielseitige, arbeitsintensive Wirtschaftsweise wird in allen drei Beispielen durch das hohe Potential familieneigener Arbeitskräfte erzwungen. Die auf lange Erfahrung zurückgehende Vielseitigkeit hat drei Ursachen:
- Risikoausgleich;
- Arbeitsausgleich. Das Arbeitspotential der Familie wird vor allem durch die ganzjährig anfallenden Arbeiten der Tierhaltung ausgelastet;

– Einkommensverteilung über das Jahr;

— Fruchtwechsel zum Erhalt der Bodenfruchtbarkeit.

Die *Sozialstruktur* wird in allen Regionen mit Gemischtbetrieben vom Familienbetrieb geprägt, der heute nur noch mit familieneigenen Arbeitskräften wirtschaftet. Familieneigentum mit Zupacht (Parzellenpacht) ist die dominierende Besitzform, doch ist in Großbritannien, Irland und auch im Maisgürtel der USA die Pachtfarm nicht selten. Kleine bis mittlere Betriebsgrößen überwiegen, doch variiert die Betriebsgröße von durchschnittlich 35,5 ha LF in der alten Bundesrepublik (nur Vollerwerbsbetriebe) über 60 – 80 ha in Großbritannien bis zu 100 – 300 ha in den USA.

Die *Vermarktungsquote* liegt über 90 %, Selbstversorgung – noch vor einer Generation ein Hauptmotiv für die diversifizierte Wirtschaftsweise – spielt nur noch eine untergeordnete Rolle.

Unter den Agrarsystemen der Erde ist das der Gemischtbetriebe eines der produktivsten mit Spitzenleistungen der pflanzlichen und tierischen Produktion. Auch aus ökologischer Sicht ist seine Stabilität bemerkenswert. Trotzdem ist es in allen Industrieländern auf dem Rückzug zugunsten der Spezialbetriebe.

5   Die Welternährungssituation

Die Welternährungssituation ist gekennzeichnet durch extreme räumliche Disparitäten. Auf der einen Seite die westlichen Industrieländer, in denen eine kaum mehr absetzbare Überproduktion von Agrarprodukten das Hauptthema der Agrarpolitik bildet, auf der anderen Seite eine wachsende Zahl von Entwicklungsländern mit Nahrungsdefiziten. Ist in der ersten Ländergruppe die *Überernährung* zu einem – vorwiegend medizinischen – Problem geworden, so kennzeichnet in der zweiten Gruppe die *Unterernährung* die Situation. Den Ausgleich zwischen Überschuß- und Defiziträumen auf kommerzieller Basis begrenzt die prekäre Zahlungssituation der meisten Entwicklungsländer. Das Welternährungsproblem läßt sich daher nicht einfach auf ein Verteilungsproblem reduzieren.

In Westeuropa und Nordamerika konnte seit dem 19. Jahrhundert die Nahrungsmittelproduktion so gesteigert werden, daß sie das Bevölkerungswachstum übertraf. Dieser Produktionszuwachs hält bis heute an und ist bei kaum noch wachsender Bevölkerung die Ursache für die bekannten Agrarüberschüsse. Im Gefolge dieser Entwicklung hat sich in den letzten 150 Jahren das Ernährungsverhalten der Bevölkerung tiefgreifend gewandelt, sowohl was die Quantität als die Qualität, d.h. die Zusammensetzung des Nahrungskorbes betrifft. Der Kalorienverbrauch pro Kopf stieg stark an und das Nahrungsangebot wurde vielseitiger. Steigende Einkommen im Gefolge der Industrialisierung ermöglichten immer breiteren Bevölkerungsschichten, das verbesserte Angebot auch zu kau-

Abb. 5.1: Die Entwicklung der Ernährungssituation in ausgewählten Industriestaaten 1800 – 1980 (Quelle: D. GRIGG 1994, S. 6)

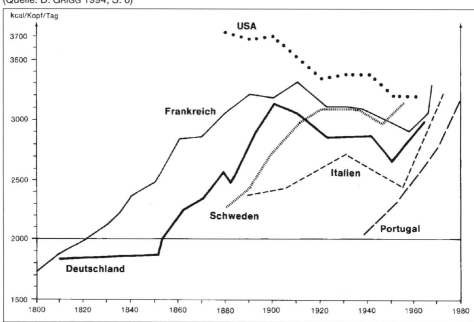

fen. Noch zu Beginn des 19. Jahrhunderts hatte die durchschnittliche Energie zufuhr in Deutschland, Belgien und Frankreich nicht mehr als 1 800 bis 2 300 Kalorien pro Kopf und Tag betragen (D. GRIGG 1994, S.5 ff.). Das sind Werte, wie sie heute nur noch im subsaharischen Afrika und Südasien anzutreffen sind; sie reichen nicht für eine ausreichende Ernährung der gesamten Bevölkerung. Mit dem Anwachsen der Agrarproduktion im 19. Jahrhundert erreichte nach GRIGG der durchschnittliche Konsum den Wert von 3 000 kcal/Kopf/Tag in Großbritannien um 1860, in Frankreich um 1875, in Deutschland 1895 und in Schweden um 1910. Italien, Polen und große Teile Osteuropas überschritten erst nach 1950 die Grenze von 3 000 kcal. Danach stieg die Energiezufuhr nur noch langsam auf einen Wert um 3 400 kcal (s. Abbildung 5.1).

Gleichzeitig wurde der Inhalt des Nahrungskorbes umgeschichtet. Während der Konsum von tierischen Produkten, Zucker, Obst und Gemüse, pflanzlichen Ölen und Alkohol anstieg, ging die Bedeutung von Brot und anderen Getreideprodukten zurück. Die heutige Ernährung ist weit vielseitiger als die des vorindustriellen Europa, die von Getreideprodukten, seit Ende des 18. Jahrhunderts auch von Kartoffeln, dominiert war. Die Bevölkerung der Industrieländer ist seit 1 bis 2 Generationen weit besser ernährt als je in ihrer Geschichte.

Probleme entstehen in den Industrieländern aus der Überernährung. So schätzte die Deutsche Gesellschaft für Ernährung im Jahre 1988 die Kosten für ernährungsabhängige Krankheiten für die Bundesrepublik auf jährlich mehr als 40 Mrd. DM ein (K. OLTERSDORF 1992, S. 74). Der durchschnittliche Energieverbrauch von 3 400 kcal liegt über dem Grundbedürfnis von etwa 2 500 kcal/Kopf/Tag. Außerdem besteht der Nahrungskorb zu etwa einem Drittel aus Produkten tierischer Herkunft, in Deutschland 1990 beispielsweise 1 222 kcal von 3 455 kcal Für diese „Veredelung" werden Primärkalorien benötigt, die auf dem Umweg über den Tiermagen zu 70 bis 90 % verlorengehen. Die reale Nachfrage nach Nahrungsenergie beläuft sich daher in den Industrieländern auf einer Größenordnung von 12 500 kcal/Kopf/Tag (U. OLTERSDORF 1992, S. 75). Im Nahrungskorb eines Inders finden sich dagegen unter den 2 297 kcal (1990) nur 162 oder 7 % aus tierischer Herkunft (FAO. Production Yearbook 1994, S. 234).

Die Bewertung der Welternährungssituation hat in den letzten Jahrzehnten stark zwischen pessimistischen (neomalthusianischen) und optimistischen Beurteilungen geschwankt (P. V. BLANCKENBURG 1986, S. 149 ff.). Nach zunehmenden Besorgnissen in den sechziger Jahren kam um 1970 Optimismus aufgrund der ersten Erfolge der „Grünen Revolution" auf. Er wurde schnell von Katastrophenszenarien nach schweren Ernteausfällen und rapide steigenden Getreidepreisen in den Jahren 1972 bis 1974 abgelöst. Am bekanntesten wurden die Warnungen des „Club of Rome" mit seinem Bericht über die „Grenzen des Wachstums". Im November 1974 setzte sich eine Welternährungskonferenz das Ziel, innerhalb einer Dekade die Unterernährung in der Welt zu beseitigen. Es wurde bekanntlich nicht erreicht. Aber beachtliche Produktionssteigerungen in den Industrie- und Entwicklungsländern – etwa in Indien und China – ließen zeitweise das Ernährungsproblem in den Hintergrund treten. Nur die episodischen Hungerkatastrophen im subsaharischen Afrika (z.B. im Sahel 1981 – 1983) erregten die Weltöffentlichkeit. Am Ausgang des 20. Jahrhunderts mehren sich wieder die pessi-

mistischen Stimmen, die auf die sinkenden Zuwachsraten in der Nahrungsmittelproduktion hinweisen, während die Raten des Bevölkerungswachstums
nur allmählich absinken.

Schließlich hat sich in den letzten 20 Jahren die Diskussion über die Gründe
von Hunger und Unterernährung in der Dritten Welt von einer angebots- zu einer
nachfrageorientierten Betrachtungsweise verschoben. Als Schlüsselproblem wird
weniger eine unzureichende Produktion, als vielmehr die mangelnde Kaufkraft
breiter Schichten angesehen. „Die Armut ist der Kern des Problems der Unterernährung" (P. MEYNS 1993, S. 200). Der Weltentwicklungsbericht der Weltbank „Die
Armut" von 1990 trug dem Rechnung. Damit ist die Ernährungsproblematik der
Entwicklungsländer eingebettet in den allgemeinen Entwicklungsprozeß und
entzieht sich jeder monokausalen Erklärung.

Nach H.-G. BOHLE und KRÜGER (1992) lassen sich in der aktuellen Forschung
drei theoretische Ansätze zur Erklärung von Nahrungskrisen unterscheiden:
- wachsende Kluft zwischen Nahrungsmittelerzeugung und Nahrungsmittelbedarf. Einem schnellen Bevölkerungswachstum steht eine stagnierende oder
  nur langsam wachsende Nahrungsproduktion gegenüber. Dieser Ansatz geht
  im Grunde auf MALTHUS (1798) zurück. In der englischsprachigen Literatur
  wird er als *Food Availability Decline* bezeichnet.
- verfügungsrechtliche Grundlagen. Hungersnöte entstehen nicht durch man-
  gelndes Nahrungsangebot, sondern weil bestimmte Bevölkerungsgruppen die
  Möglichkeit verloren haben, Lebensmittel zu produzieren, zu erwerben oder
  einzutauschen (*Food Entitlement Decline).
- krisen- und konflikttheoretische Ansätze. Hungersnöte werden eher als kurzfristige Kulminationspunkte einer langdauernden, strukturellen Krise verstanden. Damit wird z.B. die Situation im subsaharischen Afrika erklärt.
Von geographischer Seite liegen nicht sehr viele Beiträge zur Welternährungssituation vor. Die ältere Forschung befaßte sich gelegentlich mit globalen Trag-
fähigkeitsberechnungen (Zusammenstellung bei W. MANSHARD 1987). Mit der
eigentlichen Ernährungssituation haben sich vor allem der englische Agrar-
geograph D. GRIGG, auf deutscher Seite u.a. W. MANSHARD 1978 und neuerdings
H.-G. BOHLE befaßt. BOHLE und KRÜGER (1992) gehen – gestützt auf angelsächsische Geographen – sogar so weit, eine Umorientierung der herkömmlichen Agrargeographie zu einer „Geographie der Nahrungskrisen" anzumahnen.

Angesichts der Komplexität des Problems können wohl nur noch interdiszipli-
näre Ansätze dem Gegenstand gerecht werden.

5.1 Definitorische und methodische Probleme

Das Ausmaß der Unterernährung kann angesichts der mangelhaften Statistiken
in den Entwicklungsländern nur geschätzt werden. Außerdem ist der Begriff
„Unterernährung" bis heute sehr schwer zu definieren. Er wird oft synonym mit
Hunger benutzt.

Nach den Definitionen von FAO und WHO (zit. n. BLANCKENBURG und CREMER
1983, S. 18) bedeuten:

- Hunger (gleich Hungergefühl): ein Komplex unangenehmer Gefühle, die sich bei Nahrungsentzug bemerkbar machen.
- Hungern (starvation): das Ergebnis einer über eine gewisse Zeit andauernden drastischen Verringerung der Nahrungsaufnahme. Die Folgen sind schwere funktionelle Störungen und Organveränderungen.
- Unterernährung (undernutrition): ein krankhafter Zustand, der aus einer unzureichenden Nahrungsaufnahme über eine längere Zeitspanne resultiert. Sie manifestiert sich vor allem in verringertem Körpergewicht.

Bis Anfang der siebziger Jahre legten die Ernährungswissenschaftler größten Wert auf die Unterscheidung von zwei Formen der unzureichenden Nahrungsmittelzufuhr, nämlich

- Unterernährung (undernutrition): unzureichende Energiezufuhr;
- Mangelernährung (malnutrition): spezifischer Mangel an einem oder mehreren Nährstoffen (z. B. Eiweiß, Vitamine).

Besonders die *Eiweißversorgung* wurde lange als das Kernproblem der Welternährung angesehen; es galt, die sog. Eiweißlücke zu schließen. Eiweiß besteht aus 20 - 25 Aminosäuren, von denen 8 - 9 nicht im menschlichen Stoffwechsel aufgebaut werden können und daher unbedingt in der Nahrung enthalten sein müssen (essentielle Aminosäuren). Die biologische Wertigkeit von Nahrungseiweiß ist um so größer, je mehr sein Aminosäurenmuster dem des menschlichen Körpers entspricht. Daraus wurde bisher der größere Wert des – relativ teuren – tierischen Eiweißes abgeleitet. Nach neueren Ergebnissen scheint der menschliche Organismus aber einen höheren Anteil des Getreideeiweißes auszuwerten, als bisher angenommen wurde. Eine Kombination aus verschiedenen pflanzlichen Nahrungsmitteln – vor allem Getreide und Gemüse – scheint den Bedarf an essentiellen Aminosäuren abzudecken. Ein Expertenausschuß von FAO und WHO schlug daher 1971 eine Herabsetzung der Mindestnormen des Proteinbedarfs vor. Infolgedessen verringerte sich schlagartig der tägliche Pro-Kopf-Bedarf der Entwicklungsländer an Eiweiß von 61 g auf 38 g (U. KRACHT 1975, S. 207), womit makrostatistisch die „Eiweißlücke" weitgehend geschlossen war. Man nahm daraufhin an, daß der Eiweißbedarf normalerweise gedeckt ist, wenn der Energiebedarf gedeckt ist. Ausnahmen bestehen für gefährdete Gruppen (Kinder bis zu 6 Jahren, schwangere und stillende Frauen) sowie für Regionen, in denen nicht Getreide sondern eiweißarme Kohlehydratträger wie Maniok und Bananen die Hauptnahrungsmittel sind (BLANCKENBURG und CREMER 1983. S. 27). Die Aufmerksamkeit verlagerte sich folglich von der Nahrungseiweiß- zur Nahrungsenergiefrage (P. V. BLANCKENBURG 1986, S. 80). Im Jahre 1981 wurden neue Berechnungen von FAO und WHO vorgelegt, welche den Eiweißbedarf wieder höher ansetzten. Die Diskussion ist also keineswegs abgeschlossen, sie offenbart die Wissenslücken, die immer noch über die weltweite Ernährungssituation bestehen.

Auch über die Bedarfsnormen für Energie herrscht keineswegs Einmütigkeit. Bei der Berechnung des Bedarfsminimums geht man vom Energiebedarf eines Menschen bei ruhendem Körper aus (Grundumsatz). Dazu kommt der Energiebedarf durch körperliche Aktivitäten (Arbeitsumsatz). Er variiert mit Alter, Geschlecht, Körpergröße, Gewicht, Klimazone und Schwere der Arbeit. Die Ermittlung eines Mittelwertes ist daher nicht einfach. Für die Entwicklungsländer geht die FAO von einem Grundumsatz von 1 520 kcal aus. Den Arbeitsumsatz hat die FAO im 5. World Food Survey nicht einheitlich festgelegt, sondern bietet zwei Varianten, nämlich das 1,2fache und 1,4fache des Grundumsatzes. Demnach gelten zwei Werte, 1 824 und 2 128 kcal/Kopf/Tag als Bedarfsminimum (P. MEYNS 1993, S. 199)

Zur Quantifizierung der Unterernährung werden zwei Methoden angewandt:
- Stichprobenerhebungen (Haushaltsuntersuchungen oder medizinische Untersuchungen),
- Bilanzierung von Nahrungsangebot und Nahrungsbedarf auf Länderbasis.

Auf direktem Wege ist das Ausmaß der Unterernährung nur mit großem Aufwand festzustellen. Kleine Stichprobenerhebungen aus Haushaltsuntersuchungen und medizinische Erhebungen lassen sich auf die Gesamtbevölkerung hochrechnen. Indirekte Berechnungen der Ernährungsitutation stellen die Nahrungsbilanzen dar, welche die FAO für jedes Land aufstellt (vgl. Tabelle 5.1). Aus der Summe von Nahrungsgüterproduktionen, Export und Import sowie einigen andern Variablen (Lagerhaltung, Verluste, Saatgutbedarf) wird die für den menschlichen Verbrauch verfügbare Nahrungsmenge und deren Nährwert errechnet. Teilt man diese Summe durch die Zahl der Einwohner und die 365 Tage des Jahres, so ergibt sich die durchschnittliche verfügbare Kalorienzahl je Kopf und Tag. Das so errechnete Nahrungsangebot kann dem physiologischen Bedarf des Körpers gegenübergestellt werden.

Da nun in keinem Land der Welt die Nahrungsmittel gleichmäßig unter alle Schichten verteilt werden, hält man eine Versorgungsrate von 110 % für erforderlich, damit auch die Ärmsten einen ausreichend gedeckten Tisch vorfinden (P. V. BLANCKENBURG 1977, S. 346).

Angesichts dieser definitorischen und methodischen Schwierigkeiten sind alle Aussagen über das Ausmaß der Unterernährung spekulativ. Die WHO hat dieZahl der Unterernährten weltweit aus empirischen Erhebungen hochgerechnet und kommt seit Jahren zu einer Zahl von etwa 400 Millionen Menschen, die als unterernährt anzusehen sind. Die FAO stützt sich auf ihre Nahrungsbilanzen und

| | Kalorienversorgung in kcal/Kopf/Tag | | | Anteil 1990 in v. H. | |
	1970	1980	1990	Pfl.	T.
Äthiopien	1711	1858	1604	93	7
Bangla Desch	2196	1902	1994	97	3
Mali	2142	1789	2105	90	10
Indien	2082	1959	2297	93	7
China	2032	2332	2679	89	11
Nigeria	2492	1968	2093	97	3
Algerien	1804	2673	2867	88	12
Brasilien	2448	2705	2731	83	17
Iran	2005	2656	2647	91	9
Rumänien	3103	3455	3317	78	22
Deutschland	3217	3382	3455	65	35
USA	3192	3333	3680	68	32

Tab. 5.1: Nahrungsbilanzen ausgewählter Staaten 1970 bis 1990 (Quelle: FAO. Production Yearbook 48, 1994)

Pfl.: Kalorienanteil aus pflanzlichen Produkten
T.:   Kalorienanteil aus tierischen Produkten

spricht von 800 Mio. Hungernden. Die Weltentwicklungsberichte der Weltbank enthalten Schätzungen von 600 Mio. bis zu einer Milliarde Menschen, die unzureichend ernährt sind. „Es gibt keine Methode, mit der eine exakte Zahl der Unterernährten ermittelt werden könnte" (U. OLTERSDORF 1992, S. 76).

5.2 Unterernährung im historischen Kontext

Hinter dem summarischen Begriff des Welternährungsproblems verbergen sich zwei nach Natur und Ursache verschiedene Probleme (U. KRACHT 1975, S. 205):
- zeitlich und räumlich begrenzte Hungersnöte,
- chronische Unter- und Mangelernährung weiter Teile der Erdbevölkerung.

Hungersnöte werden heute ausschließlich mit Entwicklungsländern verbunden, sie traten bis ins 19. Jahrhundert aber überall auf Erden auf und sind so alt wie die Menschheit selbst. Man lese den ausführlichen Bericht über die sieben mageren und fetten Jahre im pharaonischen Ägypten im 1. Buch Mose Kapitel 41. Auch in Europa hat es Hungersnöte gegeben, von denen viele wesentlich schlimmer waren als die Ernährungskrisen, die wir heute in Afrika und Asien erleben (P. V. BLANCKENBURG 1986, S. 41). W. ABEL (1974) beschreibt für die Periode vom ausgehenden 17. Jahrhundert bis zur Mitte des 19. Jahrhunderts elf große Hungersnöte in Deutschland und seinen benachbarten Gebieten. Die letzten sind von 1771/74, 1795/96, 1816/17, 1825, 1836 und 1846/47 überliefert. „The Great Famine" in Irland von 1846/48, verursacht durch eine Kartoffelkrankheit und wegen der Untätigkeit der britischen Regierung zur Katastrophe ausgewachsen, hatte den Tod von einer Million Iren zur Folge. Sie ist bis heute ein traumatisches Erlebnis im Kollektivgedächnis der Iren geblieben. In Europa war sie die letzte große Hungersnot, die auf natürliche Ursachen zurückging. Dagegen traten in Indien und China noch bis zur Mitte des 20. Jahrhunderts Massensterben mit Millionen von Toten auf. Eine der größten Hungersnöte dieses Jahrhunderts ereignete sich 1943/44 in Indien, hauptsächlich in Bengalen. Sie forderte zwei bis vier Millionen Tote (P. V. BLANCKENBURG 1986, S. 48).

Diese zeitlich und räumlich begrenzten Hungersnöte ereignen sich aus einem Zusammenwirken natürlicher und anthropogener Faktoren. Natürliche Ursachen sind extreme Witterungsbedingungen wie mehrjährige Dürre, Überschwemmungen, Hagelschlag sowie epidemisch auftretende Krankheiten und Schädlinge bei Kulturpflanzen und Haustieren (z.B. Heuschrecken, Rinderseuchen). Sie können heute nur noch in unterentwickelten Gesellschaften mit unzureichenden Abwehrmitteln und mangelndem Kommunikations- und Transportpotential zu Hungersnöten führen. Man kann diese Hungersnöte als eher kurzfristige Kulminationspunkte einer langdauernden, strukturellen Krise verstehen (H.-G. BOHLE u. F. KRÜGER 1992, S. 260).

Anthropogene Hungersnöte treten vor allem im Gefolge von Kriegen auf. In Deutschland sind die Hungerjahre im Gefolge der beiden Weltkriege bei der älteren Generation noch unvergessen. In der Gegenwart verursachen meist lokale innerstaatliche Konflikte Ernährungskrisen. Sie führen zur Desintegration wirtschaftlicher Kreisläufe, Massenarmut, zur Zerstörung der Infrastruktur, zur Ver-

nichtung der Ernten und oft auch zur Vertreibung und Entwurzelung der bäuerlichen Bevölkerung. Nach einer 1990 veröffentlichten Übersicht der FAO über
Ernährungsnotstände im subsaharischen Afrika waren fast die Hälfte der betroffenen Länder Schauplätze kriegerischer Konflikte (P. MEYNS 1993, S. 203). Auch
Revolutionen und radikale Umgestaltungen der Sozialstruktur ziehen oft Ernährungskrisen nach sich; die Zahl der Toten im Gefolge der sowjetischen Kollektivierung der Landwirtschaft nach 1930 wird auf 3 bis 10 Millionen geschätzt
(P. V. BLANCKENBURG 1986, S. 46); die chinesische Kulturrevolution soll in den
sechziger Jahren gar 30 bis 40 Millionen Menschen das Leben gekostet haben.

Diese zeitlich und räumlich begrenzten Hungersnöte treten heute nur noch im
subsaharischen Afrika häufiger auf.

Von diesem Typ der Ernährungskrisen muß die *chronische Unterernährung*
der unteren sozialen Schichten in den Entwicklungsländern unterschieden werden. Sie ist zurückzuführen auf unbefriedigende Wirtschafts- und Sozialver-
hältnisse, die sich in niedriger Produktionsleistung oder mangelnder Kaufkraft
ausdrücken. Die unteren Einkommensklassen verfügen nicht über genug Land
oder Technologie, um sich selbst ausreichend zu ernähren oder der Verdienst aus
Lohnarbeit ist zu gering, um ausreichend Nahrung kaufen zu können. „Das Problem liegt nicht so sehr bei der unzureichenden landwirtschaftlichen Produktion,
als vielmehr im Mangel an Ressourcen, Arbeit und Kaufkraft (H. RUTHENBERG
1980, S. 296).

Diese Form des Hungers, d.h. der chronischen Unterernährung, galt das Haupt-
augenmerk der Forschung in den letzten Jahrzehnten. Sie ist kaum mit Naturfaktoren, sondern durch gesellschaftliche Strukturdefizite zu erklären, deren
Bewertung sehr kontrovers erfolgt. Folgende Ursachen lassen sich anführen
(P. MEYNS 1993, S. 202 ff.):

- starkes Bevölkerungswachstum, die sog. „Bevölkerungsexplosion";
- ökologische Zerstörungen des Acker- und Weidelandes;
- nationale Agrarpolitik; die Politik der „urban bias" begünstigt die Stadtbevölkerung auf Kosten der Landbevölkerung, z.B. durch niedrige Preise für Grundnahrungsmittel; Förderung der Produktion von Exportfrüchten gegenüber der
  von Nahrungsfrüchten; Vernachlässigung der Frauen, die in vielen Ländern
  für den Anbau der Grundnahrungsmittel zuständig sind (etwa durch unter-
  durchschnittliche Einschulung).
- Schäden durch den internationalen Agrarhandel; subventionierte Nahrungs-
  mittelexporte aus den Industrieländern schädigen die Produzenten in den Entwicklungsländern; das Vordringen der „Weißbrotkultur" beeinträchtigt den
  Absatz traditioneller Nahrungsmittel wie etwa Hirse oder Datteln.

5.3   Entwicklung von Bevölkerung und Nahrungsmittelproduktion

THOMAS ROBERT MALTHUS (1766 – 1834) lebte in größerer Zeitnähe zu den letzten
Hungersnöten in Europa und erkannte das einsetzende Bevölkerungswachstum
vor der Industrialisierung. Seine 1798 erschienene Schrift „An Essay on the Principle of Population" beeinflußt bis heute die Diskussion über die Welternährungs-

situation, auch wenn seine Grundidee – Wachstum der Bevölkerung in geometrischer Reihe (1, 2, 4, 8, 16), Steigerung der Nahrungsmittelproduktion als Folge des abnehmenden Ertragszuwachses nur in arithmetischer Reihe (1, 2, 3, 4, 5) – sich nicht bewahrheitet hat. Sein bleibendes Verdienst ist jedoch die Entdekkung der Wechselbeziehungen zwischen Bevölkerungsentwicklung und Wachstum der Nahrungsmittelproduktion.

Seit 1800 ist die Weltbevölkerung von etwa 1 Milliarde auf 5,3 Milliarden (1990) und 5,8 Milliarden (1996) angewachsen; für das Jahr 2010 wird ein Stand von 7,2 Milliarden Menschen erwartet. Binnen 200 Jahren hat sich die Zahl der Menschen um das Siebenfache erhöht. Zwischen 1990 und 2010 wird eine Vermehrung von 1,9 Mrd. erwartet; in den zwanzig Jahren von 1970 bis 1990 hatte der Zuwachs nur 1,6 Mrd. betragen. Ein Lichtblick ist die relative Zuwachsrate, die bereits 1965 – 70 mit 2,1 % p. a. ihren höchsten Wert erreicht hat; jetzt liegt sie bei 1,7 % und dürfte bis 2010 auf 1,3 % und schließlich auf 1 % um 2025 fallen (N. ALEXANDRATOS 1995, S. 75). Da dieser Relativwert aber von einem immer größeren Ausgangsbestand zu errechnen ist, bleibt das absolute Wachstum auf lange Sicht noch hoch. Der absolute Zuwachs der Weltbevölkerung im Jahr stieg von 63 Mio. (1960 – 65) auf jetzt 93 Mio. an und dürfte erst ab 2005 langsam abnehmen. In den Entwicklungsländern liegt die durchschnittliche Wachstumsrate der Bevölkerung noch bei 2 %, im subsaharischen Afrika sogar bei 3 %. Sie ist damit weit höher als in den Industrieländern im 19. Jahrhundert Dieses außerordentlich hohe Wachstum der Weltbevölkerung ist die Hauptursache für den zunehmenden Bedarf an Nahrungsmitteln neben dem einkommensbedingten Nachfragezuwachs.

Aus Tabelle 5.2 und Abbildung 5.2 ist zu ersehen, daß sich trotz dieses starken Bevölkerungswachstums die Ernährungssituation in den meisten Großräumen der Erde während der letzten 30 Jahre erheblich verbessert hat. Weltweit ist die tägliche Kalorienzufuhr pro Kopf um 18 % gestiegen, in den Entwicklungsländern sogar um 27 %. In den Ländern des Nahen Ostens und Nordafrikas (+ 36 %) wurde bereits der Schwellenwert von 3 000 kcal überschritten, den Deutschland um 1895 erreicht hatte. Die spektakulärste Verbesserung mit 50 % wurde in Ostasien

Tab. 5.2:

Die Ernährungssituation in den Großregionen der Erde 1961 – 1990 (kcal/Kopf/Tag; Quelle: N. ALEXANDRATOS 1995, Tabelle A2)

	1961/63	1969/71	1979/81	1988/90	Veränderung 1961/90
Erde	2288	2434	2579	2697	+17,9 %
Entwicklungsländer	1945	2122	2327	2474	+27,2 %
Entwickelte Länder	3032	3195	3287	3404	+12,3 %
Subsaharisches Afrika	2120	2138	2120	2098	-1,0 %
Naher Osten/Nordafrika	2208	2384	2833	3010	+36,3 %
Ostasien	1730	2020	2342	2597	+50,1 %
Südasien	1974	2041	2090	2215	+12,2 %
Lateinamerika/Karibik	2364	2503	2694	2689	+13,7 %
Westeuropa	3077	3227	3355	3468	+12,7 %
Osteuropa	3137	3290	3437	3386	+7,9 %
Ehem. UdSSR	3147	3323	3368	3380	+7,4 %
Nordamerika	3054	3235	3330	3604	+18,0 %

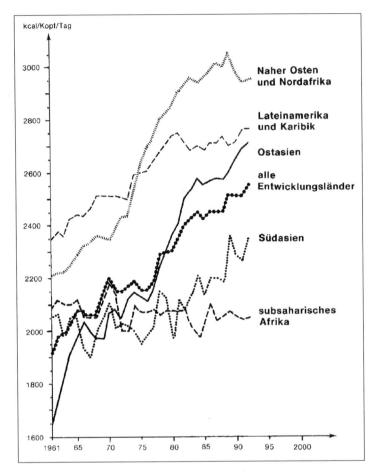

Abb. 5.2:
Die Entwicklung der
Ernährungssituation in
den Großregionen der
Erde 1961 – 1992
(Quelle:
N. ALEXANDRATOS 1995,
S. 48)

(ohne Japan) erzielt, allerdings von einem sehr niedrigen Ausgangsniveau aus. Auch hier dürfte um das Jahr 2000 die Schwelle von 3 000 kcal überschritten werden. Ist dieses Niveau erst einmal erreicht, wächst der Nahrungsbedarf nur noch langsam, wie das Beispiel der westeuropäischen Industrieländer beweist (s. Abbildung 5.1). Unbefriedigend ist die Entwicklung des Pro-Kopf-Verbrauchs in Südasien (+ 12 %), vor allem aber im subsaharaischen Afrika. Hier liegt die durchschnittliche Kalorienzufuhr noch unter dem schon sehr niedrigen Niveau von 1961/63, ein Fortschritt ist nicht in Sicht. Aber abgesehen von diesen beiden Großregionen , ist die Menschheit in ihrer Gesamtheit heute quantitativ und qualitativ besser ernährt als je in ihrer Geschichte (vgl. Abbildungen 5.3 und 5.4).

Die Verbesserung der Ernährungssituation ist mehrheitlich durch die Steigerung der Agrarproduktion erzielt worden. Wachstumsraten der Agrarproduktion von durchschnittlich 3 % p.a. in den letzten Jahrzehnten, wie sie in den meisten Entwicklungsländern erzielt wurden (s. Tabelle 5.3), übertreffen die der entwickelten Länder und liegen höher als je in der Wirtschaftsgeschichte Europas. Daneben gibt es Staaten, bei denen die Verbesserung der Ernährungssituation weniger

Tab. 5.3:
Steigerungsraten
der Agrarpro-
duktion pro Jahr
(in v. H.; Quelle:
N. ALEXANDRATOS
1995, S. 80)

| | Nahrungsmittelproduktion | | | |
	insgesamt		pro Kopf	
	1979–1990	1990–2010*	1970–1990	1990–2010
Erde	2,3	1,8	0,5	0,2
Subsaharisches Afrika	1,9	3,0	-1,1	-0,2
Naher Osten / Nordafrika	3,1	2,7	0,3	0,3
Ostasien	4,1	2,7	2,4	1,5
Südasien	3,1	2,6	0,7	0,6
Lateinamerika / Karibik	2,9	2,3	0,6	0,6
Entwickelte Länder	1,4	0,7	0,6	0,2

*Schätzung

auf die Steigerung der eigenen Agrarproduktion, sondern auf hohe Importe zurückzuführen ist. Einige Länder Nordafrikas sind bei der Versorgung ihrer Bevölkerung stark von Agrarimporten abhängig; so führen Algerien und Ägypten
bereits mehr als die Hälfte ihrer Grundnahrungsmittel aus dem Ausland ein.

5.4 Verbreitungsmuster der Unterernährung

Die Studie der FAO „World Agriculture towards 2010" (Hrsg.: N. ALEXANDRATOS)
von 1995 enthält eine Schätzung der chronischen Unterernährung für den Zeit-
raum 1988 - 90 in 93 Entwicklungsländern (s. Tabelle 5.4).
Demnach gelten 781 Millionen oder 20 % der rund 4 Milliarden Bewohner der
Dritten Welt als unterernährt. Als Definition der Unterernährung wird dabei eine
Kalorienzufuhr angenommen, die unter dem Grenzwert liegt, der für die Erhal-

Abb. 5.3: Das Nahrungsangebot je Kopf und Tag 1992 (Quelle: FAO. Production Yearbook 48, 1994)

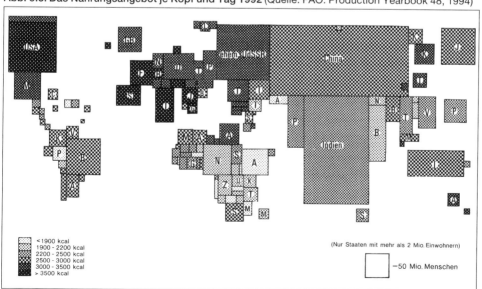

Abb. 5.4: Die Veränderung des Nahrungsangebots je Kopf und Tag 1970 – 1992
(Quelle: FAO. Production Yearbook 48, 1994)

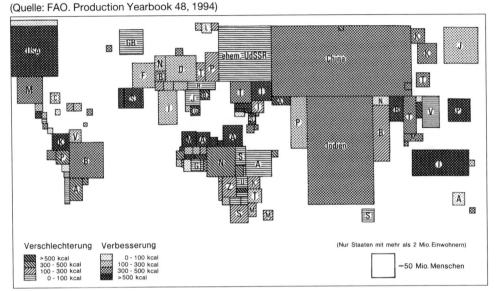

tung des Körpergewichts bei leichten Aktivitäten erforderlich ist. Er reicht von 1760 kcal/Kopf/Tag in Asien bis zu 1985 kcal in Lateinamerika. Gegenüber den Stichjahren 1969/71 mit 941 Millionen Unterernährten gleich 36 % der Bevölkerung hat sich die globale Ernährungssituation deutlich verbessert.

Die räumlichen Schwerpunkte der Unterernährung liegen in Süd- und Ostasien sowie in Afrika. Auf die bevölkerungsreichen Entwicklungsländer Asiens entfallen zwei Drittel der etwa 800 Mio. Unterernährten dieser Erde, hier liegt das Schwergewicht des permanenten Ernährungsproblems der unteren sozialen Schichten. Es betrifft sowohl die Energiezufuhr wie die qualitative Zusammensetzung der Nahrung, erreicht doch der Anteil an tierischem Eiweiß in den asiatischen Reisländern seinen Tiefpunkt. Dabei darf man die Entwicklung der Ernährungssituation in Ostasien mit Optimismus betrachten. Seit 1969/71 fiel die

Tab. 5.4:

Schätzung der chronischen Unterernährung 1988-90

Quelle: N. ALEXANDRATOS 1995, S. 50

	kcal/Kopf/Tag	Bevölkerung (Millionen)	Unterernährte v. H. der Bevölkerung	Millionen
Subsaharisches Afrika	2100	473	37	175
Naher Osten, Nordafrika	3010	297	8	24
Ostasien	2600	1598	16	258
Südasien	2220	1103	24	265
Lateinamerika	2690	433	13	59
Summe	2470	3905	20	781

Zahl der Unterernährten sowohl absolut von 506 Mio. auf 258 Mio. als auch relativ von 44 % (!) auf 16 % der Gesamtbevölkerung. Weniger günstig war die Entwicklung in Südasien. Zwar ist auch hier der Anteil der Unterernährten von 34 % auf 24 % gesunken, wegen des starken Bevölkerungswachstums stieg aber ihre absolute Zahl von 245 auf 265 Millionen an. Hier ist der beachtliche Zuwachs der Agrarproduktion vom Bevölkerungswachstum weitgehend konterkariert worden. Für Indien schätzt D. BRONGER (1996, S. 297 – 298), daß von den heute mehr als 900 Mio. Einwohnern 400 – 500 Mio., also die Hälfte, ständig am Rande des Existenzminimums leben. Sie können sich in der Regel allenfalls zwei Mahlzeiten am Tag leisten. Aber auch BRONGER konstatiert, daß sich die Lebensverhältnisse für die Mehrheit der Agrarbevölkerung seit der Unabhängigkeit verbessert hat.

Die Ernährungssituation des subsaharischen Afrikas ist von grundsätzlich anderer Art. Hier treten noch alle drei Formen des Hungers auf: episodische Hungersnöte, saisonale Nahrungsverknappung gegen Ende der Trockenzeit und die chronische Unterernährung der unteren sozialen Schichten. Wenn die naturbedingt hohe Variabilität der Niederschläge mit politischen Konflikten (Bürgerkriege, Revolutionen, Massenvertreibungen ethnischer Minderheiten) zusammentrifft, können immer noch klassische Hungersnöte entstehen. Am bedrückendsten ist die rasche Zunahme der Unterernährten von 94 Millionen (1969/71) auf 175 Millionen (1988/90), während sich ihr relativer Anteil nur unwesentlich von 35 % auf 37 % erhöht hat. Über ein Drittel der Bevölkerung Schwarzafrikas gilt als unterernährt.

Wieder ein anderes Bild bietet Lateinamerika, wo eine extrem disparitäre Sozialstruktur für die Unterernährung verantwortlich ist. Dabei sind die ärmsten und am schlechtesten ernährten Schichten oft mit ethnischen Gruppen (Indios, Farbige) identisch. Die Zahl der Unterernährten ist hier weit geringer als in Asien und Afrika.

5.5 Ausblick

Die FAO erstellt in größeren Zeitabständen Zukunftsprognosen über die voraussichtliche Entwicklung von Agrarproduktion und Ernährungssituation. Nach der Studie „Landwirtschaft 2000" aus dem Jahre 1981, letztmals revidiert 1987, wurde 1995 die mehrfach erwähnte Projektion „World Agriculture towards 2010" (Hrsg.: N. ALEXANDRATOS) vorgestellt. Sie zeichnet in der Fortschreibung der Trends seit den sechziger Jahren ein relativ optimistisches Bild für die mittelfristige Entwicklung der Ernährungssituation der Menschheit.

Zwar werden die Zuwachsraten der Weltagrarproduktion weiter absinken. Sie sind bereits von jährlich 3 % in den sechziger Jahren auf 2,3 % in den siebziger und 2 % in den achtziger Jahren gefallen. Für die Zeit um 2010 erwartet die FAO nur noch ein jährliches Wachstum von 1,8 % (N. ALEXANDRATOS 1995, S. 79). Für diesen Abfall der Zuwachsraten sind zahlreiche Faktoren verantwortlich: ökologische Hemmnisse, Aufzehrung der letzten Landreserven, das Gesetz des abnehmenden Ertragszuwachses, vor allem aber die langsamer wachsende Nachfrage nach Nahrungsmitteln. Die sinkenden Zuwachsraten der Nachfrage resultieren einmal aus dem Absinken der Rate des Geburtenüberschusses von heute 1,7 % p. a. auf 1,3 % im Jahre 2010. Zum anderen nähert sich ein immer größerer Teil der Weltbevölkerung der Sättigungsgrenze, die mit etwa 3 000 kcal/Kopf/Tag angenommen wird. In den Industrieländern, die mit 24 % der Weltbevölkerung 49 % der Weltagrarproduktion konsumieren (N. ALEXANDRATOS 1995, S. 79), ist dieser Wert seit langem erreicht. Folglich bestehen hier nur noch geringe Spielräume für Produktionszuwächse. Für die Entwicklungsländer prognostiziert die FAO den gleichen Trend, wenn auch mit großen Ausnahmen. Zwar ist hier die ungedeckte Nachfrage nach Nahrungsmitteln noch sehr groß, doch läßt sich die erforderliche Kaufkraft zu ihrer Befriedigung aus bekannten Gründen nur langsam steigern.

	kcal/Kopf/Tag	Unterernährte v. H. der Bevölkerung	Millionen
Subsaharisches Afrika	2170	32	296
Naher Osten, Nordafrika	3120	6	29
Ostasien	3040	4	77
Südasien	2450	12	195
Lateinamerika	2950	6	40
93 untersuchte Entwicklungsländer	2730	11	637

Tab. 5.5:

Prognose der chronischen Unterernährung für das Jahr 2010

(Quelle: N. ALEXANDRATOS 1995, S. 84)

Tabelle 5.5 gibt die Prognose der Ernährungssituation für das Jahr 2010 durch die FAO wieder. Demnach wird die Nährstoffversorgung pro Kopf sich generell weiter verbessern, aber die schon in den letzten 20 Jahren zu beobachtende Auseinanderentwicklung der Großräume der sog. Dritten Welt wird noch zunehmen (vgl. Tabelle 5.2). Die günstigste Prognose wird wieder für Ostasien erstellt. Die dann 2 Milliarden Ostasiaten können im Jahre 2010 täglich mehr als 3 000 kcal verzehren. Die Region wird dann den Ernährungsstandard, den heute schon der Nahe Osten hat, erreichen, dicht gefolgt von Lateinamerika. In allen drei Großräumen, wenn auch nicht in allen Ländern, soll der Prozentsatz der Unterernährten auf einen Wert von 4 - 12 % der Gesamtbevölkerung fallen.

Auch Südasien wird Fortschritte machen; da aber das Ausgangsniveau noch sehr niedrig ist, wird der durchschnittliche Kalorienverbrauch auch im Jahre 2010 mit geschätzten 2 450 kcal noch recht niedrig liegen. Der Prozentsatz der Unterernährten könnte sich von jetzt 24 % auf 12 % halbieren, ihre absolute Zahl wird aber mit 195 Millionen noch erschreckend hoch sein.

Die Ernährungssituation des subsaharischen Afrika wird von der FAO auch für das Jahr 2010 sehr düster eingeschätzt. Wie schon heute wird auch zu diesem Zeitpunkt ein Drittel der Bevölkerung an Unterernährung leiden. Mit 300 Millionen Unterernährten wird Afrika die Rolle Asiens als Schwerpunkt der chronischen Unterernährung übernehmen. Die Entwicklung könnte allerdings positiver verlaufen, wenn das tropische Afrika die seit Jahrzehnten anhaltende wirtschaftliche Stagnation überwinden würde. Das Potential für ein rasche Steigerung der Agrarproduktion wäre vorhanden.

Für die gesamte Dritte Welt erwartet die FAO für das Jahr 2010 noch einen Prozentsatz von 11 % Unterernährter. Das ist zwar eine deutliche Verbesserung gegenüber 1988 – 90 mit 20 % und besonders gegenüber 1969 – 70 mit 36 %. In absoluten Zahlen gerechnet wären das freilich immer noch mehr als 600 Millionen Menschen, die nicht genügend zu essen haben. Das Ernährungsproblem dürfte also in vielen Entwicklungsländern das Jahr 2010 überdauern.

Übersicht 5.1:

Perspektiven zur Ernährungssituation
(Quelle: W. MANSHARD 1983, S.12, verändert)

Fachliche Ausrichtung des Beobachters	Diagnose der Gründe für Unterernährung	Lösungsvorschläge
Gesundheitsdienst	Krankheiten, Umweltbeanspruchung, Fehlernährung	Impfung, Umweltsanierung
Landwirtschaft	unzureichende Nahrungsproduktion	erhöhte Nahrungsproduktion, verbesserte Nahrungstechnologie und Nahrungskonservierung, verstärkte Agrarforschung
Bildungswesen	Unwissen, Ernährungsgewohnheiten	Ausbau des Bildungswesens, Ernährungserziehung, Massenkommunikation
Demographie	hohes Bevölkerungswachstum	Familienplanung, Umsiedlungen
Neoklass. Position der Nationalökonomie	ungleiche Nahrungsverteilung Landreform, Arbeitsbeschaffung,	Steuerpolitik, Agrarpreispolitik, Ausbau der Distributionssysteme
Marxistische Position	Kapitalismus, Imperialismus	Revolution

Im Jahre 2010 wird die Weltbevölkerung mit Sicherheit 7 Mrd. Menschen zählen. Ihre ausreichende Ernährung stellt die Menschheit vor Aufgaben, die in der Geschichte kaum Parallelen besitzen (W. MANSHARD 1983, S. 11). Aus technischer Sicht scheint das Welternährungsproblem für die nächsten Jahrzehnte lösbar zu sein. Neben den technischen Fragen der Produktionssteigerung hat das Problem aber komplexe sozioökonomische Dimensionen (s. Übersicht 5.1), welche verstärkte Anstrengungen der Entwicklungsländer selbst erfordern. Die oft propagierte Nahrungsmittelhilfe von außen kann hier nur hinderlich sein – von Katastrophensituationen abgesehen. Alle Maßnahmen erfordern einen hohen Einsatz an menschlicher Intelligenz, an Energie und Kapital. Die Zeiten der relativ billigen Produktionssteigerungen durch Ausweitung der Anbauflächen sind weitgehend abgeschlossen, mußte doch im Zeitraum 1900 – 1965 in den Entwicklungsländern die Hälfte der Waldfläche der Landwirtschaft weichen (WELTBANK 1982, S. 63). Und Produktionssteigerungen durch Erhöhung der Flächenerträge unterliegen dem Gesetz des abnehmenden Ertragszuwachses. Im Vergleich zu den globalen Rüstungsausgaben sind die Aufwendungen jedoch bescheiden. Ein Silberstreif am Horizont des 21. Jahrhunderts sind die sinkenden Geburtenziffern in vielen Entwicklungsländern – MALTHUS' Vision ist kein unabänderliches Naturgesetz!

Literaturverzeichnis

Abkürzungen im Literaturverzeichnis
AAAG   Annals of the Association of American Geographers
BüL   Berichte über Landwirtschaft
GR   Geographische Rundschau
GZ   Geographische Zeitschrift
Peterm. Geogr. Mitt.   Petermanns Geographische Mitteilungen
Stat. Jb. ELF   Statistisches Jahrbuch über Ernährung, Landwirtschaft und
                        Forsten
TESG   Tijdschrift voor Economische en Sociale Geografie
UTB   Universitätstaschenbücher
ZfA   Zeitschrift für Agrargeographie
ZfaL   Zeitschrift für ausländische Landwirtschaft

ABALU, G., u. J. YAYOCK (1980):
Adoption of Improved Farm Technology in Northern Nigeria. ZfaL **19**, S. 237 – 249.
ABEL, W. (1956):
Agrarpreise. In: HWB d. Sozialwissenschaften, Bd. 1. S. 93–100. Stuttgart–Tübingen.
ABEL, W. (1974):
Massenarmut und Hungerkrisen im vorindustriellen Europa. Versuch einer Synopsis.
Hamburg und Berlin.
ACHENBACH, H. (1971):
Agrargeographische Entwicklungsprobleme Tunesiens und Ostalgeriens.
Jb. d. Geogr. Ges. Hannover.
ACHENBACH, H. (1984):
Sonderkulturen und agrares Intensitätsgefüge im Umkreis des Großmarktes Hamburg.
ZfA **2**, S. 153 – 171.
Agrarbericht
(Hrsg. BM f. Ernährung, Landwirtschaft und Forsten) div. Jahrgänge, Bonn.
AGRIMENTE div. Jgg.: hgg. von IMA. Informationsgeneinschaft für Meinungspflege
und Aufklärung. Hannover.
ALBERTINI, R. V. (1982):
Europäische Kolonialherrschaft. Heyne-Taschenbuch Nr. 7171, München.
Alexander Pro [Schulatlas] (1996):
Klett-Perthes. Gotha und Stuttgart
ALEXANDRATOS, N. (1995):
World agriculture: towards 2010 – an FAO study. Rom, Chichester.
ALVENSLEBEN, R. V. (1995):
Die Imageprobleme bei Fleisch. Ursachen und Konsequenzen. BüL **73**, S. 65 – 82.
ANDREAE, B. (1968):
Die Minimalkostenkombination in der Landwirtschaft im Zuge der volkswirtschaftli-
chen Entwicklung. BüL **46**, S. 1 – 14.
ANDREAE, B., u. E. GREISER (1978):
Strukturen deutscher Agrarlandschaft. Forschungen z. dt. Landeskunde,
Bd. 199 (2. Auflage).
ANDREAE, B. (1983):
Agrargeographie (2. Auflage). Berlin-New York.
ANDREAE, B., 1984:
Getreidereiche Fruchtfolgen Mitteleuropas im technischen Zeitalter. ZfA **2**,
S. 1 - 13. Paderborn.
ARNOLD, A. (1965):
Das Maintal zwischen Haßfurt und Eltmann. Seine kultur- und wirtschaftsgeographische
Entwicklung von 1850 bis zur Gegenwart. Jb. d. Geogr. Ges. Hannover.

ARNOLD, A. (1968):
Haßfurt am Main. Eine mainfränkische Kleinstadt im sozialökonomischen Wandel der Gegenwart. GR **20**, S. 213–219.
ARNOLD, A. (1979):
Untersuchungen zur Wirtschaftsgeographie Tunesiens uns Ostalgeriens. Jb. Geogr. Ges. Hannover.
ARNOLD, A. (1986):
Die Ernährungssituation Algeriens. Ein Beispiel für die wachsende Abhängigkeit afrikanischer Länder von Nahrungsmittelimporten. ZfA **4**, S. 193 – 219.
ARNOLD, A. (1995):
Algerien. Perthes Länderprofile. Gotha.

BÄHR, J. (1981):
Veränderungen in der Farmwirtschaft Südwestafrikas/Namibias zwischen 1965 und 1980. Erdkunde **35**, S. 274 – 289.
BARTELS, D. (1968):
Zur wissenschaftstheoretischen Grundlegung einer Geographie des Menschen. Erdkundliches Wissen. H. 19, Wiesbaden.
BAUM, E. (1971):
Ujamaa – Ein Konzept der Agrar- und Siedlungspolitik in Tansania. ZfaL **10**, S. 114 – 124.
Bechraoui, A. (1980):
La vie rurale dans les oasis de Gabès (Tunisie). Tunis.
BEHRENS, K. CH. (1971):
Allgemeine Standortbestimmungslehre. UTB 27. Opladen.
BENCHERIFA, A. (1990):
Die Oasenwirtschaft der Magrebländer: Tradition und Wandel. GR **42**, S. 82 – 87.
BENNEH, G., 1972:
Systems of Agriculture in Tropical Africa. Economic Geography **48**. S. 244 – 257.
BERGMANN TH. (1969):
Der bäuerliche Familienbetrieb – Problematik und Entwicklungstendenzen. Zschr. f. Agrargeschichte und Agrarsoziologie **17**, S. 215 – 231.
BERNHARD, H. (1915):
Die Agrargeographie als wissenschaftliche Disziplin. Peterm. Geogr. Mitt. **61**, S. 12 – 18.
BERTHOLD, TH. (1977)
Agrarreform und Kleinbauernfrage in Paraguay. ZfaL **16**, S. 72 – 84.
BESCH, M. (1976):
Marktstruktur und Wettbewerbsverhältnisse auf dem Lebensmittelmarkt der Bundesrepublik Deutschland. Agrarwirtschaft **25**, S. 1 – 11.
BEUERMANN, A. (1967):
Fernweidewirtschaft in Südosteuropa. Braunschweig.
BLANCKENBURG, P. V. (1957):
Die Persönlichkeit des landwirtschaftlichen Betriebsleiters in der ökonomischen Theorie und der sozialen Wirklichkeit. BüL **35**, S. 308 – 336.
BLANCKENBURG, P. V. (1962):
Einführung in die Agrarsoziologie. Stuttgart.
BLANCKENBURG, P. V. (1977):
Soll und Haben in der Welternährung. Bilanz der Nahrungsversorgung in den Entwicklungsländern. ZfaL **16**. S. 342 – 359.
BLANCKENBURG, P.V., u. H.–D. CREMER (1983):
Das Welternährungsproblem. In: Hdb. der Landwirtschaft u. Ernährung in den Entwicklungsländern. Bd. 2, S. 17 – 38. Stuttgart.
BLANCKENBURG, P. V. (1986): Welternährung. Gegenwartsprobleme und Strategien für die Zukunft. Beck'sche Schwarze Reihe Bd. 308. München.
BLENCK, J., D. BRONGER u. H. UHLIG (1977):
Fischer Länderkunde Südasien. Frankfurt a. M., S. 331 – 334.

BLum, W. (1987):
Reversible und irreversible Bodenschädigungen. Agrarische Rundschau 7, S. 6 - 9, Wien.

BLUME, H. (1975):
USA. Eine geographische Landeskunde. Bd. 1. Darmstadt.

BOBEK, H. (1959):
Die Hauptstufen der Gesellschafts- und Wirtschaftsentfaltung in geographischer Sicht.
Die Erde **90**, S. 259 - 298. Berlin.

BOESCH, H. (1969):
Weltwirtschaftsgeographie. Braunschweig.

BOHLE, H.-G. (1981):
Beobachtungen zum südindischen ländlichen Wochenmarkt. Erdkunde **35**: 140.

BOHLE, H.-G. (1989):
20 Jahre Grüne Revolution in Indien. Eine Zwischenbilanz mit Dorfbeispielen aus
Südindien. GR **41**, S. 91 - 98.

Bohle, H.-G., u. F. KRÜGER (1992):
Perspektiven geographischer Nahrungskrisenforschung. Die Erde **123**, S. 257-266.

BORCHERDT, CH. (1961):
Die Innovation als agrargeographische Regelerscheinung.
Zit. n.: W. STORKEBAUM (Hrsg.): Sozialgeographie, S. 340 - 386, Darmstadt.

BORCHERDT, CH. (1996):
Agrargeographie. Stuttgart.

Born, M. (1967):
Anbauformen an der agronomischen Trockengrenze Nordostafrikas. GZ **55**, S. 243 - 278.

BREBURDA, J., et al. (1976):
Sowjet-Landwirtschaft heute. Osteuropastudien der Hochschulen des Landes Hessen.
Reihe I. Gießener Abh. z. Agrar- und Wirtschaftsforschung des europäischen Ostens.
Berlin.

BREUER, T. (1985):
Die Steuerung der Diffusion von Innovationen in der Landwirtschaft.
Düsseldorfer Geogr. Schriften **24**, Düsseldorf.

BRINKMANN, TH. (1922):
Die Ökonomik des landwirtschaftlichen Betriebes. In: Grundriß der Sozialökonomik,
S. 27-124. Tübingen.

BRONGER, D. (1975):
Der wirtschaftende Mensch in den Entwicklungsländern. Innovationsbereitschaft als
Problem der Entwicklungsländerforschung, Entwicklungsplanung und Entwicklungspolitik.
GR **27**, 11, S. 449 - 459.

BRONGER, D. (1996):
Indien. Perthes Länderprofile. Gotha.

CAROL, H. (1952):
Das Agrargeographische Betrachtungssystem. Geographica Helvetica,
S. 17 - 31, 65 - 66.

CHANG, J. H. (1977):
Tropical Agriculture: Crop Diversity and Crop Yields. Economic Geography **53**,
S. 241 - 254.

CORDES, R. (1982):
Wohlstand und Wandel - Sozioökomische Veränderungen im beduinischen Lebensraum
Abu Dhabis. In: Abh. d. Geographischen Instituts Berlin - Anthropogeographie, Bd. 33,
S. 175 - 184.

COUDREC, R. (1976):
Les Parcours Steppiques en Algérie: Migrations „biologiques" et Organisation Econo-
mique. Bull. Soc. Languedocienne de Géographie **10**, S. 95 - 111.

COURTENAY, P.-P. (1980):
Plantation Agriculture. (2. Auflage). London.

CHRISTIANSEN, S. (1979):
An Classification of Agricultural Systems – an Ecological Approach.
Geografisk Tidsskrift, S. 1 – 4. Kopenhagen 1978/79.

DESELAERS, N. (1971):
Neue Betriebssystematik für die Landwirtschaft. BüL **49**, S. 313 – 337.
DOLL, H. (1984):
Bedeutung und Probleme der Tierhaltung. GR **36**, S. 27 – 30.
DOPPLER, W. (1991):
Landwirtschaftliche Betriebssysteme in den Tropen und Subtropen. Stuttgart.
DOPPLER, W. (1994):
Landwirtschaftliche Betriebssysteme in den Tropen und Subtropen. GR **46**, S. 65 – 71.
DOWNS, R. M. (1970):
Geographic space perception; past approaches and future aspects.
Progress in Geography **2**, S. 65–108.
DUCKHAM, A. N., u. G. B. MASEFIELD (1970):
Farming Systems of the World. New York-Washington.
DUNN, E. S. jr. (1954):
The Location of Agricultural Production. Gainesville (Florida).

ECKART, K. (1983):
Regionale und strukturelle Konzentration in der Milch- und Molkereiwirtschaft
der Bundesrepublik Deutschland. ZfA **1**, S. 239 – 261.
EHLERS, E. (1972):
Agrarsoziale Wandlungen im kaspischen Tiefland Nordpersiens. Dt. Geographentag
Erlangen–Nürnberg 1971. Tagungsber. u. wiss. Abh., S. 289 – 311. Wiesbaden.
EHLERS, E. (1985):
Die agraren Siedlungsgrenzen der Erde. GR **37**, H. 7, S. 330 – 338.
EHLERS, E., u. A. HECHT (1994):
Die Polargrenze des Anbaus: Strukturwandel in der alten und neuen Welt.
GR **46**, H. 2, S. 104 – 110.
ELIOT HURST, M. E. (1974):
A Geography of Economic Behaviour. An Introduction. London.
ENGELBRECHT, H. (1930):
Die Landbauzonen der Erde. Erg.-H. zu Peterm. Geogr. Mitt. **209**, S. 287 – 297.
ERIKSEN, W. (1971a):
Ländliche Besitzstruktur und agrarsoziales Gefüge im südlichen Argentinien.
Zschr. f. Agrargeschichte u. Agrarsoziologie **19**, S. 211 – 225.
ERIKSEN, W. (1971b):
Betriebsformen und Probleme der Viehwirtschaft am Rande der argentinischen
Südkordillere. ZfaL **10**, S. 24 – 46.
ERTL, J. (1980):
Agrarpolitik seit 1969. BüL **58**, S. 480 – 501.

FAO 1981:
Production Yearbook 35. Rom 1982.
FAO 1981:
Landwirtschaft 2000 (Agriculture toward 2000). Rom. Dt. Ausgabe: Schriftenreihe des
BMELF, Reihe A, H. 274. Münster-Hiltrup 1982.
FAO 1994:
Production Yearbook 48. Rom.
FAUTZ, B. (1967):
Entwicklung von Kulturlandschaften in Neuseeland. GR **19**, S. 121 – 134.
FAUTZ, B. (1970):
Agrarräume in den Subtropen und Tropen Australiens. GR **22**, S. 385 – 391.

FLOYD, B. N. (1982):
The Rain Forest and the Farmer. Geo Journal **6**, S. 433 – 482.
FRENZ, K. (1980):
Der Milchmarkt der USA. BüL **58**, S. 111–144.
FREWERDA, J. D. (1980):
Problems of permanent land use in the humid tropics. Gießener Beiträge z. Entwicklungs-
forschung, Reihe I, Bd. 6, S.23–41.
FROMMELT, R. (1977):
Das Alte Land als Beispiel eines landwirtschaftlichen Sonderkulturgebietes.
Staatsexamensarbeit Hannover.

GERLING, W. (1954):
Die Plantage. Würzburg.
GLÄSER, M. (1982):
Die landwirtschaftlichen Bodennutzungssysteme und Betriebstypen im Lkr. Aurich.
Staatsexamensarbeit Hannover.
GIESE, E. (1976):
Seßhaftwerden der Nomaden in Kasachstan und ihre Einordnung in das Kolchos-
und Sowchossystem. Göttinger Geogr. Abh., H. 66, S. 193 – 209.
GIESE, E. (1982):
Seßhaftmachung der Nomaden in der Sowjetunion. Abh. des Geogr. Instituts Berlin –
Anthropogeographie, Bd. 33, S. 219 – 231.
GOUROU, P. (1976):
The Tropical World, London-New York.
GRAEWE, W. D., u. H. MERTENS (1979):
Globale und regionale Aspekte der Viehwirtschaft. Geogr. Berichte.
Mitt. d. Geogr. Ges. d. DDR **24**, S. 127 – 140.
GREES, H. (1976):
Unterschichten mit Grundbesitz in ländlichen Siedlungen Mitteleuropas.
Dt. Geographentag Innsbruck 1975. Tagungsber. u. wiss. Abh., S. 312 – 333. Wiesbaden.
GREGOR, H. F. (1965):
The Changing Plantation. AAAG **55**, S. 221 – 238.
GREGOR, H. F. (1970a):
Geography of Agriculture: Themes in research. Englewood Cliffs.
GREGOR, H. F. (1970b):
The large industrialized crop farm – a mid-latitude plantation variant.
The Geographical Review **60**, S. 151 – 175.
GRENZEBACH, K. (1984):
Entwicklung kleinbäuerlicher Betriebsformen in Tropisch-Afrika. GR **26**, S. 368 – 376.
GRIGG, D. (1969):
Agricultural Regions of the World. Economic Geography **45**, S. 95 – 132.
GRIGG, D. (1974):
The Agricultural Systems of the World. London.
GRIGG, D. (1982):
Counting the Hungry: World Patterns of Undernutrition. TESG **73**, H. 2, S. 66 – 79.
GRIGG, D. (1994):
Income, industrialization and food consumption. TESG **85**, H. 1, S. 3 – 14.
GROHMANN-KEROUACH, B. (1971):
Der Siedlungsraum der Ait-Ourriaghel im östlichen Rif. Heidelberger Geogr. Arb. **35**, S. 41.
GROLIG, H. H., u. M. LEHMBROCK (1981):
Das Bodenvermögen der Landwirtschaft: Eine vernachlässigte Komponente
ihrer sozialen Lage. BüL **59**, S. 253 – 262.
GROSCHOFF, K. (1978):
Zur Intensivierung in der sozialistischen Landwirtschaft (1. Teil). Zschr. f. d. Erdkundeun-
terricht **30**, S. 33 – 50.

GRÖTZBACH, E. (1982):
Das Hochgebirge als menschlicher Lebensraum. Eichstätter Hochschulreden, H. 33,
München.
GUTENBERG, E. (1973):
Grundlagen der Betriebswirtschaftslehre. Bd. 1: Die Produktion (20. Auflage),
Berlin-Göttingen-Heidelberg.
GUTH, R. (1982):
Die Bedeutung der Sozialbrache und der Grenzertragsböden für den agrarstrukturellen
Wandel im Saarland. BüL **60**, S. 221 - 229.

HÄGERSTRAND, T. (1967):
Innovation, Diffusion as a spatial Process. Chicago.
HAGGETT, P. (1979):
Geography: A Modern Synthesis (3. Auflage). London.
HAHN, E. (1892):
Die Wirtschaftsformen der Erde. Peterm. Geogr. Mitt. **38**, S. 8 - 12.
HAIDARI, I. (1982):
Der Auflösungsprozeß des Beduinentums im Irak. Abh. d. Geogr. Instituts Berlin -
Anthropogeographie, Bd. 33, S. 139 - 142.
HAMBLOCH, H. (1966):
Der Höhengrenzsaum der Ökumene. Anthropogeographische Grenzen
in dreidimensionaler Sicht. Westfäl. Geogr. Studien, Bd. 18, Münster.
HAMBLOCH, H. (1972):
Allgemeine Anthropogeographie. Wiesbaden.
Hänsel, H. (1976):
The Rural Development Strategy of Ujamaa Villages in Tansania.
ZfaL **15**, S. 180 - 195.
HARMS, O. (1978):
Entwicklung der Getreideerträge von 1949 bis 1977.
Statist. Monatsh. Niedersachsen **32**, S. 26 - 28.
HARVEY, D. W. (1966):
Theoretical concepts and the analysis of agricultural land-use patterns in geography.
AAAG **56**, S. 361 - 374.
HAUSHOFFER, H.(Hrsg.,1974):
Die Agrarwirtschaft in der Bundesrepublik Deutschland. München.
HEBEL, A. (1995):
Bodendegradation und ihre internationale Erforschung. GR **47**, S. 686 - 691.
HECKLAU, H. (1978):
Afrika-Kartenwerk, Serie E: Ostafrika. Beih. zu Bl. 11: Agrargeographie. Stuttgart.
HECKLAU; H. (1989):
Ostafrika (Kenya, Tansania, Uganda). Darmstadt.
HEIDHUES, TH. (1977):
Stichwort: Agrarpolitik I: Preis- und Einkommenspolitik, HWB der Wirtschaftswiss.,
Bd. 1. S. 107 - 128. Stuttgart u. a. O.
HELLMEIER, R. (1967):
Ländliche Siedlungsformen und Sozialordnung der Shona in Rhodesien.
Festschr. L. G. SCHEIDL, Teil II, S. 241-256. Wien.
HENKEL, G. (1995):
Der ländliche Raum. Stuttgart.
HENNING, F. W. (1978):
Landwirtschaft und ländliche Gesellschaft in Deutschland. Bd. 2, 1750 - 1976.
UTB 774. Paderborn.
HENSHALL, J. D. (1967):
Models of Agricultural Activity. In: CHORLEY, R. J., u. P. HAGGETT, Models in Geography,
S. 425 - 458. London.

HERLEMANN, H. H. (1961):
Grundlagen der Agrarpolitik. Berlin-Frankfurt a. M.
HERZOG, R. (1963): Seßhaftwerden von Nomaden. Forschungsber. d. Landes Nordrhein-Westfalen, Nr. 1238. Köln-Opladen.
HERZOG, R. (1967):
Anpassungsprobleme der Nomaden. ZfaL **6**, S. 1 - 21.
HETZEL, W. (1974):
Studien zur Geographie des Handels in Togo und Dahomey. Kölner Geogr. Arbeiten. Sonderfolge: Beiträge zur Länderkunde Afrikas, H. 7, Köln.
HODDER, B. W. (1976):
Economic Development in the Tropics. London.
HOFFMEYER, M. (1979):
Zu den Ansatzpunkten und Möglichkeiten einer internationalen Agrarpolitik.
ZfaL **18**, S. 325 - 337.
HOFMEISTER, B. (1970):
Nordamerika. Fischer Länderkunde. Frankfurt.
HOFMEISTER, B. (1972):
Zur Frage der regionalen Differenzierung der US-amerikanischen Landwirtschaft.
GR **24**, S. 349 - 357.
HOFMEISTER, B. (1974):
Die quantitative Grundlage einer Weltkarte der Agrartypen. Aus der Arbeit der IGU-Commission on Agricultural Typology. Festschr. Gg. JENSCH,
Abh. d. l. Geogr. Inst. FU Berlin., Bd. 20, S. 109 - 128, Berlin.
HOLLSTEIN, W. (1937):
Eine Bonitierung der Erde auf landwirtschaftlicher und bodenkundlicher Grundlage.
Erg.-H. zu Peterm. Geogr. Mitt. **234.**
HOMANS, G. C. (1968):
Theorie der sozialen Gruppe (3. Auflage). Köln-Opladen.
HORNBERGER, TH. (1959):
Die kulturgeographische Bedeutung der Wanderschäferei in Süddeutschland.
Forschungen z. dt. Landeskunde **109**.
HORST, P., u. K. J. PETERS (1978):
Regionalisierung und Produktionssystem der Nutztierhaltung im Weltagrarraum.
ZfaL **17**, S. 190 - 211.

IBRAHIM, F. N. (1980):
Desertification in Nord-Dafur. Hamburger Geogr. Studien **35**.
IBRAHIM, F. N. (1982):
Die Rolle des Nomadismus im Desertifikationsprozeß im Westsudan.
Abh. des Geogr. Instituts - Anthropogeographie, B. 33, S. 49 - 58.
ILBERY, B. W. (1978):
Agricultural decision-making: a behavioural perspective.
Progress in Human Geography **2**, No. 3. S. 448 - 466. London.
ILBERY, B. W. (1985):
Agricultural Geography. A Social and Economic Analysis. London.
IMA (Hrsg.: Informationsgemeinschaft für Meinungspflege und Aufklärung)
1981, 1995: AGRIMENTE 81, 95. Hannover.
ISHII, M. (1984):
Veränderungen v. Struktur u. Produktivität japanischer Agrarräume. GR **36**, S. 138-145.

JAKLE, J. A., S. BRUNN u. C. C. ROSEMAN (1976):
Human Spatial Behavior. A Social Geography. Belmont (Calif.).
JANKE, B. (1973):
Naturpotential und Landnutzung im Nigertal bei Niamey/Rep. Niger.
Jb. Geogr. Ges. Hannover.

JASCHKE, D. (1980):
Die australische Landwirtschaft zwischen klimatischer und marktwirtschaftlicher
Herausforderung - das Beispiel Neusüdwales.
Erdkunde **34**, S. 269 - 280.
JENTSCH, CH. (1973)
Das Nomadentum in Afghanistan. Eine Untersuchung zu Lebens- und Wirtschafts-
formen im asiatischen Trockengebiet. Afghanische Studien, Bd. 9. Meisenheim/Glan.

KARIEL, H. G. (1966):
A Proposed Classification of Diet. AAAG **56**, S. 68 - 79.
KLAPP, E. (1967):
Lehrbuch des Acker- und Pflanzenbaus. Berlin-Hamburg.
KLAPP, E. (1971):
Wiesen und Weiden. Eine Grünlandlehre. Berlin-Hamburg.
KNAUER, N. (1980):
Ausmaß von Umweltbelastungen durch Fehlentscheidungen in landwirtschaftlichen Betrie-
ben und Möglichkeiten zur Vermeidung. BüL **48**, H. 2, S. 248 - 263.
KOHLHEPP, G. (1974):
Staatliche Produktionssteuerung und gelenkte Diversifizierung der Landnutzung
im Bereich tropischer Monokulturen. Am Beispiel des Kaffeeanbaus in Brasilien.
In: HANS-GRAUL-Festschr., Heidelberger Geogr. Arbeiten, H. 40, S. 429 - 442.
Heidelberg.
KOHLHEPP, G. (1978):
Entwicklungsstrategien in Amazonien. GR **30**, S. 2 - 13.
KOSTROWICKI, J. (1964):
Geographical Typology of Agriculture. Principles and Methods.
An Invitation to Dicussion. Geographia Polonica **2**, S. 159 - 167.
KOSTROWICKI, J. (1980):
A Hierarchy of World Types of Agriculture. Geographia Polonica **43**, S. 125 - 148.
KRACHT, U. (1975):
Von der Eiweißkrise zur Nahrungsmittelkrise. Neue Dimensionen des Welternährungs-
problems. ZfaL **14**, S. 205 - 224.
KRAUS, TH. (1957):
Wirtschaftsgeographie als Geographie und als Wirtschaftswissenschaft.
Die Erde **88**, S. 110 - 119.
KRELLE, W. (1961):
Elastizität von Angebot und Nachfrage. HWB d. Sozialwiss., Bd. 3, S. 176 - 183.
Tübingen–Göttingen.
KUHNEN, F. (1967):
Agrarreformen. In: BLANCKENBURG, P.V., u. H.–D. CREMER (Hrsg.), Hb. d. Landwirtschaft u.
Ernährung in Entwicklungsländern. Bd. 1, S. 327 - 360. Stuttgart.
KUHNEN, F. (1973):
Land Tenure an Agrarian Reform in Asia. ZfaL **12**, S. 163 - 182.
KUNTZE, H. (1972):
Bodenerhaltung bei zunehmender Belastung. BüL **50**, S. 26 - 39.

LABAHN, TH. (1982):
Nomadenansiedlung in Somalia. Abh. des Geogr. Instituts Berlin - Anthropogeographie,
Bd. 33, S. 81 - 95.
LANGE, W. (1981):
Die Entwicklung der Bodennutzungssysteme in landwirtschaftlichen Großbetrieben
in Ostholstein seit 1965. Staatsexamensarbeit Hannover.
LAUX, H. D., u. G. THIEME (1978):
Die Agrarstruktur der Bundesrepublik Deutschland. Ansätze zu einer regionalen Typologie.
Erdkunde **32**, S. 182–198.

LEIDLMEIER, A. (1965):
Umbruch und Bedeutungswandel im nomadischen Lebensraum des Orients.
GZ **53**, S. 81 - 100.
LESER, H. (1975):
Weidewirtschaft und Regenfeldbau im Sandveld.
GR **27**, H. 3, S. 108 - 122.
Lichtenberger, E. (1977):
Die „quantitative Geographie" im deutschen Sprachraum. Eine Bibliographie.
Mitt. Österr. Geogr. Ges. **119**, S. 114–129.
LICHTENBERGER; E. (1978):
Klassische und theoretisch-quantitative Geographie im deutschen Sprachraum.
Ber. z. Raumforschung u. Raumplanung **22**, H. 1, S. 9–20. Wien.
LISS, C.-CH (1982):
Die Besiedlung und Landnutzung Ostpatagoniens unter besonderer Berücksichtigung der
Schafestancien. Göttinger Geogr. Abh., H. 79.
LOOCK, K. (1984):
Ergebnisse der Gartenbauerhebung 1981/82. Mitt. d. Obstbauversuchsrings des Alten
Landes 39, S. 139 - 147. Jork.
LUDWIG, H. D. (1967):
Ukara. Ein Sonderfall tropischer Bodennutzung im Raum des Victoria-Sees.
Jb. Geogr. Ges. Hannover. Sonderheft.

MAIER, J., R. PAESLER, K. RUPPERT u. F. SCHAFFER (1977):
Sozialgeographie. Braunschweig.
MALTHUS, TH. R. (1798):
An Essay on the Principle of Population. London.
MANSHARD, W. (1962):
Agrarsoziale Entwicklungen im Kakaogürtel von Ghana.Dt. Geographentag Köln 1961.
Tagungsber. u. wiss. Abh., S. 190–201. Wiesbaden.
MANSHARD, W. (1965):
Wanderfeldbau und Landwechselwirtschaft in den Tropen.
Heidelberger Geogr. Arbeiten, H. 15, S. 245–264 (PFEIFER-Festschr.), Wiesbaden.
MANSHARD, W. (1968):
Agrargeographie der Tropen. Eine Einführung. Mannheim/Zürich.
MANSHARD, W. (1978):
Bevölkerungswachstum und Ernährungsspielraum.
Gedanken zur Entwicklungspolitik und Agrarforschung der Tropen.
GR **30**, S. 42–47.
MANSHARD, W. (1983):
Welternährung und Energiebedarf - ein globaler Ressourcen-Konflikt.
Freiburger Universitätsblätter, H. 80, S. 11–20. Freiburg i. B.
MANSHARD, W. (1984):
Bevölkerung, Ressourcen, Umwelt und Entwicklung. GR **36**, S. 538–543.
MANSHARD, W. (1988):
Entwicklungsprobleme in den Agrarräumen des tropischen Afrika. Darmstadt.
MATZKE, O. (1982):
Die weltweite Ernährungssituation und ihre künftige Entwicklung. GR **34**, S. 440–444.
MENSCHING, H. (1979):
Desertification. Ein aktuelles geographisches Forschungsproblem. GR. **31**, S. 350–355.
MENSCHING, H. (1990):
Desertifikation. Ein weltweites Problem der ökologischen Verwüstung in den Trocken-
gebieten der Erde. Darmstadt.
MERTINS, G. (1978):
Veränderungen der Landnutzungssysteme im wechselfeuchten Tiefland Nordkolumbiens.
Gießener Beiträge z. Entwicklungsforschung, Reihe 1, Bd. 4, S. 49–66. Gießen.

MEYER, G. (1984):
Ländliche Lebens- und Wirtschaftsformen Syriens im Wandel. Sozialgeographische Studien zur Entwicklung im bäuerlichen und nomadischen Lebensraum. Erlanger Geogr. Arbeiten, Sonderband 16.

MEYNS, P. (1993):
Hunger und Ernährung. In: NOHLEN, D., u. F. NUSCHELER (Hrsg.), Handbuch der Dritten Welt, Bd. 1 (3. Auflage), S. 197 - 212, Bonn.

MITSCHERLICH, E. A. (1948):
Die Ertragsgesetze. Deutsche Akademie der Wiss. zu Berlin. Vorträge und Schriften, H. 31. Berlin.

MORGAN, W. B. (1969):
Peasant agriculture in tropical Africa. In: THOMAS, M. F., u. G. W. WHITTINGTON (Hrsg.), Environment and land use in Afrika, S. 241 - 272, London.

MORGAN, W. B., u. R. I. C. MUNTON (1971):
Agricultural Geography. London.

MORGAN, W. B. (1977):
Agriculture in the Third World: A Spatial Analysis. London.

MÜLLER-HOHENSTEIN, K. (1979):
Die Landschaftsgürtel der Erde. Stuttgart.

MÜLLER, F.-V., u. B.-O. BOLD (1996):
Zur Relevanz neuer Regelungen für die Weidelandnutzung in der Mongolei. Die Erde **127**, S. 63 - 82.

NIGGEMANN, J. (1983):
Die Entwicklung der Landwirtschaft auf den leichten Böden Nordwestdeutschlands. ZfA **1**, S. 17 - 43.

NITZ, H. J. (1970):
Agrarlandschaft und Landwirtschaftsformation. Moderne Geographie in Forschung u. Unterricht, S. 70 - 93, Hannover.

NITZ, H.-J. (1982):
Agrargeographie – Wissenschaftliche Grundlegung. Praxis Geographie, H. 10, S. 5 - 9.

OBST, E. (1926):
Die Thünenschen Intensitätskreise und ihre Bedeutung für die Weltgetreidewirtschaft. Zschr. f. Geopolitik **3**, S. 214 - 215.

OHEIMB, E. v. (1973):
Betriebssysteme in der Landwirtschaft. Grundlagen und erste Ergebnisse der Landwirtschaftszählung 1971. Statist. Monatshefte Niedersachsen **27**, S. 37 - 42.

OLTERSDORF, U. (1992):
Hunger und Überfluß. Ein Beitrag zur Welternährungslage. GR **44**, S. 74 - 77.

OTREMBA, E. (1938):
Stand und Aufgabe der deutschen Agrargeographie. Zschr. f. Erdkunde **6**, S. 147 -182.

OTREMBA, E. (1959):
Struktur und Funktion im Wirtschaftsraum. Ber. z. Dt. Landeskunde **23**, S. 15 - 28.

OTREMBA, E. (Hrsg., 1972):
Atlas der deutschen Agrarlandschaften. Wiesbaden 1962 - 1972.

OTREMBA, E. (1976):
Allgemeine Agrar- und Industriegeographie. (3. Auflage), Stuttgart.

PACYNA, H., 1983):
Agrilexikon ((5. Auflage). Hannover.

PACYNA, H. (1994):
Agrilexikon. (9. Auflage). Hannover.

PETERS, U. (1968):
Zum Unternehmerverhalten in der Landwirtschaft. BüL **46**, S. 419 - 464.

PFEIFER, G. (1958):
Zur Funktion des Landwirtschaftsbegriffes in der deutschen Landwirtschaftsgeographie. Studium Generale **11**, S. 399 - 411. Zit. n. RUPPERT, K. (Hrsg.): Agrargeographie, S. 257 - 286. Darmstadt 1973.
PLANCK, U., u. J.ZICHE (1979):
Land- und Agrarsoziologie. Eine Einführung in die Soziologie des ländlichen Siedlungsraumes und des Agrarbereichs. Stuttgart.
PLETSCH, A. (1983):
Kanada am Wendepunkt seiner Bevölkerungs- und Wirtschaftsentwicklung. GR **35**, S. 370 - 380.
PLETSCH, A. (1984):
Die französische Landwirtschaft an der Neige des 20. Jahrhunderts. ZfA **2**, S. 197 -219.
PRED, A. (1967/1969):
Behavior and location: foundations for a geographic and dynamic location theory.
Part I: Lund Studies Geography, Ser. B 27, 1967.
Part II: Lund Studies Geography, Ser. B. 28, 1969.
PRIEBE, H. (1982):
Alternativen der Europäischen Agrarpolitik. GR **34**, S. 102 - 116.
PRIGGERT, D. (1990):
Rezente Wandlungen von der agrar- zur freizeitorientierten Gesellschaft im Norden Finnlands. GR **42**, H. 7-8, S. 416 - 422.

REHM, S., u. G. ESPIG (1976):
Die Kulturpflanzen der Tropen und Subtropen. Stuttgart.
REICH, H. (1974):
Obstland Altes Land. Obstbauversuchsring Jork.
RINGER, K. (1967):
Agrarverfassungen. In: BLANCKENBURG, P. V., u. H.-D. CREMER (Hrsg.), Handbuch der Landwirtschaft und Ernährung in den Entwicklungsländern, Bd. 1, S. 59 - 95, Stuttgart.
RÖHM, H. (1962):
Geschlossene Vererbung und Realteilung in der BRD. Dt. Geographentag Köln 1961. Tagungsber. u. wiss. Abh., S. 288 - 304. Wiesbaden.
RÖHM, H. (1964):
Die westdeutsche Landwirtschaft. München.
RÖLL, W. (1973):
Der Teilbau in Zentral-Java. Untersuchungen zur Grundbesitzverfassung eines übervölkerten Agrarraums. ZfaL **12**, S. 305 - 321.
RÖLL, W. (1979):
Indonesien. Klett Länderprofile. Stuttgart.
ROSTANKOWSKI, P. (1981):
Getreideerzeugung nördlich 60° N. GR **33**, S. 147 - 152.
ROTHER, K. (1975):
Staatliche Einflüsse bei der Gestaltung der Agrarlandschaft. Jb. d. Universität Düsseldorf 1973 - 1975, S. 207 - 224.
ROTHER, K. (1988):
Agrargeographie. GR **40**, H. 2, S. 36 - 41.
RÜHL, A. (1929):
Das Standortproblem in der Landwirtschaftsgeographie. Berlin.
RUPPERT, K. (Hrsg., 1973):
Agrargeographie. Darmstadt.
RUTHENBERG, H. (1967):
Organisationsformen der Bodennutzung und Viehhaltung in den Tropen und Subtropen, dargestellt an ausgewählten Beispielen. In: BLANCKENBURG, P. V., u. H.-D. CREMER (Hrsg.), Handbuch der Landwirtschaft und Ernährung in Entwicklungsländern, Bd. 1, S. 122 - 208, Stuttgart.

RUTHENBERG, H. (1971):
Farming Systems in the Tropics. Oxford.
RUTHENBERG, H. (1979): Tendencies in the Development of Tropical Farming Systems.
ZfaL **18**, S. 239 – 247.
RUTHENBERG, H. (1980):
Thesen zur Nahrungsmittelversorgung in Entwicklungsländern.
Agrarwirtschaft **29**, S. 295 – 298.
RUTHENBERG, H. u. B. ANDREAE (1982):
Landwirtschaftliche Betriebssysteme in den tropen und Subtropen.
In: BLANCKENBURG, P. V. (Hrsg.): Handbuch der Landwirtschaft und Ernährung
in den Entwicklungsländern. 2.A. S. 127 – 173. Stuttgart.

SABELBERG, E. (1975):
Kleinbauerntum, Mezzadria, Latifundium. Die wichtigsten agraren Betriebsysteme
in der Kulturlandschaft der Toskana und ihre gegenwärtigen Veränderungen.
GR **27**, S. 326 – 336.
SAMUELSON, P. A. (1975):
Volkswirtschaftslehre. Bd. 1. Köln.
SANDNER, G., u. H. A. STEGER (1973):
Lateinamerika. Fischer Länderkunde. Frankfurt.
SAPPER, K. (1932):
Die Verbreitung der künstlichen Feldbewässerung.
Peterm. Geogr. Mitt. **78**, S. 225–231 und 295–301.
SCHAMP, E. W. (1972):
Das Instrumentarium zur Beobachtung von wirtschaftlichen Funktionalräumen.
Kölner Forschungen z. Wirtschafts- und Sozialgeographie **16**.
SCHAMP, E. W. (1981):
Agrobusiness im tropischen Afrika. GR **33**, S. 512 – 517.
SCHAMP, H. (1977):
Ägypten. Tübingen-Basel.
SCHÄTZL, L. (1978):
Wirtschaftsgeographie. 1. Theorie. UTB Paderborn.
SCHILLER, O. (1963):
Kollektive Landbewirtschaftung in Mexico. ZfaL **2**, S. 1 – 38.
SCHILLING, H. V. (1982):
Schwerpunkte intensiver Landbewirtschaftung. Konflikte zwischen Produktivitäts-
steigerung und Umwelt. GR **34**, S. 88 – 95.
SCHLIEPHAKE, K. (1982):
Die Oasen in der Sahara - ökologische und ökonomische Probleme.
GR **34**, H. 6, S. 282 - 291.
SCHLIPPE, P. DE (1956):
Shifting cultivation in Africa. London.
SCHMIEDECKEN, W. (1979):
Humidität und Kulturpflanzen. Ein Versuch zur Parallelisierung von Feuchtezonen und
optimalen Standorten ausgewählter Kulturpflanzen in den Tropen.
Erdkunde **33**, S. 266 – 274.
SCHMIDT, E. (1981):
Entwicklungstendenzen auf den Weltagrarmärkten: Überfluß oder Mangel?
Agrarwirtschaft **30**, S. 9 – 22.
SCHMIDT, R., u. G. HAASE, (1990):
Globale Probleme der landwirtschaftlichen Bodennutzung und der anthropogenen
Bodendegradierung. Geogr. Berichte **134**, H. 1, S. 29 – 38.
SCHMITT, G. (1982):
Der Wohlfahrtsstaat in der Krise und die Folgen für die Agrarpolitik.
Agrarwirtschaft **31**, S. 133 – 142.

SCHNELLE, F. (1948):
Einführung in die Probleme der Agrarmeteorologie. Stuttgart.
SCHNELLE, F. (1962):
Landschaftlich-Phänologischer Jahresablauf in den deutschen und europäischen
Agrargebieten. In: Deutscher Geographentag Köln 1961.
Tagungsber. und wiss. Abh. S. 276 – 287. Wiesbaden.
SCHNELLE, F. (1966):
Phänologische Europakarten: Beginn der Apfelblüte und Beginn der Winterweizen–Ernte.
Die Erde **97**, S. 138 – 144.
SCHOLZ, F. (1982):
Nomadismus – ein Entwicklungsproblem? Abh. d. Geogr. Instituts Berlin –
An thropogeographie, Bd. 33, S. 2 – 17. Berlin.
SCHOLZ, F., u. J. JANZEN (Hrsg., 1982):
Nomadismus – ein Entwicklungsproblem? Beiträge zu einem Nomadismus-Symposium
Berlin 1982. Abh. Geogr. Inst. Berlin – Anthropogeographie, Bd. 33. Berlin.
SCHOLZ, F. (1994):
Nomadismus – Mobile Tierhaltung. Formen, Niedergang und Perspektiven einer
traditonsreichen Lebens- und Wirtschaftsweise. GR **46**, H. 2, S. 72 – 78.
SCHOLZ, F. (1995):
Nomadismus. Theorie und Wandel einer sozio-ökologischen Kulturweise.
Erdkundl. Wissen, Bd. 188. Stuttgart.
SCHOLZ, U. (1977):
Minangkabau. Die Agrarstruktur in West-Sumatra und Möglichkeiten ihrer Entwicklung.
Gießener Geogr. Schr., H. 41.
SCHOLZ, U. (1982):
Die Ablösung und Wiederausbreitung des Brandrodungswanderfeldbaus
in den südostasiatischen Tropen – Beispiele aus Sumatra und Thailand.
Forschungsbeitr. z. Landeskunde Süd- und Südostasiens.
(Festschr. H. UHLIG), Bd. 1. Erdkundl. Wissen, H. 58,
S. 105 – 121. Wiesbaden.
SCHOLZ, U. (1984):
Ist die Agrarproduktion der Tropen ökologisch benachteiligt? Überlegungen an Beispielen
der dauerfeuchten Tropen Asiens. GR. 36 (1984), S. 360 – 366.
SCHOLZ, U. (1988):
Agrargeographie von Sumatra. Gießener Geogr. Schriften **63**.
SCHÖNWÄLDER, H. (1969):
Die Kakaowirtschaft in Westafrika. Hamburg.
SCHREINER, G. (1975):
Fazit einer dreißigjährigen Agrarstrukturpolitik in der Bundesrepublik Deutschland.
BüL **53**, S. 455 – 489.
SCHÜTTAUF, A. W. (1956):
Stichwort „Agrarmärkte". HWB d. Sozialwiss., Bd. 1., S. 66-75,
Stuttgart - Tübingen - Göttingen.
SICK, W. D. (1993):
Agrargeographie (2. Auflage). Braunschweig.
SIMON, H. A. (1959):
Theories of decision-making in economics and behavioral science.
The American Economic Review **49**, S. 253 – 283.
SPENCER, J. E. (1966):
Shifting cultivation in Southeastern Asia. University of California.
Publications in Geography, Nr. 19.
SPIELMANN, H. O. (1989):
Agrargeographie in Stichworten. Hirts Stichwortbücher. Unterägeri.
SPITZER, H. (1975):
Regionale Landwirtschaft. Hamburg-Berlin.

STEINHAUSER, H., C. LANGBEHN u. U. PETERS (1978):
Einführung in die landwirtschaftliche Betriebslehre. Bd. 1: Allgemeiner Teil.
UTB 113. Stuttgart.
STÜRZINGER, U. (1980):
Der Baumwollanbau im Tschad. Zur Problematik landwirtschaftlicher Exportproduktion
in der Dritten Welt. Zürich.

TANGERMANN, S., u. W. KROSTITZ (1982):
Protektionismus bei tierischen Erzeugnissen. Das Beispiel Rindfleisch.
Agrarwirtschaft **31**, S. 233 – 240.
THIEDE, G. (1980):
Auslandsfutter in der EG – Bedeutung und Umfang. Agrarwirtschaft **29**, S. 5 – 9.
THIELE, P. (1982):
Nomaden im Sozialismus? Zur heutigen Situation der Nomaden in der Mongolischen
Volksrepublik. Abh. d. Geogr. Instituts Berlin – Anthropogeographie.
Bd. 33, S. 233 – 238, Berlin.
THOMALE, E. (1974):
Geographische Verhaltensforschung. Marburger Geogr. Schriften **61**, S. 9 – 30.
THÜNEN, J. H. V. (1921):
Der isolierte Staat in Beziehung auf Landwirtschaft und Nationalökonomie.
Neudruck. Jena.
TIMMERMANN, F. (1995):
Boden als landwirtschaftlicher Produktionsfaktor. GR **47**, H. 12, S. 706 – 711.
TRAUTMANN, W. (1982):
Zum gegenwärtigen Stand der staatlichen Umstrukturierungsmaßnahmen
in der algerischen Steppe. Essener Geogr. Arbeiten **1**, S. 91 – 111.
TROLL, C. (1975):
Vergleichende Geographie der Hochgebirge der Erde in landschaftsökologischer Sicht.
GR, S. 185 – 198.

UHLIG, H. (1962):
Typen der Bergbauern und Wanderhirten in Kaschmir und Jaunsar-Bawar.
Dt. Geographentag Köln 1961. Tagungsber. u. wiss. Abh. Wiesbaden.
UHLIG, H. (1963):
Die Volksgruppen und ihre Gesellschafts- und Wirtschaftsentwicklung als
Gestalter der Kulturlandschaft in Malaya. Mitt. d. Österr. Geogr. Ges. **105**
(Festschr. H. BOBEK), S. 65–94. Wien.
UHLIG, H. (1965):
Die geographischen Grundlagen der Weidewirtschaft in den Trockengebieten der
Tropen und Subtropen. Schr. d. Tropeninstituts d. Universität Gießen **1**, S. 1 – 28.
UHLIG, H. (1970):
Die Ablösung des Brandrodungs-Wanderfeldbaus. Wirtschafts- und sozialgeogra-
phische Wandlungen der asiatischen Tropen am Beispiel von Sabah und Sarawak
(Malaysia). Dt. Geogr. Forschung in der Welt von heute.
Festschr. E. GENTZ., S. 85–102. Kiel.
UHLIG, H. (1980a):
Der Anbau an den Höhengrenzen der Gebirge Süd- und Südostasiens.
In: JENTSCH, CH., u. H. LIEDTKE (Hrsg.), Höhengrenzen im Hochgebirge. Arbeiten a. d.
Geogr. Institut d. Saarlandes, Bd. 29, S. 279–310. Saarbrücken.
UHLIG, H. (1980b):
Innovationen im Reisbau als Träger der ländlichen Entwicklung in Südostasien.
Gießener Geogr. Schriften. H. 48, S. 29 – 72.
UHLIG, H. (1981):
Der Reisanbau mit natürlicher Wasserzufuhr in Süd- und Südostasien. Aachener
Geogr. Arbeiten **14**, 1. Teil. Festschr. F. MONHEIM, S. 287 – 319.

Uhlig, H. (1983):
Reisbausysteme und -Ökotope in Südostasien. Geowissenschaftliche Methoden in der Reisbauforschung und die Ökosysteme des Überschwemmungsreisbaus.
Erdkunde **37**, S. 269 – 282.
USA 2: Landwirtschaft. Folienmappe (1992): Klett, Stuttgart u.a.

Varjo, U. (1978):
Recent climatic trends and the limits of crop cultivation in Finland.
Fennia, H. 150, S. 45 – 56. Helsinki.
Voppel, G. (1975):
Wirtschaftsgeographie (2. Auflage). Stuttgart.

Wagner, H.-G. (1981):
Wirtschaftsgeographie. Braunschweig.
Waibel, L. (1922):
Die Viehzuchtsgebiete der südlichen Halbkugel. GZ **28**, S. 54 – 74.
Waibel, L. (1933):
Probleme der Landwirtschaftsgeographie. Wirtschaftsgeogr. Abh. Nr. 1, Leipzig.
Watters, R. F. (1971):
Shifting Cultivation in Latin-America. FAO. Forestry Development Paper. Rom.
Weltbank (1982):
Weltentwicklungsbericht 1982. Washington.
Weltbank (1992):
Weltentwicklungsbericht 1992. Entwicklung und Umwelt. Washington.
Welte, E. (1978):
Sind die Tropen wirklich benachteiligt? Umschau in Wissenschaft u. Technik **78**, S. 634–638.
Weber, A. (1974):
Der landwirtschaftliche Großbetrieb mit vielen Arbeitskräften in historischer und international vergleichender Sicht.
BüL **52**, S. 57 – 80.
Weber, W. (1980):
Die Entwicklung der nördlichen Weinbaugrenze in Europa.
Forschungen z. dt. Landeskunde, Bd. 216.
Weischet, W. (1977):
Die ökologische Benachteiligung der Tropen. Stuttgart.
Weischet, W. (1981):
Ackerland aus Tropenwald – eine verhängnisvolle Illusion.
Holz aktuell. Eine Zeitschrift der Danzer–Unternehmen, H. 3, S. 15 – 33.
Wenzel, H. J. (1974)
Die ländliche Bevölkerung. Materialien z. Terminologie der Agrarlandschaft, hrsg. v. H. Uhlig, Bd. 3. Gießen.
Wilhelmy, H. (1975):
Reisanbau und Nahrungsspielraum in Südostasien. Geocolleg. Kiel.
Whittlessey, D. (1936):
Major Agricultural Regions of the Earth. AAAG **26**, S. 199 – 240.
Windhorst, H.-W. (1973):
Von der bäuerlichen Veredlungswirtschaft zur agrarindustriellen Massentierhaltung.
Neue Wege in der agraren Produktion im Oldenburger Münsterland.
GR **25**, S. 470 – 482.
Windhorst, H.-W. (1976):
Wandlungen der Rindermast in den Vereinigten Staaten. GR **28**, S. 65 – 70.
Windhorst, H.-W. (1978):
Die Agrarwirtschaft der USA im Wandel. Fragenkreise Nr. 23502.
Paderborn-München.

WINDHORST, H.-W. (1979):
Die sozialgeographische Analyse raumzeitlicher Diffusionsprozesse auf der Basis der Adoptorkategorien von Innovationen. Die Ausbreitung der Käfighaltung von Hühnern in Südoldenburg. Zschr. für Agrargesch. u. Agrarsoziologie **27**, S. 244 –266.

WINDHORST, H.-W. (1981):
Die Struktur der Agrarwirtschaft Südoldenburgs zu Beginn der achtziger Jahre.
BüL **59**, S. 621 – 644.

WINDHORST, H.-W. (1986):
Das agrarische Intensivgebiet Südoldenburg – Entwicklungen, Strukturen, Probleme und Perspektiven. Zschr. f. Agrargeogr. **4**, H. 4, S. 345 – 366.

WINDHORST, H.-W. (1989):
Industrialisierungsprozesse in der Agrarwirtschaft der Bundesrepublik Deutschland und der Vereinigten Staaten. Vechtaer Arbeiten z. Geogr. u. Regionalwissenschaft,
Bd. 8, S. 11 – 31.

WIRTH, E. (1969):
Das Problem der Nomaden im heutigen Orient. GR **21**, S. 41 – 50.

WIRTH, E. (1979):
Theoretische Geographie. Stuttgart.

WÖHLKEN, E., u. R. PORWOLL (1981):
Viehhaltung in größeren Beständen und in flächenarmen Betrieben.
Agrarwirtschaft **30**, S. 95 – 99.

WOLPERT, J. (1964):
The decicion process in spatial context. AAAG **54**, S. 537 – 558.

ZEDDIES, J. (1995):
Umweltgerechte Nutzung von Agrarlandschaften. Ber. über Landwirtschaft **73**,
S. 204 – 241.

ZIMMERMANN, G. (1982):
Die Entwicklung der japanischen Landwirtschaft seit 1950.
Staatsexamensarbeit Hannover.

Abbildungsverzeichnis

Vorderes Vorsatz
links: Erde: Ernährung 1 : 120 000 000
rechts: Erde: Agrarsysteme 1 : 120 000 000

Hinteres Vorsatz
links: Europa: Leistungsfähigkeit der Landwirtschaft 1 : 30 000 000
rechts: Erde: Bodendegradierung 1 : 120 000 000

Quelle der Vorsatzkarten: Klett-Perthes. Alexander Pro [Schulatlas], Gotha und Stuttgart 1996

Tabellenverzeichnis

Übersichtenverzeichnis

Abkürzungen im Text

AK   Arbeitskraft
GV   Großvieheinheit
EG   Europäische Gemeinschaft
IGU   International Geographical Union
EMZ   Ertragsmeßzahl
LF   Landwirtschaftlich genutzte Fläche
EWG   Europäische Wirtschaftsgemeinschaft
LN   Landwirtschaftliche Nutzfläche
EU   Europäische Union
StB   Standardbetriebseinkommen
GE   Getreideeinheit
VE   Vieheinheit

Sachregister

Perthes GeographieKolleg

Diese neue Studienbuchreihe behandelt wichtige geographische Grundlagenthemen. Die Bücher dieser Reihe bestechen durch ihre Aktualität (Erscheinungsdaten ab 1994), ihre Kompetenz (ausschließlich von Hochschuldozenten verfaßt) und ihre gute Lesbarkeit (zahlreiche Abbildungen, Karten und Tabellen). Sie sind daher für Studenten und Lehrer aller geo- und ökowissenschaftlichen Disziplinen eine unverzichtbare Informationsquelle für die Aus- und Weiterbildung.

Physische Geographie Deutschlands
Herbert Liedtke und Joachim Marcinek (Hrsg.)
2. Auflage 1995, 560 Seiten, 3-623-00840-0

Das Klima der Städte
Von Fritz Fezer
1. Auflage 1995, 199 Seiten, 3-623-00841-9

Das Wasser der Erde
Eine geographische Meeres- und Gewässerkunde
Von Joachim Marcinek und Erhard Rosenkranz
2. Auflage 1996, 328 Seiten, 3-623-00836-2

Naturressourcen der Erde und ihre Nutzung
Von Heiner Barsch und Klaus Bürger
2. Auflage 1996, 296 Seiten, 3-623-00838-9

Geographie der Erholung und des Tourismus
Von Bruno Benthien
1. Auflage 1997, 192 Seiten, 3-623-00845-1

Wirtschaftsgeographie Deutschlands
Elmar Kulke (Hrsg.)
1. Auflage 1998, ca. 480 Seiten, 3-623-00837-0

Agrargeographie Deutschlands
Von Karl Eckart
1. Auflage 1998, ca. 440 Seiten, 3-623-00832-X

Allgemeine Agrargeographie
Von Adolf Arnold
1. Auflage 1997, 248 Seiten, 3-623-00846-X

Lehrbuch der Allgemeinen Physischen Geographie
Manfred Hendl und Herbert Liedtke (Hrsg.)
3. Auflage 1997, 867 Seiten, 3-623-00839-7

Umweltplanung und -bewertung
Von Einhardt Schmidt-Kallert, Christian Poschmann
und Christoph Riebenstahl
1. Auflage 1998, ca. 200 Seiten, 3-623-00847-8

Landschaftsentwicklung in Mitteleuropa
von H.-R. Bork u. a.
1. Auflage 1998, ca. 220 Seiten, 3-623-00849-4

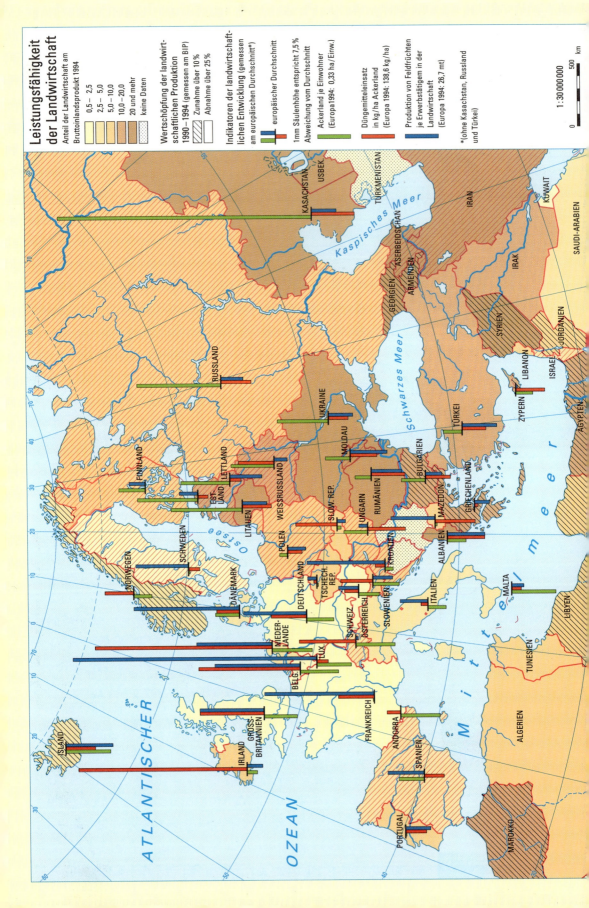

Leistungsfähigkeit der Landwirtschaft

Anteil der Landwirtschaft am Bruttoinlandsprodukt 1994

- 0,5 – 2,5
- 2,5 – 5,0
- 5,0 – 10,0
- 10,0 – 20,0
- 20 und mehr
- keine Daten

Wertschöpfung der landwirtschaftlichen Produktion 1990 – 1994 (gemessen am BIP)
- Zunahme über 10%
- Abnahme über 25%

Indikatoren der landwirtschaftlichen Entwicklung (gemessen am europäischen Durchschnitt*)

- europäischer Durchschnitt
- 1mm Säulenhöhe entspricht 7,5% Abweichung vom Durchschnitt
- Ackerland je Einwohner (Europa1994: 0,33 ha/Einw.)
- Düngemitteleinsatz in kg/ha Ackerland (Europa 1994: 138,6 kg/ha)
- Produktion von Feldfrüchten je Erwerbstätigem in der Landwirtschaft (Europa 1994: 26,7 mt)

*(ohne Kasachstan, Russland und Türkei)

1 : 30000000

0   500 km